Laser

Thomas Graf

Laser

Grundlagen der Laserstrahlerzeugung

2., überarbeitete und erweiterte Auflage

Springer Vieweg

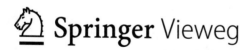

Thomas Graf
IFSW Universität Stuttgart
Stuttgart, Deutschland

ISBN 978-3-658-07953-6 ISBN 978-3-658-07954-3 (eBook)
DOI 10.1007/978-3-658-07954-3

Die Deutsche Nationalbibliothek verzeichnet diese Publikation in der Deutschen Nationalbibliografie; detaillierte bibliografische Daten sind im Internet über http://dnb.d-nb.de abrufbar.

Springer Vieweg

Lektorat: Thomas Zipsner, Ellen Klabunde

Gedruckt auf säurefreiem und chlorfrei gebleichtem Papier.

Springer Fachmedien Wiesbaden GmbH ist Teil der Fachverlagsgruppe Springer Science+Business Media (www.springer.com)

Vorwort

Wie schon der Untertitel verrät, ist das Buch den Grundlagen der Laserstrahlquellen gewidmet und erhebt keinen Anspruch, die vielen technischen Details von heute gebräuchlichen Lasergeräten zu behandeln. Vor diesem Hintergrund wurde die zweite Auflage denn auch um grundlegende Inhalte wie die Moden in optischen Fasern, die Herleitung der Schwarzkörperstrahlung und die quantitative Behandlung des Beitrags der Spontanemission zum Laserstrahl (*the extra photon* in den Ratengleichungen) erweitert, welche für eine fundierte Ausbildung in der Lasertechnik essentiell sind. Neben didaktisch motivierten redaktionellen Änderungen wurde das Buch aber auch um ausgewählte aktuelle Entwicklungen ergänzt. Zur besseren Lesbarkeit sind zudem einige der Bilder nun in Farbe wiedergegeben.

Nach wie vor soll das Buch vor allem als Lehrmittel verstanden werden, welches eine auch im Selbststudium gut nachvollziehbare Einführung in die Grundlagen der Lasertechnik und deren praktische Anwendung bei der Entwicklung von Laserstrahlquellen bietet. Es richtet sich somit gleichermassen an Studierende der Physik und der Ingenierwissenschaften.

Im Herbst 2014

Thomas Graf

Vorwort zur ersten Auflage

Die Grundlagen zum Verständnis des Lasers wurden in den Jahrzenten vor und um 1960 entdeckt und erarbeitet. Die Physik des Lasers hat sich seither nicht geändert. Verändert haben sich aber die Art und Weise, wie die Laserphysik gelehrt und gelernt wird. Wo früher beispielsweise die Bedeutung der Einstein-Koeffizienten und die Anwendung von Beugungsintegralen betont wurden, stehen heute Wirkungsquerschnitte, Fluoreszenzlebensdauer und die sehr handlichen Strahlausbreitungsmatrizen im Vordergrund. Der Laser hat einen didaktischen Wandel erfahren, welcher der erfreulichen Tatsache Rechnung trägt, dass mit dem beispiellosen Siegeszug der Lasertechnik in unzähligen Disziplinen aber insbesondere auch in der industriellen Anwendung die jungen Wissenschaftler und Ingenieure, die sich mit diesem Thema im Laufe ihrer Ausbildung befassen, immer zahlreicher werden.

Das vorliegende Buch ist aus dem Skriptum hervorgegangen, welches ich in obgenanntem Sinne für meine Vorlesungen erarbeitet hatte. Es war dabei mein Bestreben, ein Lehrmittel zu schaffen, das einerseits das Erlernen der Lasergrundlagen auch für nicht einschlägig vorgebildete Fachleute erleichtert und andererseits nicht hinter den Erwartungen von Physikern und Ingenieuren zurückbleibt. Die vielen Formeln im Buch sind dabei kein Widerspruch. Anstatt lediglich die Resultate vorzustellen und das oft mühsame und zeitaufwendige Überprüfen der Herkunft und der dabei gemachten Annahmen dem Leser zu überlassen, werden die Ergebnisse in nachvollziehbaren Schritten hergeleitet. Dies hat den Vorteil, dass zusätzlich zu den Grundlagen automatisch auch das Handwerk für die tägliche Arbeit vermittelt und geübt wird. Zum Verständnis dieses Buches sind daher einfache Grundkenntnisse der höheren Mathematik (Differentiation, Integration, Vektorgeometrie) und die elementarsten Grundbegriffe der Physik ausreichend.

Den Studenten meiner Vorlesungen – den Physikern an der Universität Bern genauso wie den Ingenieuren und Physikern an der Universität Stuttgart – bin ich für die zahlreichen konstruktiven Anregungen, die zur steten didaktischen Weiterentwicklung der Texte beigetragen haben, zu großem Dank verpflichtet. Ganz speziell möchte ich die Vorlesungsassistenten an der Universität Stuttgart erwähnen, welche die Formulierungen akribisch geprüft und Stellenweise zu noch eleganteren Herleitungen beigetragen haben.

Im Herbst 2008

Thomas Graf

Inhaltsübersicht

1 Einleitung

Die einzigartigen Eigenschaften des Laserstrahles – dessen hohe zeitliche und örtliche Kohärenz bei gleichzeitig hoher Leistung – und die damit verbundene Möglichkeit, lokal sehr starke elektromagnetische Felder zu erzeugen und berührungslos große Energiemengen in einem kleinen Raum zu konzentrieren, haben den Laser zu einem wichtigen Werkzeug in vielen industriellen und wissenschaftlichen Anwendungsgebieten gemacht. Die Einsatzmöglichkeiten reichen von der Manipulation einzelner Atome und Moleküle, über die Analyse von physikalischen, chemischen und biologischen Vorgängen, die Erzeugung sehr hoher wie auch zuvor unerreicht tiefer Temperaturen bis zur Materialbearbeitung in der industriellen Fertigung. Im täglichen Leben spielt der Laser eine nicht mehr wegzudenkende Rolle, z. B. in der Telekommunikation, in der Medizin, der Messtechnik, der Mikroelektronik, der Mikrotechnik oder bei der Materialbearbeitung im Maschinenbau.

1.1 Die Bestandteile des Lasers

Wie in Figur 1-1 schematisch dargestellt, wird der Laserstrahl in einem laseraktiven Medium erzeugt und durch einen optischen Resonator geformt. Das laseraktive Medium ist die eigentliche Strahlquelle und verstärkt das zwischen den Resonatorspiegeln (hin und her) zirkulierende Licht. Im einfachsten Falle besteht der Resonator aus einem totalreflektierenden und einem teildurchlässigen Spiegel. Durch letzteren wird ein Teil der Strahlung als nutzbarer Laserstrahl aus dem Resonator ausgekoppelt. Im Zusammenwirken des laseraktiven Mediums, welches den Laserstrahl verstärkt, und dem Resonator, der die geometrische Beschaffenheit des Strahles formt, entsteht ein weitgehend monochromatischer, kohärenter Strahl mit sehr geringer Divergenz („gebündeltes" Licht).

Das laseraktive Medium bestimmt die Wellenlänge des Laserstrahles und kann das zeitliche Verhalten des Lasers beeinflussen. Alle anderen Eigenschaften der emittierten Laserstrahlung, nämlich Strahldivergenz, Strahldurchmesser, Intensitätsverteilung, Pulsdauer etc., werden hauptsächlich durch den Laserresonator bestimmt. Will man den erzeugten Laserstrahl gezielt

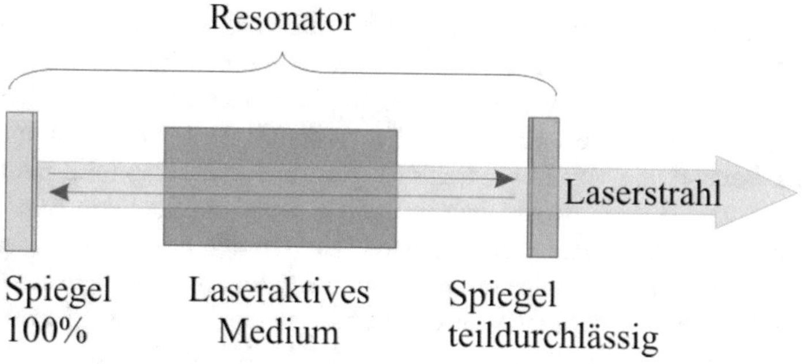

Figur 1-1. Schematischer Aufbau eines Lasers.

beeinflussen und einsetzen, sind fundierte Kenntnisse der elektrodynamischen Strahlausbreitung und der Lichtverstärkung unentbehrlich.

1.2 Aufbau und Ziele des Buches

Mit diesem Buch sollen die für die Erzeugung, Beschreibung und Handhabung von Laserstrahlen notwendigen fachlichen Grundlagen erarbeitet werden. Möchte man Laserlicht erzeugen, so sollte zunächst bekannt sein, was Licht ist. Das Buch beginnt daher mit den elektrodynamischen Grundlagen der Lichtausbreitung. Es wird gezeigt, dass die Ausbreitung von Laserstrahlen auf sehr einfache Weise mit einer einzigen Kennzahl und der Multiplikation von 2×2-Matrizen beschrieben werden kann. Diese Strahlausbreitungsmatrizen bilden das Grundwerkzeug zur Auslegung und Beurteilung von optischen Resonatoren und erlauben eine unaufwendige Berechnung der in einem Laserresonator erzeugten Strahlen.

Nach der Behandlung der Lichtausbreitung wird auf die Lichterzeugung und insbesondere auf die stimulierte Verstärkung von Laserstrahlen eingegangen. Es wird dargestellt, welche Voraussetzungen das laseraktive Medium erfüllen muss, um im Resonator einen Laserstrahl erzeugen zu können. Daraus lassen sich auch Aussagen über die mit einem bestimmten Laser erreichbaren Intensitäten und über die optimalen Betriebsparameter gewinnen.

Anschließend an die grundlegende Behandlung der Laserstrahlquellen wird auf einige Aspekte eingegangen, die insbesondere bei hohen Leistungen von großer Bedeutung sind. Es sind dies die thermischen Effekte und deren Einflüsse auf Strahlausbreitung, Strahlqualität und Resonatorstabilität.

Das Buch beschränkt sich nicht alleine auf die Vermittlung der in der Praxis verwendeten Methoden und Gleichungen. Die Texte sind so aufgebaut, dass auch die Herkunft der behandelten Zusammenhänge nachvollziehbar ist. Die überaus komfortablen Strahlausbreitungsmatrizen und deren Anwendung auf Laserstrahlen werden daher nicht eingeführt, ohne auf die theoretischen Hintergründe hinzuweisen, aus denen dieses Konzept hervorgeht. Aus diesem Grund sind in Kapitel 2 die wesentlichsten Gesetze der Elektrodynamik zusammengefasst. Die mathematisch anspruchsvollen Ausdrücke dieses Kapitels werden in der Laseroptik selten direkte Anwendung finden, sollen dem theoretisch interessierten Leser jedoch das Nachvollziehen der in den darauf folgenden Kapiteln verwendeten, einfacheren Berechnungsmethoden ermöglichen.

Nach der Behandlung der für die Lasertechnik wesentlichsten Gesetze der Elektrodynamik wird in Kapitel 3 die Berechnung der Strahlausbreitung durch Einführung der Strahlmatrizen vereinfacht. Darauf aufbauend werden in den Kapiteln 4 und 5 die optischen Eigenschaften der Laserresonatoren behandelt. Kapitel 6 ist ganz dem laseraktiven Medium, also der Erzeugung und der Verstärkung von Laserstrahlung gewidmet. Die Kapitel 2 bis 6 bilden den eigentlichen Kern des Buches, wobei in Abschnitt 6.4 auf die konkrete Bau- und Funktionsweise der wichtigsten Lasergeräte eingegangen wird. In den darauf folgenden Kapiteln wird das Wissen vor allem hinsichtlich praktischer Aspekte im Hochleistungsbereich vertieft. Die thermisch induzierten Änderungen des Brechungsindex und die thermisch induzierten mechanischen Spannungen im Lasermedium werden in Kapitel 7 behandelt. In Kapitel 8 werden dann die daraus resultierenden Konsequenzen für die Stabilität optischer Resonatoren besprochen. Kapitel 9 beinhaltet weiterführende Themen zur Formung von Strahlen mit maßgeschneiderten Intensitäts- oder Polarisationsverteilungen.

Abgesehen von einfachen Grundkentnissen aus der höheren Mathematik (Differentiation, Integration, Vektorgeometrie) sind für das Verständnis dieses Buches lediglich die elementarsten Grundbegriffe aus der Physik (wie Energie, Leistung, Ladung, Magnetfeld, elektrisches Feld etc.) erforderlich.

Die typischerweise in Prüfungen auswendig benötigten Formeln sind rechts neben der Nummerierung mit einem senkrechten Strich gekennzeichnet. Die mit hochgestellten Zahlen angegebenen Querverweise beziehen sich auf die am Schluss des Buches aufgeführten Referenzen. Fußnoten sind mit Buchstaben bezeichnet.

2 Elektromagnetische Grundlagen der Lichtausbreitung

Das heutige Wissen über die Natur des Lichtes wurde hauptsächlich in der Zeit vom 17. bis in die Anfänge des 20. Jahrhunderts erarbeitet.[1, 2] Die Erklärungsversuche für die experimentell festgestellten Phänomene basierten zeitweise auf kontroversen Vorstellungen, beispielsweise von Partikelströmen oder elastischen Wellen in einem alles durchdringenden Lichtäther. Zunächst war auch nicht bekannt, ob sich das Licht unendlich schnell oder mit endlicher Geschwindigkeit ausbreitet. Erst 1675 zeigte der Däne Ole Christiansen Römer (1644-1710) aufgrund von Beobachtungen der Finsternis des Jupitermondes Io, dass sich das Licht zwar mit sehr hoher aber doch endlicher Geschwindigkeit ausbreitet. Spätere Messungen von Armand Hyppolite Louis Fizeau (1819-1896) mit Hilfe von rotierenden Zahnrädern ergaben 1849 für die Lichtgeschwindigkeit einen Wert von rund dreihunderttausend Kilometern pro Sekunde.

Die Forschung in der Optik verlief zunächst unabhängig von den Untersuchungen der Elektrizität und des Magnetismus. Der Zusammenhang dieser Forschungsgebiete wurde erst durch die Arbeiten von James Clerk Maxwell (1831-1879) endgültig offenbart. James Maxwell fasste das damals bekannte, empirische Wissen über die elektrischen und magnetischen Phänomene in einem einfachen Satz von vier mathematischen Gleichungen zusammen. Aus dieser bemerkenswert knappen Formulierung konnte er rein theoretisch die Existenz von elektromagnetischen Wellen herleiten und zeigen, dass deren Ausbreitungsgeschwindigkeit durch die elektrischen und magnetischen Eigenschaften der durchquerten Medien bestimmt wird ($c_0 = 1/\sqrt{\varepsilon_0 \mu_0}$). Die Geschwindigkeit der elektromagnetischen Wellen konnte so alleine mit elektrostatischen und magnetostatischen Messungen ermittelt werden. Da das Resultat dem damals bereits bekannten Wert für die Lichtgeschwindigkeit entsprach, folgerte Maxwell, dass das Licht eine elektromagnetische Welle sein muss. Eine Folgerung, welche 1888 durch entsprechende Experimente von Heinrich Hertz (1859-1894) bestätigt wurde.

Damit war die Natur des Lichtes als hochfrequente, elektromagnetische Welle geklärt. Die Frage nach dem Träger dieser Wellen beschäftigte die damalige Wissenschaft hingegen noch weitere zwei Jahrzehnte. Erst mit der Einführung der speziellen Relativitätstheorie durch Albert Einstein (1879-1955) im Jahre 1905 wurde ersichtlich, dass ein Lichtäther für die Erklärung der Lichtausbreitung überflüssig war. Die elektromagnetische Welle ist ein unabhängiges Grundphänomen das keines Trägermediums bedarf.

2.1 Die Maxwellschen Gleichungen

Die von James Maxwell aufgestellten Gleichungen[3] sind die mathematische Beschreibung des empirisch ermittelten Verhaltens der elektromagnetischen Felder. Es handelt sich dabei um fundamentale Naturgesetze, die nicht auf andere Phänomene (z. B. elastische Eigenschaften eines Lichtäthers) zurückgeführt werden können. Für die experimentell ermittelten Grundgesetze von Maxwell gibt es daher keine mathematische Herleitung, die Schwierigkeit liegt alleine in der räumlichen Vorstellung der Vektorfelder und deren Wechselbeziehungen.[4]

2.1.1 Das Grundgesetz der Elektrostatik

Fixiert man eine positive Punktladung Q_1 im Raum und bringt dann eine zweite positive Testladung Q_2 in die Nähe der ersten Ladung, so übt Q_1 eine abstoßende elektrostatische Kraft auf Q_2 aus. Diese Kraft wird durch das elektrische Feld zwischen den Ladungen übertragen. Jede Ladungsverteilung erzeugt im umgebenden Raum ein elektrisches Feld $\vec{E}(\vec{x})$, welches seinerseits auf eine Testpunktladung die Kraft $\vec{F} = Q\vec{E}$ ausübt. Wie sich das elektrische Feld um eine beliebige Ladungsdichteverteilung ρ(x) ausbildet, wird auf kompakte Weise durch die Gleichung

$$\oint_{\Sigma(V)} \varepsilon(\vec{\mathbf{x}})\vec{\mathbf{E}}(\vec{\mathbf{x}})d\vec{\boldsymbol{\sigma}} = \int_V \rho(\vec{\mathbf{x}})dV = Q(V) \tag{2-1}$$

zusammengefasst. Dieses Grundgesetz der Elektrostatik besagt, dass der Fluss des elektrischen Feldes durch die geschlossene Oberfläche $\Sigma(V)$ eines beliebigen Volumens V proportional zu der in V eingeschlossenen Gesamtladung $Q(V)$ ist. Die Proportionalität ist durch die absolute Dielektrizität $\varepsilon(\vec{\mathbf{x}})$ gegeben. Befindet sich die Ladungsverteilung in Vakuum, so ist $\varepsilon(\vec{\mathbf{x}})$ überall gleich der Dielektrizitätskonstante des freien Raumes $\varepsilon_0 = 8.8542 \cdot 10^{-12}\ C^2N^{-1}m^{-2}$. Wie in Figur 2-1 dargestellt, zeigt der Vektor $d\vec{\boldsymbol{\sigma}}$ (Flächenvektor senkrecht zum Flächenelement $d\sigma \epsilon \sum(V)$) definitionsgemäß überall vom Volumen nach außen.

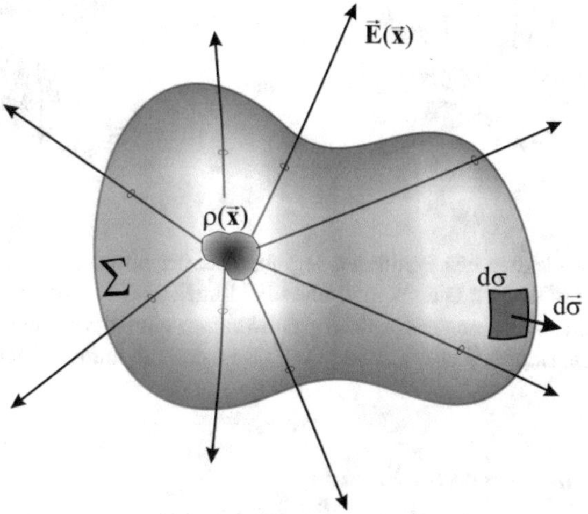

Figur 2-1. Illustration zum Grundgesetz der Elektrostatik.

Übung

Berechne das elektrische Feld $\vec{\mathbf{E}}(\vec{\mathbf{x}})$ einer Punktladung Q im freien Raum.

2.1.2 Das Grundgesetz des Magnetismus

Da keine magnetischen Monopole gefunden werden konnten, existiert kein magnetisches Gegenstück zur elektrischen Ladung. Bei zwei elektrischen Punktladungen beginnen die elektrischen Feldlinien immer bei der positiven Ladung und enden bei der negativen Ladung. Wie rechts in Figur 2-2 dargestellt, sind im Gegensatz dazu die Feldlinien eines Magneten oder einer Spule immer in sich geschlossen und durchdringen jede beliebige, geschlossene Integrationsoberfläche zweimal, einmal von außen nach innen und einmal von innen nach außen. Dies hat zur Folge, dass das zu (2-1) analoge Oberflächenintegral

$$\oint_{\Sigma(V)} \vec{\mathbf{B}}(\vec{\mathbf{x}})d\vec{\boldsymbol{\sigma}} = 0 \tag{2-2}$$

der magnetischen Flussdichte $\vec{\mathbf{B}}(\vec{\mathbf{x}})$ für jede geschlossene Oberfläche Σ exakt verschwindet. Die Nichtexistenz von magnetischen Monopolen, beziehungsweise die daraus resultierende Gleichung (2-2) bildet das Grundgesetz der Magnetostatik.

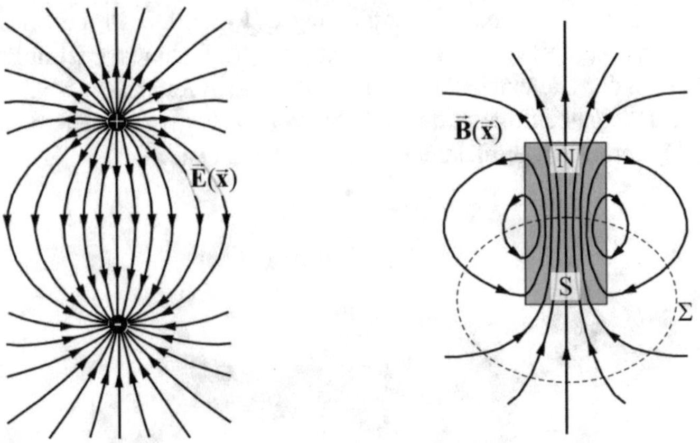

Figur 2-2. Links: Die elektrischen Feldlinien beginnen bei der positiven Punktladung und enden bei der negativen Punktladung. Rechts: Die magnetischen Feldlinien sind immer geschlossen und durchdringen jede beliebige, geschlossene Integrationsfläche Σ zweimal, einmal von außen nach innen und einmal von innen nach außen. Der magnetische Fluss durch Σ ist deshalb immer gleich 0.

2.1.3 Induktionsgesetz von Faraday

Die Stromerzeugung in einem Fahrraddynamo, in der Lichtmaschine von Kraftfahrzeugen oder in den Generatoren von Wind-, Wasser-, Kohle-, Kernkraftwerken etc. basiert auf dem Phänomen der Induktion, wie es von Michael Faraday (1791-1867) entdeckt wurde. Er stellte fest, dass ein zeitlich veränderlicher Magnetfluss, der durch die Öffnung einer geschlossenen Leiterschleife geht, einen elektrischen Strom in der Schleife hervorruft. Wenn aber im Leiter ein Strom fließt, muss um ihn ein elektrisches Feld existieren, um die Ladungsträger in Bewegung zu versetzen. Der experimentell festgestellte Zusammenhang zwischen der zeitlichen

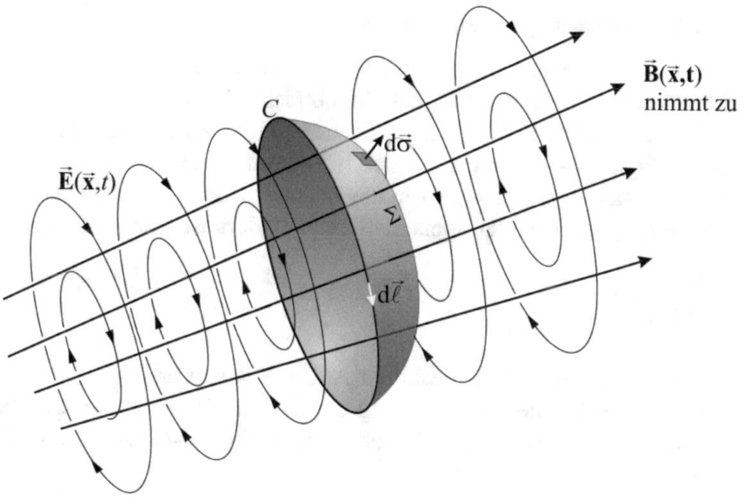

Figur 2-3. Illustration zum Induktionsgesetz von Faraday. Das zeitlich veränderliche Magnetfeld induziert ein elektrisches Feld.

Änderungsrate des Magnetflusses und des dadurch induzierten elektrischen Feldes ist durch die Gleichung

$$\oint_{C(\Sigma)} \vec{\mathbf{E}}(\vec{\mathbf{x}},t)d\vec{\ell} = -\frac{d}{dt}\int_{\Sigma} \vec{\mathbf{B}}(\vec{\mathbf{x}},t)d\vec{\boldsymbol{\sigma}} \tag{2-3}$$

gegeben, wobei t hier für die Zeit steht. Dies ist das Induktionsgesetz von Faraday und besagt, dass das Linienintegral des elektrischen Feldes entlang einer geschlossenen Kurve C gleich dem Negativen der zeitlichen Änderungsrate des magnetischen Flusses durch die von dieser Kurve eingeschlossenen Fläche ist. Wie in Figur 2-3 skizziert, gilt für die Richtungen von $d\vec{\boldsymbol{\sigma}}$ und $d\vec{\boldsymbol{\ell}}$ die „Korkenzieherregel".

Beim Induktionsgesetz ist zu Beachten, dass im Sinne der Maxwellschen Gleichungen – welche die Beziehung zwischen den elektromagnetischen Feldern und den Ladungen beschreiben – rechts in Gleichung (2-3) nur der Anteil, der von einer zeitlichen Veränderung des Magnetfeldes herrührt, zu betrachten ist (Ruheinduktion, keine bewegten Leiterschleifen). In diesem Fall kann die zeitliche Ableitung in (2-3) mit der Integration vertauscht werden,

$$\oint_{C(\Sigma)} \vec{\mathbf{E}}(\vec{\mathbf{x}},t)d\vec{\ell} = -\int_{\Sigma} \frac{d}{dt}\vec{\mathbf{B}}(\vec{\mathbf{x}},t)d\vec{\boldsymbol{\sigma}}\,. \tag{2-4}$$

Die durch eine zeitliche Veränderung der Randlinie $C(\Sigma)$ (bewegte Leiterschleifen) verursachte Unipolarinduktion (Bewegungsinduktion) ist ein separat zu betrachtender (relativistischer) Effekt und kann auf die Lorentzkraft zurückgeführt werden.

2.1.4 Das Durchflutungsgesetz von Ampère und Maxwell

Mit Hilfe einer Kompassnadel kann leicht festgestellt werden, dass in der Umgebung eines stromdurchflossenen Leiters ein Magnetfeld herrscht. In Analogie zum Induktionsgesetz induziert zudem auch ein zeitlich veränderliches elektrisches Feld ein Magnetfeld, wie dies im Beispiel von Figur 2-4 skizziert ist. Je nach Anordnung können beide Phänomene zusammen auftreten und sich überlagern. Der mathematische Zusammenhang zwischen der Stromdichteverteilung $\vec{j}(\vec{x})$ und den elektromagnetischen Feldern ist durch das Durchflutungsgesetz

$$\oint_{C(\Sigma)} \frac{\vec{\mathbf{B}}(\vec{\mathbf{x}},t)}{\mu(\vec{\mathbf{x}})} d\vec{\ell} = \int_{\Sigma} \left(\vec{\mathbf{j}}(\vec{\mathbf{x}},t) + \frac{d}{dt} \varepsilon(\vec{\mathbf{x}}) \vec{\mathbf{E}}(\vec{\mathbf{x}},t) \right) d\vec{\sigma} \tag{2-5}$$

gegeben, wobei μ die absolute Permeabilität ist. Im Vakuum ist $\mu = \mu_0 = 4\pi \cdot 10^{-7}$ N/A^2. Die Integrationen über die Fläche Σ und entlang der dazugehörigen Kurve $C(\Sigma)$ sind analog zu jenen des Induktionsgesetzes in Figur 2-3 und sind in Figur 2-4 aus Übersichtsgründen nicht eingezeichnet.

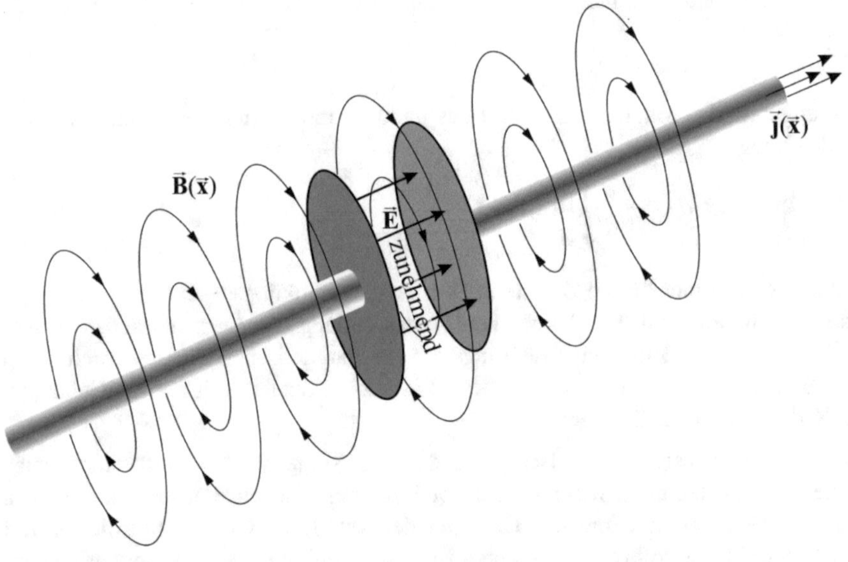

Figur 2-4. Illustration des Durchflutungsgesetzes. Sowohl der Fluss von Ladungsträgern (z. B. in einem elektrischen Leiter) als auch ein zeitlich veränderliches elektrisches Feld (z. B. zwischen zwei Kondensatorplatten) erzeugen ein Magnetfeld.

2.2 Die Maxwellschen Gleichungen in differentieller Form

Die Maxwellschen Gleichungen in der oben wiedergegebenen Integralform sind anschaulich gut zugänglich. Besonders für die Berechnung der Lichtausbreitung ist die im Folgenden hergeleitete differentielle Form der Gleichungen jedoch handlicher. Für die Umformung der Gleichungen wenden wir zwei mathematische Sätze aus der Vektorrechnung an.[3]

Der Satz von Gauß besagt, dass der Fluss eines beliebigen Vektorfeldes $\vec{\mathbf{V}}$ durch eine beliebige, geschlossene Oberfläche Σ gleich dem Volumenintegral der Divergenz $\vec{\nabla}\vec{\mathbf{V}}$ des Vektorfeldes im von Σ eingeschlossenen Volumen V ist (siehe z. B. Figur 2-1):

$$\oint\limits_{\Sigma(V)} \vec{\mathbf{V}}(\vec{\mathbf{x}})d\vec{\sigma} = \int\limits_{V} \vec{\nabla}\vec{\mathbf{V}}(\vec{\mathbf{x}})dV \,. \tag{2-6}$$

Der Satz von Stokes besagt, dass das Linienintegral eines beliebigen Vektorfeldes $\vec{\mathbf{V}}$ entlang einer geschlossenen Linie C gleich dem Fluss der Rotation $\vec{\nabla} \times \vec{\mathbf{V}}$ des Vektorfeldes durch die von C umschlossenen Fläche Σ ist (siehe z. B. Figur 2-3):

$$\oint\limits_{C(\Sigma)} \vec{\mathbf{V}}(\vec{\mathbf{x}})d\vec{\ell} = \int\limits_{\Sigma} \left(\vec{\nabla} \times \vec{\mathbf{V}}(\vec{\mathbf{x}})\right)d\vec{\sigma} \,. \tag{2-7}$$

Durch Anwendung des Satzes von Gauß (2-6) auf das Volumenintegral in (2-1) erhalten wir

$$\int\limits_{V} \vec{\nabla}\left(\varepsilon(\vec{\mathbf{x}})\vec{\mathbf{E}}(\vec{\mathbf{x}})\right)dV = \int\limits_{V} \rho(\vec{\mathbf{x}})dV \,. \tag{2-8}$$

Diese Gleichung kann nur dann für alle beliebig gewählte Volumen gelten, wenn die Integranden an jedem Ort im Raum gleich sind, d. h.

$$\vec{\nabla}\left(\varepsilon(\vec{\mathbf{x}})\vec{\mathbf{E}}(\vec{\mathbf{x}})\right) = \rho(\vec{\mathbf{x}}) \,. \tag{2-9}$$

Wendet man den Satz von Gauß auf (2-2) an, so folgt auf gleiche Weise

$$\vec{\nabla}\vec{\mathbf{B}}(\vec{\mathbf{x}}) = 0 \,. \tag{2-10}$$

Durch Anwendung des Satzes von Stokes (2-7) auf die linke Seite des Induktionsgesetzes (2-4) erhalten wir

$$\int\limits_{\Sigma} \left(\vec{\nabla} \times \vec{\mathbf{E}}(\vec{\mathbf{x}},t)\right)d\vec{\sigma} = -\int\limits_{\Sigma} \frac{d}{dt}\vec{\mathbf{B}}(\vec{\mathbf{x}},t)d\vec{\sigma} \,. \tag{2-11}$$

Auch diese Gleichung kann nur dann für alle beliebig gewählten Flächen Σ gelten, wenn die beiden Integranden überall identisch sind, also

$$\vec{\nabla} \times \vec{\mathbf{E}}(\vec{\mathbf{x}},t) = -\dot{\vec{\mathbf{B}}}(\vec{\mathbf{x}},t) \,, \tag{2-12}$$

wobei hier für die Ableitung nach der Zeit die übliche Abkürzung mit dem Punkt über der abgeleiteten Größe verwendet wurde.

Auf gleiche Weise folgt aus dem Durchflutungsgesetz (2-5) und dem Satz von Stokes (2-7) die Beziehung

$$\vec{\nabla} \times \frac{\vec{\mathbf{B}}(\vec{\mathbf{x}},t)}{\mu(\vec{\mathbf{x}})} = \vec{\mathbf{j}}(\vec{\mathbf{x}},t) + \varepsilon(\vec{\mathbf{x}})\dot{\vec{\mathbf{E}}}(\vec{\mathbf{x}},t) \,. \tag{2-13}$$

In der differentiellen Form lassen sich die Maxwellschen Gleichungen also wie folgt zusammenfassen:

$$\vec{\nabla}(\varepsilon\vec{\mathbf{E}}) = \rho \tag{2-14}$$

$$\vec{\nabla}\vec{\mathbf{B}} = 0 \tag{2-15}$$

$$\vec{\nabla}\times\vec{\mathbf{E}} + \dot{\vec{\mathbf{B}}} = 0 \tag{2-16}$$

$$\vec{\nabla}\times\left(\frac{\vec{\mathbf{B}}}{\mu}\right) - \varepsilon\dot{\vec{\mathbf{E}}} = \vec{\mathbf{j}}\,. \tag{2-17}$$

In der Literatur wird die dielektrische Verschiebung $\varepsilon\vec{\mathbf{E}}$ oft mit $\vec{\mathbf{D}}$ abgekürzt. Historisch wurde für $\vec{\mathbf{B}}$ der Begriff der magnetischen Induktion (oder magnetische Flussdichte) verwendet und nur die mit $\vec{\mathbf{H}}$ abgekürzte Größe $\vec{\mathbf{B}}/\mu$ als Magnetfeld bezeichnet. Wir werden diesen historischen Bezeichnungen keine weitere Bedeutung zumessen und in diesem Buch immer nur die Felder $\vec{\mathbf{E}}$ und $\vec{\mathbf{B}}$ bzw. explizit die Ausdrücke $\varepsilon\vec{\mathbf{E}}$ und $\vec{\mathbf{B}}/\mu$ verwenden.

Oft werden die elektromagnetischen Felder in homogenen Medien untersucht, wo sich sowohl die Dielektrizitätskonstante ε als auch die magnetische Permeabilität μ örtlich nicht ändern. In diesem Fall können ε und μ von der Differentiation ausgeschlossen werden. Die Maxwellschen Gleichungen in homogenen Medien lauten dann

$$\vec{\nabla}\vec{\mathbf{E}} = \frac{\rho}{\varepsilon_r\varepsilon_0} \tag{2-18}$$

$$\vec{\nabla}\vec{\mathbf{B}} = 0 \tag{2-19}$$

$$\vec{\nabla}\times\vec{\mathbf{E}} + \dot{\vec{\mathbf{B}}} = 0 \tag{2-20}$$

$$\vec{\nabla}\times\vec{\mathbf{B}} - \mu_r\mu_0\varepsilon_r\varepsilon_0\dot{\vec{\mathbf{E}}} = \mu_r\mu_0\vec{\mathbf{j}}\,, \tag{2-21}$$

wobei hier die absolute Dielektrizität $\varepsilon = \varepsilon_r\varepsilon_0$ mit Hilfe der relativen Dielektrizität $\varepsilon_r = \varepsilon/\varepsilon_0$ und die absolute Permeabilität $\mu = \mu_r\mu_0$ mit Hilfe der relativen Permeabilität $\mu_r = \mu/\mu_0$ ausgedrückt wurden.

2.3 Energie des elektromagnetischen Feldes

Bereits in den frühen Untersuchungen wurde das Vorhandensein elektrischer und magnetischer Felder an deren Wirkung auf geladene Probekörper ergründet. So wurde festgestellt, dass ein elektrisches Feld $\vec{\mathbf{E}}$ auf eine Punktladung Q die Kraft

$$\vec{\mathbf{F}}_E = Q\vec{\mathbf{E}} \tag{2-22}$$

ausübt. Das magnetische Feld $\vec{\mathbf{B}}$ äußert sich hingegen gemäß

$$\vec{\mathbf{F}}_B = Q\vec{\mathbf{v}}\times\vec{\mathbf{B}} \tag{2-23}$$

als Kraft auf bewegte Ladungsträger, wobei $\vec{\mathbf{v}}$ die Geschwindigkeit der Testpunktladung Q ist. Treten beide Kräfte zusammen auf, ist die resultierende Kraft durch

$$\vec{\mathbf{F}} = Q\left(\vec{\mathbf{E}} + \vec{\mathbf{v}}\times\vec{\mathbf{B}}\right) \tag{2-24}$$

gegeben. Für nicht relativistische Geschwindigkeiten lautet das Bewegungsgesetz für punktförmige Ladungsträger der Masse m somit

$$m\ddot{\vec{\mathbf{x}}} = Q\left(\vec{\mathbf{E}} + \vec{\mathbf{v}} \times \vec{\mathbf{B}}\right). \tag{2-25}$$

Bei jeder Bewegung des Ladungsträgers leistet das Feld während der Zeit dt die Arbeit

$$dA = \vec{\mathbf{F}} d\vec{\mathbf{x}} = \vec{\mathbf{F}}\vec{\mathbf{v}} dt, \tag{2-26}$$

was mit (2-24)

$$dA = Q\vec{\mathbf{E}}\vec{\mathbf{v}} dt + \underbrace{(\vec{\mathbf{v}} \times \vec{\mathbf{B}})\vec{\mathbf{v}}}_{=0} dt \tag{2-27}$$

ergibt. Der zweite Term in (2-27) verschwindet, weil $\vec{\mathbf{v}} \times \vec{\mathbf{B}}$ senkrecht zu $\vec{\mathbf{v}}$ steht.

Wenn sich statt einer diskreten Punktladung eine kontinuierliche Ladungsverteilung bewegt, ist dQ durch die Ladungsdichte ρ im Volumen dV zu ersetzen und wir erhalten

$$dA = \rho dV \vec{\mathbf{E}}\vec{\mathbf{v}} dt. \tag{2-28}$$

Das Produkt $\rho\vec{\mathbf{v}}$ entspricht gemäß Definition gerade der Stromdichte $\vec{\mathbf{j}}$. Die vom elektromagnetischen Feld im Volumenelement dV während des Zeitintervalls dt an der bewegten Ladungsverteilung geleistete Arbeit beträgt

$$dA = \vec{\mathbf{j}}\vec{\mathbf{E}} dV dt. \tag{2-29}$$

Es sei hier nur die Feldenergie in dispersionsfreier und homogener Umgebung betrachtet (für weiterführende Betrachtungen wird auf entsprechende Lehrbücher verweisen).[5] Dann folgt durch Einsetzen von (2-21)

$$\frac{dA}{dVdt} = \vec{\mathbf{j}}\vec{\mathbf{E}} = \left(\frac{\vec{\nabla} \times \vec{\mathbf{B}}}{\mu_r \mu_0} - \varepsilon_r \varepsilon_0 \dot{\vec{\mathbf{E}}}\right)\vec{\mathbf{E}}. \tag{2-30}$$

Durch Anwendung der Vektor-Rechenregel[3]

$$\vec{\nabla}(\vec{\mathbf{a}} \times \vec{\mathbf{b}}) = \vec{\mathbf{b}}(\vec{\nabla} \times \vec{\mathbf{a}}) - \vec{\mathbf{a}}(\vec{\nabla} \times \vec{\mathbf{b}}) \tag{2-31}$$

erhalten wir mit (2-20) daraus

$$\frac{dA}{dVdt} = \vec{\mathbf{j}}\vec{\mathbf{E}} = \left(-\varepsilon_r \varepsilon_0 \dot{\vec{\mathbf{E}}}\vec{\mathbf{E}} - \frac{\dot{\vec{\mathbf{B}}}\vec{\mathbf{B}}}{\mu_r \mu_0} - \frac{1}{\mu_r \mu_0}\vec{\nabla}(\vec{\mathbf{E}} \times \vec{\mathbf{B}})\right). \tag{2-32}$$

Die ersten beiden Terme in der Klammer sind zusammen gleich der negativen zeitlichen Änderung von

$$u = \frac{\varepsilon_r \varepsilon_0}{2}\vec{\mathbf{E}}^2 + \frac{1}{2\mu_r \mu_0}\vec{\mathbf{B}}^2. \tag{2-33}$$

Der dritte Term ist die negative Divergenz des so genannten Poyntingvektors

$$\vec{\mathbf{S}} = \frac{\vec{\mathbf{E}} \times \vec{\mathbf{B}}}{\mu_r \mu_0}. \tag{2-34}$$

Wir erhalten somit

$$\frac{dA}{dV\,dt} = \vec{\mathbf{j}}\vec{\mathbf{E}} = -\dot{u} - \vec{\nabla}\vec{\mathbf{S}} \tag{2-35}$$

und daraus den Satz von Poynting

$$\dot{u} + \vec{\nabla}\vec{\mathbf{S}} + \vec{\mathbf{j}}\vec{\mathbf{E}} = 0\,. \tag{2-36}$$

Gemäß Herleitung hat die Gleichung (2-35) die Dimension der zeitlichen Ableitung einer Energiedichte. Durch Integration über ein gegebenes Volumen V erhält man die Energiebilanz

$$\dot{A} = \int_V \vec{\mathbf{j}}\vec{\mathbf{E}}\,dV = -\int_V (\dot{u} + \vec{\nabla}\vec{\mathbf{S}})\,dV\,. \tag{2-37}$$

Rechts steht also die pro Zeiteinheit von den bewegten Ladungsträgern aufgenommene Energie und links die vom Feld pro Zeiteinheit an die Ladungsträger abgegebene Energie.

Wenn keine freien Ladungsträger vorhanden sind ($\vec{\mathbf{j}} = 0$) reduziert sich diese Gleichung auf

$$\int_V (\dot{u} + \vec{\nabla}\vec{\mathbf{S}})\,dV \doteq \dot{U} + \int_V \vec{\nabla}\vec{\mathbf{S}}\,dV = 0\,, \tag{2-38}$$

was mit dem Satz von Gauß (2-6) in

$$\dot{U} = -\oint_{\Sigma(V)} \vec{\mathbf{S}}\,d\vec{\boldsymbol{\sigma}} \tag{2-39}$$

umgeformt werden kann. Die aus dem Volumen V durch die geschlossene Oberfläche $\Sigma(V)$ zu- oder abfließende Leistung ist demnach durch das Oberflächenintegral des Poyntingvektors gegeben. Die Größe U entspricht offenbar der im elektromagnetischen Feld gespeicherten Energie (u ist die Energiedichte) und der Betrag des Poyntingvektors entspricht dem lokalen Energiedichtefluss (Leistung pro Querschnittsfläche) in Richtung von $\vec{\mathbf{S}}$.

Bei stationären Feldern ist die Energie U konstant, d. h. $\dot{U} = 0$. Im Allgemeinen verschwindet dabei $\vec{\mathbf{S}}$ aber nicht. Aus (2-34) und den Maxwellgleichungen folgt hingegen $\vec{\nabla}\vec{\mathbf{S}} = 0$, womit (2-38) und (2-39) auch in diesem Fall erfüllt sind.

2.4 Elektromagnetische Wellen

Wir gehen nun wie Maxwell vor und leiten aus den oben besprochenen vier Grundgesetzen der Elektrodynamik die Existenz von elektromagnetischen Wellen her. Die Herleitung sei auf den Spezialfall mit $\rho = 0$ und $\vec{\mathbf{j}} = 0$ (Abwesenheit von freien Ladungsträgern) und auf homogene Medien eingeschränkt. Als erstes wird die Rotation der Gleichung (2-20) berechnet:

$$\vec{\nabla} \times (\vec{\nabla} \times \vec{\mathbf{E}}) + \vec{\nabla} \times \dot{\vec{\mathbf{B}}} = 0\,. \tag{2-40}$$

Durch Anwendung der Vektor-Produktregel[3]

$$\vec{\mathbf{a}} \times (\vec{\mathbf{b}} \times \vec{\mathbf{c}}) = \vec{\mathbf{b}}(\vec{\mathbf{a}} \cdot \vec{\mathbf{c}}) - (\vec{\mathbf{a}} \cdot \vec{\mathbf{b}})\vec{\mathbf{c}} \tag{2-41}$$

erhalten wir daraus

$$\vec{\nabla}(\vec{\nabla}\vec{\mathbf{E}}) - (\vec{\nabla}\vec{\nabla})\vec{\mathbf{E}} + \vec{\nabla} \times \dot{\vec{\mathbf{B}}} = 0 \,. \qquad (2\text{-}42)$$

Mit $\rho = 0$ führt dies durch Einsetzen von (2-18) zur Gleichung

$$-\Delta\vec{\mathbf{E}} + \vec{\nabla} \times \dot{\vec{\mathbf{B}}} = 0 \,, \qquad (2\text{-}43)$$

wobei für $\vec{\nabla}\vec{\nabla} = \vec{\nabla}^2$ die übliche Abkürzung Δ verwendet wurde. Die Rotation der magnetischen Flussdichte ersetzen wir mit Hilfe der Gleichung (2-21) und erhalten unter der Voraussetzung $\vec{\mathbf{j}} = 0$ die Wellengleichung

$$\Delta\vec{\mathbf{E}} - \mu_r\mu_0\varepsilon_r\varepsilon_0\ddot{\vec{\mathbf{E}}} = 0 \,. \qquad (2\text{-}44)$$

Auf ähnliche Weise gelangt man durch Bildung der Rotation von (2-21) und Einsetzen von (2-19) und (2-20) zur Wellengleichung

$$\Delta\vec{\mathbf{B}} - \mu_r\mu_0\varepsilon_r\varepsilon_0\ddot{\vec{\mathbf{B}}} = 0 \,. \qquad (2\text{-}45)$$

Artgleiche Wellengleichungen sind überall dort anzutreffen, wo harmonisch schwingende Größen auftreten. Für die hier behandelten elektromagnetischen Wellen werden die wichtigsten Lösungen im Folgenden kurz erörtert.

2.4.1 Die ebenen Wellen

Durch Einsetzen lässt sich leicht verifizieren, dass die Felder

$$\vec{\mathbf{E}}(\vec{\mathbf{x}},t) = \underset{\sim}{\vec{\mathbf{E}}} e^{-i\vec{\mathbf{k}}\vec{\mathbf{x}}+i\omega t} \qquad (2\text{-}46)$$

und

$$\vec{\mathbf{B}}(\vec{\mathbf{x}},t) = \underset{\sim}{\vec{\mathbf{B}}} e^{-i\vec{\mathbf{k}}\vec{\mathbf{x}}+i\omega t} \qquad (2\text{-}47)$$

die Wellengleichungen (2-44) und (2-45) lösen, sofern die Dispersionsrelation

$$\omega = \frac{|\vec{\mathbf{k}}|}{\sqrt{\mu_r\mu_0\varepsilon_r\varepsilon_0}} \qquad (2\text{-}48)$$

erfüllt ist.[a] $\underset{\sim}{\vec{\mathbf{E}}}$ und $\underset{\sim}{\vec{\mathbf{B}}}$ stehen hier für die Wellenamplituden.

Die hier verwendete komplexe Schreibweise ist für die meisten Berechnungen sehr bequem. Da aber die elektrischen und magnetischen Felder reelle Größen sind, erhält man die physikalisch sinnvollen Lösungen der Wellengleichung mit den Realteilen

---

[a] $$\Delta\vec{\mathbf{E}} = \left[\left(\frac{\partial}{\partial x}\right)^2 + \left(\frac{\partial}{\partial y}\right)^2 + \left(\frac{\partial}{\partial z}\right)^2\right]\vec{\mathbf{E}} = \left(-k_x^2 - k_y^2 - k_z^2\right)\underset{\sim}{\vec{\mathbf{E}}} e^{-i\vec{\mathbf{k}}\vec{\mathbf{x}}+i\omega t} = -|\vec{\mathbf{k}}|^2 \underset{\sim}{\vec{\mathbf{E}}} e^{-i\vec{\mathbf{k}}\vec{\mathbf{x}}+i\omega t}$$

$$\ddot{\vec{\mathbf{E}}} = \left(\frac{\partial}{\partial t}\right)^2 \vec{\mathbf{E}} = -\omega^2 \underset{\sim}{\vec{\mathbf{E}}} e^{-i\vec{\mathbf{k}}\vec{\mathbf{x}}+i\omega t}$$

analog für $\vec{\mathbf{B}}$.

$$\begin{aligned}\vec{\mathbf{E}}(\vec{\mathbf{x}},t) &= \frac{1}{2}\left(\underset{\sim}{\vec{\mathbf{E}}}e^{-i\vec{\mathbf{k}}\vec{\mathbf{x}}+i\omega t} + \underset{\sim}{\vec{\mathbf{E}}}^{*}e^{+i\vec{\mathbf{k}}\vec{\mathbf{x}}-i\omega t}\right)\\ \vec{\mathbf{B}}(\vec{\mathbf{x}},t) &= \frac{1}{2}\left(\underset{\sim}{\vec{\mathbf{B}}}e^{-i\vec{\mathbf{k}}\vec{\mathbf{x}}+i\omega t} + \underset{\sim}{\vec{\mathbf{B}}}^{*}e^{+i\vec{\mathbf{k}}\vec{\mathbf{x}}-i\omega t}\right).\end{aligned} \tag{2-49}$$

Solange nur lineare Operationen durchzuführen sind, kann mit den komplexen Ausdrücken gerechnet und am Schluss der Realteil des Resultats betrachtet werden. Bei anderen Operationen, insbesondere bei Produkten aus Feldgrößen (z. B. Energie der Felder, nicht-lineare Optik etc.) dürfen jedoch nur die Realteile verwendet werden. Um die Notation zu entlasten, wird hinfort im ganzen Buch bei linearen Rechnungen immer nur die komplexe Schreibweise benutzt. Für die physikalischen Felder sind dabei implizit stets nur die Realteile gemeint.

Um die physikalischen Eigenschaften der Felder in (2-46) und (2-47) zu untersuchen, stellen wir zunächst fest, dass[b]

$$\vec{\mathbf{E}}\left(\vec{\mathbf{x}}_0,t\right) = \vec{\mathbf{E}}\left(\vec{\mathbf{x}}_0 + \frac{\vec{\mathbf{k}}}{|\vec{\mathbf{k}}|}\frac{2\pi}{|\vec{\mathbf{k}}|},t\right), \text{ (analog für } \vec{\mathbf{B}}\text{).} \tag{2-50}$$

Das Feld weist also in Richtung von $\vec{\mathbf{k}}$ eine Periodizität – d. h. eine Wellenlänge – von

$$\lambda = \frac{2\pi}{|\vec{\mathbf{k}}|} \tag{2-51}$$

auf. In Ebenen senkrecht zu $\vec{\mathbf{k}}$ sind die Felder zu einem gegebenen Zeitpunkt überall gleich.[c] Es handelt sich hier also um so genannt ebene Wellen.

Betrachten wir die Felder zum Zeitpunkt $t_0 + dt$ so stellen wir andererseits fest,[d] dass

$$\vec{\mathbf{E}}(\vec{\mathbf{x}}_0,t_0+dt) = \vec{\mathbf{E}}\left(\vec{\mathbf{x}}_0 - \frac{\vec{\mathbf{k}}}{|\vec{\mathbf{k}}|}\frac{\omega}{|\vec{\mathbf{k}}|}dt,t_0\right), \text{ (analog für } \vec{\mathbf{B}}\text{).} \tag{2-52}$$

Wenn zum Zeitpunkt $t_0 + dt$ das Feld an der Stelle $\vec{\mathbf{x}}_0$ einen gegebenen Wert $\vec{\mathbf{E}}$ hat, so war derselbe Wert zum früheren Zeitpunkt t_0 offenbar um die Strecke $(\omega/|\vec{\mathbf{k}}|)dt$ in Richtung von $-\vec{\mathbf{k}}$ vor der Stelle $\vec{\mathbf{x}}_0$ anzutreffen. Mit anderen Worten, die Feldverteilung bewegt sich als Ganzes mit der Geschwindigkeit

---

[b] $e^{-i\vec{\mathbf{k}}\vec{\mathbf{x}}_0} = e^{-i\vec{\mathbf{k}}\vec{\mathbf{x}}_0-i2\pi} = e^{-i\vec{\mathbf{k}}\vec{\mathbf{x}}_0-i\frac{|\vec{\mathbf{k}}|^2}{|\vec{\mathbf{k}}|^2}2\pi} = e^{-i\vec{\mathbf{k}}\vec{\mathbf{x}}_0-i\frac{\vec{\mathbf{k}}\vec{\mathbf{k}}}{|\vec{\mathbf{k}}|^2}2\pi} = e^{-i\vec{\mathbf{k}}\left(\vec{\mathbf{x}}_0+\frac{\vec{\mathbf{k}}}{|\vec{\mathbf{k}}|}\frac{2\pi}{|\vec{\mathbf{k}}|}\right)}$

[c] $\vec{\mathbf{k}}(\vec{\mathbf{x}}_0 + \vec{\mathbf{x}}_{\perp\vec{\mathbf{k}}}) = \vec{\mathbf{k}}\vec{\mathbf{x}}_0 + \vec{\mathbf{k}}\vec{\mathbf{x}}_{\perp\vec{\mathbf{k}}} = \vec{\mathbf{k}}\vec{\mathbf{x}}_0$

[d] $-i\vec{\mathbf{k}}\vec{\mathbf{x}}_0 + i\omega(t_0+dt) = -i\vec{\mathbf{k}}\vec{\mathbf{x}}_0 + i\omega dt + i\omega t_0 = -i\vec{\mathbf{k}}\vec{\mathbf{x}}_0 + i\frac{|\vec{\mathbf{k}}|^2\omega}{|\vec{\mathbf{k}}|^2}dt + i\omega t_0$

$$= -i\vec{\mathbf{k}}\vec{\mathbf{x}}_0 + i\frac{\vec{\mathbf{k}}\vec{\mathbf{k}}\omega}{|\vec{\mathbf{k}}|^2}dt + i\omega t_0 = -i\vec{\mathbf{k}}\left(\vec{\mathbf{x}}_0 - \frac{\vec{\mathbf{k}}}{|\vec{\mathbf{k}}|}\frac{\omega}{|\vec{\mathbf{k}}|}dt\right) + i\omega t_0$$

$$c = \frac{\omega}{|\vec{\mathbf{k}}|} \tag{2-53}$$

in der Richtung von $\vec{\mathbf{k}}$. Mit der Dispersionsrelation (2-48) findet man für diese Phasengeschwindigkeit den Wert

$$c = \frac{1}{\sqrt{\mu_r \mu_0 \varepsilon_r \varepsilon_0}}. \tag{2-54}$$

Mit der Definition des Brechungsindex

$$n = \sqrt{\mu_r \varepsilon_r} \tag{2-55}$$

kann die Phasengeschwindigkeit durch

$$c = \frac{c_0}{n} \tag{2-56}$$

ausgedrückt werden, wobei

$$c_0 = \frac{1}{\sqrt{\mu_0 \varepsilon_0}} = 2.99792458 \cdot 10^8 \, \frac{m}{s} \tag{2-57}$$

die Vakuumlichtgeschwindigkeit ist.

Ohne Beweis sei hier der Vollständigkeit halber erwähnt, dass sich ein Lichtpuls in einem dispersiven Medium (Brechungsindex ändert sich mit der Frequenz ω) mit einer von der Phasengeschwindigkeit abweichenden, so genannten Gruppengeschwindigkeit

$$c_g = \frac{d\omega}{dk} = \left(\frac{dk}{d\omega}\right)^{-1} = \frac{c_0}{n(\omega) + \omega \dfrac{dn(\omega)}{d\omega}} \tag{2-58}$$

fortpflanzt.[2, 5] Mit k ist hier der Betrag von $\vec{\mathbf{k}}$ gemeint. Wegen den unterschiedlichen Geschwindigkeiten der verschiedenen Farbkomponenten im Lichtpuls wird dieser im Allgemeinen auch zerfließen und seine Form ändern. Dies führt z. B. bei der Übertragung von Signalen in optischen Telekommunikationsfasern zu Limitierungen bezüglich Übertragungsdistanz und Signalrate. Nur in ganz speziellen Fällen können optische Pulse erzeugt werden, die über lange Distanzen nicht zerfließen. Das Phänomen solcher Solitonen wurde ursprünglich bei Oberflächenwellen in einem Wasserkanal entdeckt.

Die Kreisfrequenz $\omega = 2\pi\nu$ bestimmt die Farbe des Lichtes. Im sichtbaren Wellenlängenbereich von ca. 380 nm bis 750 nm liegt die Lichtfrequenz ν in der Größenordnung von 10^{14} Hz. Die Frequenz des Lichtes ist in Medien mit unterschiedlichen Brechungsindizes überall gleich; sie ist also eine *invariante* Eigenschaft des Lichts und damit des Laserstrahls. Hingegen ändern sich sowohl die Ausbreitungsgeschwindigkeit c als auch die Wellenlänge λ und der Betrag des Wellenzahlvektors $\vec{\mathbf{k}}$. Denn aus (2-53) und (2-51) folgt mit (2-56)

$$|\vec{\mathbf{k}}| = \frac{\omega}{c_0} n = |\vec{\mathbf{k}}_0| n \tag{2-59}$$

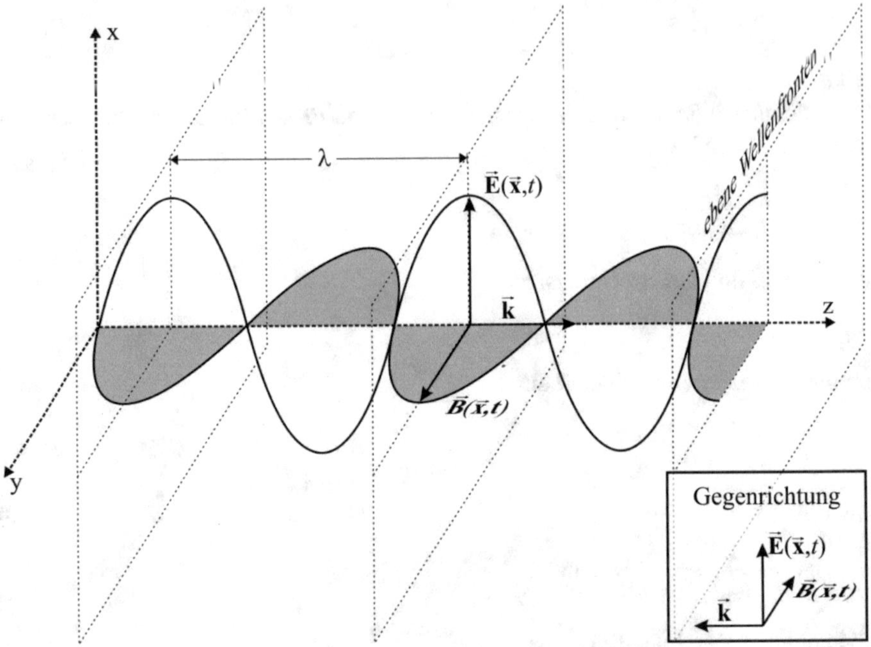

Figur 2-5. Ausbreitung der linear polarisierten ebenen Welle.

und

$$\lambda = \frac{2\pi}{\omega}\frac{c_0}{n} = \frac{\lambda_0}{n}. \tag{2-60}$$

Der Index 0 bezeichnet hier die Beträge der entsprechenden Größen im Vakuum.

Die hier behandelten Lösungen der Wellengleichungen müssen nach wie vor alle Maxwellgleichungen erfüllen. Die Richtungen der Amplitudenvektoren $\underset{\sim}{\vec{\mathbf{E}}}$ und $\underset{\sim}{\vec{\mathbf{B}}}$ können deshalb nicht unabhängig voneinander gewählt werden. Damit (2-19) sowie (2-18) für den hier betrachteten Fall mit $\rho = 0$ erfüllt sind, müssen beide Feldvektoren senkrecht zu $\vec{\mathbf{k}}$ stehen,[e] das heißt

$$\vec{\mathbf{k}}\underset{\sim}{\vec{\mathbf{E}}} = \vec{\mathbf{k}}\underset{\sim}{\vec{\mathbf{B}}} = 0\,. \tag{2-61}$$

Bei den elektromagnetischen Wellen handelt es sich also um Transversalwellen.

Mit (2-20) stellt man zudem fest, dass das elektrische und das magnetische Feld gemäß

$$\omega\underset{\sim}{\vec{\mathbf{B}}} = \vec{\mathbf{k}} \times \underset{\sim}{\vec{\mathbf{E}}} \tag{2-62}$$

---

[e] $\vec{\nabla}\vec{\mathbf{E}} = \frac{\partial}{\partial x}E_x + \frac{\partial}{\partial y}E_y + \frac{\partial}{\partial z}E_z = \left(-ik_x\underset{\sim}{E}_x - ik_y\underset{\sim}{E}_y - ik_z\underset{\sim}{E}_z\right)e^{-i\vec{\mathbf{k}}\vec{\mathbf{x}}+i\omega t} = -i\vec{\mathbf{k}}\underset{\sim}{\vec{\mathbf{E}}}e^{-i\vec{\mathbf{k}}\vec{\mathbf{x}}+i\omega t}$

muss gemäß (2-18) und der Voraussetzung $\rho = 0$ überall verschwinden (analog für das Magnetfeld).

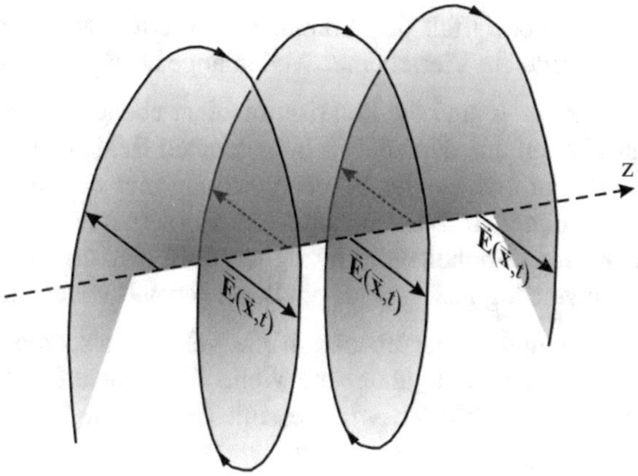

Figur 2-6. Eine elliptisch polarisierte Welle.

ebenfalls senkrecht zueinander stehen.[f]

Die Ausbreitung einer ebenen elektromagnetischen Welle ist als Momentaufnahme in Figur 2-5 skizziert. Wenn das elektrische Feld und das magnetische Feld wie hier dargestellt je in einer festen Richtung schwingen, spricht man von einer linear polarisierten Welle. Als *Polarisationsrichtung* bezeichnet man die *Schwingungsrichtung des elektrischen Feldes*. Für solch transversale Wellen gibt es zwei orthogonal unabhängige Polarisationen. Beispielsweise wie in Figur 2-5 in x-Richtung oder aber in y-Richtung.

Da die Wellengleichungen und die Maxwellgleichungen linear sind, ist jede Überlagerung solcher Wellen wieder eine Lösung der Wellengleichungen. Durch Addition zweier orthogonal zueinander polarisierter Wellen, können je nach Phasenunterschied weitere Polarisationszustände erzeugt werden. Die phasengleiche Addition zweier ebener, in x- und y-Richtung polarisierter Wellen mit gleicher Amplitude ergibt eine ebene Welle mit einer linearen, um 45° von der x- zur y-Achse gedrehten Polarisation. Besteht zwischen den beiden orthogonal polarisierten Komponenten eine Phasenverschiebung φ,

$$\vec{\mathbf{E}}(\vec{\mathbf{x}},t) = \begin{pmatrix} E_0 \\ 0 \\ 0 \end{pmatrix} e^{-i\vec{\mathbf{k}}\vec{\mathbf{x}}+i\omega t} + \begin{pmatrix} 0 \\ E_0 \\ 0 \end{pmatrix} e^{-i\vec{\mathbf{k}}\vec{\mathbf{x}}+i\omega t+i\varphi}, \tag{2-63}$$

so beschreiben die Enden der Feldvektoren bei einer Momentaufnahme im Allgemeinen eine elliptische Spirale, wie dies in Figur 2-6 dargestellt ist. Betrachtet man das zeitliche Verhalten derselben Welle an einem festen Ort, so rotiert die Spitze des Feldvektors entlang einer Ellipse, die senkrecht zur Ausbreitungsrichtung steht. Man spricht hier von einer elliptisch

---

[f] $$\vec{\nabla} \times \vec{\mathbf{E}} = \begin{pmatrix} \frac{\partial}{\partial y} E_z - \frac{\partial}{\partial z} E_y \\ \frac{\partial}{\partial z} E_x - \frac{\partial}{\partial x} E_z \\ \frac{\partial}{\partial x} E_y - \frac{\partial}{\partial y} E_x \end{pmatrix} = -i \begin{pmatrix} k_y E_z - k_z E_y \\ k_z E_x - k_x E_z \\ k_x E_y - k_y E_x \end{pmatrix} = -i\vec{\mathbf{k}} \times \vec{\mathbf{E}} = -i\vec{\mathbf{k}} \times \underset{\sim}{\vec{\mathbf{E}}} e^{-i\vec{\mathbf{k}}\vec{\mathbf{x}}+i\omega t}, \quad \dot{\vec{\mathbf{B}}}(\vec{\mathbf{x}},t) = i\omega \underset{\sim}{\vec{\mathbf{B}}} e^{-i\vec{\mathbf{k}}\vec{\mathbf{x}}+i\omega t}$$

polarisierten Welle. Der Spezialfall der zirkular polarisierten Welle entsteht dann, wenn die Phasenverschiebung gerade ein Viertel einer Wellenlänge beträgt, d.h. $\varphi = \pi/2$.

Wenn der Wellenzahlvektor $\vec{\mathbf{k}}$ und die Polarisation einer ebenen Welle festgelegt sind, folgen alle weiteren Eigenschaften aus den soeben hergeleiteten Beziehungen. Jeder beliebige Wert von $\vec{\mathbf{k}}$ ergibt eine gültige Lösung der Wellengleichung und der Maxwellgleichungen. Eine solche Lösung wird besonders in Zusammenhang mit Lasern auch Mode genannt. Jede solche Mode hat dann noch einen Freiheitsgrad bezüglich der Polarisation, wobei hier, wie soeben gesehen, zwei linear unabhängige Zustände als Basis gewählt werden können.

Zur eindeutigen Bezeichnung einer ebenen Welle gehören also die Modenfunktion (2-46) bzw. (2-47) (diese legen die Mode als ebene Welle fest) sowie die Angabe von $\vec{\mathbf{k}}$ und die Polarisation. In der Notation können wir dies mit geeigneten Indizes berücksichtigen und schreiben

$$\vec{\mathbf{E}}_{\vec{\mathbf{k}},p}(\vec{\mathbf{x}},t) = \underset{\sim}{\vec{\mathbf{E}}}_{\vec{\mathbf{k}},p} e^{-i\vec{\mathbf{k}}\vec{\mathbf{x}}+i\omega t} \tag{2-64}$$

beziehungsweise

$$\vec{\mathbf{B}}_{\vec{\mathbf{k}},p}(\vec{\mathbf{x}},t) = \underset{\sim}{\vec{\mathbf{B}}}_{\vec{\mathbf{k}},p} e^{-i\vec{\mathbf{k}}\vec{\mathbf{x}}+i\omega t}, \tag{2-65}$$

wobei p einfach einen der beiden linear unabhängigen Polarisationszustände indiziert.

Die hier betrachteten ebenen Wellen sind aber bei weitem nicht die einzigen möglichen Lösungen der Wellengleichung. Weitere Lösungsformen, d. h. weitere elektromagnetische Moden werden in den folgenden Abschnitten behandelt.

Obwohl die ebenen Wellen die Maxwellgleichungen und die Wellengleichung erfüllen, sind sie streng genommen physikalisch gar nicht zulässig. Wegen ihrer unendlichen transversalen Ausdehnung und der endlichen Amplitude würde nämlich eine solche ebene Welle eine unendlich hohe Energie enthalten. In vielen Fällen ist es aber nützlich, sich einen gegebenen Lichtstrahl wenigstens lokal als durch eine ebene Welle genähert vorzustellen. Zudem lässt sich gemäß Fourier-Transformation[6] jede beliebige Mode des elektromagnetischen Feldes als Linearkombination von ebenen Wellen ausdrücken.

2.4.1.1 Stehende Wellen

Die in Figur 2-5 dargestellte Welle breitet sich von links nach rechts aus (dasselbe gilt für die Welle in Figur 2-6). In einem optischen Resonator schwingen aber oft stehenden Wellen (Lasermode zwischen zwei Resonatorspiegeln). Eine stehende Welle lässt sich einfach als Überlagerung zweier räumlich in umgekehrter Richtung laufender Wellen erzeugen (die eine in z-Richtung, die andere in Richtung $-z$). Dabei gelten weiterhin die Beziehungen (2-61) und (2-62), wodurch die Richtungen der Feldvektoren der rücklaufenden Welle wie unten rechts in Figur 2-5 dargestellt ausgerichtet sind. Im Gegensatz zu der nach rechts laufenden Welle zeigt nun das magnetische Feld in Richtung $-y$ statt in y-Richtung, wenn das elektrische Feld in Richtung $+x$ zeigt. Dies hat zur Folge, dass bei der stehenden und linear polarisierten Welle sich das Maximum der Wellenbäuche des Magnetfeldes entlang des Strahles dort befindet, wo die Knoten des elektrischen Feldes liegen. Ist ein optischer Resonator durch ideal leitende

Spiegel (z. B. metallische Spiegel eines CO_2-Lasers) begrenzt, so bilden sich auf diesen ebenfalls Knoten des elektrischen Feldes aus.

Übung

Man berechne die Feldverteilung einer linear polarisierten stehenden Welle als Überlagerung zweier gegenläufiger ebenen Wellen und stelle diese graphisch dar.

2.4.2 Die Intensität elektromagnetischer Wellen

Gemäß Abschnitt 2.3 ist bei Abwesenheit von freien Ladungsträgern (womit auch keine Dispersion auftritt) der lokale Energiedichtefluss in Betrag und Richtung durch den Poynting-Vektor (2-34) als Vektorprodukt aus $\vec{\mathbf{E}}$ und $\vec{\mathbf{B}}$ gegeben. Da die beiden Felder durch (2-62) verknüpft sind, ist es nützlich, den Energiedichtefluss allein mit dem üblicherweise betrachteten elektrischen Feld $\vec{\mathbf{E}}$ auszudrücken. Da es hier um ein Produkt von Feldern geht, dürfen nur die Realteile der komplexen Schreibweise verwendet werden,

$$\begin{aligned}\vec{\mathbf{E}}_r(\vec{\mathbf{x}},t) &= \frac{1}{2}\left(\underset{\sim}{\vec{\mathbf{E}}}e^{-i\vec{\mathbf{k}}\vec{\mathbf{x}}+i\omega t}+\underset{\sim}{\vec{\mathbf{E}}}^{*}e^{i\vec{\mathbf{k}}\vec{\mathbf{x}}-i\omega t}\right)\\ &= \frac{1}{2}\underset{\sim}{\vec{\mathbf{E}}}_r\left(e^{-i\vec{\mathbf{k}}\vec{\mathbf{x}}+i\omega t+i\varphi}+e^{i\vec{\mathbf{k}}\vec{\mathbf{x}}-i\omega t-i\varphi}\right)=\underset{\sim}{\vec{\mathbf{E}}}_r\cos(\vec{\mathbf{k}}\vec{\mathbf{x}}-\omega t-\varphi)\,.\end{aligned} \tag{2-66}$$

Auf die Notation der Modenindizes $\vec{\mathbf{k}}$ und p wird hier aus Gründern der Übersichtlichkeit verzichtet. Ohne Einschränkung der Allgemeingültigkeit (Entwicklung des Feldes nach Moden) genügt die Betrachtung einer z. B. in x-Richtung polarisierten Welle mit

$$\underset{\sim}{\vec{\mathbf{E}}}_r = \begin{pmatrix} E_0 \\ 0 \\ 0 \end{pmatrix} \tag{2-67}$$

und

$$\vec{\mathbf{k}} = \begin{pmatrix} 0 \\ 0 \\ k \end{pmatrix}. \tag{2-68}$$

Aus (2-62) erhält man für das Magnetfeld somit

$$\underset{\sim}{\vec{\mathbf{B}}}_r = \frac{1}{\omega}\begin{pmatrix} 0 \\ kE_0 \\ 0 \end{pmatrix} \text{ und } \vec{\mathbf{B}}_r(\vec{\mathbf{x}},t) = \underset{\sim}{\vec{\mathbf{B}}}_r\cos(\vec{\mathbf{k}}\vec{\mathbf{x}}-\omega t-\varphi)\,. \tag{2-69}$$

In (2-34) eingesetzt erhalten wir daher

$$\vec{\mathbf{S}}(\vec{\mathbf{x}},t) = \underset{\sim}{\vec{\mathbf{E}}}_r \times \underset{\sim}{\vec{\mathbf{B}}}_r\,\frac{\cos^2(\vec{\mathbf{k}}\vec{\mathbf{x}}-\omega t-\varphi)}{\omega\mu_0\mu_r} = \begin{pmatrix} E_0 \\ 0 \\ 0 \end{pmatrix} \times \begin{pmatrix} 0 \\ kE_0 \\ 0 \end{pmatrix}\frac{\cos^2(\vec{\mathbf{k}}\vec{\mathbf{x}}-\omega t-\varphi)}{\omega\mu_0\mu_r} \tag{2-70}$$

und schließlich

$$\vec{\mathbf{S}}(\vec{\mathbf{x}},t)=\begin{pmatrix}0\\0\\1\end{pmatrix}\frac{\cos^2(\vec{\mathbf{k}}\vec{\mathbf{x}}-\omega t-\varphi)}{\omega\mu_0\mu_r}kE_0^2\,. \tag{2-71}$$

Wie erwartet, fließt die Energie in Richtung der Ausbreitungsrichtung der Welle. Der Wellennatur entsprechend wird die Energie gemäß $\cos^2$ paketweise transportiert. Die einzelnen Energieberge folgen einander aber mit der bei optischen Wellen sehr hohen Frequenz ω. In der Praxis interessiert meist nur für die wenigstens über eine Wellenlänge bzw. eine Schwingungsperiode $T=2\pi/\omega$ gemittelte Intensität

$$I(\vec{\mathbf{x}},t)=\frac{1}{T}\int_0^T\left|\vec{\mathbf{S}}(\vec{\mathbf{x}},t)\right|dt=\frac{1}{T}\frac{kE_0^2}{\omega\mu_0\mu_r}\int_0^T\cos^2(\vec{\mathbf{k}}\vec{\mathbf{x}}-\omega t-\varphi)dt=\frac{1}{2}\frac{kE_0^2}{\omega\mu_0\mu_r}\,. \tag{2-72}$$

Mit (2-59), (2-54) und (2-55) erhält man daraus

$$I=\frac{1}{2\mu_r}n\varepsilon_0 c_0 E_0^2\,. \tag{2-73}$$

Die *Intensität ist somit direkt proportional zum Quadrat der* (lokalen) *Amplitude der elektrischen Felstärke* im Laserstrahl.

Da hier nur noch das Betragsquadrat der Feldamplituden eingeht, kann dieses Resultat auch wieder direkt mit den komplexen Feldgrößen

$$\vec{\mathbf{E}}(\vec{\mathbf{x}},t)=\underset{\sim}{\vec{\mathbf{E}}}e^{-i\vec{\mathbf{k}}\vec{\mathbf{x}}+i\omega t} \tag{2-74}$$

ausgedrückt werden,

$$I=\frac{1}{2\mu_r}n\varepsilon_0 c_0\vec{\mathbf{E}}(\vec{\mathbf{x}},t)\vec{\mathbf{E}}^*(\vec{\mathbf{x}},t)=\frac{1}{2\mu_r}n\varepsilon_0 c_0\underset{\sim}{\vec{\mathbf{E}}}\underset{\sim}{\vec{\mathbf{E}}}^*e^{-i\vec{\mathbf{k}}\vec{\mathbf{x}}+i\omega t}e^{+i\vec{\mathbf{k}}\vec{\mathbf{x}}-i\omega t}=\frac{1}{2\mu_r}n\varepsilon_0 c_0\underset{\sim}{\vec{\mathbf{E}}}\underset{\sim}{\vec{\mathbf{E}}}^*\,, \tag{2-75}$$

was in der Regel wesentlich praktischer ist, da nicht erst die Realteile bestimmt werden müssen.

Die soeben hergeleitete und üblicherweise verwendete Intensität I ist ein Maß für die *zeitlich gemittelte* Energie, die pro Zeiteinheit und pro Querschnittsfläche im Strahl fließt. Da sich die Energie im Strahl mit Lichtgeschwindigkeit (in dispersiven Medien genau genommen mit der Gruppenlichtgeschwindigkeit $c_g=c_0/n_g$)[2, 5] fortpflanzt, muss ein einfacher Zusammenhang zwischen der Energiedichte u (2-33) und der Intensität I bestehen.

Wie soeben bei der Herleitung der Intensität gemacht, kann die Beziehung (2-62) verwendet werden, um die Energiedichte alleine mit der elektrischen Feldstärke auszudrücken. Setzt man die in (2-66) bis (2-69) definierten Felder in (2-33) ein, so findet man die örtlich und zeitlich aufgelöste Energiedichte

$$u(\vec{\mathbf{x}},t)=\frac{\varepsilon_r\varepsilon_0}{2}E_0^2\cos^2(\vec{\mathbf{k}}\vec{\mathbf{x}}-\omega t-\varphi)+\frac{1}{2\mu_r\mu_0}\frac{k^2}{\omega^2}E_0^2\cos^2(\vec{\mathbf{k}}\vec{\mathbf{x}}-\omega t-\varphi)\,. \tag{2-76}$$

Wieder mit (2-54), (2-55) und (2-59) vereinfacht sich dies zu

$$u(\vec{\mathbf{x}},t)=\frac{1}{\mu_r}n^2\varepsilon_0 E_0^2\cos^2(\vec{\mathbf{k}}\vec{\mathbf{x}}-\omega t-\varphi)\,. \tag{2-77}$$

Wenn wir dies mit der zeitlich gemittelten Intensität (2-73) vergleichen wollen, müssen wir auch hier die mittlere Energiedichte $\bar{u}$ durch Mittelung über eine Schwingungsperiode berechnen. Analog zu (2-72) erhält man dadurch

$$\bar{u}=\frac{1}{2\mu_r}n^2\varepsilon_0 E_0^2\,. \tag{2-78}$$

Die Energiedichte (2-33) wurde für den dispersionsfreien Fall hergeleitet. Wird die Dispersion berücksichtig,[2, 5] so erhält man für die mittlere Energiedichte den Ausdruck

$$\bar{u}=\frac{1}{2\mu_r}n n_g\varepsilon_0 E_0^2\,, \tag{2-79}$$

wo $n_g = c_0/c_g$ der Gruppenbrechungsindex ist.

Wie zu erwarten war, errechnet sich die Intensität I (2-73) aus der sich mit der Gruppengeschwindigkeit fortbewegenden mittleren Energiedichte (2-79) gemäß

$$I=\bar{u}c_g=\bar{u}\frac{c_0}{n_g}\,. \tag{2-80}$$

2.4.3 Die Kohärenz

Die ebenen Wellen bilden ein unendliches Kontinuum von möglichen Lösungen der Wellengleichung, denn die Werte von $\vec{\mathbf{k}}$ können im dreidimensionalen Raum der reellen Zahlen $\mathbb{R}^3$ beliebig gewählt werden.

Ein zentraler – wenn nicht der wichtigste – Aspekt von Laserstrahlen besteht darin, dass diese nur wenige oder sogar nur eine einzige Mode enthalten. Im Gegensatz dazu emittieren konventionelle Strahlquellen wie Leuchtstoffröhren, Glühbirnen oder Kerzen in ein unendliches Kontinuum von unabhängigen elektromagnetischen Moden. Wir werden später auf diese wichtige Besonderheit der Laser zurückkommen und zeigen, dass die Einschränkung der Modenzahl eine Folge der Resonatoreigenschaften und der geringen spektralen Bandbreite der eigentlichen Strahlungsquelle ist.

Die Einschränkung der Modenzahl ist gleichbedeutend mit einer Erhöhung der Kohärenz. Zwei *Wellenfelder*, bzw. zwei Anteile eines Wellenfeldes *heißen kohärent, wenn sie einen definierten und nicht zufällig ändernden Phasen- oder Gangunterschied aufweisen.* Ändern sich hingegen die Phasen der Felder relativ zueinander in zufälliger Weise, so sind die Felder inkohärent. Kohärente Felder zeichnen sich durch eine sichtbare Interferenzbildung aus.

Aufgrund der unterschiedlichen Messverfahren hat sich die Unterscheidung in zeitliche Kohärenz – mit einer definierten Phasenbeziehung zwischen zwei Punkten in Ausbreitungsrichtung – und örtliche Kohärenz – mit einer definierten Phasenbeziehung zwischen zwei Punkten quer zur Ausbreitungsrichtung – eingebürgert. Die örtliche Kohärenz kann mittels Betrachtung der Interferenz beispielsweise an einem Doppelspalt gemessen werden. Die Interferenzerscheinungen zwischen Teilstrahlen mit unterschiedlichen Verzögerungen z. B. in einem

Mach-Zehnder Interferometer dienen hingegen der Charakterisierung der zeitlichen Kohärenz eines elektromagnetischen Strahles.

Eine einzelne Mode beschreibt nach dieser Definition demnach ein kohärentes Feld, da z. B. mit den Gleichungen (2-64) und (2-65) die Phasenbeziehungen zwischen den Feldgrößen an allen beliebigen Punkten im Raum konstant festgelegt sind.

Wir bezeichnen umgekehrt jeden kohärent zusammenhängenden Anteil eines Feldes als eine Mode, auch wenn diese keine ebene Welle ist. Gemäß Fourier-Transformation[6] kann jede beliebige Mode als Linearkombination von ebenen Wellen dargestellt werden. Dies darf aber nicht mit einer Überlagerung von inkohärenten Wellen verwechselt werden! Notiert man das Feld einer Mode als Linearkombination von ebenen Wellen, so werden die Felder (2-64) und (2-65) mit festen Phasenbeziehungen addiert, das Feld ist also vollständig kohärent. Es handelt sich hier lediglich um eine mathematische Schreibweise, nicht um eine Überlagerung von physikalisch unabhängigen Moden. Die entsprechende Intensität ergibt sich aus dem *Quadrat der Summe der elektrischen Feldstärken.*

Besteht ein Feld jedoch aus mehreren physikalisch unabhängigen Moden, nimmt die Kohärenz mit zunehmender Modenzahl ab. Das inkohärente Feld kann nicht durch eine Linearkombination von Wellen (Addition der Feldamplituden) beschrieben werden. Mathematisch wird die Intensität eines inkohärenten Strahles als *Summe der Intensitäten der einzelnen* (zueinander inkohärenten) *Moden* beschrieben.

Eine einzelne elektromagnetische Mode in der mathematischen Form wie wir sie oben notiert haben, weist eine unendlich lange Kohärenzzeit auf, weil die Felder mit $e^{i\omega t}$ über alle Zeiten ungestört harmonisch schwingen. In der Realität unterliegen aber die Felder aller realen Strahlquellen stochastischen Störungen der Phase (thermische Fluktuationen, Vibrationen optischer Komponenten, Zufälligkeit der Spontanemission etc.), wodurch die Kohärenzzeit deutlich reduziert wird. Selbst bei einem Laser beträgt diese in der Regel nur kleine Sekundenbruchteile.

Wichtigstes Merkmal kohärenter Strahlen ist die so genannte Interferenz. Inkohärente Strahlen zeigen keine Interferenz. Interferenzmuster können nur über kohärente Anteile eines Feldes erzeugt werden. Die Tatsache, dass nur mit kohärentem Licht Interferenzmuster gebildet werden können, heißt nicht, dass weißes Licht z. B. einer einzelnen Glühbirne oder von der Sonne überhaupt keine Interferenz zeigt. Die Kohärenz ist hier lediglich sehr stark eingeschränkt und Interferenz nur über sehr kurze Weg- und Zeitunterschiede möglich. Ohne gegenseitige Phasenkopplung sind aber zwei unabhängige Quellen (zwei Taschenlampen, zwei Laserstrahlquellen etc.) vollständig inkohärent.

Für eine weiterführende Diskussion der Kohärenz und der verschiedenen Ansätze zur Quantifizierung der Kohärenzgrade über Korrelationsfunktionen wird auf die entsprechende Fachliteratur verwiesen.[1, 7, 8]

2.4.4 Die Kugelwellen

Neben den ebenen Wellen ist eine weitere Lösungsform der Wellengleichung (2-44) und (2-45) für $|\vec{x}| > 0$ durch die Kugelwellen

$$A(\vec{\mathbf{x}}) = A_0 \frac{\underset{\frown}{A}}{|\vec{\mathbf{x}}|} e^{-i(k|\vec{\mathbf{x}}|-\omega t)} \tag{2-81}$$

gegeben (Beweis durch Einsetzen), wobei hier A bzw. A_0 für jede beliebige Feldkomponente stehen kann und wiederum die Dispersionsrelation

$$\omega = \frac{k}{\sqrt{\mu_r \mu_0 \varepsilon_r \varepsilon_0}} \tag{2-82}$$

gelten muss. $\underset{\frown}{A}$ sorgt für die Normierung der Wellenamplitude und hat hier die Dimension einer Länge. Auch diese Welle ist periodisch und zwar in radialer Richtung. Die Wellenlänge beträgt

$$\lambda = \frac{2\pi}{k}. \tag{2-83}$$

Die Lösung der Wellengleichung ist nur eine notwendige, nicht eine hinreichende Bedingung dafür, dass auch die Maxwellgleichungen erfüllt sind. Wie bei der gegenseitigen Ausrichtung der verschiedenen Vektoren von ebenen Wellen müssen auch hier zusätzliche Bedingungen beachtet werden, damit die Maxwellgleichungen überall erfüllt sind. Unter gewissen Voraussetzungen ist aber in vielen praktischen Fällen die Kugelwelle bereits in der einfachen Form von (2-81) eine gute Näherung für das tatsächliche Feld. Ein schwingender Dipol beispielsweise strahlt zwar in Dipolrichtung keine Welle ab (siehe Antenne eines Radiosenders), in einem Gebiet nahe um die Ebene senkrecht durch die Mitte des Dipols entspricht die abgestrahlte Welle aber in sehr guter Näherung einer Kugelwelle. Da jede solche Welle auch als Überlagerung von ebenen Wellen geschrieben werden kann, müssen lokal wiederum die Beziehungen (2-61) und (2-62) gelten, wobei $\vec{\mathbf{k}}$ überall radial nach außen zeigt (in (2-81) ist $k|\vec{\mathbf{x}}| = \vec{\mathbf{k}}\vec{\mathbf{x}}$).

2.4.5 Der Gauß-Strahl

In der Praxis interessiert man sich meist nur für räumlich begrenzte Wellen. Gerade der Laser zeichnet sich ja durch einen stark gebündelten Strahl mit begrenzter transversaler Ausdehnung und kleiner Divergenz aus.

Strahlen mit begrenzter transversaler Divergenz nennt man paraxial. In diesem Abschnitt wird gezeigt, wie durch eine einfache Umformung aus der Kugelwelle (2-81) eine paraxiale Welle gewonnen werden kann. Eine formalere Herleitung folgt dann in Abschnitt 2.4.6. Die Gauß-Mode ist die wichtigste Strahlform in der Laseroptik und ist die beugungsbegrenzte Grundmode einer ganzen Klasse von Strahlungsmoden.

Für die folgende Diskussion können wir uns auf das elektrische Feld E beschränken, für das Magnetfeld B gilt alles analog. Um die Notation zu entlasten, betrachten wir nur eine der beiden transversalen Feldkomponenten und erinnern uns, dass für die Feldvektoren weiterhin die aus den Maxwellgleichungen hergeleiteten Beziehungen (2-61) und (2-62) gelten.

Wenn $E(\vec{\mathbf{x}},t)$ eine Kugelwelle der Form (2-81) ist, so ist auch die um einen Vektor $\vec{\mathbf{a}}$ verschobene Welle $E(\vec{\mathbf{x}}+\vec{\mathbf{a}},t)$ eine Lösung der Wellengleichung (2-44) (die Wellengleichung ist also unabhängig vom Ort der Quelle erfüllt). Wir wollen nun analysieren, was geschieht, wenn die Quelle anstatt um einen reellen um einen imaginären Betrag verschoben wird. Ohne

Einschränkung der Allgemeingültigkeit betrachten wir eine Verschiebung in z-Richtung um den Betrag iz_R:

$$\begin{pmatrix} x \\ y \\ z \end{pmatrix} + \begin{pmatrix} 0 \\ 0 \\ iz_R \end{pmatrix} = \begin{pmatrix} x \\ y \\ z+iz_R \end{pmatrix} = \begin{pmatrix} x \\ y \\ q \end{pmatrix}, \tag{2-84}$$

wobei die neue z-Koordinate mit

$$q = z + iz_R \tag{2-85}$$

abgekürzt wurde. Mit $r = \sqrt{x^2 + y^2}$ schreiben wir für die verschobene Kugelwelle

$$E_{00}(r,q,t) = E_0 \frac{\underset{\frown}{A}}{\sqrt{r^2+q^2}} e^{-i(k\sqrt{r^2+q^2}-\omega t)} . \tag{2-86}$$

Da wir in Abschnitt 2.4.6 den Gauß-Strahl als Lösung nullter Ordnung eines ganzen Satzes von transveral elektromagnetischen Moden – den sogenannten TEM_{mn} Moden – identifizieren werden, sind die modenspezifischen Größen bereits hier mit dem zusätlichen Index 00 versehen.

Betrachtet man die Kugelwelle in Gleichung (2-86) nur im paraxialen Bereich nahe an der z-Achse ($r << |q|$), so kann die Näherung

$$q\sqrt{1+\frac{r^2}{q^2}} \approx q\left(1+\frac{1}{2}\frac{r^2}{q^2}\right) \tag{2-87}$$

verwendet werden und man erhält

$$E_{00}(r,q,t) = E_0 \frac{\underset{\frown}{A}}{\sqrt{r^2+q^2}} e^{-ik\frac{r^2}{2q}} e^{-i(kq-\omega t)} \cong E_0 \frac{\underset{\frown}{A}}{q} e^{-ik\frac{r^2}{2q}} e^{-i(kq-\omega t)} . \tag{2-88}$$

Die Einschränkung auf das paraxiale Gebiet ist nicht a priori zulässig, denn eine Kugelwelle breitet sich nur als Ganzes genommen mit sphärischer Phasenfront aus. Schneidet man z. B. mit einer Blende die nicht paraxialen Anteile weg, so müssten die Beugungseffekte berücksichtigt werden. Wir werden aber gleich sehen, dass bei der hier betrachteten Welle die Feldamplituden tatsächlich schon im paraxialen Bereich stark abfallen und daher die nicht paraxialen Anteile vernachlässigbar sind.

Dazu separieren wir Real- und Imaginärteil von $1/q$ und führen zwei neue Größen R und w_{00} gemäß

$$\frac{1}{q(z)} = \frac{z-iz_R}{z^2+z_R^2} = \frac{z}{z^2+z_R^2} - i\frac{z_R}{z^2+z_R^2} \tag{2-89}$$

$$\frac{1}{q(z)} = \frac{1}{R(z)} - i\frac{2}{k\cdot w_{00}^2(z)} \tag{2-90}$$

ein. In Analogie zur Kugelwelle (2-81) kann q also gewissermaßen als komplexer Krümmungsradius der Welle (2-88) betrachtet werden. Setzt man (2-89) und (2-90) in (2-88) ein, so findet man für die um einen imaginären Betrag iz_R verschobene Kugelwelle den Ausdruck

$$E_{00}(r,z,t) = E_0 \frac{\underset{\frown}{A}}{z+iz_R} \cdot e^{kz_R} \cdot e^{-\frac{r^2}{w_{00}^2(z)}} \cdot e^{-\frac{ikr^2}{2R(z)}} \cdot e^{-i(kz-\omega t)} \,. \tag{2-91}$$

Am dritten Term dieser Gleichung erkennt man, dass die Feldamplitude in der x,y-Ebene eine Gauß-förmige Verteilung aufweist. Man nennt solche Wellen deshalb auch Gauß-Strahlen.

Beim Ausdruck in (2-91) ist die Wellenamplitude bei $z = 0$ und $t = 0$ rein imaginär bzw. die Phase φ in

$$E_{00}(0,0,0) = E_0 \frac{\underset{\frown}{A}}{iz_R} e^{kz_R} = E_0 \underset{\frown}{A}_0 e^{i\varphi} \,, \tag{2-92}$$

wo $\underset{\frown}{A}_0$, wie $\underset{\frown}{A}$ und E_0, reell sein sollen, hat den Wert $-\pi/2$. Um φ bei $z = 0$ auf den Wert 0 zu setzen, kann man den Ausdruck in (2-91) mit $i = \exp(i\pi/2)$ multiplizieren. Mit

$$\frac{i}{z+iz_R} = \frac{1}{\sqrt{z^2+z_R^2}} e^{i\arctan(z/z_R)} \tag{2-93}$$

erhalten wir

$$E_{00}(r,z,t) = E_0 \frac{\underset{\smile}{A}}{\sqrt{z^2+z_R^2}} \cdot e^{-\frac{r^2}{w_{00}^2(z)}} \cdot e^{-\frac{ikr^2}{2R(z)}} \cdot e^{-i(kz-\omega t)} \cdot e^{i\arctan(z/z_R)} \tag{2-94}$$

als physikalisch gleichwertigen Ersatz für (2-91), wobei wir gleichzeitig $\underset{\frown}{A}e^{kz_R}$ durch eine neue Amplitude $\underset{\smile}{A}$ ersetzt haben. Wenn E_0 die Feldamplitude $E_{00}(0,0,0)$ im Ursprung sein soll, muss $\underset{\smile}{A} = z_R$ gesetzt werden:

$$E_{00}(r,z,t) = E_0 \frac{z_R}{\sqrt{z^2+z_R^2}} \cdot e^{-\frac{r^2}{w_{00}^2(z)}} \cdot e^{-\frac{ikr^2}{2R(z)}} \cdot e^{-i(kz-\omega t)} \cdot e^{i\arctan(z/z_R)} \,. \tag{2-95}$$

2.4.5.1 *Eigenschaften des Gauß-Strahles*

Der erste Term in Gleichung (2-95) beschreibt die Veränderung der Amplitude entlang der z-Achse (z_R ist konstant). Die Gauß-förmige Amplitudenverteilung ist durch den zweiten Term bestimmt, wobei der Radius (bei 1/e der Amplitude) mit (2-89) und (2-90) gegeben ist durch

$$w_{00}^2(z) = w_{00,0}^2 \left(1+\frac{z^2}{z_R^2}\right) \quad \text{bzw.} \quad w_{00}(z) = w_{00,0}\sqrt{\left(1+\frac{z^2}{z_R^2}\right)} \tag{2-96}$$

und sich der kleinste Wert

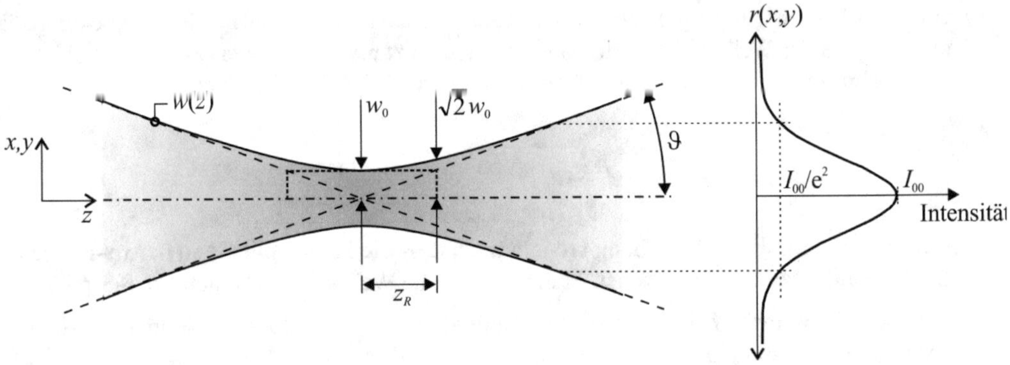

Figur 2-7. Ausbreitung eines Gauß-Strahles. Der im linken Bildteil gezeigte Verlauf gilt anlaog auch für die in Abschnitt 2.4.6 behandelten Moden höherer transversaler Ordnung.

$$w_{00,0} = w_{00}(z=0) = \sqrt{\frac{2z_R}{k}} \tag{2-97}$$

an der Stelle $z = 0$ befindet. Die Größe $w_{0,00}$ entspricht also dem Radius an der engsten Stelle – der so genannten Strahltaille – des Gauß-Strahles. Der Strahlradius nimmt mit zunehmender Distanz z von der Strahltaille gemäß (2-96) zu. An der Stelle $z = z_R$ hat der Strahl genau die doppelte Querschnittsfläche wie am Ort der Strahltaille.

Die lokale Intensität im Strahl kann gemäß Abschnitt 2.4.2 durch das Produkt der komplexen Feldamplituden E und E^* ausgedrückt werden. Mit (2-75) folgt somit, dass die transversale Intensitätsverteilung im Gauß-Strahl die Form

$$I_{00}(r,z,t) = I_{00,z,t} \cdot e^{-2\frac{r^2}{w_{00}^2(z)}} \tag{2-98}$$

aufweist. Der Strahlradius $w_{00}(z)$ bezeichnet also in den Querdimensionen die Stelle des Gauß-Strahles, an welcher die lokale Intensität noch das $1/e^2$-fache der Intensität auf der Strahlachse beträgt.

Gleichung (2-96) beschreibt eine Hyperbel, deren Asymptoten um den Winkel

$$\vartheta_{00} = \arctan\left(\frac{w_{00,0}}{z_R}\right) \tag{2-99}$$

gegenüber der z-Achse geneigt sind. Dieser Winkel entspricht somit der Divergenz des betrachteten Strahles. Die Ausbreitung der Gauß-Strahlen ist in Figur 2-7 dargestellt. Da der gezeigte Verlauf auch für die in Abschnitt 2.4.6 behandelten Moden höherer transversaler Ordnung gilt, wird im linken Bildteil auf die Notation der Modenordnung 00 verzichtet. Die Beziehung (2-99) kann, wie mit den gepunkteten Hilfslinien im Bereich der Strahltaille gezeigt, rein geometrisch aus der Figur abgelesen werden.

Der dritte Term in Gleichung (2-95) bestimmt die Phasenverteilung in der Querdimension. Die Fläche gleicher Phase ist gegeben durch

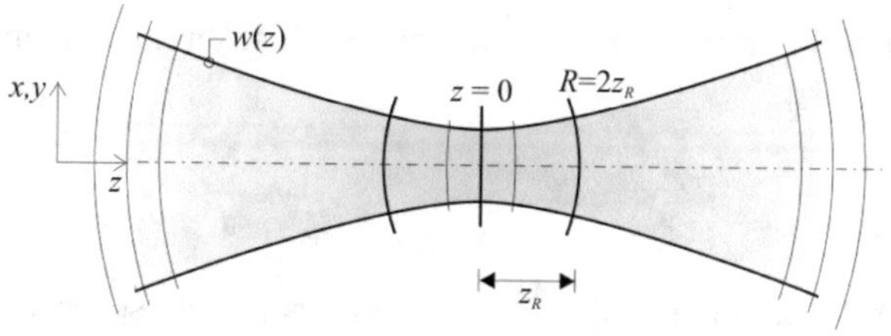

Figur 2-8. Die Wellenfronten eines Gauß-Strahles (gilt auch für die in Abschnitt 2.4.6 behandelten Moden höherer transversaler Ordnung).

$$z = const. - \frac{r^2}{2R(z)}, \tag{2-100}$$

was ein Rotations-Paraboloid definiert. Der Krümmungsradius dieser Phasenfront ist durch die Größe R gegeben, welche gemäß Definition (2-90)

$$R(z) = z_R \left(\frac{z}{z_R} + \frac{z_R}{z} \right) \tag{2-101}$$

beträgt. Der Gauß-Strahl hat also an seiner Strahltaille (bei $z = 0$) eine ebene Wellenfront ($R = \infty$). Bei $z = z_R$ hat die Phasenfront die kleinste Krümmung $R = 2z_R$ und für $z \to \infty$ bildet die Wellenfront konzentrische Sphären mit Zentrum in $z = 0$ (wie eine Kugelwelle). Dieses Verhalten ist in Figur 2-8 dargestellt.

Der Wert von z_R, der so genannten Rayleigh-Länge, ist mit (2-97) und (2-83) gegeben durch die Wellenlänge λ und die Größe $w_{0,00}$ der Strahltaille des Gauß-Strahles:

$$z_R = \frac{\pi w_{00,0}^2}{\lambda}. \tag{2-102}$$

Der letzte Term in (2-95) ist die so genannte Guoy-Phase, welche bewirkt, dass bei der Ausbreitung von $z = -\infty$ bis $z = \infty$ zur (unendlich großen) Phasenänderung $-kz$ vor allem im Bereich der Strahltaille ein Beitrag von $+\pi$ hinzukommt. Da k in der Regel viel größer ist als z_R^{-1}, verändert sich die Phase $-kz$ selbst im Bereich der Strahltaille viel schneller als die Guoy-Phase. In genügend großem Abstand von der Strahltaille ist die Guoy-Phase praktisch konstant. Außer z. B. bei interferometrischen Fragestellungen oder bei der Bestimmung der Resonanzfrequenzen in optischen Resonatoren spielt die Guoy-Phase deshalb eine untergeordnete Rolle und kann gegebenenfalls vernachlässigt werden.

Mit Gleichung (2-95), Figur 2-7 und Figur 2-8 ist die Ausbreitung eines Gauß-Strahles im freien Raum beschrieben und illustriert. In der Praxis sind meist Strahlen zu betrachten, die sich durch komplizierte optische Systeme oder optische Resonatoren ausbreiten. Dabei ist üblicherweise die Leistung eines Strahles bekannt und man interessiert sich für seine Feldverteilung an einer bestimmten Stelle (z. B. im Fokus einer Linse oder auf dem Auskoppelspiegel eines Laserresonators). Der Strahlparameter q liefert mit einer einzigen (komplexen) Zahl für eine bestimmte Stelle gemäß Definition (2-90) die volle Information über den Strahl, der an der betrachteten Stelle in der Ebene quer zur Strahlausbreitung gemäß (2-91) oder (2-94) die Feldverteilung

$$E_{00}(r,t) = \underset{\sim}{E}_{00} e^{i\omega t} \cdot e^{-\frac{r^2}{w_{00}^2}} \cdot e^{-\frac{ikr^2}{2R}} = \underset{\sim}{E}_{00} e^{i\omega t} \cdot e^{-ik\frac{r^2}{2q}} \tag{2-103}$$

hat. Der Wert der Feldamplitude $\underset{\sim}{E}_{00}$ folgt direkt aus der optischen Leistung im Strahl. Der absolute Wert der Phase ($\underset{\sim}{E}_{00}$ ist eine komplexe Zahl) ist in diesem Zusammenhang meist von untergeordnetem Interesse. Durch Angabe der Wellenlänge λ und des komplexen Strahlparameters q an einer gegebenen Stelle ist der Gauß-Strahl somit vollständig charakterisiert. Denn aus dem Realteil

$$\mathrm{Re}\left(\frac{1}{q}\right) = \frac{1}{R} \tag{2-104}$$

folgt gemäß (2-90) der örtliche Krümmungsradius R der Phasenfront und aus dem Imaginärteil

$$\mathrm{Im}\left(\frac{1}{q}\right) = -\frac{2}{k \cdot w_{00}^2} = -\frac{2}{nk_0 \cdot w_{00}^2} \tag{2-105}$$

erhält man zusammen mit (2-83) den örtlichen Strahlradius

$$w_{00} = \sqrt{-\frac{\lambda_0}{\mathrm{Im}(q^{-1})\pi n}}, \tag{2-106}$$

wobei hier die Wellenlänge λ durch die Wellenlänge λ_0 im Vakuum geteilt durch den örtlichen Brechungsindex n ausgedrückt wurde.

Für die Praxis sei hier noch auf die aus (2-89) folgende Beziehung

$$\mathrm{Im}\left(\frac{1}{q}\right) = \frac{-\mathrm{Im}(q)}{\mathrm{Re}^2(q) + \mathrm{Im}^2(q)} \tag{2-107}$$

hingewiesen.

Der Realteil

$$\mathrm{Re}(q) = z \tag{2-108}$$

kennzeichnet die Distanz zur Strahltaille (für den Fall dass sich der Strahl im freien Raum ausbreitet). Der Imaginärteil

$$\mathrm{Im}(q) = z_R \tag{2-109}$$

ist die Rayleigh-Länge z_R und daraus folgt gemäß (2-97) der Radius der Strahltaille

$$w_{00,0} = \sqrt{\frac{z_R}{\pi}\frac{\lambda_0}{n}}. \tag{2-110}$$

2.4.5.2 *Der astigmatische Gauß-Strahl*

Der oben behandelte Strahl ist zylindersymmetrisch um die Ausbreitungsachse z. Man nennt einen solchen Strahl auch *stigmatisch.* Trifft ein solcher Strahl auf eine Zylinderlinse oder ein gekipptes Element (wie Brewster-Platten, gekippte sphärische Spiegel u. ä.), so führt dies zu einer Asymmetrie des Strahles. Im allgemeinen Fall kann die Beschreibung solch *astigmatischer* Strahlen recht komplex werden. In der Praxis ist man jedoch bestrebt, eine möglichst symmetrische Situation zu gewährleisten. Wenn gekippte Elemente eingesetzt werden müssen, so wird man sich auf zwei Symmetrieebenen beschränken (Tangential- und Sagittalebene). In diesem Fall lässt sich das Feld eines elektromagnetischen Strahles als Produkt der Form

$$E_{00}(x,y,z,t) = E_0 f_x(x,z) f_y(y,z) e^{i\omega t} \tag{2-111}$$

schreiben. In den beiden transversalen Richtungen x und y gilt dann (2-91) separat (wobei auf die Normierung geachtet werden muss):

$$\begin{aligned} E_{00}(x,y,z,t) = {} & E_0 e^{i\omega t} \cdot A_x \sqrt{\frac{e^{kz_{Rx}} e^{-ikz_x}}{z_x + iz_{Rx}}} e^{-\frac{x^2}{w_{00,x}^2(z_x)}} e^{-\frac{ikx^2}{2R_x(z_x)}} \times \\ & \times A_y \sqrt{\frac{e^{kz_{Ry}} e^{-ikz_y}}{z_y + iz_{Ry}}} e^{-\frac{y^2}{w_{00,y}^2(z_y)}} e^{-\frac{iky^2}{2R_y(z_y)}} \end{aligned} \tag{2-112}$$

oder kompakter wie in (2-88)

$$E_{00}(x,y,z,t) = E_0 e^{i\omega t} \cdot A_x \sqrt{\frac{e^{-ikq_x}}{q_x}} e^{-ik\frac{x^2}{2q_x}} \cdot A_y \sqrt{\frac{e^{-ikq_y}}{q_y}} e^{-ik\frac{y^2}{2q_y}}, \tag{2-113}$$

wobei

$$q_x = z_x + iz_{Rx} \text{ und } q_y = z_y + iz_{Ry} \tag{2-114}$$

völlig unterschiedliche Werte haben können. Für $q_x = q_y = q$ wird aus (2-113) und (2-112) wieder (2-88) und (2-91). Die Normierungsfaktoren A_x und A_y haben hier beide die Dimension $\sqrt{\text{Länge}}$.

Auch hier beschreiben die Gleichungen (2-112) bis (2-114) die vollständige Ausbreitung des Strahles im freien Raum. Betrachtet man den Strahl an einer gegebenen Stelle, so ist die volle Information über die Feldverteilung

$$\begin{aligned} E_{00}(x,y,t) &= \underset{\sim}{E}_{00} e^{i\omega t} \cdot e^{-\frac{x^2}{w_{00,x}^2}} e^{-\frac{ikx^2}{2R_x}} \cdot e^{-\frac{y^2}{w_{00,y}^2}} e^{-\frac{iky^2}{2R_y}} = \\ &= \underset{\sim}{E}_{00} e^{i\omega t} \cdot e^{-ik\frac{x^2}{2q_x}} \cdot e^{-ik\frac{y^2}{2q_y}} \end{aligned} \tag{2-115}$$

analog zur Diskussion der Gleichungen (2-103) bis (2-110) in den zwei komplexen Zahlen q_x und q_y enthalten.

2.4.6 Paraxiale Wellen höherer transversaler Ordnung

Der eben behandelte Gauß-Strahl ist die Grundmode eines ganzen Satzes von paraxialen Moden. Die im Folgenden auf einem etwas formaleren Weg hergeleiteten Hermite-Gauß und Laguerre-Gauß Moden sind exakte und gleichzeitig mathematisch sehr praktische Lösungen der paraxialen Wellengleichung. Es sind auch sehr gute Näherungen für die in Laserresonatoren schwingenden Felder.

Wegen des endlichen Durchmessers der optischen Komponenten im Resonator weichen die tatsächlichen Lasermoden geringfügig von den hier behandelten Moden ab. Die hier für den freien Raum hergeleiteten reinen Gauß-Moden fallen nach außen zwar rasch ab, haben aber gleichwohl eine unendliche Ausdehnung, welche über die endlichen Dimensionen realer Laserkomponenten hinausragen und so in realen Systemen nicht vorkommen können. Da die Abweichung der tatsächlichen Resonatormoden von den reinen Gauß-Moden aber meist vernachlässigbar klein ist, werden bei der Analyse von Laserstrahlen und deren Ausbreitung durch optische Systeme fast ausschließlich die Hermite-Gauß- und Laguerre-Gauß-Moden verwendet. Die außerordentliche Bedeutung dieser Moden äußert sich vor allem darin, dass deren Fortpflanzung selbst in komplizierten optischen Systemen mit sehr einfachen Berechnungen auf der Basis von 2×2 Matrizen beschrieben werden kann, wie dies in Kapitel 3 gezeigt wird.

Wir beginnen vorerst mit der Herleitung der so genannten paraxialen Wellengleichung,[9] indem wir nach Strahlen der Form

$$E(x,y,z,t) = \underset{\sim}{E}(x,y,z)e^{-ikz+i\omega t} \qquad \text{(2-116)}$$

suchen, d. h. die Wellen sollen sich mit $e^{-ikz+i\omega t}$ hauptsächlich in z-Richtung ausbreiten (also paraxial) und in transversaler Richtung eine noch zu bestimmende Amplitudenverteilung $\underset{\sim}{E}(x,y,z)$ aufweisen. Diese Amplitudenverteilung soll sich räumlich besonders im Vergleich zum schnell variierenden Term e^{-ikz} nur sehr langsam verändern. Weiter wird auch hier wieder ohne Einschränkung der Allgemeingültigkeit nur eine der zwei transversalen Feldkomponenten betrachtet (freie Wahl einer linearen Polarisation). Die Feldvektoren stehen gemäß (2-61) weiterhin senkrecht auf der lokalen Ausbreitungsrichtung.

Wir setzen also voraus, dass es sich bei den gesuchten Strahlen um harmonisch schwingende, paraxiale Wellen handelt, wobei die Dispersionsrelation (2-48) gelten soll. Wenn wir diesen Ansatz in die allgemeingültige Wellengleichung (2-44) einsetzen und zunächst nur die Ableitung nach der Zeit ausführen, finden wir

$$\Delta\left(\underset{\sim}{E}(x,y,z)e^{-ikz+i\omega t}\right) + \mu_r\mu_0\varepsilon_r\varepsilon_0\omega^2\underset{\sim}{E}(x,y,z)e^{-ikz+i\omega t} = 0\,, \qquad \text{(2-117)}$$

beziehungsweise

$$\left(\Delta + k^2\right)\underset{\sim}{E}(x,y,z)e^{-ikz+i\omega t} = 0\,. \qquad \text{(2-118)}$$

Die Ausführung der räumlichen Ableitungen des Δ-Operators führt dann zu

$$\left(\frac{\partial^2 \underset{\sim}{E}}{\partial x^2}+\frac{\partial^2 \underset{\sim}{E}}{\partial y^2}+\frac{\partial^2 \underset{\sim}{E}}{\partial z^2}-2ik\frac{\partial \underset{\sim}{E}}{\partial z}\right)e^{-ikz+i\omega t}=0\,. \qquad (2\text{-}119)$$

Wie oben vorausgeschickt, suchen wir nach Strahlen, deren Amplitudenverteilung $\underset{\sim}{E}(x,y,z)$ sich in Ausbreitungsrichtung (hier z) nur sehr langsam ändern. Denn solche Strahlen sind es schließlich, die wir mit Lasern erzeugen und in praktischen Anwendungen einsetzen wollen. Der Faktor $2ik$ in der Gleichung (2-119) stammt von der ersten Ableitung (nach z) des schnell variierenden Phasenterms e^{-ikz} und hat daher einen großen Betrag. Wenn wir voraussetzen, dass sich $\underset{\sim}{E}(x,y,z)$ nur sehr langsam ändert, dann gilt dies insbesondere auch für dessen Ableitung nach z, d. h. die zweite Ableitung soll ebenfalls klein sein. Klein insbesondere im Vergleich zum Term mit $2ik$, d. h.

$$\left|\frac{\partial^2 \underset{\sim}{E}}{\partial z^2}\right| \ll \left|2ik\frac{\partial \underset{\sim}{E}}{\partial z}\right|. \qquad (2\text{-}120)$$

Die Amplitudenverteilung $\underset{\sim}{E}(x,y,z)$ lässt Amplitudenvariationen im Strahlquerschnitt zu. Die Änderung in z-Richtung soll aber wesentlich langsamer sein als in den x- und y-Richtungen quer zum Strahl (etwas anderes würde man kaum als Strahl bezeichnen). Daraus folgt wiederum

$$\left|\frac{\partial^2 \underset{\sim}{E}}{\partial z^2}\right| \ll \left|\frac{\partial^2 \underset{\sim}{E}}{\partial x^2}\right| \quad \text{und} \quad \left|\frac{\partial^2 \underset{\sim}{E}}{\partial z^2}\right| \ll \left|\frac{\partial^2 \underset{\sim}{E}}{\partial y^2}\right|. \qquad (2\text{-}121)$$

In (2-119) können wir also in guter Näherung die zweite Ableitung der Amplitudenfunktion vernachlässigen und erhalten

$$\left(\frac{\partial^2 \underset{\sim}{E}}{\partial x^2}+\frac{\partial^2 \underset{\sim}{E}}{\partial y^2}-2ik\frac{\partial \underset{\sim}{E}}{\partial z}\right)e^{-ikz+i\omega t}=0\,. \qquad (2\text{-}122)$$

Der linke Ausdruck kann nur dann immer und überall exakt gleich 0 sein, wenn

$$\frac{\partial^2 \underset{\sim}{E}}{\partial x^2}+\frac{\partial^2 \underset{\sim}{E}}{\partial y^2}-2ik\frac{\partial \underset{\sim}{E}}{\partial z}=0\,. \qquad (2\text{-}123)$$

Dies ist die paraxiale Wellengleichung für die Amplitudenverteilung eines Strahles.

2.4.6.1 Die Gauß-Mode

Für die Lösung der paraxialen Wellengleichung machen wir zunächst den Ansatz

$$\underset{\sim}{E}_{00}(x,y,z)=E_0 A(z)\cdot e^{-ik\frac{x^2+y^2}{2q(z)}}\,. \qquad (2\text{-}124)$$

Man beachte, dass hier nur die Amplitudenverteilung $\underset{\sim}{E}(x,y,z)$ betrachtet wird. Das tatsächliche Feld des untersuchten Strahles beinhaltet auch die Phasenterme und ist durch (2-116) gegeben.

Gesucht wird hier also ein Strahl mit einem Gauß-förmigen Strahlquerschnitt. Einsetzen der Amplitudenverteilung (2-124) in die paraxiale Wellengleichung (2-123) ergibt

$$\left(-\frac{2ik}{q(z)}A(z)-k^2\frac{x^2+y^2}{q(z)^2}A(z)-2ik\frac{\partial A(z)}{\partial z}+k^2A(z)\frac{x^2+y^2}{q(z)^2}\frac{\partial q(z)}{\partial z}\right)\times$$
$$\times E_0\cdot e^{-ik\frac{x^2+y^2}{2q(z)}}=0, \tag{2-125}$$

beziehungsweise

$$\left(\frac{\partial q(z)}{\partial z}-1\right)k^2\left(x^2+y^2\right)-2ikq(z)\left(1+\frac{q(z)}{A(z)}\frac{\partial A(z)}{\partial z}\right)=0. \tag{2-126}$$

Diese Gleichung kann nur dann für alle x und y erfüllt werden, wenn die beiden Differentialausdrücke in den großen Klammern je für sich verschwinden. Dies bedeutet einerseits

$$\frac{\partial q(z)}{\partial z}=1, \tag{2-127}$$

was insbesondere durch

$$q(z)=iz_R+z \tag{2-128}$$

gelöst wird und andererseits

$$\frac{\partial A(z)}{\partial z}=-\frac{A(z)}{q(z)} \tag{2-129}$$

mit der Lösung (unter Verwendung von (2-127))

$$A(z)=\frac{A_0}{q(z)}. \tag{2-130}$$

Mit (2-116) und (2-124) folgt aus diesem Resultat die Lösung

$$\underset{\sim}{E}_{00}(x,y,z)=E_0\frac{A_0}{z+iz_R}\cdot e^{-ik\frac{x^2+y^2}{2q(z)}}\cdot e^{-i(kz-\omega t)}, \tag{2-131}$$

was bei geeigneter Wahl der Amplitude $\underset{\frown}{A}=A_0e^{kz_R}$ exakt dem bereits in (2-88) angetroffenen Gauß-Strahl entspricht!

2.4.6.2 Die Hermite-Gauß- und Laguerre-Gauß-Moden

Wie bereits vorweggenommen, ist der Gauß-Strahl die Grundmode einer ganzen Klasse von Moden höherer Ordnung. Um diese zu finden, machen wir einen etwas allgemeineren Ansatz, schränken die Suche aber auf Amplitudenverteilungen der Form

$$\underset{\sim}{E}_{mn}(x,y,z)=E_0\cdot A_m(x,z)\cdot A_n(y,z) \tag{2-132}$$

ein (das ist nur erlaubt, weil in der paraxialen Gleichung (2-123) keine Mischterme vorkommen), wobei m und n im Index ganze Zahlen sind, welche die transversale Ordnung der

Mode festlegen. Dies bedeutet, dass wir in (2-123) das Verhalten in den beiden transversalen Richtungen separat behandeln können und nur die Gleichung

$$\frac{\partial^2 A_m}{\partial x^2} - 2ik\frac{\partial A_m}{\partial z} = 0 \tag{2-133}$$

zu lösen haben. Als Lösungsansatz wählen wir nun

$$A_m(x,z) = \underset{\sim}{A}_m\left(q(z)\right)\cdot h_m\left(\frac{x}{p(x)}\right)\cdot e^{-ik\frac{x^2}{2q(z)}}, \tag{2-134}$$

wo q nach wie vor durch (2-128) gegeben sein soll. Durch Einsetzen dieses Ansatzes in (2-133) unter Verwendung von $dq/dz = 1$ findet man die Differentialgleichung

$$h_m'' - 2ik\left(\frac{p}{q} - p'\right)xh_m' - ik\frac{p^2}{q}\left(1 + \frac{2q}{\underset{\sim}{A}_m}\frac{d\underset{\sim}{A}_m}{dq}\right)h_m = 0 \tag{2-135}$$

für die Funktionen h_m, p und $\underset{\sim}{A}_m$, wo h_m' und h_m'' für die erste beziehungsweise die zweite Ableitung nach dem ganzen Argument (also z. B. $h' = dh(y)/dy$) stehen (dito für p). Wenn man die verschiedenen Ableitungen von h_m betrachtet, so hat diese Gleichung gewisse Ähnlichkeiten mit der wohlbekannten Differentialgleichung

$$H_m'' - 2\frac{x}{p}H_m' + 2mH_m = 0, \tag{2-136}$$

welche durch die Hermite-Polynome $H_m(x/p)$ gelöst wird. In der Tat stimmen die beiden Gleichungen überein, wenn p und $\underset{\sim}{A}_m$ die Bedingungen

$$2ik\left(\frac{p}{q} - \frac{dp}{dz}\right) = \frac{2}{p} \quad \text{bzw.} \quad \frac{dp}{dz} = \frac{p}{q} - \frac{1}{ikp} \tag{2-137}$$

und

$$-ik\frac{p^2}{q}\left(1 + \frac{2q}{\underset{\sim}{A}_m}\frac{d\underset{\sim}{A}_m}{dq}\right) = 2m \quad \text{bzw.} \quad \frac{2q}{\underset{\sim}{A}_m}\frac{d\underset{\sim}{A}_m}{dq} = -\frac{2m}{ik}\frac{q}{p^2} - 1 \tag{2-138}$$

erfüllen. Dies kann beispielsweise erreicht werden mit

$$p(z) = \frac{w_{00}(z)}{\sqrt{2}}, \tag{2-139}$$

wobei $w_{00}(z)$ durch (2-96) gegeben ist. Für $\underset{\sim}{A}$ findet man nach einigen Umformungen (Ref. 9, Kapitel 16.4 und 17.4) die Lösung

$$\underset{\sim}{A}_m\left(q(z)\right) = \underset{\sim}{A}_{0,m}\sqrt{\frac{w_{00,0}}{w_{00}(z)}}\cdot e^{i(m+1/2)\arctan(z/z_R)}. \tag{2-140}$$

Da nun die Bedingungen (2-137) und (2-138) erfüllt sind, entsprechen die Funktionen h_n den Hermite-Polynomen H_m. Diese sind in den meisten Formelsammlungen tabelliert. In nicht normierter Form lauten die ersten Polynome

$$
\begin{aligned}
&H_0(x)=1\,,\; H_1(x)=2x\,,\; H_2(x)=-2+4x^2\,,\\
&H_3(x)=-12x+8x^3\,,\; H_4(x)=12-48x^2+16x^4\,,\ \text{etc.}
\end{aligned}
\tag{2-141}
$$

Die hier gefundene Lösung (2-140) gilt wie oben begründet je für die x-Richtung und die y-Richtung separat. Wenn wir nun dieses Resultat in (2-134), dann in (2-132) und weiter in (2-116) einsetzen und mit $\underset{\sim}{A}_{0,m}$ die Hermite-Polynome geeignet normieren (siehe unten), erhalten wir im astigmatischen Fall

$$
\begin{aligned}
E_{mn}(x,y,z,t) = {} & \sqrt{\frac{w_{00,0,x}}{w_{00,x}(z)}} H_m\left(\frac{x\sqrt{2}}{w_{00,x}(z)}\right) e^{-\frac{x^2}{w_{00,x}^2(z)}} e^{-i\frac{k}{2}\frac{x^2}{R_x(z)}} \times \\
& \times \sqrt{\frac{w_{00,0,y}}{w_{00,y}(z)}} H_n\left(\frac{y\sqrt{2}}{w_{00,y}(z)}\right) e^{-\frac{y^2}{w_{00,y}^2(z)}} e^{-i\frac{k}{2}\frac{y^2}{R_y(z)}} \times \\
& \times E_0 \sqrt{\frac{1}{2^{m+n}\, m!\, n!\, \pi}} \times \\
& \times e^{-i(kz-\omega t)} e^{i(m+1/2)\arctan(z/z_{Rx})} e^{i(n+1/2)\arctan(z/z_{Ry})}
\end{aligned}
\tag{2-142}
$$

für das Feld der so genannten Hermite-Gauß Moden, wobei die Radien $w_{00,0}$, w_{00} und R auch hier durch die Definitionen in Abschnitt 2.4.5 gegeben sind.

Für den nicht astigmatischen Fall ($w_{00,x} = w_{00,y} = w_{00}$ und $R_x = R_y = R$ und $z_{Rx} = z_{Ry} = z_R$) vereinfacht sich der Ausdruck zu

$$
\begin{aligned}
E_{mn}(x,y,z,t) = {} & E_0 \sqrt{\frac{1}{2^{m+n}\, m!\, n!\, \pi} \frac{w_{00,0}}{w_{00}(z)}} H_m\left(\frac{x\sqrt{2}}{w_{00}(z)}\right) H_n\left(\frac{y\sqrt{2}}{w_{00}(z)}\right) \times \\
& \times e^{-\frac{x^2+y^2}{w_{00}^2(z)}} e^{-i\frac{k}{2}\frac{(x^2+y^2)}{R(z)}} \cdot e^{-i(kz-\omega t)} e^{i(m+n+1)\arctan(z/z_R)}\,.
\end{aligned}
\tag{2-143}
$$

Die Feldverteilungen einiger TEM_{mn} Moden sind in Figur 2-9 dargestellt. Mit $m = n = 0$ erhalten wir für die TEM_{00} Mode den eingangs bereits diskutierten Gauß-Strahl (2-94).

Man nennt die so definierten Moden auch transversale elektromagnetische Moden TEM_{mn}. Der Name verdeutlicht, dass es sich bei den elektromagnetischen Wellen um transversale Wellen handelt. Wie anhand der ebenen Wellen bereits dargestellt, stehen sowohl der elektrische als auch der magnetische Feldvektor senkrecht zur Ausbreitungsrichtung $\vec{\mathbf{k}}$ der Welle. Da gemäß Fourier-Transformation[6] jede real existierende Welle als Linearkombination von ebenen Wellen aufgefasst werden kann, müssen diese Beziehungen an jeder Stelle auch für TEM-Strahlen gelten. Auch bei den Hermite-Gauß-Moden (und den unten erwähnten Laguerre-Gauß-Moden) stehen also die $\vec{\mathbf{k}}$-Vektoren lokal senkecht auf den sphärischen Wellenfronten und die Feldvektoren gemäß (2-62) senkrecht dazu, wobei die Polarisationsrichtung frei wählbar ist.

Die Normierung der Amplitude wurde hier so gewählt, dass die Amplitude $E_{00,0}(0,0,0)$ im Zentrum der Strahltaille für die TEM_{00} Mode durch E_0 gegeben ist. Zudem wurden die Her-

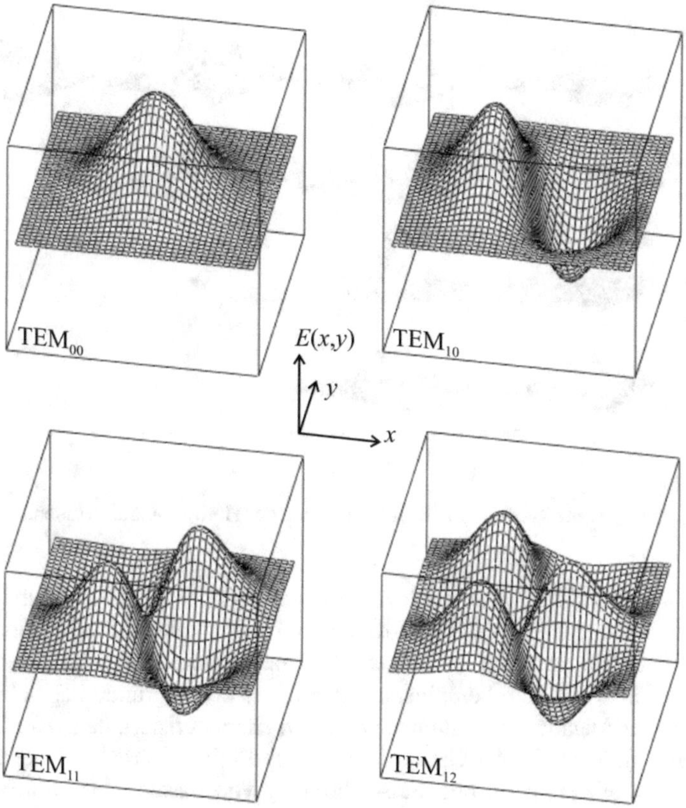

Figur 2-9. Feldverteilung einiger TEM$_{mn}$ Moden (alle Graphiken sind gleich skaliert).

mite-Polynome so normiert, dass die totale Leistung im Strahl bei der Integration der Intensitätsverteilung (gemäß (2-73) oder (2-75) proportional zur Feldamplitude im Quadrat) über den Strahlquerschnitt weder vom Strahlradius $w_{00}(z)$ (Gesamtleistung im Strahl ändert z. B. bei Fokussierung nicht) noch von den transversalen Ordnungen m und n abhängt. Da für die Hermite-Polynome

$$\frac{1}{2^n n!\sqrt{\pi}} \int_{-\infty}^{\infty} \left(H_n(x)\right)^2 e^{-x^2} dx = 1 \tag{2-144}$$

gilt, sind diese physikalisch begründeten Normierungsforderungen durch

$$\frac{1}{2^n n!\sqrt{\pi}} \frac{\sqrt{2}}{w_{00}} \int_{-\infty}^{\infty} \left(H_n\left(x\frac{\sqrt{2}}{w_{00}}\right)\right)^2 e^{-2\frac{x^2}{w_{00}^2}} dx = 1 \tag{2-145}$$

tatsächlich erfüllt.

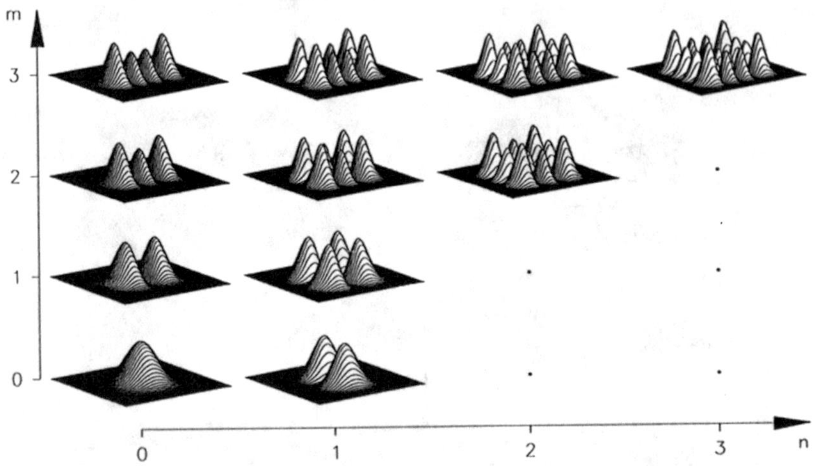

Figur 2-10. Intensitätsverteilungen der Hermite-Gauß-Moden.

Die Größen $w_{00}(z)$ und $R(z)$ in den Feldverteilungen (2-142) und (2-143) sind der Strahlradius der zugrunde liegenden TEM_{00} Gauß-Mode und die lokale Phasenkrümmung und bilden gemäß (2-90) den komplexen q-Parameter des Gauß-Strahles. Auch die höheren transversalen Moden werden also mit dem komplexen q Parameter des zugrunde liegenden Gauß-Strahles unter zusätzlicher Angabe der Ordnungen m und n charakterisiert, denn eine TEM_{mn} Mode ist nichts anderes als eine TEM_{00} Gauß-Mode, welche mit entsprechend normierten Hermite-Polynomen multipliziert wird. Für die Ausbreitung von Laserstrahlen durch komplexe optische Systeme genügt also die Betrachtung der TEM_{00} Mode. Die Ausbreitung der höheren transversalen Moden folgt dann direkt durch Multiplikation mit den normierten Hermite-Polynomen.

Aus Figur 2-9 ist erkennbar, dass wegen der Modulation durch die Hermite-Polynome die TEM_{mn} Moden mit zunehmender transversaler Ordnung breiter werden. Da dies für jede Stelle z entlang des Strahles gilt, nimmt damit auch die Divergenz der Moden zu. Ausgehend von der TEM_{00} Mode nimmt somit das Produkt aus dem Radius der Strahltaille und der Strahldivergenz, das sogenannte Strahlparameterprodukt, mit zunehmender transversaler Ordnung m und n der Moden zu. Ein Maß für die Radien und die Divergenz von Moden mit höherer transversaler Ordnung sowie die Beugungsmaßzahl M^2 wird mittels der zweiten Momente der Intensitätsverteilung in den Abschnitten 5.2.1 und 5.3 behandelt.

Die Divergenz eines Strahles ist die direkte Konsequenz der Wellenbeugung. Mathematisch lässt sich dieser Zusammenhang mit der Fourier-Transformation beschreiben. Weil der Satz der Hermite-Gauß-Funktionen $E_{mn}(x,y,z,t)$ im mathematischen Sinne vollständig ist, kann es keine Mode mit einem kleineren Strahlparameterprodukt geben als die TEM_{00} Mode. In Anlehnung an den physikalischen Hintergrund für diese Tatsache wird die TEM_{00} Mode daher auch als beugungsbegrenzter Strahl bezeichnet.

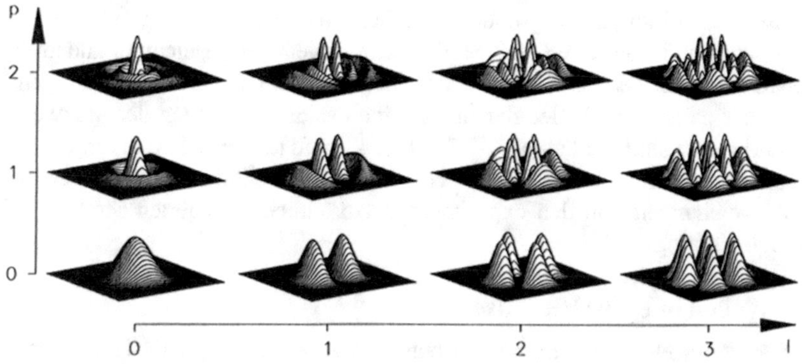

Figur 2-11. Intensitätsverteilungen der Laguerre-Gauß-Moden.

Die hier behandelten Hermite-Gauß-Moden sind die Lösungen der paraxialen Wellengleichung in kartesischen Koordinaten. Schreibt man die paraxiale Wellengleichung in Zylinderkoordinaten um, so folgen analog die so genannten Laguerre-Gauß-Moden

$$E_{pl}(r,\theta,z,t) = \sqrt{\frac{2p!}{(1+\delta_{0l})\pi(l+p)!}}\,\frac{w_{00,0}}{w_{00}(z)}\left(\frac{\sqrt{2}r}{w_{00}(z)}\right)^{l} L_p^l\left(\frac{2r^2}{w_{00}^2(z)}\right)\times$$
$$\times E_0 e^{-i\frac{k}{2}\frac{r^2}{q(z)}+il\theta}\, e^{-i(kz-\omega t)} e^{i(2p+l+1)\arctan(z/z_R)} \qquad (2\text{-}146)$$

als vollständiger Lösungssatz.[9]

Die Gleichungen (2-142) bzw. (2-143) und (2-146) beschreiben die Feldamplitude der Hermite-Gauß- und der Laguerre-Gauß-Moden. Die entsprechenden Intensitätsverteilungen erhält man durch Anwendung von (2-73) bzw. (2-75) und sind in Figur 2-10 und Figur 2-11 dargestellt.

Da die hergeleiteten Hermite-Gauß- und Laguerre-Gauß-Moden einen mathematisch vollständigen Lösungssatz der paraxialen Wellengleichung bilden, kann jeder beliebige paraxiale Strahl (jede beliebige Mode) als Linearkombination der Funktionen $E_{mn}(x,y,z,t)$ bzw. $E_{pl}(x,y,z,t)$ geschrieben werden. Oft wird in diesem Zusammenhang fälschlicherweise von einer Überlagerung von TEM Moden gesprochen und diese Situation mit einem inkohärenten Multi-Mode-Strahl verwechselt (siehe dazu Abschnitt 2.4.3). Jede Linearkombination aus den Funktionen $E_{mn}(x,y,z,t)$ bzw. $E_{pl}(x,y,z,t)$ bildet wieder eine eigenständige Mode und ist nach physikalischer Definition vollständig kohärent! Die Intensität ergibt sich aus dem Quadrat der Summe der elektrischen Feldstärken. Anders ist die Situation, wenn ein gegebener Strahl aus mehreren, unabhängig schwingenden Moden besteht. Dieser inkohärente Strahl lässt sich mathematisch nicht als Linearkombination aus Amplitudenfunktionen $E_{mn}(x,y,z,t)$ beschreiben. Die Intensität des Gesamtstrahls entspricht dann der Summe der Intensitäten der einzelnen Moden.

Bereits bei der Lösung der ursprünglichen Wellengleichung (2-44) bzw. (2-45) wurde darauf hingewiesen, dass diese nur eine notwendige aber nicht eine hinreichende Bedingung zur gleichzeitigen Erfüllung der zugrunde liegenden Maxwellgleichungen ist. Zur Herleitung der Hermite-Gauß- und Laguerre-Gauß-Moden wurde die Wellengleichung zudem in eine paraxial genäherte Form gebracht. Wegen den dabei gemachten Vernachlässigungen können die Lösungen der paraxialen Wellengleichung keine exakten Lösungen der Maxwellgleichungen sein. Insbesondere sind die Felder (2-142), (2-143) und (2-146) nicht divergenzfrei. Trotzdem erweisen sich die durch diese Felder beschriebenen TEM Moden als außerordentlich nützlich, da die Abweichungen von den experimentell tatsächlich realisierten Strahlungsfeldern vernachlässigbar gering sind.

2.4.7 Wellen in optischen Fasern

Die in den vorangehenden Abschnitten behandelten elektromagnetischen Wellen sind Strahlungsmoden des freien Raumes mit homogener Brechungsindexverteilung, wie sie sich beispielsweise zwischen sphärischen Spiegeln eines Laserresonators ausbilden (siehe Abschnitt 5.2). Bei der Wellenleitung in optischen Fasern werden die Moden durch die Brechungsindexverteilung der Faser bestimmt, wie dies für zylindersymmetrische Fasern im Abschnitt 2.4.7.2 beschrieben ist. Aufgrund der Bedeutung für die Laserstrahlführung in der Praxis wird im Folgenden aber zuerst auf die geometrische Betrachtung der Lichtleitung in Fasern eingegangen.

Optische Glasfasern wurden anfänglich überwiegend für die Signalübertragung in der Telekommunikation eingesetzt. Mit dem Aufkommen von Festkörperlasern hatte die Strahlführung in optischen Glasfasern bald eine weitere wichtige Bedeutung erlangt. Die so genannten Lichtleitkabel brachten ein enormer Flexibilitätsgewinn und eine wesentlich geringere Störungsanfälligkeit bei der Strahlführung zwischen Strahlquelle und Laserbearbeitungsstation.[10]

2.4.7.1 Geometrische Lichtstrahlen in optischen Fasern

Im einfachsten Falle besteht eine optische Faser aus einem runden Kern mit einem Durchmesser von wenigen µm bis einige hundert µm und einem Mantel mit einem leicht niedrigeren Brechungsindex. In der Betrachtungsweise der geometrischen Optik – also unter Vernachlässigung der Wellennatur des Lichtes, siehe Abschnitt 2.6.2 – kann die Strahlführung in Glasfasern mit der Totalreflexion am Übergang des höherbrechenden Faserkerns mit Brechungsindex n_1 zum Mantel mit dem niedrigeren Brechungsindex $n_2 < n_1$ erklärt werden. Wie in Figur 2-12 gezeigt, besagt das Brechungsgesetz von Snellius

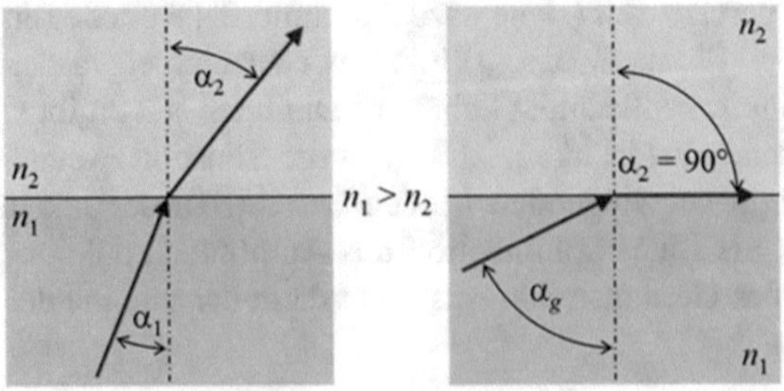

Figur 2-12. Brechung eines geometrischen Lichtstrahles. Rechts: Grenzwinkel für Totalreflexion.

$$n_1 \sin(\alpha_1) = n_2 \sin(\alpha_2)\,, \tag{2-147}$$

dass der in das Medium mit dem niedrigeren Brechungsindex eindringende Strahl vom Lot weg gebrochen wird. Dies geht allerdings nur bis zu einem maximalen Einfallswinkel α_g, bei dem der gebrochene Strahl genau in der Grenzfläche der beiden Medien verläuft, also $\alpha_2 = 90°$, wie rechts in Figur 2-12 dargestellt. Ist der Einfallswinkel α_1 größer als der Grenzwinkel α_g, so gelangt der Strahl nicht mehr in das Medium mit dem niedrigeren Brechungsindex, sondern wird an der Grenzfläche vollständig reflektiert – es erfolgt die so genannte Totalreflexion.

Der Grenzwinkel α_g für Totalreflexion lässt sich sehr einfach aus der genannten Bedingung $\alpha_2 = 90°$ berechnen. Damit gilt nämlich $\sin(\alpha_2) = 1$ und aus (2-147) folgt

$$\sin(\alpha_g) = \frac{n_2}{n_1}\,. \tag{2-148}$$

Wie in Figur 2-13 dargestellt, kann diese Totalreflexion zur Führung von Lichtstrahlen in optischen Glasfasern genutzt werden. Die Strahlführung erfolgt im Kern (engl. *core*), der von einem Mantel (engl. *cladding*) mit einem niedrigeren Brechungsindex umgeben ist.

Aus der Bedingung für die Totalreflexion zwischen Kern und Mantel folgt, dass nur Lichtstrahlen bis zu einem maximalen Einfallswinkel α_{max} in die Faser eingekoppelt und dort auch geführt werden können. Durch Anwendung des Brechungsgesetzes (2-147) auf die Brechung des gestrichelt gezeichneten Strahles an der Eintrittsfläche links in Figur 2-13,

$$n_0 \sin(\alpha_{max}) = n_1 \sin(90° - \alpha_g)\,, \tag{2-149}$$

lässt sich der maximal zulässige Einkoppelwinkel einer Faser bestimmen. Zunächst gilt

$$n_0 \sin(\alpha_{max}) = n_1 \sin(90° - \alpha_g) = n_1 \cos(\alpha_g) = n_1\sqrt{1 - \sin^2(\alpha_g)}\,. \tag{2-150}$$

Mit (2-148) folgt schließlich

$$n_0 \sin(\alpha_{max}) = n_1\sqrt{1 - \frac{n_2^2}{n_1^2}} = \sqrt{n_1^2 - n_2^2}\,. \tag{2-151}$$

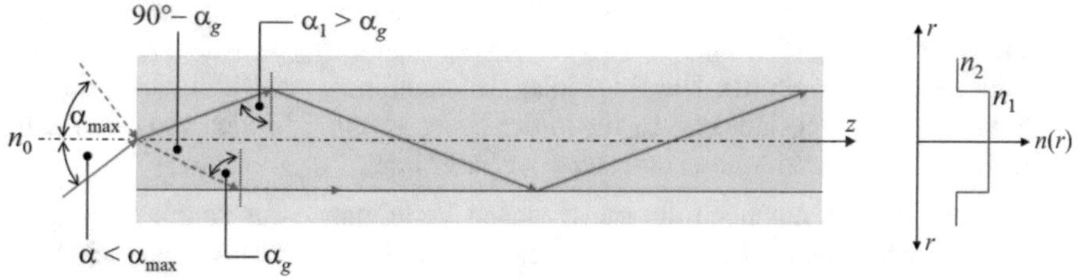

Figur 2-13. Strahlführung durch Totalreflexion in einer optischen Faser. Bei zylindersymmetrischen Fasern ist der Brechungsindex eine Funktion $n(r)$ des Abstandes r von der Faserachse.

Wenn wir davon ausgehen, dass die Umgebung einen Brechungsindex von $n_0 = 1$ hat, folgt für den maximal zulässigen Einkoppelwinkel

$$\sin(\alpha_{max}) = \sqrt{n_1^2 - n_2^2} \triangleq NA\,, \text{ (für } n_0 = 1). \tag{2-152}$$

Man nennt diesen Ausdruck die *numerische Apertur* (NA) des optischen Wellenleiters.

Bereits aus Figur 2-13 wird ersichtlich, dass die z-Komponente k_z des Wellenzahlvektors nicht gleich $k = k_0 n_1 = 2\pi n_1/\lambda_0 = 2\pi/\lambda$ (in der Ausbreitungsrichtung des einzelnen Teilstrahles) ist, sondern in dieser Darstellung durch die Projektion $k_z = k \cdot \cos(90° - \alpha_1)$ auf die z-Achse gegeben ist. Für die Bestimmung des effektiv geltenden Werts von k_z müsste aber zusätzlich der bei der Totalreflexion auftretende Goose-Hähnchen-Effekt[11] (Phasenschiebung und Versatz des reflektierten Strahls) berücksichtigt werden. An dieser Stelle wird als Hinweis für den nächsten Abschnitt aber lediglich festgehalten, dass die Propagationskonstante in z-Richtung, welche im Folgenden mit $\beta = k_0 \cdot n_{eff}$ mittels eines effektiven Brechungsindex n_{eff} ausgedrückt wird, von der Wellenzahl $k = k_0 \cdot n_1$ abweicht.

Die soeben beschriebenen Betrachtungen vernachlässigen die Wellennatur des Lichtes. Sollen die in der Faser sich ausbreitenden elektromagnetischen Felder berechnet werden, ist eine rigorose Behandlung auf der Grundlage der Maxwell-Gleichungen erforderlich, wie dies im Folgenden skizziert ist.

2.4.7.2 Exakte Moden in zylindersymmetrischen Fasern

Da die mathematische Behandlung nicht weniger aufwendig ist als bei den Hermite-Gauß- und Laguerre-Gauß-Moden in Abschnitt 2.4.6, wird hier die Betrachtung auf zylindersymmetrische Fasern eingeschränkt und lediglich auf die wichtigsten Gedankengänge und Resultate eingegangen. Das Ziel dabei ist, die Systematik und die Nomenklatur der Fasermoden einzuführen. Für eine detailliertere Herleitung wird auf das Buch von Okamoto[12] verwiesen, woher auch die im Folgenden wiedergegebenen Ausführungen stammen.

Für die Behandlung zylindersymmetrischer Glasfasern ist es angebracht, die Maxwellgleichungen (2-18) bis (2-21) in Zylinderkoordinaten auszudrücken und für die Felder die Ansätze

$$\begin{aligned} \mathbf{E}(r,\varphi,t) &= \underset{\sim}{\mathbf{E}}(r,\varphi)e^{-i\beta z + i\omega t} \\ \mathbf{B}(r,\varphi,t) &= \underset{\sim}{\mathbf{B}}(r,\varphi)e^{-i\beta z + i\omega t} \end{aligned} \tag{2-153}$$

zu wählen. Mit der Verwendung der Propagationskontante $\beta = k_0 \cdot n_{eff}$ in der Ausbreitungsrichtung z wird ermöglicht, dass diese von $k = k_0 n_1 = 2\pi n_1/\lambda_0 = 2\pi/\lambda$ verschieden sein kann (siehe letzter Abschnitt). Die folgenden Berechnungen werden ergeben, dass der Wert des effektiven Brechungsindexes n_{eff} für in der Faser geführte Moden zwischen den Werten der Brechungsindizes von Mantel und Kern der Faser liegt.

Im Folgenden werden nur noch die transversalen Verteilungen der Amplituden $\underset{\sim}{\mathbf{E}}(r,\varphi)$ und $\underset{\sim}{\mathbf{B}}(r,\varphi)$ betrachtet. Durch Einsetzen der Felder (2-153) in die Maxwellgleichungen erhält man für die longitudinalen Komponenten die Wellengleichungen

$$\frac{\partial^2 \underset{\sim}{E}_z}{\partial r^2} + \frac{1}{r}\frac{\partial \underset{\sim}{E}_z}{\partial r} + \frac{1}{r^2}\frac{\partial^2 \underset{\sim}{E}_z}{\partial \varphi^2} + \left(k_0^2 n^2(r,\varphi) - \beta^2\right)\underset{\sim}{E}_z = 0\,, \qquad \text{(analog für } \underset{\sim}{B}_z\text{)}. \tag{2-154}$$

Die transversalen Feldkomponenten folgen mit entsprechenden Gleichungen aus den longitudinalen Feldkomponenten $\underset{\sim}{E}_z$ und $\underset{\sim}{B}_z$ unter Berücksichtigung der Voraussetzung, dass der Brechungsindex $n = n(r)$ in zylindersymmetrischen Fasern nicht von φ abhängt.

Der wesentliche Punkt bei der Lösung dieses Gleichungssystems – und damit auch der springende Unterschied zur Herleitung der Laguerre-Gauß-Moden im freien Raum – ist die Berücksichtigung der elektrodynamischen Anforderung, dass die tangentialen Feldkomponenten von **E** und **B**/μ am Übergang zwischen Faserkern und Fasermantel stetig sein müssen.

Das Ergebnis sind drei unterschiedliche Arten von Moden: transversal elektrische (TE), transversal magnetische (TM) und hybride Moden. Um deren Darstellung zu vereinfachen, werden eine Reihe neuer Größen eingeführt. Als erstes wird der Radius des Faserkerns mit a bezeichnet. Die normierten transversalen Wellenzahlen sind dann durch

$$u = a\sqrt{k_0^2 n_1^2 - \beta^2} \quad \text{und} \quad w = a\sqrt{\beta^2 - k_0^2 n_2^2} \tag{2-155}$$

definiert. Da u und w zur Lösung der Differentialgleichungen reell sein müssen, ist hieraus bereits ersichtlich, dass mit $\beta = k_0 \cdot n_{eff}$ der Betrag des effektiven Brechungsindexes der in der Faser geführten Moden zwischen den Werten der Brechungsindizes von Kern und Mantel liegt. Die normierte Frequenz v ist durch

$$v = \sqrt{u^2 + w^2} = a\sqrt{k_0^2\left(n_1^2 - n_2^2\right)} \tag{2-156}$$

gegeben. Zudem werden mit $J_n(x)$ die Besselfunktion n-ter Ordnung und mit $K_n(x)$ die modifizierte Besselfunktion der zweiten Gattung n-ter Ordnung verwendet. A ist im Folgenden eine Konstante zur Normierung der Felder auf die Leistung P im Strahl.

Die TE Moden

Die transversal elektrischen Moden sind dadurch gekennzeichnet, dass die longitudinale Komponente des elektrischen Feldes verschwindet, $E_z = 0$. Darüber hinaus sind auch $E_r = 0$ (es handelt sich also um eine rein tangentiale Polarisationsverteilung) und $B_\varphi = 0$.

Innerhalb des Faserkerns mit $0 \leq r \leq a$ sind die restlichen Feldkomponenten durch

$$\underset{\sim}{E}_\varphi = -i\omega\mu\frac{a}{u}AJ_1\left(\frac{u}{a}r\right) \qquad (0 \leq r \leq a) \tag{2-157}$$

$$\underset{\sim}{B}_r = i\beta\mu\frac{a}{u}AJ_1\left(\frac{u}{a}r\right) \qquad (0 \leq r \leq a) \tag{2-158}$$

$$\underset{\sim}{B}_z = \mu A J_0\left(\frac{u}{a}r\right) \qquad (0 \leq r \leq a) \tag{2-159}$$

gegeben. Im Fasermantel mit $r > a$ fallen die Felder hingegen gemäss

$$\underset{\sim}{E}_{\varphi} = i\omega\mu \frac{a}{w} \frac{J_0(u)}{K_0(w)} A K_1\left(\frac{w}{a} r\right) \qquad (r > a) \qquad (2\text{-}160)$$

$$\underset{\sim}{B}_r = -i\beta\mu \frac{a}{w} \frac{J_0(u)}{K_0(w)} A K_1\left(\frac{w}{a} r\right) \qquad (r > a) \qquad (2\text{-}161)$$

$$\underset{\sim}{B}_z = \mu \frac{J_0(u)}{K_0(w)} A K_0\left(\frac{w}{a} r\right) \qquad (r > a) \qquad (2\text{-}162)$$

mit zunehmendem Abstand r ab.

Um die Stetigkeitsbedingung der tangentialen Feldkomponenten an der Grenze zwischen Kern und Mantel einzuhalten, müssen die Werte der in (2-157) bis (2-162) einzusetzenden normierten transversalen Wellenzahlen u und w die Dispersionsrelation

$$\frac{J_1(u)}{uJ_0(u)} = -\frac{K_1(w)}{wK_0(w)} \qquad (2\text{-}163)$$

erfüllen, wobei weitherin (2-156) zu berücksichtigen ist. Die Dispersionsrelation ist somit die eigentliche Eigenwertgleichung der Faser. Die Lösung der beiden Gleichungen (2-163) und (2-156) zur Bestimmung von u und w erfolgt numerisch (oder graphisch als Schnittpunkt(e) zwischen dem in den Koordinaten u und w beschriebenen Kreis (2-156) und dem durch (2-163) beschriebenen Kurvenverlauf, siehe z. B. Figur 2-17).

Ist eine Faser durch den Radius a des Kerns und die Brechungsindizes n_1 des Kerns und n_2 des Mantels vorgegeben, so folgt also für die Strahlung einer bestimmten Wellenlänge λ_0 aus (2-156) mit $k_0 = 2\pi/\lambda_0$ zunächst die normierte Frequenz V. Die Lösung der Dispersionsgleichung (2-163) liefert dann unter Berücksichtigung von (2-156) die Eigenwerte u und w, welche für die Berechnung der Felder in (2-157) bis (2-162) einzusetzen sind. Man beachte, dass mit den Werten für u oder w wegen (2-155) auch die Propagationskonstante $\beta = k_0 \cdot n_{eff}$ der gefundenen Lösung festgelegt ist.

Je nach Wert der normierten Frequenz V in (2-156) hat die Eigenwertgleichung (2-163) eine oder mehrere Lösungen für u und w (man bedenke den oszillierenden Verlauf der Besselfunktionen). Die Moden der unterschiedlichen Lösungen unterscheiden sich in der Anzahl l der Intensitätsmaxima in radialer Richtung r. Die ganze Zahl l wird daher als radiale Modenordnung bezeichnet und die verschiedenen Lösungen einfach mit TE_l und $l = 1, 2, 3, \ldots$ durchnummeriert.

Im Unterschied zu der rein geometrischen Betrachtung in Abschnitt 2.4.7.1, wonach die Strahlung ausschließlich im Faserkern geführt wird, zeigt die Lösung der Maxwellgleichung mit den Ausdrücken (2-160) bis (2-162), dass die Felder der geführten Moden in den Fasermantel hinausragen. Dasselbe trifft für die im Folgenden behandelten Moden zu. Die Wellenleitung in einer optischen Faser findet also nicht alleine im Kern statt, sondern auch darum herum, was sich entsprechend im Wert des effektiven Brechungsindex zwischen den Werten n_1 und n_2 widerspiegelt. Weil die Felder in den Mantel hineinragen, ist es wichtig, dass der Fasermantel eine ausreichende Dicke aufweist, damit die Moden nicht durch das gegebenenfalls verlustbehaftete Material außerhalb des Mantels beeinträchtigt werden. Wie bei der

Totalreflexion werden die über den Kern hinaus in den Bereich des Fasermantels hineinragenden Feldanteile *evaneszent* genannt.

Die TM Moden

Die transversal magnetischen Moden sind dadurch gekennzeichnet, dass die longitudinale Komponente des Magnetfeldes verschwindet, $B_z = 0$. Darüber hinaus sind auch $B_r = 0$ und $E_\varphi = 0$ (es handelt sich also um eine rein radiale Polarisationsverteilung).

Als Eigenwertgleichung für die TM Moden findet man die Dispersionsrelation

$$\frac{J_1(u)}{uJ_0(u)} = -\left(\frac{n_2}{n_1}\right)^2 \frac{K_1(w)}{wK_0(w)}. \tag{2-164}$$

Innerhalb des Faserkerns mit $0 \le r \le a$ sind die restlichen Feldkomponenten durch

$$\underset{\sim}{E}_r = i\beta \frac{a}{u} A J_1\left(\frac{u}{a} r\right) \qquad (0 \le r \le a) \tag{2-165}$$

$$\underset{\sim}{E}_z = A J_0\left(\frac{u}{a} r\right) \qquad (0 \le r \le a) \tag{2-166}$$

$$\underset{\sim}{B}_\varphi = i\omega\varepsilon_0 n_1^2 \mu A J_1\left(\frac{u}{a} r\right) \qquad (0 \le r \le a) \tag{2-167}$$

gegeben. Im Fasermantel mit $r > a$ fallen die Felder gemäss

$$\underset{\sim}{E}_r = -i\beta \frac{a}{w} \frac{J_0(u)}{K_0(w)} A K_1\left(\frac{w}{a} r\right) \qquad (r > a) \tag{2-168}$$

$$\underset{\sim}{E}_z = \frac{J_0(u)}{K_0(w)} A K_0\left(\frac{w}{a} r\right) \qquad (r > a) \tag{2-169}$$

$$\underset{\sim}{B}_\varphi = -i\omega\varepsilon_0 n_2^2 \mu \frac{J_0(u)}{K_0(w)} A K_1\left(\frac{w}{a} r\right) \qquad (r > a) \tag{2-170}$$

mit zunehmendem Abstand r ab.

Bei gegebener Faserstruktur und Strahlungswellenlänge erfolgt die Berechnung der Moden wieder wie bei den TE Moden beschrieben zunächst durch Bestimmung der normierten Frequenz V und dann durch (numerisches) Lösen der Dispersionsrelation (2-164) unter Berücksichtigung von (2-156), um die so erhaltenen Eigenwerte u und w in die Felder (2-165) bis (2-170) einzusetzen. Wie bei den TE Moden gibt es auch hier je nach Wert von V mehrere Lösungen, die sich in der radialen Modenordnung $l = 1, 2, 3, \ldots$ unterscheiden (TM_l).

Die hybriden Moden

Bei den hybriden Moden verschwindet keine der axialen Feldkomponenten E_z und B_z. Die Lösungen der Wellengleichung (2-154) sind Produkte von Besselfunktionen n-ter Ordnung über r mit den azimutalen Funktionen $\cos(n\varphi + \varphi_0)$ oder $\sin(n\varphi + \varphi_0)$, wobei φ_0 eine Konstante ist, welche die Orientierung der Felder im Raum bestimmt.

Als Eigenwertgleichung für die hybriden Moden findet man die Dispersionsrelation

$$\left(\frac{J_n'(u)}{uJ_n(u)}+\frac{K_n'(w)}{wK_n(w)}\right)\left[\frac{J_n'(u)}{uJ_n(u)}+\left(\frac{n_2}{n_1}\right)^2\frac{K_n'(w)}{wK_n(w)}\right]=$$
$$=n^2\left(\frac{1}{u^2}+\frac{1}{w^2}\right)\left[\frac{1}{u^2}+\left(\frac{n_2}{n_1}\right)^2\frac{1}{w^2}\right], \tag{2-171}$$

wobei die gestrichenen Größen für die erste Ableitung der Funktionen stehen. Innerhalb des Faserkerns mit $0 \le r \le a$ sind die Feldkomponenten durch

$$\underset{\sim}{E}_r=-iA\beta\frac{a}{u}\left[\frac{(1-\underset{\sim}{s})}{2}J_{n-1}\left(\frac{u}{a}r\right)-\frac{(1+\underset{\sim}{s})}{2}J_{n+1}\left(\frac{u}{a}r\right)\right]\cos(n\varphi+\varphi_0) \tag{2-172}$$

$$\underset{\sim}{E}_\varphi=iA\beta\frac{a}{u}\left[\frac{(1-\underset{\sim}{s})}{2}J_{n-1}\left(\frac{u}{a}r\right)+\frac{(1+\underset{\sim}{s})}{2}J_{n+1}\left(\frac{u}{a}r\right)\right]\sin(n\varphi+\varphi_0) \tag{2-173}$$

$$\underset{\sim}{E}_z=AJ_n\left(\frac{u}{a}r\right)\cos(n\varphi+\varphi_0) \tag{2-174}$$

$$\underset{\sim}{H}_r=-iA\omega\varepsilon_0 n_1^2\mu\frac{a}{u}\left[\frac{(1-\underset{\sim}{s}_1)}{2}J_{n-1}\left(\frac{u}{a}r\right)+\frac{(1+\underset{\sim}{s}_1)}{2}J_{n+1}\left(\frac{u}{a}r\right)\right]\sin(n\varphi+\varphi_0) \tag{2-175}$$

$$\underset{\sim}{H}_\varphi=-iA\omega\varepsilon_0 n_1^2\mu\frac{a}{u}\left[\frac{(1-\underset{\sim}{s}_1)}{2}J_{n-1}\left(\frac{u}{a}r\right)-\frac{(1+\underset{\sim}{s}_1)}{2}J_{n+1}\left(\frac{u}{a}r\right)\right]\cos(n\varphi+\varphi_0) \tag{2-176}$$

$$\underset{\sim}{B}_z=-A\frac{\beta}{\omega\mu_0}\mu\underset{\sim}{s}J_n\left(\frac{u}{a}r\right)\sin(n\varphi+\varphi_0) \tag{2-177}$$

gegeben. Im Fasermantel mit $r > a$ fallen die Felder gemäss

$$\underset{\sim}{E}_r=-iA\beta\frac{aJ_n(u)}{wK_n(w)}\left[\frac{(1-\underset{\sim}{s})}{2}K_{n-1}\left(\frac{w}{a}r\right)+\frac{(1+\underset{\sim}{s})}{2}K_{n+1}\left(\frac{w}{a}r\right)\right]\cos(n\varphi+\varphi_0) \tag{2-178}$$

$$\underset{\sim}{E}_\varphi=iA\beta\frac{aJ_n(u)}{wK_n(w)}\left[\frac{(1-\underset{\sim}{s})}{2}K_{n-1}\left(\frac{w}{a}r\right)-\frac{(1+\underset{\sim}{s})}{2}K_{n+1}\left(\frac{w}{a}r\right)\right]\sin(n\varphi+\varphi_0) \tag{2-179}$$

$$\underset{\sim}{E}_z=A\frac{J_n(u)}{K_n(w)}K_n\left(\frac{w}{a}r\right)\cos(n\varphi+\varphi_0) \tag{2-180}$$

$$\underset{\sim}{H}_r=-iA\omega\varepsilon_0 n_2^2\mu\frac{aJ_n(u)}{wK_n(w)}\left[\frac{(1-\underset{\sim}{s}_2)}{2}K_{n-1}\left(\frac{w}{a}r\right)+\frac{(1+\underset{\sim}{s}_2)}{2}K_{n+1}\left(\frac{w}{a}r\right)\right]\times$$
$$\times\cos(n\varphi+\varphi_0) \tag{2-181}$$

$$\underset{\sim}{H}_{\varphi} = -iA\omega\varepsilon_0 n_2^2 \mu \frac{aJ_n(u)}{wK_n(w)} \left[\frac{(1-\underset{\sim}{s}_2)}{2} K_{n-1}\left(\frac{w}{a}r\right) - \frac{(1+\underset{\sim}{s}_2)}{2} K_{n+1}\left(\frac{w}{a}r\right) \right] \times \\ \times \sin(n\varphi + \varphi_0) \tag{2-182}$$

$$\underset{\sim}{B}_z = -A \frac{\beta}{\omega\mu_0} \mu \underset{\sim}{s} \frac{J_n(u)}{K_n(w)} K_n\left(\frac{w}{a}r\right) \sin(n\varphi + \varphi_0) \tag{2-183}$$

mit zunehmendem Abstand r ab, wobei

$$\underset{\sim}{s} = \frac{n \cdot \left(\frac{1}{u^2} + \frac{1}{w^2} \right)}{\frac{J_1'(u)}{uJ_0(u)} + \frac{K_1'(w)}{wK_0(w)}} \tag{2-184}$$

$$\underset{\sim}{s}_1 = \frac{\beta^2}{k_0^2 n_1^2} \underset{\sim}{s} \tag{2-185}$$

$$\underset{\sim}{s}_2 = \frac{\beta^2}{k_0^2 n_2^2} \underset{\sim}{s} \, . \tag{2-186}$$

Bei gegebener Faserstruktur und Strahlungswellenlänge erfolgt die Berechnung der Moden wieder analog zu dem bei den TE und TM Moden beschriebenen Vorgehen, wobei auch hier gegebenenfalls mehrere Lösungen mit unterschiedlicher radialer Modenordnung l gefunden werden. Zusammen mit der azimutalen Modenordnung n werden die hybriden Moden also mit dem Parametersatz $n = 0, 1, 2, 3, \ldots$ und $l = 1, 2, 3, \ldots$ durchnummeriert.

Die in diesem Abschnitt exakt berechneten Moden beschreiben die Wellenleitung in nicht gekrümmten optischen Fasern. Zur Analyse von Verlusten und Veränderungen der Modenstruktur, welche durch Biegung einer Faser verursacht werden, wird heute in der Regel auf numerische Berechnungen zurückgegriffen.[13] Im Folgenden wird gezeigt, wie die analytischen Ausdrücke für die Moden stark vereinfacht werden können, wenn gerade Fasern mit einem geringen Brechungsunterschied zwischen Kern und Mantel betrachtet werden.

2.4.7.3 Linear polarisierte (LP) Moden in zylindersymmetrischen Fasern

Die im vorangehenden Abschnitt betrachteten Moden sind die exakten Lösungen der Maxwellgleichungen unter Berücksichtigung einer zylindersymmetrischen Brechungsindexverteilung als Randbedingung.[12] In den meisten praktischen Anwendungen ist der relative Brechungsindexunterschied $(n_1 - n_2)/n_1 \ll 1$ aber sehr klein. Unter der entsprechenden Annahme $n_2 \approx n_1$ können die oben beschriebenen Dispersionsrelationen und die Ausdrücke für die Felder der Moden daher wesentlich vereinfacht werden. Das im Folgenden diskutierte Ergebnis sind Moden, welche zur Bildung von linear polarisierten LP Moden addiert werden können. Da ein geringer Brechungsindexunterschied zwischen Kern und Mantel einer Faser eine schwache Strahlführung bedeutet, wird diese Näherung auch als „*weakly guiding approximation*" bezeichnet.

Natürlich würde, wenn in der Faser $n_2 = n_1$ exakt gälte, gar keine Wellenleitung stattfinden. Die *weakly guiding* Näherung geht also nicht davon aus, dass sich die Brechungsindizes von Kern und Mantel nicht unterscheiden, sondern beginnt mit den bei $n_2 > n_1$ exakt hergeleiteten Moden und vereinfacht diese unter der Annahme, dass sich die Brechungsindizes $n_2 \approx n_1$ annähern.

Wir folgen weiterhin den Ausführungen von Okamoto[12] und stellen zunächst fest, dass sich mit der Näherung $n_2 \approx n_1$ bei den TE Moden weder die Eigenwertgleichung (2-163) noch die zugehörigen Feldverteilungen ändern. Hingegen wird wegen $n_1/n_2 \approx 1$ unter der *weakly guiding* Näherung die Eigenwertgleichung (2-164) der TM Moden identisch zur Dispersionsrelation (2-163) der TE Moden.

Bei den hybriden Moden vereinfachen sich die Ausdrücke für die Felder (2-172) bis (2-183), weil aus $n_2 \approx n_1$ auch $\underset{\sim}{s}_1 \approx \underset{\sim}{s}_2 \approx \underset{\sim}{s}$ folgt. Auch die Dispersionsrelation (2-171) vereinfacht sich deutlich und es zeigt sich, dass $\underset{\sim}{s} \approx \pm 1$ gilt, mit je einer entsprechenden Dispersionsrelation. Die Moden mit $\underset{\sim}{s} \approx 1$ werden als EH Moden bezeichnet, jene mit $\underset{\sim}{s} \approx -1$ als HE Moden. Diese Bezeichnung ist historisch bedingt. Es sei aber darauf hingewiesen, dass bei EH Moden die axiale Komponente B_z des Magnetfeldes relativ stark und bei den HE Moden die axiale Komponente E_z des elektrischen Feldes vergleichsweise stark ist.

Durch Einführung des neuen Parameters

$$m = \begin{cases} 1 & \text{für TE und TM Moden} \\ n+1 & \text{für EH Moden} \\ n-1 & \text{für HE Moden} \end{cases} \tag{2-187}$$

können die verschiedenen Dispersionsrelationen der unterschiedlichen Modenarten geschickt in einem einzigen Ausdruck

$$\frac{J_m(u)}{uJ_{m-1}(u)} = -\frac{K_m(w)}{wK_{m-1}(w)} \tag{2-188}$$

zusammengefasst werden, wobei die Beziehungen $J_{-1}(u) = -J_1(u)$ und $K_{-1}(w) = -K_1(w)$ anzuwenden sind.

Daraus wird ersichtlich, dass Moden, die nach (2-187) denselben Parameter m haben, Lösungen derselben Eigenwertgleichung sind – mit derselben radialen Modenordnung l sogar zum selben Eigenwert. Moden mit demselben Parametersatz m und l haben im hier betrachteten Fall der *weakly guiding* Näherung also identische Eigenwerte und sind somit entartet. Identische Eigenwerte zu haben bedeutet mit (2-155), dass die entsprechenden Moden dieselbe Propagationskonstante $\beta = k_0 \cdot n_{eff}$ aufweisen.

Diese entarteten Moden eines Parametersatzes ml haben alle die gleiche Intensitätsverteilung und werden mit der Bezeichnung LP_{ml} zusammengefasst. LP deshalb, weil die entarteten Moden des jeweiligen Parametersatzes ml zu linear polarisierten Moden kombiniert werden können. Tabelle 2.1 zeigt eine Gegenüberstellung der LP_{ml} Moden mit den dazu entsprechenden TE_l, TM_l, EH_{nl} und HE_{nl} Moden. Weil die TE und TM Moden keine azimutale Abhängigkeit ($\cos(n\varphi + \varphi_0)$ oder $\sin(n\varphi + \varphi_0)$) aufweisen, ist dies gleichbedeutend mit einer azimutalen Modenordnung von $n = 0$, weshalb auch für diese Moden die Schreibweise TE_{0l} und TM_{0l} verwendet wird.

Tabelle 2.1 Gegenüberstellung der LP Moden mit den TE, TM und den hybriden Moden.

LP_{ml} Moden	TE_{nl}, TM_{nl} und hybride$_{nl}$ Moden (in der *weakly guiding* Näherung)	
LP_{0l}	HE_{1l}	(zwei Polarisationszustände)
LP_{1l}	TE_{0l}	
	TM_{0l}	
	HE_{2l}	(zwei Polarisationszustände)
LP_{ml}	$EH_{m\text{-}1,l}$	(zwei Polarisationszustände)
	$HE_{m+1,l}$	(zwei Polarisationszustände)

Einige der Moden sind in Figur 2-14 abgebildet. Die Orientierung der Feldverteilungen wird durch ψ beeinflusst. Die linear polarisierte HE_{11} Mode entspricht der LP_{01} Mode und ist (mit zwei möglichen orthogonalen Polarisationsrichtungen) die Grundmode zylindersymmetrischer Fasern. Alle LP_{0l} Moden können zwei orthogonale Polarisationsrichtungen aufweisen

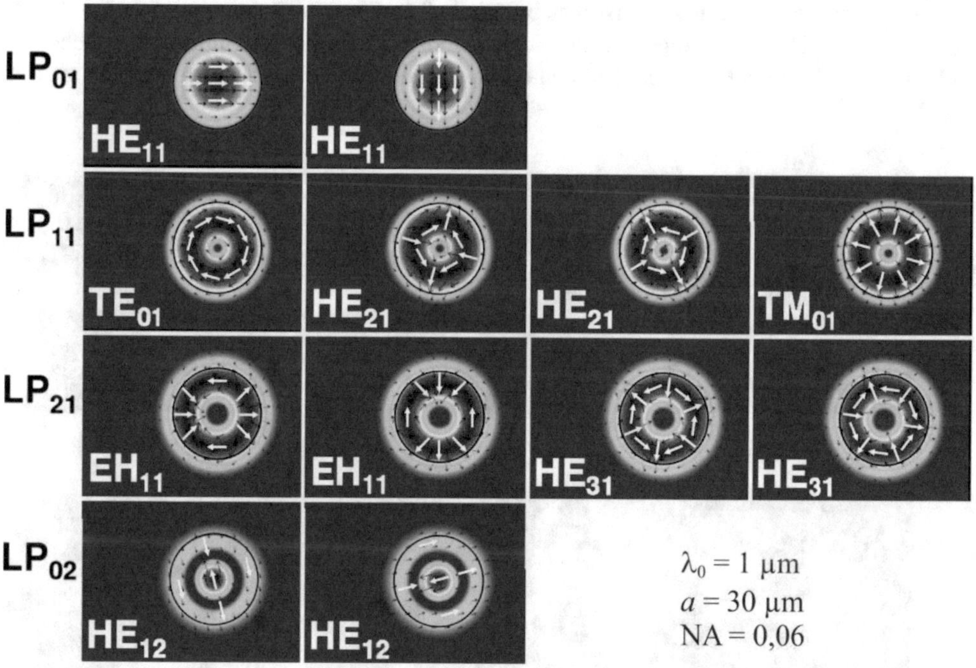

Figur 2-14. Intensitätsverteilung (Farbe) und angedeutete Polarisationsverteilung (Pfeile) einiger Fasermoden nach Ref. 13. Die TE und TM Moden sind bereits orthogonal zueinander polarisiert (keine weitere Polarisationsentartung). Alle anderen Moden können zwei zueinander orthogonale Polarisationszustände einnehmen (φ_0 und $\varphi_0 + \pi/2$) und sind daher zweimal mit unterschiedlicher Polarisation abgebildet. Die schwarzen Kreise zeigen die Grenze zwischen Kern und Mantel der Faser.

und sind damit zweifach entartet. Die LP_{1l} Moden setzen sich (für jeden Wert von l) aus den Moden TE_{0l}, TM_{0l} und HE_{2l} zusammen. Die Polarisationsverteilung der TE_{0l} Moden (azimutal polarisiert) und der TM_{0l} Moden (radial polarisiert) sind bereits zueinander orthogonal (es besteht also keine weitere Polarisationsentartung). Die HE_{2l} Moden können hingegen wieder zwei orthogonale Polarisationsformen annehmen. Insgesamt liegt bei den LP_{1l} Moden damit eine vierfache Entartung vor. Dasselbe gilt für die LP_{ml} Moden, weil jede der EH_{ml} und HE_{ml} Moden zwei orthogonale Polarisationszustände einnehmen kann. Zusammenfassend gilt also, dass LP_{ml} Moden für $m = 0$ zweifach und für $m \geq 1$ vierfach entartet sind.

Wie bereits erwähnt, besteht der Vorteil der LP Moden darin, dass diese linear polarisiert sein können (durch geeignete Kombination der entarteten Moden innerhalb des Satzes ml). Die Intensitätsverteilungen einiger solcher linear polarisierten LP Moden sind in Figur 2-15 abgebildet. Bei der Betrachtung der Entartung ist zu beachten, dass es neben einer Drehung der Polarisation um 90° für $m \geq 1$ auch jeweils zwei Orientierungen der Intensitätsverteilung gibt, wie dies schematisch in Figur 2-16 dargestellt ist. Es zeigt sich auch, dass die Felder in den über eine Knotenlinie benachbarten Maxima in Gegenphase oszillieren.

Wie viele Moden in einer Faser geführt werden, wird durch die Anzahl der Lösungen der Eigenwertgleichung (2-188) bestimmt und hängt vom Wert der normierten Frequenz V (2-156) und damit vom Radus a des Faserkerns sowie von den Brechungsindizes von Mantel und Kern ab. Für den Fall mit $V = 5$ ist dies beispielhaft in Figur 2-17 dargestellt, wobei der oben geschilderten Theorie zufolge die möglichen Moden durch die Schnittpunkte zwischen dem durch (2-156) definierten Kreis und den durch (2-188) definierten Kurven gegeben sind. All-

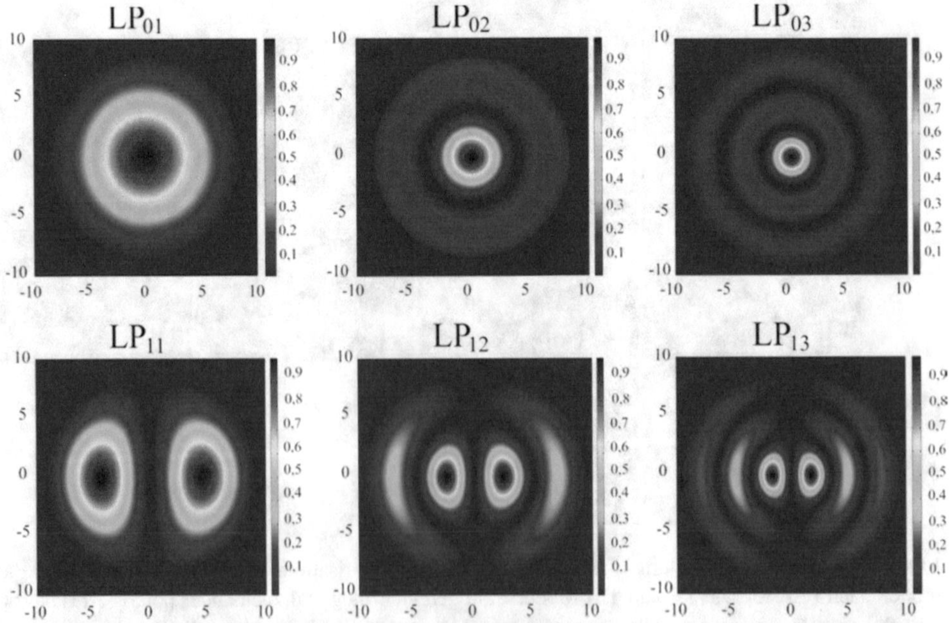

Figur 2-15. Intensitätsverteilung einiger LP_{ml} Moden nach Ref. 14; $2a$ = 17 μm, NA = 0,12, λ_0 = 1,0 μm.

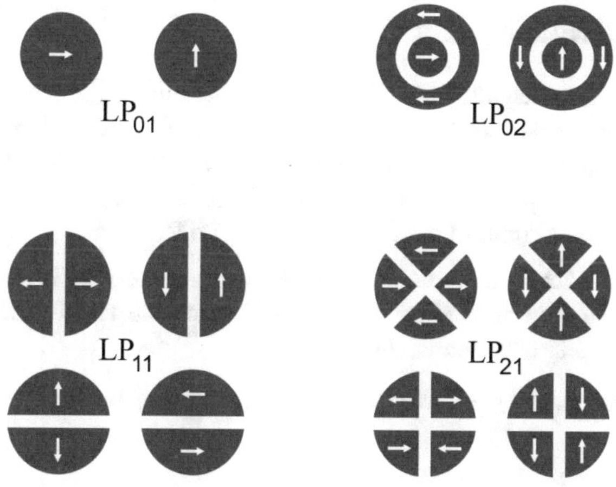

Figur 2-16. Schematische Darstellung der Entartung einiger LP -Moden mit der Anordnung der Intensitätsverteilung (grau) und der Polarisation des Feldes (Pfeile).

gemein existiert für $V \leq 2.4048$ nur die LP_{01} Mode,[12] solche Fasern sind also transversal monomodig oder englisch *single transversal mode*, was im allgemeinen Sprachgebrauch aber oft einfach mit *single mode* abgekürzt wird, obwohl gleichzeitig viele longitudinale Moden unterschiedlicher Frequenz (siehe Abschnitte 5.5 und 5.5.2) vorliegen können.

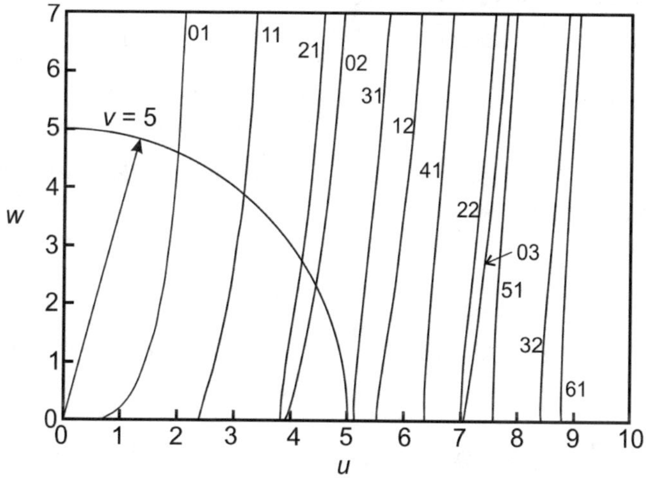

Figur 2-17. Illustration zur Lösung der Eigenwertgleichungen. Die Moden einer Faser ergeben sich aus den Schnittpunkten zwischen dem durch (2-156) definierten Kreis (hier beispielhaft mit $V = 5$ gezeichnet) und den durch die Dispersionsrelation (2-188) definierten Kurven *ml*; nach Ref. 12.

2.5 Die Ausbreitung von Wellen

In Kapitel 3 wird eine elegante und selbst für komplexe optische Systeme sehr einfache Methode zur Berechnung der Ausbreitung von Gauß-Strahlen beschrieben. Die Methode kann mit einer Reihe von Vereinfachungen aus der allgemeinen Beugungstheorie der Wellenausbreitung gewonnen werden. Der Vollständigkeit zuliebe wird hier deshalb kurz das bekannte Beugungsintegral von Kirchhoff eingeführt (siehe auch Referenz 7).

Dazu zeigen wir zunächst, dass der Wert der Feldamplitude E (gilt analog auch für B) in irgendeinem Punkt $\vec{\mathbf{p}}$ innerhalb eines Volumens V durch die Randwerte E und ∇E auf dem Rand $\Sigma(V)$ des Gebietes gegeben ist durch

$$E(\vec{\mathbf{p}}) = \oint_{\Sigma(V)} \left(G(r)\nabla E(\vec{\mathbf{x}}) - \nabla G(r) E(\vec{\mathbf{x}}) \right) d\vec{\boldsymbol{\sigma}}\,, \qquad (2\text{-}189)$$

wobei

$$G(r) = \frac{1}{4\pi}\frac{e^{-ikr}}{r}\,, \text{ mit } r = |\vec{\mathbf{x}} - \vec{\mathbf{p}}| \qquad (2\text{-}190)$$

die Differentialgleichung

$$-\Delta G - k^2 G = \delta^3(\vec{\mathbf{x}} - \vec{\mathbf{p}}) \qquad (2\text{-}191)$$

löst und wo δ die Dirac'sche Deltafunktion ist. Außer an der Stelle $r = 0$ ist diese Gleichung identisch mit der Wellengleichung (2-118) in zeitunabhängiger Form, wo wir bereits wissen, dass Kugelwellen der Form (2-190) zu den Lösungen gehören.

In (2-189) wenden wir den Satz von Gauß (2-6) an und schreiben

$$E(\vec{p}) = \oint_{\Sigma(V)} \left(G(r)\nabla E(\vec{x}) - \nabla G(r) E(\vec{x}) \right) d\vec{\sigma} = \int_V \nabla \left(G\nabla E - \nabla G E \right) dV\,. \qquad (2\text{-}192)$$

Mit (2-191) und der Wellengleichung (2-118) in der zeitunabhängigen Form (zeitabhängiger Term kann aus (2-118) gekürzt werden),

$$\Delta E + k^2 E = 0\,, \qquad (2\text{-}193)$$

findet man

$$\nabla(G\nabla E - \nabla G E) = G\Delta E - \Delta G E = -Gk^2 E + E\delta^3(\vec{\mathbf{x}} - \vec{\mathbf{p}}) + k^2 G E = E\delta^3(\vec{\mathbf{x}} - \vec{\mathbf{p}})\,. \qquad (2\text{-}194)$$

Somit ist

$$\begin{aligned} E(\vec{\mathbf{p}}) &= \oint_{\Sigma(V)} \left(G(r)\nabla E(\vec{\mathbf{x}}) - \nabla G(r) E(\vec{\mathbf{x}}) \right) d\vec{\sigma} = \int_V \nabla \left(G\nabla E - \nabla G E \right) dV \\ &= \int_V E\delta^3(\vec{\mathbf{x}} - \vec{\mathbf{p}}) dV = E(\vec{\mathbf{p}})\,, \end{aligned} \qquad (2\text{-}195)$$

was die Behauptung (2-189) beweist.

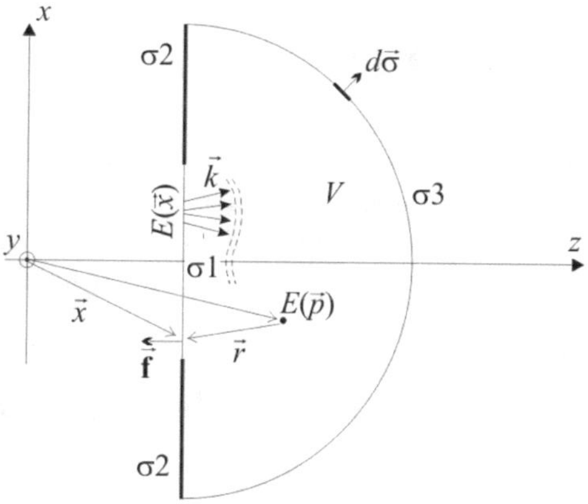

Figur 2-18. Illustration zum Oberflächenintegral von Kirchhoff. In der paraxialen Näherung nehmen wir an, dass die Phasenfront (gestrichelt) lokal durch eine ebene Welle approximiert werden kann, und dass die $\vec{\mathbf{k}}$-Vektoren nur um kleine Winkel von der z-Richtung abweichen.

Mit dem Skalarprodukt in (2-189) werden die Gradienten von E und G auf die Flächennormale $\vec{\mathbf{f}} = d\vec{\boldsymbol{\sigma}}/|d\vec{\boldsymbol{\sigma}}|$ von $d\vec{\boldsymbol{\sigma}}$ projiziert. D. h., man kann die Gleichung auch als

$$E(\vec{p}) = \oint_{\mathrm{E}(V)} \frac{e^{-ikr}}{r}\left(\frac{\partial E}{\partial f} + ik\left[1-\frac{i}{kr}\right]\cos(\vec{\mathbf{f}},\vec{\mathbf{r}})E\right)\frac{d\sigma}{4\pi} \tag{2-196}$$

schreiben, wobei die Notation

$$\frac{\partial E}{\partial f} \equiv \vec{\mathbf{f}}\cdot\nabla E \quad \text{und} \quad d\sigma = |d\vec{\boldsymbol{\sigma}}| \tag{2-197}$$

sowie die Beziehung

$$\vec{\mathbf{f}}\cdot\nabla r = \vec{\mathbf{f}}\frac{\vec{\mathbf{r}}}{r} = \cos(\vec{\mathbf{f}},\vec{r}) \tag{2-198}$$

und (2-190) verwendet wurden.

Für die Näherung von Kirchhoff führen wir das Integral (2-196) über die in Figur 2-18 dargestellten Oberflächen σ1, σ2 und σ3 aus. Das Gebiet σ1 bezeichne den Bereich, wo die Amplitude E wesentlich von 0 verschieden ist. Den Radius von σ3 können wir beliebig groß wählen, so dass von dort keine wesentlichen Beiträge kommen und die Integration über σ3 weggelassen werden kann (sowohl G als auch E werden als Kugelwellen von Quellen auf σ1 proportional zu $1/r$ und in $G\nabla E - \nabla G E$ bleibt kein Beitrag der Ordnung $1/r^2$ übrig). Wenn nur von σ1 wesentliche Beiträge kommen, kann auch die Integration über σ2 weggelassen werden. In genügend großem Abstand (mehrere Wellenlängen) vom Rand σ1 (und σ2) ist $1/kr$ klein gegenüber 1 und somit vernachlässigbar. In der Näherung von Kirchhoff lautet die Gleichung (2-196) damit

$$E(\vec{p}) = \int_{\sigma 1} \frac{e^{ikr}}{r}\left(\frac{\partial E}{\partial n} + ik\cos(\vec{\mathbf{f}},\vec{\mathbf{r}})E\right)\frac{d\sigma}{4\pi}. \tag{2-199}$$

Im paraxialen Fall ist auf σ1 der Winkel zwischen der Flächennormalen $\vec{\mathbf{f}}$ und dem Vektor $\vec{\mathbf{k}}$ immer klein und wir können den Kosinus durch 1 ersetzen. Im paraxialen Fall kann dies noch weiter vereinfacht werden. Wir können nämlich die elektromagnetische Welle, deren Phasenfront in Figur 2-18 gestrichelt symbolisiert ist, auf σ1 lokal durch eine ebene Welle

$$E = E_0 e^{-i\vec{\mathbf{k}}\vec{\mathbf{x}}} \tag{2-200}$$

nähern, wobei $\vec{\mathbf{k}}$ im paraxialen Fall nur um kleine Winkel gegenüber der z-Achse geneigt ist. Mit dem Gradienten

$$\nabla E = -i\vec{\mathbf{k}}E_0 e^{-i\vec{\mathbf{k}}\vec{\mathbf{x}}} = -i\vec{\mathbf{k}}E \tag{2-201}$$

resultiert für $\partial E/\partial f$ aus (2-197) der Ausdruck

$$\frac{\partial E}{\partial f} \equiv -\vec{\mathbf{f}}\cdot i\vec{\mathbf{k}}E = -ikE\cos(\vec{\mathbf{f}},\vec{\mathbf{k}}) \approx ikE \tag{2-202}$$

(beachte, dass $\vec{\mathbf{f}}$ in Richtung $-z$ und $\vec{\mathbf{k}}$ in z-Richtung zeigt) und wir können (2-199) durch

$$\begin{aligned} E(\vec{\mathbf{p}}) &= \int_{\sigma 1} \frac{e^{-ikr}}{r}(ikE + ikE)\frac{d\sigma}{4\pi} = \int_{\sigma 1} ik\frac{e^{-ikr}}{r}\frac{d\sigma}{2\pi}E \\ &= \int_{\sigma 1} \frac{i}{\lambda}\frac{e^{-ikr}}{r}E d\sigma = \iint_{\sigma 1} \frac{i}{\lambda}\frac{e^{-ikr}}{r}E\,dxdy \end{aligned} \tag{2-203}$$

nähern. Das Integral

$$E(\vec{\mathbf{p}}) = \iint_{\sigma 1} \frac{i}{\lambda}\frac{e^{-ikr}}{r}E(\vec{\mathbf{x}})\,dxdy \tag{2-204}$$

folgt also aus dem Integral von Kirchhoff (2-199) unter der Voraussetzung, dass sich die elektromagnetische Welle paraxial ausbreitet. Was insbesondere dann zutrifft, wenn der paraxiale Strahl nicht durch harte Blenden gestört wird oder keine scharfen Phasensprünge aufweist (z. B. nach diffraktiven optischen Elementen). Die Näherung von Kirchhoff ihrerseits setzte nur voraus, dass der Punkt $\vec{\mathbf{p}}$ mehrere Wellenlängen von der Integrationsoberfläche σ entfernt ist.

Das Beugungsintegral (2-204) entspricht einer einfachen Formulierung des Prinzips von Huygens, wonach jeder Teil einer optischen Wellenfläche im Raum als Quelle einer sphärischen Teilwelle wirkt.[7] In der Tat werden hier über σ1 Kugelwellen aufintegriert, welche mit den lokalen Amplituden $E(\vec{\mathbf{x}})$ gewichtet sind (die komplexen Amplituden beinhalten auch die Phaseninformation).

2.6 Die Ausbreitung von Lichtstrahlen

Die im vorangehenden Abschnitt hergeleiteten Integrale von Kirchhoff und Huygens werden hauptsächlich dort benötigt, wo Beugungs- und Interferenzeffekte eine wichtige Rolle spielen (z. B. Beugung am Spalt, Beugung an einer Lochblende etc.). Es sind dies Situationen, wo die Wellennatur des Lichtes zum tragen kommt. In vielen klassischen Situationen sind diese Effekte aber von untergeordneter Relevanz und die Lichtausbreitung kann mit einfachen geometrischen Strahlen beschrieben werden. In diesem Falle folgen die Lichtstrahlen sehr einfachen geometrischen Gesetzen, wie der geradlinigen Ausbreitung im homogenen Raum, dem Reflexionsgesetz (Einfallswinkel = Ausfallswinkel) und dem Brechungsgesetz von *Snellius*. Diese Gesetze folgen alle aus dem Grundgesetz der geometrischen Optik, der so genannten Eikonalgleichung, die zur späteren Verwendung im Folgenden kurz hergeleitet wird.[1, 9]

2.6.1 Die Eikonalgleichung

Wenn wir die Diskussion auf monochromatische Lichtwellen mit einer scharf definierten Frequenz

$$\omega = \frac{c_0}{\lambda_0} 2\pi \tag{2-205}$$

beschränken, kann der mit der Zeit t oszillierende Phasenterm $e^{i\omega t}$ abgespalten werden und die Felder erhalten die Form

$$\vec{\mathbf{E}}(\vec{\mathbf{x}},t) = \underset{\sim}{\vec{\mathbf{E}}}(\vec{\mathbf{x}})e^{i\omega t} \text{ und } \vec{\mathbf{B}}(\vec{\mathbf{x}},t) = \underset{\sim}{\vec{\mathbf{B}}}(\vec{\mathbf{x}})e^{i\omega t}. \tag{2-206}$$

Wir betrachten nach wie vor nur Wellen in Gebieten ohne freie Ladungsträger ($\rho = 0 = \vec{\mathbf{j}}$), setzen diese Felder in die Maxwellgleichungen (2-20) und (2-21) ein und erhalten daraus

$$\vec{\nabla} \times \underset{\sim}{\vec{\mathbf{E}}}(\vec{\mathbf{x}}) + i\omega \underset{\sim}{\vec{\mathbf{B}}}(\vec{\mathbf{x}}) = 0 \tag{2-207}$$

$$\vec{\nabla} \times \underset{\sim}{\vec{\mathbf{B}}}(\vec{\mathbf{x}}) - i\omega \frac{n^2}{c_0^2} \underset{\sim}{\vec{\mathbf{E}}}(\vec{\mathbf{x}}) = 0, \tag{2-208}$$

wobei (2-55) und (2-57) verwendet wurden.

Betrachten wir eine ebene, monochromatische Welle, die sich in einem homogenen Medium mit Brechungsindex n ausbreitet, so wissen wir aus Abschnitt 2.4.1, dass die Ortsabhängigkeit der Felder gegeben ist durch

$$\underset{\sim}{\vec{\mathbf{E}}}(\vec{\mathbf{x}}) = \vec{\mathbf{E}}_0 e^{-i\vec{\mathbf{k}}\vec{\mathbf{x}}} \text{ und } \underset{\sim}{\vec{\mathbf{B}}}(\vec{\mathbf{x}}) = \vec{\mathbf{B}}_0 e^{-i\vec{\mathbf{k}}\vec{\mathbf{x}}}, \tag{2-209}$$

wobei die Feldamplituden $\vec{\mathbf{E}}_0$ und $\vec{\mathbf{B}}_0$ konstant sind. Breitet sich die Welle in z- bzw. x_3-Richtung aus, so vereinfachen sich diese Ausdrücke mit

$$k_3 = \left|\vec{\mathbf{k}}\right| = \frac{2\pi}{\lambda_0} n = \frac{\omega}{c_0} n \tag{2-210}$$

zu

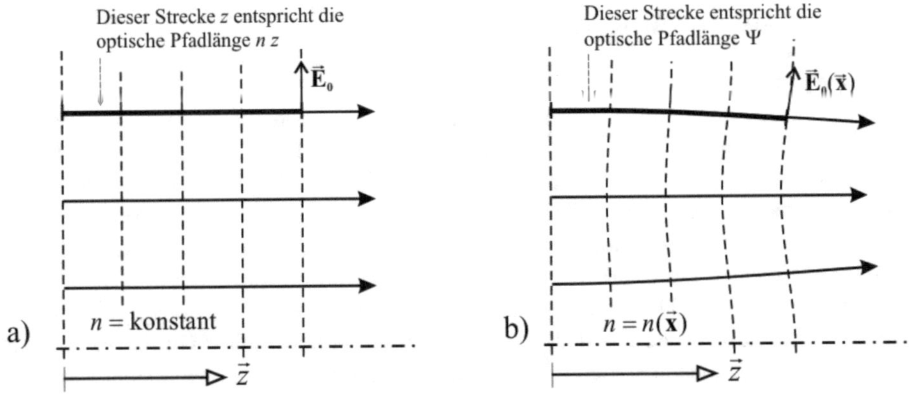

Figur 2-19. Ausbreitung einer Lichtwelle. Die gestrichelten Linien symbolisieren die Phasenfront.

$$\underset{\sim}{\vec{\mathbf{E}}}(z) = \vec{\mathbf{E}}_0 e^{-i\frac{\omega}{c_0}nz} \quad \text{und} \quad \underset{\sim}{\vec{\mathbf{B}}}(z) = \vec{\mathbf{B}}_0 e^{-i\frac{\omega}{c_0}nz} \,. \tag{2-211}$$

Wie in Figur 2-19a skizziert, entspricht die Größe *nz* der von der Lichtwelle zurückgelegten *optischen* Pfadlänge (die *geometrische* Pfadlänge ist *z*).

Wenn das Medium nicht homogen ist ($n = n(\vec{\mathbf{x}})$), kann sich das Licht zwar nicht über das ganze Gebiet als ebene Welle ausbreiten, in einem genügend kleinen Gebiet des Raumes können wir aber $n(\vec{\mathbf{x}})$ als konstant ansehen und das Licht lokal mit einer ebenen Welle approximieren. Wir können also lokal die Form von (2-211) beibehalten, müssen aber für die korrekte Berücksichtigung der Phase die veränderte Pfadlänge bis zu diesem Punkt beachten und eine geringfügige Änderung der Feldamplituden (Richtung) zulassen, wie dies in Figur 2-19b skizziert ist. Als leicht verallgemeinerte Form für (2-211) machen wir deshalb den Ansatz

$$\underset{\sim}{\vec{\mathbf{E}}}(\vec{\mathbf{x}}) = \vec{\mathbf{E}}_0(\vec{\mathbf{x}}) e^{-i\frac{\omega}{c_0}\Psi(\vec{\mathbf{x}})} \quad \text{und} \quad \underset{\sim}{\vec{\mathbf{B}}}(\vec{\mathbf{x}}) = \vec{\mathbf{B}}_0(\vec{\mathbf{x}}) \mathrm{e}^{-i\frac{\omega}{c_0}\Psi(\vec{\mathbf{x}})} \,. \tag{2-212}$$

Die bis zum Ort $\vec{\mathbf{x}}$ zurückgelegte optische Pfadlänge Ψ wird Eikonal genannt. Für eine ebene Welle in *z*-Richtung eines homogenen Mediums hat das Eikonal die Form $\Psi = nz$.

Die Feldamplituden $\vec{\mathbf{E}}_0(\vec{\mathbf{x}})$ und $\vec{\mathbf{B}}_0(\vec{\mathbf{x}})$ ändern sich wesentlich langsamer (bei einer exakt ebenen Welle sind diese sogar konstant) als der abgespaltene Phasenterm und das Eikonal. Setzt man (2-212) in (2-207) und (2-208) ein, so erhält man vorerst

$$-i\frac{\omega}{c_0}\vec{\nabla}\Psi \times \vec{\mathbf{E}}_0 + \vec{\nabla} \times \vec{\mathbf{E}}_0 + i\omega\vec{\mathbf{B}}_0 = 0 \tag{2-213}$$

und

$$-i\frac{\omega}{c_0}\vec{\nabla}\Psi \times \vec{\mathbf{B}}_0 + \vec{\nabla} \times \vec{\mathbf{B}}_0 - i\frac{\omega}{c_0^2}n^2(\vec{\mathbf{x}})\vec{\mathbf{E}}_0 = 0 \,, \tag{2-214}$$

wobei aus Gründen der Übersicht auf die Notierung des Arguments $(\vec{\mathbf{x}})$ verzichtet wurde. Unter der Voraussetzung dass ω/c_0 beziehungsweise ω sehr große Werte annehmen, können die Terme $\vec{\nabla}\times\vec{\mathbf{E}}_0$ und $\vec{\nabla}\times\vec{\mathbf{B}}_0$ vernachlässigt werden. Wegen der Beziehung (2-205) ist dies gleichbedeutend mit der Aussage, dass die Wellenlänge sehr klein ist, d. h. $\lambda\to 0$. Zudem verändern sich $\vec{\mathbf{E}}_0$ und $\vec{\mathbf{B}}_0$ im Vergleich zum Eikonal örtlich wesentlich langsamer (annähernd ebene Welle), infolgedessen die Rotation von $\vec{\mathbf{E}}_0$ und $\vec{\mathbf{B}}_0$ klein ist gegenüber dem Gradienten des Eikonals. In der Tat ändert sich das Eikonal linear mit dem zurückgelegten Weg, die Feldamplituden hingegen sind nahezu konstant. Mit diesen Überlegungen folgt aus (2-213)

$$\vec{\mathbf{B}}_0 = \frac{1}{c_0}\vec{\nabla}\Psi\times\vec{\mathbf{E}}_0 \tag{2-215}$$

und aus (2-214) folgt

$$\vec{\nabla}\Psi\times\vec{\mathbf{B}}_0 = -\frac{1}{c_0}n^2(\vec{\mathbf{x}})\vec{\mathbf{E}}_0\,. \tag{2-216}$$

Aus diesen beiden Gleichungen ist ersichtlich, dass sowohl $\vec{\mathbf{E}}_0$ als auch $\vec{\mathbf{B}}_0$ senkrecht auf $\vec{\nabla}\Psi$ stehen, d. h.

$$(\vec{\nabla}\Psi)\vec{\mathbf{E}}_0 = 0 = (\vec{\nabla}\Psi)\vec{\mathbf{B}}_0\,. \tag{2-217}$$

Durch Einsetzen von (2-215) in (2-216) erhalten wir durch Anwendung von (2-41)

$$\begin{aligned}\vec{\nabla}\Psi\times\left(\vec{\nabla}\Psi\times\vec{\mathbf{E}}_0\right) &= -n^2(\vec{\mathbf{x}})\vec{\mathbf{E}}_0\\ \left(\vec{\nabla}\Psi\,\vec{\mathbf{E}}_0\right)\vec{\nabla}\Psi-\left(\vec{\nabla}\Psi\right)^2\vec{\mathbf{E}}_0 &= -n^2(\vec{\mathbf{x}})\vec{\mathbf{E}}_0\end{aligned} \tag{2-218}$$

und mit (2-217) folgt die Eikonalgleichung

$$\left(\vec{\nabla}\Psi\right)^2 = n^2(\vec{\mathbf{x}})\,. \tag{2-219}$$

Aus dieser Grundgleichung der geometrischen Optik lässt sich nun eine Differentialgleichung für die Ausbreitung von Lichtstrahlen herleiten.

2.6.2 Geometrische Lichtstrahlen

In diesem Abschnitt soll nun berechnet werden, auf welchen Bahnen sich das Licht durch ein inhomogenes Medium mit gegebener Brechungsindexverteilung bewegt. Da der zeitliche Verlauf hier nicht von Interesse ist (es sind nur Bahnkurven gesucht), wird die Bahn durch die Bogenlänge s mit $\vec{\mathbf{x}} = \vec{\mathbf{x}}(s)$ parametrisiert; siehe Figur 2-20. Bei dieser Wahl des Parameters s ist die erste Ableitung $d\vec{\mathbf{x}}(s)/ds$ ein Vektor der Länge Eins, der in Richtung der Bahnkurve zeigt. Aus (2-216) folgte, dass $\vec{\nabla}\Psi$ wie der Poyntingvektor senkrecht zu den Feldern $\vec{\mathbf{E}}_0$ und $\vec{\mathbf{B}}_0$ steht. D. h., die Richtung des Gradienten des Eikonals entspricht (wie $d\vec{\mathbf{x}}/ds$) der lokalen Richtung eines Lichtstrahles. Zudem ist der Betrag dieses Gradienten laut Eikonalgleichung (2-219) gerade der lokale Brechungsindex. Demzufolge ist $\vec{\nabla}\Psi/n$ ebenfalls ein Einheitsvektor in Richtung des Lichtstrahles:

$$\frac{d\vec{\mathbf{x}}}{ds} = \frac{\vec{\nabla}\Psi}{n}\,. \tag{2-220}$$

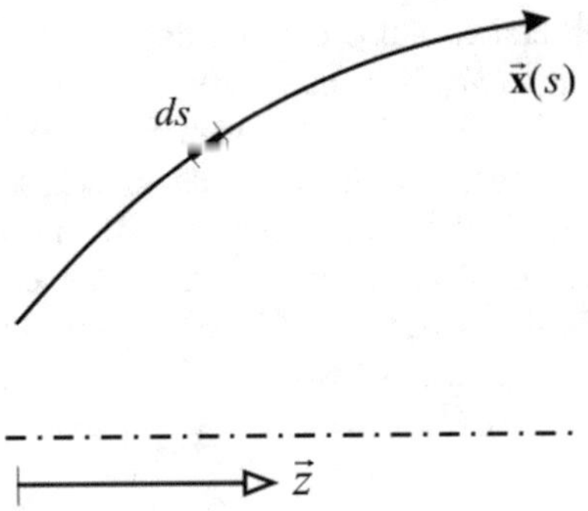

Figur 2-20. Parametrisierung des Lichtstrahles.

Leitet man die einzelnen Ortskomponenten des Ausdrucks $nd\vec{\mathbf{x}}/ds$ nochmals nach ds ab, so folgt unter Verwendung von (2-220)

$$\begin{aligned} \frac{d}{ds}\left(n\frac{dx_i}{ds}\right) &= \frac{d}{ds}\left(\frac{\partial\Psi}{\partial x_i}\right) = \sum_{j=1}^{3}\frac{\partial^2\Psi}{\partial x_j\partial x_i}\frac{\partial x_j}{\partial s} \\ &= \sum_{j=1}^{3}\frac{\partial^2\Psi}{\partial x_j\partial x_i}\cdot\frac{\partial\Psi}{\partial x_j}\cdot\frac{1}{n} = \frac{1}{2n}\frac{\partial}{\partial x_i}\left(\sum_{j=1}^{3}\left(\frac{\partial\Psi}{\partial x_j}\right)^2\right) \\ &= \frac{1}{2n}\frac{\partial}{\partial x_i}\left(\vec{\nabla}\Psi\right)^2 \end{aligned} \tag{2-221}$$

(wo $i = 1, 2, 3$ für die drei Ortskoordinaten)

und mit der Eikonalgleichung (2-219) folgt

$$\frac{d}{ds}\left(n\frac{dx_i}{ds}\right) = \frac{1}{2n}\frac{\partial}{\partial x_i}\left(\vec{\nabla}\Psi\right)^2 = \frac{1}{2n}\frac{\partial}{\partial x_i}(n^2) = \frac{\partial n}{\partial x_i}\,. \tag{2-222}$$

Damit haben wir die Differentialgleichung

$$\frac{d}{ds}\left(n\frac{d\vec{\mathbf{x}}}{ds}\right) = \vec{\nabla}n(\vec{\mathbf{x}}) \tag{2-223}$$

für die Ausbreitung von Lichtstrahlen hergeleitet.

Setzt man in diese Gleichung n als konstant ein, so folgt $d^2\vec{\mathbf{x}}/ds^2 = 0$, was zur Lösung $\vec{\mathbf{x}}(s) = \vec{\mathbf{a}} + \vec{\mathbf{b}}\cdot s$ führt. Dies beweist, dass sich Lichtstrahlen in homogenen Medien geradlinig ausbreiten.

2.6.3 Das Prinzip von Fermat

Dass Lichtstrahlen in homogenen Medien auf einer Geraden von einem Punkt zu einem anderen Punkt gelangen, entspricht dem Prinzip von Fermat, welches etwas allgemeiner besagt, dass die optische Pfadlänge

$$\int_{P_1}^{P_2} nds = Extremum \tag{2-224}$$

des tatsächlichen Lichtstrahles zwischen den Punkten P_1 und P_2 kürzer ist als die optische Pfadlänge jeder anderen Verbindung zwischen den beiden Punkten.[g] Denn mit

$$ds = |d\vec{\mathbf{x}}| = |\dot{\vec{\mathbf{x}}}|dt \tag{2-225}$$

folgt für (2-224)

$$\int_{P_1}^{P_2} n(\vec{\mathbf{x}})ds = \int_{P_1}^{P_2} |\dot{\vec{\mathbf{x}}}| n(\vec{\mathbf{x}})dt = \int_{P_1}^{P_2} L(\vec{\mathbf{x}}, \dot{\vec{\mathbf{x}}})dt = Extremum \tag{2-226}$$

und gemäß Variationsrechnung aus den Euler-Lagrange-Gleichungen[h]

$$\frac{\partial L}{\partial x_j} - \frac{d}{dt}\left(\frac{\partial L}{\partial \dot{x}_j}\right) = 0 \text{ (wo } j = 1, 2, 3 \text{ für die drei Ortskoordinaten)} \tag{2-227}$$

für die Erfüllung der Extremalbedingung in (2-226) die Beziehung

$$|\dot{\vec{\mathbf{x}}}| \frac{\partial n}{\partial x_j} = \frac{d}{dt}\left(\frac{\dot{x}_j}{|\dot{\vec{\mathbf{x}}}|} n\right). \tag{2-228}$$

Aus (2-225) folgt

$$\frac{d}{dt} = |\dot{\vec{\mathbf{x}}}| \frac{d}{ds}, \tag{2-229}$$

was mit (2-228) vorerst

$$\frac{\partial n}{\partial x_j} = \frac{d}{ds}\left(\frac{\dot{x}_j}{|\dot{\vec{\mathbf{x}}}|} n\right) = \frac{d}{ds}\left(n \frac{dx_j}{|\dot{\vec{\mathbf{x}}}|dt}\right) = \frac{d}{ds}\left(n \frac{dx_j}{ds}\right) \tag{2-230}$$

und vektoriell geschrieben tatsächlich wieder die Differentialgleichung

$$\vec{\nabla} n = \frac{d}{ds}\left(n \frac{d\vec{\mathbf{x}}}{ds}\right) \tag{2-231}$$

für die Lichtstrahlen (2-223) ergibt, womit das Prinzip von Fermat bewiesen ist.

Aus dem Prinzip von Fermat folgt auch, dass wenn zwei oder mehrere unterschiedliche Lichtstrahlen von P_1 nach P_2 gelangen (z. B. zwischen Objekt und Bild bei der Abbildung mittels einer Linse), die optischen Pfade aller Lichtstrahlen gleich lang sein müssen, denn andernfalls wäre nur der Strahl mit dem kürzesten Pfad erlaubt.

---

[g] Nur wenn das Medium dispersionsfrei ist, folgt daraus, dass dies auch der zeitlich schnellste Weg ist. Andernfalls kommt hier die Gruppengeschwindigkeit bzw. der Gruppenbrechungsindex zum tragen.

[h] Siehe dazu Kapitel 9 in Referenz 6 oder auch Appendix I.11 in Referenz 2.

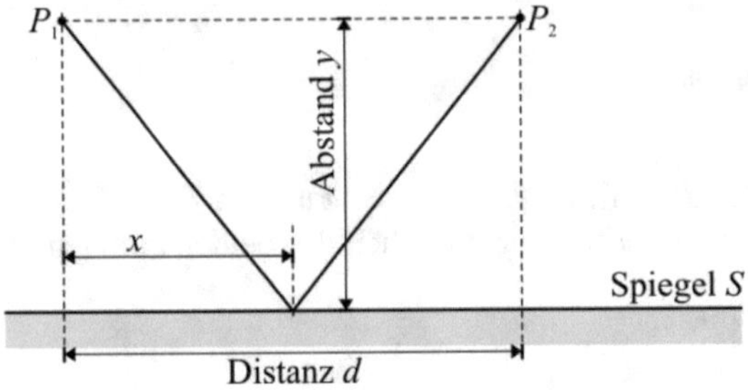

Figur 2-21. Reflexion an einem Spiegel.

Weiter lassen sich aus dem Prinzip von Fermat alle Gesetze der geometrischen Optik herleiten. Betrachten wir beispielsweise einen Strahl der im Vakuum ($n = 1$) ausgehend von P_1 in Figur 2-21 nach der Reflexion am Spiegel S nach P_2 gelangt, beträgt die Pfadlänge in Abhängigkeit des Reflexionsortes x

$$L = \sqrt{y^2 + x^2} + \sqrt{y^2 + (d-x)^2} . \tag{2-232}$$

Gemäß Prinzip von Fermat suchen wir nun den kürzesten dieser Pfade und setzen dazu

$$\frac{dL}{dx} = \frac{x}{\sqrt{y^2 + x^2}} - \frac{d-x}{\sqrt{y^2 + (d-x)^2}} = 0 , \tag{2-233}$$

was für

$$x = \frac{d}{2} \tag{2-234}$$

erfüllt ist. Dieses Resultat stimmt mit dem allgemeinen Reflexionsgesetz *Einfallswinkel* = *Ausfallswinkel* überein.

Übung

Man leite das Reflexionsgesetz *Einfallswinkel* = *Ausfallswinkel* für den allgemeingültigen Fall her, dass die beiden Punkte in Figur 2-21 nicht denselben Abstand vom Spiegel haben.

Übung

Man leite aus dem Prinzip von Fermat das Brechungsgesetz $n_1 \sin\alpha_1 = n_2 \sin\alpha_2$ her.

3 Die Strahlmatrizen

Obwohl zur vollständigen Beschreibung der Amplituden- und der Phasenverteilung von Lasermoden letztlich die Wellennatur des Lichtes berücksichtig werden muss, können die Stabilitätseigenschaften von optischen Resonatoren bereits mit sehr einfachen Methoden der geometrischen Optik berechnet werden. Zu diesem Zweck wird in diesem Kapitel das Konzept der Strahlmatrizen eingeführt.

Berechnungen mit den Strahlmatrizen gehören zum Grundwerkzeug der Laseroptik und werden sowohl für die Beurteilung der Resonatorstabilität als auch zur Ermittlung von Moden in Laserresonatoren und der Ausbreitung von Laserstrahlen durch optische Systeme herangezogen. Die Methode der Strahlmatrizen basiert auf den Grundsätzen der geometrischen Optik, lässt sich dann aber dank dem Konzept der Gauß-Moden auch auf die Ausbreitung von paraxialen Wellen ausdehnen.

3.1 Geometrische Optik

Die Lichtausbreitung erfolgt nach den Gesetzen der Elektrodynamik, wie sie im vorangehenden Kapitel besprochen wurden. Wie in Abschnitt 2.6 gezeigt, sind unter gewissen Voraussetzungen Vernachlässigungen möglich, die zu einer vereinfachten Darstellung führen. Wenn z. B. Beugungseffekte vernachlässigbar sind, kann die Lichtausbreitung mit der geometrischen Optik alleine durch Brechung und Reflexion von Lichtstrahlen beschrieben werden. Aus den Maxwell-Gleichungen folgt die Grundgleichung der geometrischen Optik – die Eikonalgleichung (Abschnitt 2.6.1) – für den Extremfall unendlich kleiner Wellenlängen $\lambda \to 0$. Das Eikonal bestimmt die Richtung, in der sich die Lichtstrahlen ausbreiten, d. h. es bestimmt die Bahnen längs derer sich die Photonen als Energiequanten des Lichtes bewegen (die Geschwindigkeit der Photonen ist dabei die Gruppengeschwindigkeit). Die geometrische Optik (Abschnitt 2.6.2) beschreibt also die Lichtausbreitung unter Vernachlässigung der Wellennatur. Für die Lichtausbreitung in homogenen Medien und an deren Grenzflächen reduziert sich die geometrische Optik auf drei einfache Gesetze für *Reflexion*, *Brechung* (Snellius) und *geradlinige Ausbreitung*, welche aus dem in Abschnitt 2.6.3 hergeleiteten Prinzip von Fermat folgen.

3.1.1 Die drei Grundoperationen Ausbreitung, Reflexion und Brechung

In der geometrischen Näherung breiten sich Lichtstrahlen in homogenen Medien geradlinig aus und werden durch optische Elemente abgelenkt. Wir betrachten vorerst nur rotationssymmetrische optische Systeme, d. h. alle Elemente sind koaxial angeordnet und stehen somit senkrecht zur Symmetrieachse. Die Symmetrieachse solcher Systeme wird auch als optische Achse bezeichnet (nicht zu verwechseln mit der optischen Achse doppelbrechender Kristalle) und dient im Folgenden als Referenzachse. Auf allgemeinere Fälle wird am Ende des Kapitels eingegangen. Unter diesen Voraussetzungen ist in einer gegebenen Schnittebene (entlang der Symmetrieachse) ein Lichtstrahl vollständig beschrieben durch die Angabe seines Startpunk-

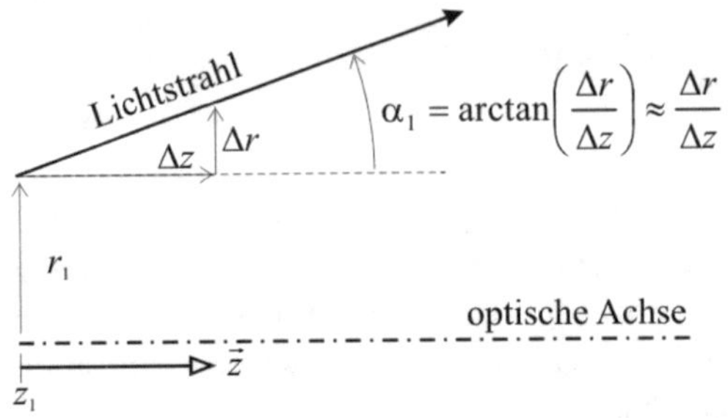

Figur 3-1. Beschreibung eines Lichtstrahles in der geometrischen Optik (Ausbreitung im homogenen Medium).

tes z_1 sowie der Ortskomponente r_1 und des Winkels α_1 gegenüber der Referenzachse, wie dies in Figur 3-1 dargestellt ist. Der Ausbreitungswinkel ist gegeben durch

$$\alpha_1 = \arctan\left(\frac{\Delta r}{\Delta z}\right). \tag{3-1}$$

Für die Verwendung der Strahlmatrizen müssen an dieser Stelle einige Konventionen eingeführt werden. Der Formalismus ist auf die paraxiale Näherung beschränkt. Es werden also nur kleine Winkel betrachtet und wir können (3-1) schreiben als

$$\alpha_1 = \frac{\Delta r}{\Delta z}. \tag{3-2}$$

Die Ausbreitungsdistanz wird immer entlang der Symmetrieachse des optischen Systems gemessen (Projektion auf die optische Achse) und im Folgenden mit der Koordinate z bezeichnet. Die Richtung der z-Achse ist nach Konvention immer positiv in Richtung der Strahlausbreitung! Beginnend beim Startpunkt des Strahles nimmt die z-Komponente immer zu, auch wenn der Strahl zurückreflektiert wird. Die z-Komponente kennzeichnet also nicht ein fixes Koordinatensystem im Raum, sondern bezeichnet den vom Strahl zurückgelegten Weg, gemessen als Projektion auf die Symmetrieachse des optischen Systems. Vom mathematischen Standpunkt aus mag diese Konvention etwas ungewöhnlich sein. Für den Optiker ist es aber natürlich, den zurückgelegten Weg eines Strahles als totale Ausbreitungsdistanz zu messen, denn ein divergierendes Strahlenbündel wird auch nach der Reflexion an einem ebenen Spiegel weiter divergieren und nicht in sich zurückfallen. Der zurückgelegte Weg ist für die Eigenschaften eines Strahlenbündels wichtiger als der geometrische Ort in einem fixen Koordinatensystem.

Diese Konvention bestimmt auch das Vorzeichen des Ausbreitungswinkels. Wenn der Radius r von der Achse weg positiv gezählt wird, folgt aus (3-2) dass der Ausbreitungswinkel positiv ist ($\alpha_1 > 0$) für Strahlen, die sich von der optischen Achse weg bewegen. Wird der Radius r von der Achse weg negativ gezählt, ist der Ausbreitungswinkel negativ für Strahlen die sich von der Achse weg bewegen (vgl. (3-2)). Zur Verdeutlichung sind in Figur 3-2 einige Situationen illustriert.

Man beachte, dass wegen der oben vorausgesetzten Rotationssymmetrie die beiden Vektoren (r, α) und ($-r$, $-\alpha$) optisch äquivalent sind. In der Praxis ist es aber oft nützlich, in der betrach-

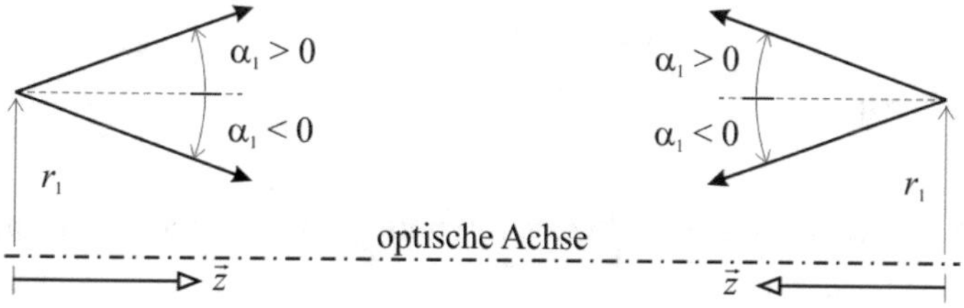

Figur 3-2. Vorzeichenkonvention für die Strahlen.

teten Schnittebene entlang der Symmetrieachse des optischen Systems den Vorzeichenwechsel von r beim Kreuzen der Achse auszunutzen, um z. B. festzustellen, dass ein Objekt seitenverkehrt oder auf dem Kopf abgebildet wird.

Für den Formalismus der Strahlmatrizen werden die beiden Größen r und α als Vektor

$$\mathbf{v} = \begin{pmatrix} r \\ \alpha \end{pmatrix} \tag{3-3}$$

zusammengefasst.

Mit den eben eingeführten Konventionen sind die Lichtstrahlen eindeutig beschrieben. Im Folgenden wenden wir uns der Ausbreitung dieser Lichtstrahlen zu und beginnen mit der Ausbreitung im homogenen Medium.

3.1.1.1 Die geradlinige Ausbreitung

Nachdem sich der Strahl von seinem Startpunkt mit $r = r_1$ unter einem Ausbreitungswinkel α_1 im homogenen Raum über eine Strecke der Länge L ausgebreitet hat (gemessen entlang der optischen Achse), trifft er am Endpunkt mit $r = r_2$ auf. Der Winkel bleibt unverändert $\alpha_2 = \alpha_1$. Der Zusammenhang der Größen r_1, r_2 und der beiden Winkel vor und nach der Ausbreitung über die Strecke L berechnet sich laut Figur 3-3 als

$$r_2 = r_1 + L\tan(\alpha_1) \text{ und } \alpha_2 = \alpha_1 \tag{3-4}$$

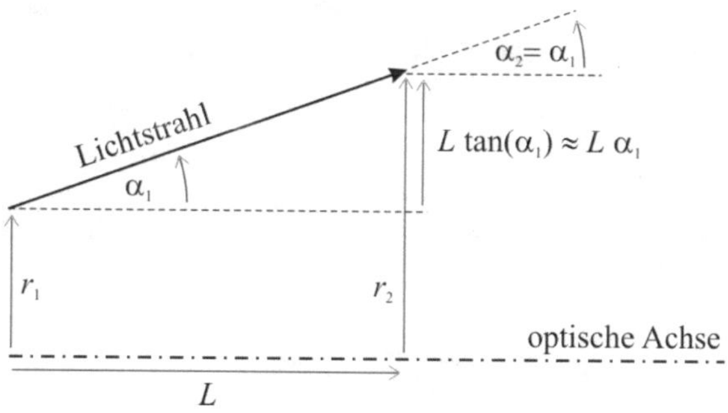

Figur 3-3. Ausbreitung eines Lichtstrahls im homogenen Medium.

oder in paraxialer Näherung (kleine Winkel):

$$r_2 = r_1 + L\alpha_1$$
$$\alpha_2 = \alpha_1 \,. \tag{3-5}$$

Dieser, in der paraxialen Näherung lineare Zusammenhang kann als Matrizengleichung

$$\begin{pmatrix} r_2 \\ \alpha_2 \end{pmatrix} = \begin{pmatrix} 1 & L \\ 0 & 1 \end{pmatrix} \begin{pmatrix} r_1 \\ \alpha_1 \end{pmatrix} \tag{3-6}$$

zusammengefasst werden. Die Strahlmatrix in Gleichung (3-6) beschreibt *die geradlinige Ausbreitung* eines geometrischen Lichtstrahles.

3.1.1.2 Die Reflexion

Die Reflexion an einer sphärischen Oberfläche lässt sich ebenso einfach darstellen wie die geradlinige Ausbreitung. Figur 3-4 zeigt einen Lichtstrahl, der an der Innenseite einer sphärischen Oberfläche mit Radius ρ reflektiert wird. Nach Konvention ist der Krümmungsradius für konkave Spiegel positiv ($\rho > 0$). Aus der oben vorausgesetzten Rotationssymmetrie folgt, dass der Spiegel senkrecht zur optischen Achse steht.

Der Ausbreitungswinkel des einfallenden Strahles ① sei α_1. Der Strahl treffe mit dem Abstand r_1 zur optischen Achse auf die Spiegeloberfläche. Der Einfallswinkel an der Oberfläche – also der Winkel zwischen Strahl und Flächennormalen – beträgt $\beta - \alpha_1$, wobei

$$\beta \approx \sin(\beta) = \frac{r_1}{\rho} \,. \tag{3-7}$$

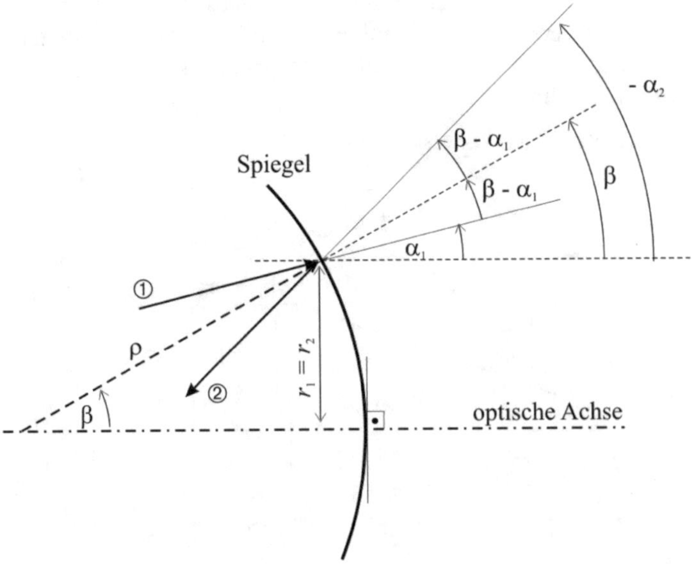

Figur 3-4. Reflexion eines Lichtstrahles an einem sphärischen Spiegel mit Radius ρ.

Gemäß Reflexionsgesetz muss der Winkel zwischen der Flächennormalen und dem reflektierten Strahl ② ebenfalls $\beta - \alpha_1$ betragen. Unter Berücksichtigung der Vorzeichenkonvention ergibt sich aus der Darstellung in Figur 3-4 für α_2 die Beziehung

$$-\alpha_2 = \alpha_1 + 2(\beta - \alpha_1)\,. \tag{3-8}$$

Aus den Gleichungen (3-8) und (3-7) folgt damit in paraxialer Näherung der Winkel

$$\alpha_2 = -\frac{2}{\rho} r_1 + \alpha_1\,. \tag{3-9}$$

Wir wollen hier nur die Richtungsänderung aufgrund der Reflexion am Ort des Spiegels betrachten, also keine Ausbreitung mit einbeziehen. Der Parameter r des Strahlenvektors bleibt also unverändert

$$r_2 = r_1\,. \tag{3-10}$$

Die beiden Resultate (3-10) und (3-9) können wieder in Matrizenform zusammengefasst werden:

$$\begin{pmatrix} r_2 \\ \alpha_2 \end{pmatrix} = \begin{pmatrix} 1 & 0 \\ -\frac{2}{\rho} & 1 \end{pmatrix} \begin{pmatrix} r_1 \\ \alpha_1 \end{pmatrix}. \tag{3-11}$$

Die Matrix in dieser Gleichung beschreibt die Änderung, die der Strahlenvektor (3-3) bei der *Reflexion an einer sphärischen Oberfläche* erfährt. Für $\rho \to \infty$ geht die Matrix der Gleichung (3-11) in die Einheitsmatrix über, was einer Reflexion an einem ebenen Spiegel entspricht.

3.1.1.3 Die Brechung

Nach der geradlinigen Ausbreitung und der Reflexion betrachten wir nun noch die Brechung an einer sphärischen Übergangsfläche zweier Medien mit unterschiedlichem Brechungsindex. Aus Gründen der oben vorausgesetzten Rotationssymmetrie steht die Grenzfläche senkrecht

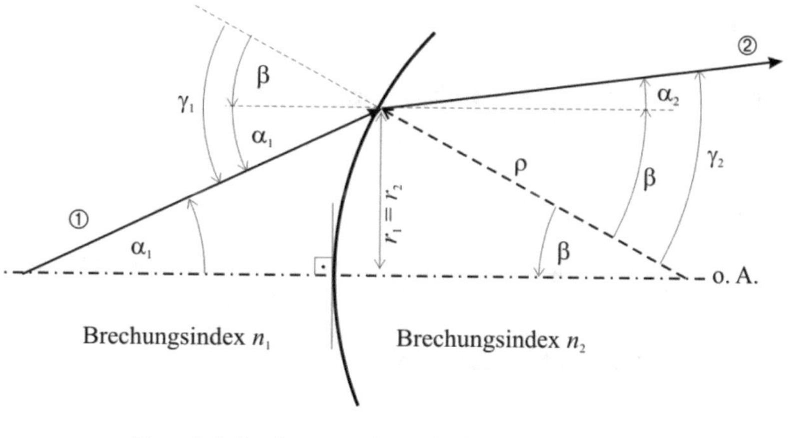

Figur 3-5. Brechung an einer sphärischen Grenzfläche.

zur Referenzachse. Wie in Figur 3-5 gezeigt, nehmen wir an, der Strahl treffe von links nach rechts auf eine konvexe Grenzfläche. Anders als beim sphärischen Spiegel ist hier nach Konvention der Krümmungsradius positiv ($\rho > 0$) für den Fall, dass der Strahl auf die konvexe Seite der sphärischen Oberfläche auftrifft! Auch hier betrachten wir wieder nur die Richtungsänderung aufgrund der Brechung. Die Ortskomponente des Strahlenvektors ist also vor und nach der Brechung dieselbe:

$$r_2 = r_1 . \tag{3-12}$$

Der Einfallswinkel zwischen einfallendem Strahl ① und Flächennormalen beträgt gemäß Figur 3-5

$$\gamma_1 = \beta + \alpha_1 . \tag{3-13}$$

Nach der Brechung an der Grenzfläche benutzen wir für den Winkel zwischen dem gebrochenen Strahl ② und der Flächennormalen den Ausdruck

$$\gamma_2 = \beta + \alpha_2 . \tag{3-14}$$

Die Beziehung zwischen den beiden Winkeln γ_1 und γ_2 ist durch das Brechungsgesetz von Snellius

$$n_2 \sin(\gamma_2) = n_1 \sin(\gamma_1) \tag{3-15}$$

bestimmt und ergibt in paraxialer Näherung

$$\gamma_2 = \frac{n_1}{n_2} \gamma_1 . \tag{3-16}$$

Der Winkel β ist

$$\beta \approx \sin(\beta) = \frac{r_1}{\rho} . \tag{3-17}$$

Durch Verwendung der Gleichungen (3-13), (3-14), (3-16) und (3-17) findet man in paraxialer Näherung

$$\alpha_2 = \frac{n_1 - n_2}{n_2 \ \rho} r_1 + \frac{n_1}{n_2} \alpha_1 . \tag{3-18}$$

Die Zusammenfassung der beiden Resultate (3-12) und (3-18) in Matrizenform führt zu

$$\begin{pmatrix} r_2 \\ \alpha_2 \end{pmatrix} = \begin{pmatrix} 1 & 0 \\ \dfrac{n_1 - n_2}{n_2 \ \rho} & \dfrac{n_1}{n_2} \end{pmatrix} \begin{pmatrix} r_1 \\ \alpha_1 \end{pmatrix} . \tag{3-19}$$

Die Matrix in dieser Gleichung beschreibt die *Brechung* eines Lichtstrahles *an einer sphärischen Übergangsfläche* zwischen zwei Medien mit den Brechungsindizes n_1 und n_2. Im Grenzfall $\rho \to \infty$ ergibt sich daraus für die Brechung an einer ebenen Fläche (welche senkrecht zur Referenzachse steht) die Gleichung

$$\begin{pmatrix} r_2 \\ \alpha_2 \end{pmatrix} = \begin{pmatrix} 1 & 0 \\ 0 & \frac{n_1}{n_2} \end{pmatrix} \begin{pmatrix} r_1 \\ \alpha_1 \end{pmatrix}. \tag{3-20}$$

Mit den drei Matrizen in den Gleichungen (3-6), (3-11) und (3-19) lassen sich beliebige rotationssymmetrische optische Systeme bestehend aus sphärischen Spiegeln, Fenstern sowie dünnen und dicken sphärischen Linsen zusammensetzen.

3.1.2 Hintereinanderschalten optischer Elemente

Wenn sich ein Strahl durch ein optisches System ausbreitet, kann dies mit dem oben eingeführten Formalismus als Abfolge von stückweise geradliniger Ausbreitung in homogenen Medien und einzelnen Reflexionen oder Brechungen an Übergängen beschrieben werden. Das Resultat ist eine Serie von Gleichungen der Form

$$\begin{aligned} \mathbf{v}_2 &= \mathbf{M}_1 \mathbf{v}_1 \\ \mathbf{v}_3 &= \mathbf{M}_2 \mathbf{v}_2 \\ &\vdots \\ \mathbf{v}_N &= \mathbf{M}_{N-1} \mathbf{v}_{N-1}, \end{aligned} \tag{3-21}$$

wo $\mathbf{v}$ die Strahlenvektoren (3-3) sind. Die Gleichungen (3-21) ineinander eingesetzt lassen sich mit

$$\mathbf{v}_N = \mathbf{M}_{N-1} \mathbf{M}_{N-2} \cdots \mathbf{M}_2 \mathbf{M}_1 \mathbf{v}_1 = \mathbf{M}\, \mathbf{v}_1 \tag{3-22}$$

zusammenfassen. Das gesamte optische System lässt sich demnach mit einer einzigen 2×2 Matrix $\mathbf{M}$ beschreiben. Die resultierende Matrix $\mathbf{M}$ erhält man, indem die einzelnen Matrizen $\mathbf{M}_1$ bis $\mathbf{M}_{N-1}$ von rechts nach links (!) in der Reihenfolge multipliziert werden, in der diese vom Lichtstrahl passiert werden.

Mit den drei in Abschnitt 3.1.1 eingeführten Grundoperationen (3-6), (3-11) und (3-19) lassen sich die Matrizen von ganzen optischen Systemen oder von einzelnen Elementen zusammensetzen. Als Beispiel sei hier die dünne Linse aufgeführt.

3.1.2.1 Die dünne Linse

Die dünne Linse besteht aus den zwei Durchgängen durch die sphärischen Oberflächen der Linse. Die Matrix der Linse lautet nach (3-22) und (3-19)

$$\mathbf{M}_{DL} = \begin{pmatrix} 1 & 0 \\ \frac{n_2 - n_1}{n_1 \quad \rho_2} & \frac{n_2}{n_1} \end{pmatrix} \begin{pmatrix} 1 & 0 \\ \frac{n_1 - n_2}{n_2 \quad \rho_1} & \frac{n_1}{n_2} \end{pmatrix} = \begin{pmatrix} 1 & 0 \\ \frac{n_1 - n_2}{n_1} \left(\frac{1}{\rho_1} - \frac{1}{\rho_2} \right) & 1 \end{pmatrix}. \tag{3-23}$$

Der Ausdruck

$$D = -\frac{n_1 - n_2}{n_1} \left(\frac{1}{\rho_1} - \frac{1}{\rho_2} \right) \tag{3-24}$$

entspricht bekanntlich der Brechkraft einer dünnen Linse, bzw. entspricht dem Reziproken der Brennweite f (also $D = 1/f$).[2] Die Matrix für eine *dünne Linse* lautet damit

$$\mathbf{M}_{DL} = \begin{pmatrix} 1 & 0 \\ -D & 1 \end{pmatrix}. \tag{3-25}$$

Befindet sich die Linse mit Brechungsindex n_2 in Luft oder Vakuum, ist in (3-23) und (3-24) $n_1 = 1$ einzusetzen. Für eine dicke Linse würde man zwischen die beiden Matrizen im mittleren Ausdruck von (3-23) noch eine Ausbreitung über eine gegebene Distanz einfügen.

Durch Vergleichen von (3-25) mit (3-11) stellt man fest, dass die Reflexion an einem sphärischen Spiegel mit einem Krümmungsradius ρ optisch äquivalent ist mit der Kombination aus einer dünnen Linse mit der Brechkraft $D = \rho^{-1}$ und einem ebenen Spiegel

$$\begin{pmatrix} 1 & 0 \\ -\frac{2}{\rho} & 1 \end{pmatrix} = \begin{pmatrix} 1 & 0 \\ -\frac{1}{\rho} & 1 \end{pmatrix} \begin{pmatrix} 1 & 0 \\ 0 & 1 \end{pmatrix} \begin{pmatrix} 1 & 0 \\ -\frac{1}{\rho} & 1 \end{pmatrix} = \begin{pmatrix} 1 & 0 \\ -\frac{1}{\rho} & 1 \end{pmatrix} \begin{pmatrix} 1 & 0 \\ -\frac{1}{\rho} & 1 \end{pmatrix}. \tag{3-26}$$

Übung

Man zeige, dass die Ausbreitung durch eine Planplatte der Dicke L mit Brechungsindex n_2 gegeben ist durch

$$\mathbf{M}_{PP} = \begin{pmatrix} 1 & \frac{n_1}{n_2} L \\ 0 & 1 \end{pmatrix}, \tag{3-27}$$

wenn der Brechungsindex der Umgebung n_1 beträgt.

Übung

Eine häufig verwendete Optik ist eine Abbildung bestehend aus zwei Linsen der Brennweite F im Abstand $2F$. Wie lautet die Matrix für die Ausbreitung von A nach B (mit dem festen Abstand $4F$) in Figur 3-6 und was folgt daraus?

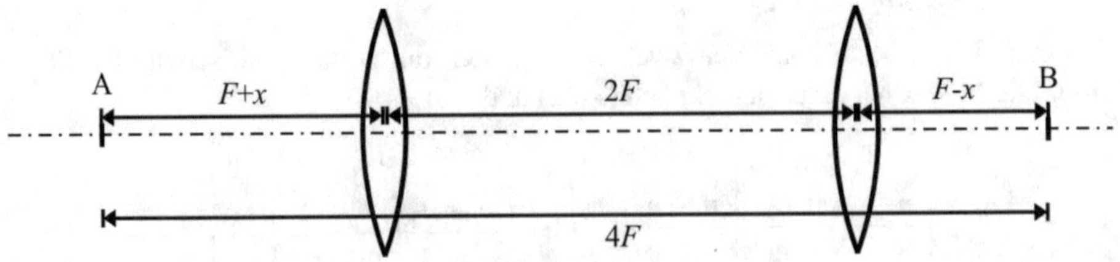

Figur 3-6. Die ‚relay'-Optik.

3.1.3 Die GRIN-Linse

Mit den oben hergeleiteten Strahlmatrizen kann die Lichtausbreitung in stückweise homogenen Medien mit sphärischen Übergangsflächen beschrieben werden. Für die Physik der Laserresonatoren fehlt noch ein besonders wichtiger Fall eines nicht homogenen Mediums, welcher im Folgenden behandelt werden soll.

Da im Laserbetrieb im laseraktiven Medium (z. B. Laserstab) Wärme erzeugt wird, muss das Lasermedium aktiv gekühlt werden. Laserstäbe von Hochleistungslasern z. B. werden meist an deren Oberfläche direkt mit Wasser gekühlt. Die Wärme aus dem Inneren des Stabes kann dabei nur durch Wärmeleitung nach außen an die Staboberfläche gelangen, was ein Temperaturgefälle zwischen Stabzentrum und Oberfläche bedingt. Wie in Kapitel 7 besprochen wird, folgt aus der Wärmeleitungsgleichung, dass die Temperatur T in einem homogen geheizten, zylindrischen Stab, der an der Oberfläche gekühlt wird, vom Zentrum radial nach außen mit einem parabolischen Profil abfällt ($T \propto r^{-2}$). Da der Brechungsindex eine (annähernd lineare) Funktion der Temperatur ist, bildet sich im Laserstab in guter Näherung ein parabolisches Brechungsindexprofil. Im Englischen wird eine solch kontinuierliche Brechungsindexverteilung mit ‚*graded-index*' bezeichnet und mit GRIN abgekürzt. Es soll nun gezeigt werden, dass ein parabolisches GRIN Medium ebenfalls durch eine Strahlmatrix beschrieben werden kann.

3.1.3.1 Das fokussierende Medium

Wir betrachten ein Medium, dessen Brechungsindex im kartesischen Koordinatensystem (x, y, z) mit wachsendem Abstand r von der z-Achse mit

$$n^2(r) = n^2(x,y) = n_0^2\left(1-\gamma^2\left(x^2+y^2\right)\right) \tag{3-28}$$

abnimmt, beziehungsweise

$$n(x,y) = n_0\sqrt{1-\gamma^2\left(x^2+y^2\right)}\,. \tag{3-29}$$

Entwickeln wir letzteres nach Potenzen von x und y, so erhalten wir die Näherung

$$n(x,y) \cong n_0\left(1-\frac{\gamma^2}{2}\left(x^2+y^2\right)\right), \tag{3-30}$$

was der parabolischen Brechungsindexverteilung entspricht, wie wir sie bei thermisch induzierten Linsen vorfinden.

Die Ausbreitung, bzw. die Bahnkurven von Lichtstrahlen in einem solchen Medium, wird durch die in Abschnitt 2.6.2 hergeleiteten Differentialgleichung (2-223) bestimmt. Der Brechungsindex ist im hier betrachteten Medium unabhängig von z ($dn/dz = 0$), weshalb aus (2-223) folgt, dass

$$\frac{d}{ds}\left(n\frac{dx}{ds}\right) = \frac{\partial n}{\partial x}, \tag{3-31}$$

$$\frac{d}{ds}\left(n\frac{dy}{ds}\right)=\frac{\partial n}{\partial y} \quad \text{und} \tag{3-32}$$

$$n\frac{dz}{ds}=A=\text{konstant}\,. \tag{3-33}$$

Mit

$$\frac{dx}{ds}=\frac{dx}{dz}\frac{dz}{ds} \tag{3-34}$$

und der Gleichung für die z-Komponente in (3-33) erhalten wir

$$\frac{dx}{ds}=\frac{dx}{dz}\frac{A}{n}\,. \tag{3-35}$$

In (3-31) eingesetzt, liefert dies

$$\frac{d}{ds}\left(n\frac{dx}{ds}\right)=\frac{d}{ds}\left(A\frac{dx}{dz}\right)=A\frac{d^2x}{dzds}=A\frac{d^2x}{dz^2}\frac{dz}{ds}=\frac{A^2}{n}\frac{d^2x}{dz^2}=\frac{\partial n}{\partial x} \tag{3-36}$$

und daraus folgt

$$\frac{d^2x}{dz^2}=\frac{n}{A^2}\frac{\partial n}{\partial x}=\frac{1}{2A^2}\frac{\partial n^2}{\partial x}\,. \tag{3-37}$$

Wird hier nun der Brechungsindex (3-28) eingesetzt, so findet man

$$\frac{d^2x}{dz^2}=-x\frac{n_0^2\gamma^2}{A^2}\,. \tag{3-38}$$

Dieselbe Prozedur für die y-Koordinate ergibt

$$\frac{d^2y}{dz^2}=-y\frac{n_0^2\gamma^2}{A^2}\,. \tag{3-39}$$

Wenn der Brechungsindex die Form (3-28) hat, gelten diese Gleichungen exakt. Für (3-30) gelten sie im Falle von $\gamma^2(x^2+y^2)<<1$ in sehr guter Näherung.

Den Gleichungen (3-38) und (3-39) zufolge, führen die beiden Komponenten x und y unabhängig voneinander harmonische Bewegungen aus:

$$x(z)=x'\sin(\frac{n_0|\gamma|}{A}z)+x''\cos(\frac{n_0|\gamma|}{A}z) \tag{3-40}$$

$$y(z)=y'\sin(\frac{n_0|\gamma|}{A}z)+y''\cos(\frac{n_0|\gamma|}{A}z)\,, \tag{3-41}$$

wobei die Konstanten x', y', x'' und y'' durch die Anfangsbedingungen gegeben sind. Im allgemeinsten Fall ist dies eine elliptische Schraubenlinie um die z-Achse. Den Wert für A erhält man aus (3-33) mit

$$\frac{ds^2}{dz^2} = \frac{n^2(x,y)}{A^2} \tag{3-42}$$

und umgeformt

$$ds^2 = (dx)^2 + (dy)^2 + (dz)^2 = (dz)^2 \frac{n^2(x,y)}{A^2}, \tag{3-43}$$

$$A^2\left(1+\left(\frac{dx}{dz}\right)^2 + \left(\frac{dy}{dz}\right)^2\right) = n^2(x,y). \tag{3-44}$$

Durch Einsetzen der allgemeinen Lösung (Gleichungen (3-40) und (3-41)) folgt

$$A = n_0\sqrt{1-\gamma^2\left(x'^2 + x''^2 + y'^2 + y''^2\right)}. \tag{3-45}$$

Wenn wiederum allgemein $\gamma^2(x^2+y^2) << 1$ gelten soll, dann können wir auch einfach $A \approx n_0$ setzen.

Für die Herleitung der Strahlmatrix betrachten wir nun einen Strahl, der am Ort $z = 0$ mit den Werten

$$\mathbf{v}_1 = \begin{pmatrix} r_1 \\ \alpha_1 \end{pmatrix} \tag{3-46}$$

eintrifft. Der Strahl bewege sich in der x-z-Ebene und führt somit laut (3-40) eine harmonische Pendelbewegung um den Wert $x = 0$ aus. Aus Symmetriegründen gilt dies natürlich für jede Ebene, welche die z-Achse enthält. Die allgemeine Lösung für diese rotationssymmetrische Situation lautet nach (3-40) und der Näherung $A \approx n_0$

$$r(z) = r'\sin(|\gamma|z) + r''\cos(|\gamma|z). \tag{3-47}$$

Der Ausbreitungswinkel α an jeder Stelle entlang dieser Bahn ist gegeben durch

$$\alpha(z) = \frac{dr}{dz} = |\gamma|r'\cos(|\gamma|z) - |\gamma|r''\sin(|\gamma|z). \tag{3-48}$$

Die Werte für r' und r'' erhält man aus der Anfangsbedingung bei $z = 0$ gemäß

$$r_1 = r(z=0) = r'' \tag{3-49}$$

$$\alpha_1 = \alpha(z=0) = |\gamma|r' \;\Rightarrow\; r' = \frac{\alpha_1}{|\gamma|}. \tag{3-50}$$

Breitet sich der Strahl nun über die Distanz L aus, so erhalten wir bei $z = L$ den Strahl

$$\begin{aligned} r_2 &= \frac{\alpha_1}{|\gamma|}\sin(|\gamma|L) + r_1\cos(|\gamma|L) \\ \alpha_2 &= \alpha_1\cos(|\gamma|L) - r_1|\gamma|\sin(|\gamma|L) \quad . \end{aligned} \tag{3-51}$$

Die Lichtausbreitung kann also geschrieben werden als

$$\begin{pmatrix} r_2 \\ \alpha_2 \end{pmatrix} = \begin{pmatrix} \cos(|\gamma|L) & \dfrac{\sin(|\gamma|L)}{|\gamma|} \\ -|\gamma|\sin(|\gamma|L) & \cos(|\gamma|L) \end{pmatrix} \begin{pmatrix} r_1 \\ \alpha_1 \end{pmatrix}. \tag{3-52}$$

Die Matrix in dieser Gleichung beschreibt somit die Strahlausbreitung in einem Medium mit einem parabolischen Brechungsindexprofil, wobei der Brechungsindex von der Ausbreitungsachse nach außen abnimmt. Man beachte, dass dies die Gleichung für die Ausbreitung im Inneren des Mediums ist. Berechnet man die Strahlausbreitung z. B. durch einen Laserstab mit einer thermisch induzierten Linse, so muss rechts und links der Matrix in (3-52) jeweils die Matrix aus Gleichung (3-19) für die Materialübergänge Luft/Laserstab und Laserstab/Luft anmultipliziert werden.

3.1.3.2 Laserstab mit einer schwachen thermischen Linse

Als Beispiel betrachten wir nun einen Strahl, der sich, wie in Figur 3-7a dargestellt, entlang eines Stabes der Länge L ausbreitet. Unter der Bedingung dass $|\gamma|L << 1$, kann (3-52) durch

$$\begin{pmatrix} r_2 \\ \alpha_2 \end{pmatrix} \approx \begin{pmatrix} 1-\dfrac{\gamma^2L^2}{2} & L-\dfrac{\gamma^2L^3}{3} \\ -\gamma^2L & 1-\dfrac{\gamma^2L^2}{2} \end{pmatrix} \begin{pmatrix} r_1 \\ \alpha_1 \end{pmatrix} \tag{3-53}$$

approximiert werden (nur Terme bis γ^2 berücksichtigt). Für die vollständige Beschreibung des Durchganges durch den Stab müssen links und rechts die Matrizen für die Materialübergänge anmultipliziert werden:

$$\begin{pmatrix} r_2 \\ \alpha_2 \end{pmatrix} \approx \begin{pmatrix} 1 & 0 \\ 0 & \dfrac{n_2}{n_1} \end{pmatrix} \begin{pmatrix} 1-\dfrac{\gamma^2L^2}{2} & L-\dfrac{\gamma^2L^3}{3} \\ -\gamma^2L & 1-\dfrac{\gamma^2L^2}{2} \end{pmatrix} \begin{pmatrix} 1 & 0 \\ 0 & \dfrac{n_1}{n_2} \end{pmatrix} \begin{pmatrix} r_1 \\ \alpha_1 \end{pmatrix} \tag{3-54}$$

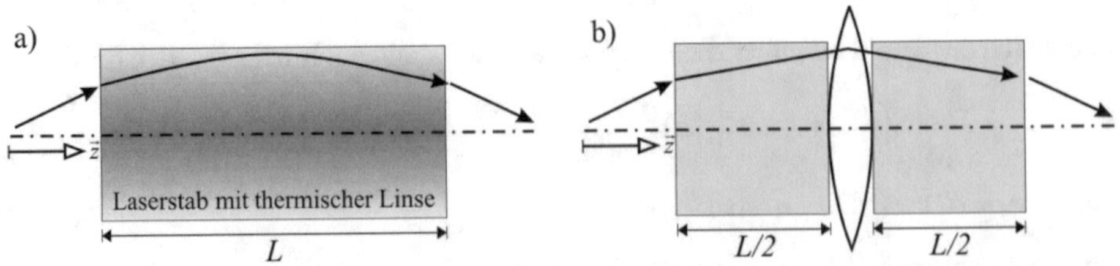

Figur 3-7. Laserstab mit schwacher thermischer Linse.

$$\begin{pmatrix} r_2 \\ \alpha_2 \end{pmatrix} \approx \begin{pmatrix} 1-\dfrac{\gamma^2 L^2}{2} & \dfrac{n_1}{n_2}L-\dfrac{n_1}{n_2}\dfrac{\gamma^2 L^3}{3} \\ -\dfrac{n_2}{n_1}\gamma^2 L & 1-\dfrac{\gamma^2 L^2}{2} \end{pmatrix} \begin{pmatrix} r_1 \\ \alpha_1 \end{pmatrix}, \qquad (3\text{-}55)$$

wobei n_2 der Brechungsindex des Laserstabes und n_1 der Brechungsindex der Umgebung ist. Diesen Ausdruck vergleichen wir mit der Ausbreitungsmatrix für ein System bestehend aus zwei Stäben der Länge $L/2$ ohne thermische Linse und einer dünnen Linse der Brechkraft D dazwischen (Figur 3-7b). Mit (3-25) und (3-27) erhält man für dieses System

$$\begin{pmatrix} r_2 \\ \alpha_2 \end{pmatrix} = \begin{pmatrix} 1 & \dfrac{n_1}{n_2}\dfrac{L}{2} \\ 0 & 1 \end{pmatrix} \begin{pmatrix} 1 & 0 \\ -D & 1 \end{pmatrix} \begin{pmatrix} 1 & \dfrac{n_1}{n_2}\dfrac{L}{2} \\ 0 & 1 \end{pmatrix} \begin{pmatrix} r_1 \\ \alpha_1 \end{pmatrix}, \qquad (3\text{-}56)$$

$$\begin{pmatrix} r_2 \\ \alpha_2 \end{pmatrix} = \begin{pmatrix} 1-D\dfrac{n_1}{n_2}\dfrac{L}{2} & \dfrac{n_1}{n_2}L-D\dfrac{n_1^2}{n_2^2}\dfrac{L^2}{4} \\ -D & 1-D\dfrac{n_1}{n_2}\dfrac{L}{2} \end{pmatrix}. \qquad (3\text{-}57)$$

Durch Vergleich von (3-55) mit (3-57) stellt man fest, dass die beiden optischen Systeme fast gleich sind, sofern

$$D = \frac{n_2}{n_1}\gamma^2 L \qquad (3\text{-}58)$$

angenommen wird. Die kleine Differenz im Term oben rechts der beiden resultierenden Matrizen kann wegen der oben gemachten Voraussetzung $|\gamma| L << 1$ vernachlässigt werden. Mit (3-58) ist die Bedingung $|\gamma| L << 1$ gleichbedeutend mit der Aussage, dass die Brennweite F der thermisch induzierten GRIN-Linse viel größer sei als die Länge des Stabes:

$$F = \frac{1}{D} = \frac{n_1}{n_2}\frac{L}{\gamma^2 L^2} >> \frac{n_1}{n_2}L\,. \qquad (3\text{-}59)$$

Wir stellen also fest, dass ein Laserstab der Länge L mit einer schwachen thermischen Linse in sehr guter Näherung äquivalent ist mit einem System, bestehend aus einer dünnen Linse zwischen zwei ungestörten Stäben (also ohne thermische Linse) mit je einer Länge von $L/2$. Diese Erkenntnis macht man sich in der Praxis bei Berechnungen von Laserresonatoren zunutze, weil das Rechnen mit dünnen Linsen (3-25) wesentlich einfacher ist als der Einsatz von GRIN-Linsen (3-52).

3.1.3.3 Das defokussierende Medium

Ist γ^2 eine positive Zahl, so nimmt der Brechungsindex mit zunehmendem Abstand von der Symmetrieachse ab. Ein GRIN-Medium mit einem solch parabolischen Brechungsindexprofil wirkt entweder ähnlich wie eine fokussierende Linse ($|\gamma| L << 1$) oder wie ein Lichtleiter (Strahlen vollführen bei der Ausbreitung in z-Richtung eine harmonische Pendelbewegung um die Symmetrieachse aus). Ist hingegen γ^2 eine negative Zahl (Brechungsindex nimmt nach außen zu), wirkt das Medium wie eine defokussierende Linse, bzw. die Strahlen divergieren nach außen hin. Dies folgt sehr einfach, wenn in obiger Rechnung (Gleichungen (3-28) bis (3-59)) überall γ durch $i\gamma$ ersetzt wird. Aus (3-58) wird dann klar, dass es sich in diesem Fall um eine streuende Linse ($D < 0$) handelt. Ersetzt man in (3-52) γ durch $i\gamma$, folgt direkt

$$\begin{pmatrix} r_2 \\ \alpha_2 \end{pmatrix} = \begin{pmatrix} \cosh(|\gamma| L) & \dfrac{\sinh(|\gamma| L)}{|\gamma|} \\ |\gamma| \sinh(|\gamma| L) & \cosh(|\gamma| L) \end{pmatrix} \begin{pmatrix} r_1 \\ \alpha_1 \end{pmatrix}. \tag{3-60}$$

Dies ist die Matrix für ein defokussierndes Medium mit parabolischem Brechungsindexprofil.

3.1.4 Gekippte optische Elemente

In den vorausgegangenen Ausführungen wurde immer Rotationssymmetrie um die Strahlenachse vorausgesetzt. Dies bedeutete, dass alle optischen Elemente koaxial senkrecht zur Referenzachse (z-Achse) angeordnet sein mussten und die betrachteten Strahlen nur um einen geringen Winkel vom senkrechten Einfall abweichen durften (paraxiale Näherung). Oft ist es aber notwendig, die Ausbreitung von Strahlen bzw. Strahlenbündeln zu berechnen, die unter einem beliebig großen Winkel auf ein optisches Element auftreffen (z. B. auf eine gekippte Linse oder ein Prisma). Dabei sind besonders in der Laserphysik die Veränderungen der Strahleigenschaften wie Divergenz und Strahlquerschnitt wichtiger als die tatsächliche Ausbreitungsrichtung des gesamten Strahlenbündels. Es ist deshalb zweckmäßig, die Mitte (oder Schwerpunkt) eines Strahles als Referenzachse zu benutzen und den gesamten Strahl als Strahlenbündel um diese Achse zu beschreiben. Diese Betrachtungsweise ist in Figur 3-8 dargestellt. Die kleinen Abweichungen der einzelnen Teilstrahlen bezüglich der Strahlenachse können so wie bisher in paraxialer Näherung mit einem kleinen Winkel α und dem ebenfalls kleinen Abstand r beschrieben werden und die Veränderungen von Winkel und Abstand können weiterhin mit 2×2 Strahlmatrizen beschrieben werden. Die Ausbreitung des zentralen Strahles (Strahlenachse) muss dann aber, falls erforderlich, separat berechnet werden.

Für diese verallgemeinerte Situation an gekippten Elementen müssen die in Abschnitt 3.1.1 eingeführten Strahlmatrizen angepasst werden, um dem nicht senkrechten Einfall des Strahlenbündels Rechnung zu tragen. Es genügt allerdings, die Matrizen für Reflexion und Brechung an einer sphärischen Grenzfläche herzuleiten, da sich die anderen Matrizen für $\rho \to \infty$ daraus ergeben.

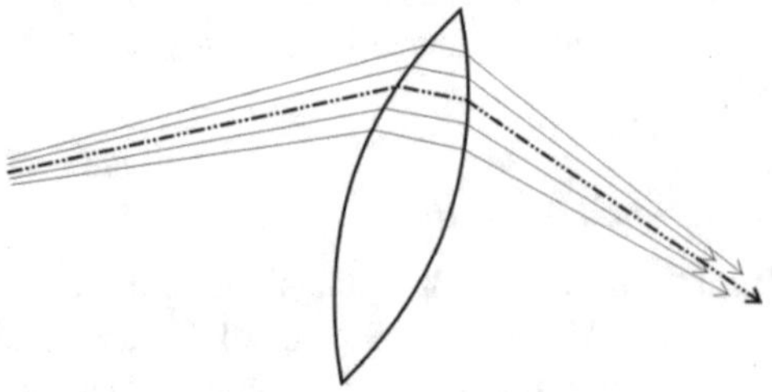

Figur 3-8. Ausbreitung eines Strahlenbündels bei gekippten Elementen.

Wegen der fehlenden Rotationssymmetrie unterscheidet man bei nicht senkrechtem Einfall zwischen der Tangentialebene und der Sagittalebene. Die Tangentialebene (auch Einfallsebene oder Meridialebene genannt) wird von der Flächennormalen und der Strahlenachse aufgespannt. Die Sagittalebene steht senkrecht zur Tangentialebene, wobei die optische Strahlenachse die Schnittgerade zwischen den beiden Ebenen ist.

Die Herleitung der verallgemeinerten Strahlmatrizen bei schrägem Einfall ist mit geometrischen Strahlen sehr umständlich. Die Diskussion wird wesentlich einfacher, wenn Kugelwellen oder Gauß-Strahlen betrachtet werden. Wir wollen daher zuerst die Anwendung der bisher hergeleiteten Strahlmatrizen auf Kugelwellen und Gauß-Moden erweitern. Die Brechung und die Reflexion an beliebig gekippten elliptischen Oberflächen werden dann in Abschnitt 3.5 behandelt.

3.2 Kugelwellen

Der im Abschnitt 3.1 eingeführte Formalismus dient dazu, einzelne Strahlen (z. B. aus einem Strahlenbündel) durch ein optisches System zu verfolgen. Bei kohärenter Strahlung ist es jedoch meist sinnvoller, an Stelle einer Vielzahl von Strahlen die Veränderung der Phasenfront zu berechnen. In diesem Abschnitt betrachten wir vorerst die Ausbreitung von Kugelwellen. Für die folgenden Überlegungen genügt eine einfache, geometrische Betrachtungsweise, wie sie in Figur 3-9 dargestellt ist. Die Kugelwelle mit sphärischen Phasenfronten wird von einer punktförmigen Lichtquelle Q emittiert, die Teilstrahlen dieser Welle (Poynting-Vektoren) zeigen radial vom Punkt Q weg. In der paraxialen Näherung betrachten wir wiederum nur einen kleinen Bereich der Kugelwelle, der sich mit kleiner Divergenz in z-Richtung ausbreitet. Dieser Ausschnitt der Kugelwelle hat gemäß Figur 3-9 an einem gegebenen Ort eine sphärische Phasenfront mit dem Krümmungsradius

$$R_1 = \frac{r_1}{\sin(\alpha_1)} \approx \frac{r_1}{\alpha_1} . \tag{3-61}$$

Wenn sich diese Welle durch ein optisches System aus sphärischen Elementen bzw. GRIN-

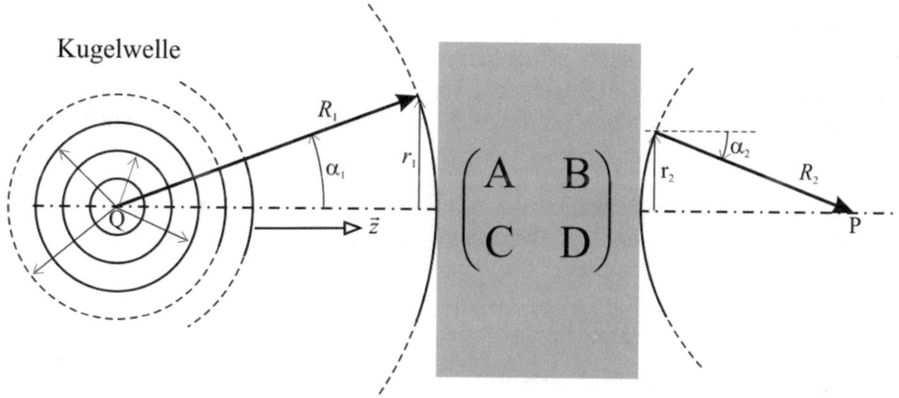

Figur 3-9. Ausbreitung einer Kugelwelle.

Medien mit parabolischem Profil ausbreitet, wird sie die Form einer Kugelwelle beibehalten (ein strenger Beweis für diese Aussage kann z. B. mit dem in Abschnitt 3.3 hergeleiteten Collins-Integral erbracht werden) und das optische System mit einem neuen Krümmungsradius

$$R_2 \approx \frac{r_2}{\alpha_2} \tag{3-62}$$

verlassen. Der Krümmungsradius der Phasenfront nach dem optischen System kann auf sehr einfache Weise mit den Strahlmatrizen und dem so genannten ABCD-Gesetz berechnet werden.

3.2.1 Das ABCD-Gesetz

Gemäß Abschnitt 3.1.2 wird ein beliebig zusammengesetztes optisches System durch eine 2×2 Strahlmatrix beschrieben. Die Ausbreitung des in Figur 3-9 betrachteten Teilstrahles einer Kugelwelle wird beschrieben durch

$$\begin{pmatrix} r_2 \\ \alpha_2 \end{pmatrix} = \begin{pmatrix} \mathrm{A} & \mathrm{B} \\ \mathrm{C} & \mathrm{D} \end{pmatrix} \begin{pmatrix} r_1 \\ \alpha_1 \end{pmatrix}. \tag{3-63}$$

Für den Krümmungsradius der Welle nach dem optischen System resultiert damit

$$R_2 = \frac{r_2}{\alpha_2} = \frac{\mathrm{A}r_1 + \mathrm{B}\alpha_1}{\mathrm{C}r_1 + \mathrm{D}\alpha_1}. \tag{3-64}$$

Mit (3-61) folgt daraus das ABCD-Gesetz:

$$R_2 = \frac{\mathrm{A}R_1 + \mathrm{B}}{\mathrm{C}R_1 + \mathrm{D}}. \tag{3-65}$$

Man beachte, dass der Krümmungsradius positiv ist für divergierende Wellen. Rechts vom optischen System in Figur 3-9 ist α_2 nach Konvention (Figur 3-2) und damit R_2 nach (3-64) negativ, d. h. die Welle konvergiert auf den Punkt P zu.

Das ABCD-Gesetz beschreibt auf sehr einfache Weise die Ausbreitung von paraxialen Lichtwellen mit sphärischen Phasenfronten und ist damit ein wichtiges Werkzeug für die Berechnung von elektromagnetischen Moden in optischen Resonatoren. Wie in Kapitel 4 gezeigt wird, können aus diesem Gesetz insbesondere die Stabilitätsbedingungen optischer Resonatoren hergeleitet werden. In den folgenden zwei Abschnitten soll aber zuerst noch gezeigt werden, wie sich die Strahlmatrizen auf die Ausbreitung von Gauß-Moden anwenden lassen.

Übung

Man zeige, dass die Multiplikation der Matrizen einer Sequenz optischer Elemente gemäß Abschnitt 3.1.2 auch aus dem ABCD-Gesetz (3-65) hergeleitet werden kann.

3.3 Das Collins-Integral

Die Strahlmatrizen wurden in Abschnitt 3.1 für die Ausbreitung von geometrischen Strahlen eingeführt. Mit dem Collins-Integral erhalten diese Matrizen eine wesentlich umfassendere

Bedeutung. Wie in Figur 3-10 skizziert, ist das Collins-Integral eine Verallgemeinerung des wohlbekannten Kirchhoff-Integrals (2-204) in paraxialer Näherung

$$E(\vec{\mathbf{x}}_2) = E(x_2, y_2, z_2) = \iint \frac{i}{\lambda} E(x_1, y_1, z_1) \frac{e^{-ik\rho(\vec{\mathbf{x}}_1, \vec{\mathbf{x}}_2)}}{\rho(\vec{\mathbf{x}}_1, \vec{\mathbf{x}}_2)} dx_1 dy_1 \,, \tag{3-66}$$

welches das Feld E in einem Punkt $\vec{\mathbf{x}}_2 = (x_2, y_2, z_2)$ als Integral über das Feld entlang einer Ebene (x_1, y_1) bei z_1 beschreibt. Hier ist $\lambda = \lambda_0/n$ die Wellenlänge der Quelle im Medium mit dem Brechungsindex n. Für die Herleitung dieses Integrals in Abschnitt 2.5 wurde lediglich vorausgesetzt, dass $|\vec{\mathbf{x}}_2 - \vec{\mathbf{x}}_1| >> \lambda$ (etwa 100 Wellenlängen genügen) und dass sich die elektromagnetische Welle paraxial ausbreitet (kleine Winkel zwischen $\vec{\mathbf{k}}$-Vektoren und der z-Achse sowie zwischen $\vec{\mathbf{k}}$ und $\vec{\mathbf{x}}_1 - \vec{\mathbf{x}}_2$, damit der Kosinus dieser Winkel durch 1 ersetzt werden kann).

Das Kirchhoff-Integral, welches für die Lichtausbreitung in einem homogenen Medium gilt, ist die mathematische Formulierung des Prinzips von Huygens, wonach das Feld in $\vec{\mathbf{x}}_2$ als Überlagerung von unendlich vielen Punktlichtquellen entlang der Fläche (x_1, y_1) gegeben ist. Für die Phase und die Amplitude dieser Kugelwellen an der Stelle $\vec{\mathbf{x}}_2$ ist im freien Raum die gerade Strecke zwischen dem Quellpunkt $\vec{\mathbf{x}}_1$ auf der Ebene (x_1, y_1) und dem Punkt $\vec{\mathbf{x}}_2$ maßgebend (Figur 3-10 links). Dies ist eine direkte Konsequenz des Prinzips von Fermat (Abschnitt 2.6.3), wonach Lichtstrahlen von einem Punkt zum anderen immer dem kürzesten optischen Pfad folgen. Betrachtet man die Ausbreitung nicht im freien Raum sondern durch ein bestimmtes optisches System, so ist der schnellste Weg nicht mehr ein gerader Strahl sondern ein Strahlengang, der durch die ABCD-Matrix des betrachteten Systems bestimmt wird. Auf diese Weise verbindet das Collins-Integral die Matrizenmethode der Strahlenoptik mit dem Beugungsintegral der Wellenoptik. Als Einstieg sei vorerst die Ausbreitung im homogenen Medium behandelt.

3.3.1 Das Kirchhoff-Integral im homogenen Medium

Wir betrachten die Situation wie sie links in Figur 3-10 skizziert ist und berechnen die Distanz ρ zischen einem Punkt $\vec{\mathbf{x}}_1$ und dem Punkt $\vec{\mathbf{x}}_2$, welche in Gleichung (3-66) einzusetzen ist. Um die Rechnung zu vereinfachen wird ρ nach Potenzen von $(x_2 - x_1)$ und $(y_2 - y_1)$ entwickelt

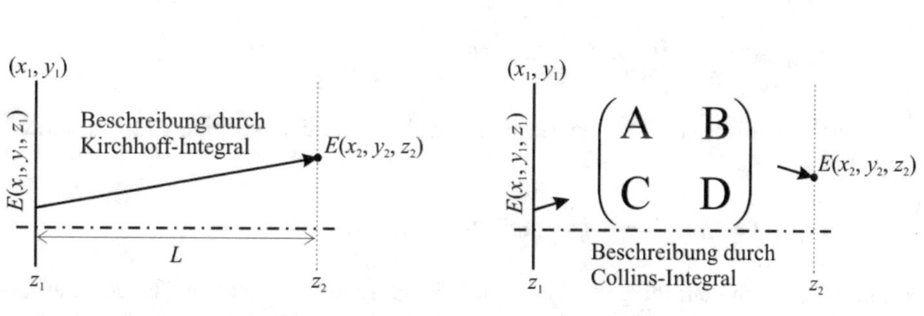

Figur 3-10. Die Ausbreitung elektromagnetischer Wellen wird im freien Raum durch das Integral von Kirchhoff beschrieben. Die Verallgemeinerung für die Ausbreitung durch ein optisches System mit Strahlmatrizen wurde durch Collins entwickelt.[15]

$$\rho(\vec{\mathbf{x}}_1,\vec{\mathbf{x}}_2)=\sqrt{L^2+(x_2-x_1)^2+(y_2-y_1)^2}\approx L+\frac{(x_2-x_1)^2}{2L}+\frac{(y_2-y_1)^2}{2L}\,, \tag{3-67}$$

was gilt, wenn $L = z_2 - z_1$ groß ist gegenüber der Ausdehnung der Verteilung von $E(x_1, y_1)$ in der Ebene bei z_1. In paraxialer Näherung ist die Strecke ρ also gleich dem geometrischen Abstand L zwischen den beiden Referenzebenen plus kleine Korrekturterme höherer Ordnung in den transversalen Koordinaten. Für die Berechnung der Feldamplitude genügt die Berücksichtigung des ersten Terms und wir können im Nenner von (3-66) ρ durch L ersetzen

$$E(x_2,y_2,z_2)=\iint\frac{i\cdot n}{\lambda_0}\frac{E(x_1,y_1,z_1)}{L}e^{-i\frac{2\pi}{\lambda_0}n\rho(\vec{\mathbf{x}}_1,\vec{\mathbf{x}}_2)}dx_1dy_1\,, \tag{3-68}$$

wobei die Wellenlänge λ der Quelle durch λ_0/n ausgedrückt wurde. Für die Behandlung der Phase müssen hingegen auch die höheren Terme in (3-67) berücksichtigt werden. Es soll aber zuerst noch festgehalten werden, dass der Ausdruck $n\rho$ im Exponenten nichts anderes ist, als das in Abschnitt 2.6.1 eingeführte Eikonal (= optische Pfadlänge entlang eines Strahles $\Psi = n\rho$), also

$$E(x_2,y_2,z_2)=\iint\frac{i\cdot n}{\lambda_0}\frac{E(x_1,y_1,z_1)}{L}e^{-i\frac{2\pi}{\lambda_0}\Psi(\vec{\mathbf{x}}_1,\vec{\mathbf{x}}_2)}dx_1dy_1\,. \tag{3-69}$$

Durch Einsetzen von (3-67) in (3-68) folgt

$$E(x_2,y_2,z_2)=\iint\frac{i\cdot n}{\lambda_0}\frac{E(x_1,y_1,z_1)}{L}e^{-i\frac{2\pi}{\lambda_0}n\left(L+\frac{(x_2-x_1)^2}{2L}+\frac{(y_2-y_1)^2}{2L}\right)}dx_1dy_1\,. \tag{3-70}$$

Wenn das Feld $E(x_1, y_1, z_1)$ als Produkt $E_0\sqrt{f_x(x_1)f_y(y_1)}$ geschrieben werden kann, lässt sich das zweidimensionale Integral in zwei eindimensionale Ausdrücke aufteilen,

$$\begin{aligned}E(x_2,y_2,z_2)= E_0e^{i\frac{2\pi}{\lambda_0}L_{opt}}\cdot\int\sqrt{\frac{i\cdot n}{\lambda_0}\frac{f_x(x_1)}{L}}e^{-i\frac{2\pi}{\lambda_0}\Psi(x_1,x_2)}dx_1\times\\ \times\int\sqrt{\frac{i\cdot n}{\lambda_0}\frac{f_y(y_1)}{L}}e^{-i\frac{2\pi}{\lambda_0}\Psi(y_1,y_2)}dy_1\,,\end{aligned} \tag{3-71}$$

wobei auch das Eikonal für die beiden transversalen Koordinaten x und y separat geschrieben wurde mit

$$\Psi(x_1,x_2)=nL+\frac{n(x_2-x_1)^2}{2L}\quad\text{und}\quad\Psi(y_1,y_2)=nL+\frac{n(y_2-y_1)^2}{2L}\,. \tag{3-72}$$

Im Phasenterm vor dem Integral ist $L_{opt} = nL$ die optische Distanz der beiden Referenzebenen. Dieser Phasenterm hat den Betrag Eins und bewirkt lediglich eine absolute Phasenschiebung, die für die meisten Fragestellungen unbedeutend ist.

Die Möglichkeit, die zwei transversalen Richtungen (x und y) getrennt zu notieren, soll im Folgenden immer vorausgesetzt sein und äußert sich in der Formulierung der Strahlmatrizen darin, dass je eine 2×2-Matix für die Tangentialebene und die Sagittalebene separat angegeben werden kann. Anordnungen mit geringerer Symmetrie versucht man in der Praxis zu vermeiden und müssen mit 4×4-Matrizen beschrieben werden.[15]

3.3.2 Das Kirchhoff-Integral mit Strahlmatrizen: Collins-Integral

Nun wenden wir uns der Situation rechts in Figur 3-10 zu. Auch hier werden wir eine Näherung für den Ausdruck $n\rho$ bzw. Ψ suchen. Unter der Voraussetzung, dass die beiden transversalen Richtungen separat behandelt werden können, beschränken wir uns auf den eindimensionalen Fall in Figur 3-11 und suchen die Länge des optischen Pfades entlang eines Strahles der bei $z = z_1$ mit dem Abstand x_1 von der optischen Achse (Punkt X_1) unter dem Winkel α_1 startet und bei $z = z_2$ am Ort x_2 mit dem Winkel α_2 ankommt. Gemäß dem Formalismus der Strahlmatrizen gilt

$$\begin{pmatrix} x_2 \\ \alpha_2 \end{pmatrix} = \begin{pmatrix} \mathrm{A} & \mathrm{B} \\ \mathrm{C} & \mathrm{D} \end{pmatrix} \begin{pmatrix} x_1 \\ \alpha_1 \end{pmatrix} = \begin{pmatrix} \mathrm{A}x_1 + \mathrm{B}\alpha_1 \\ \mathrm{C}x_1 + \mathrm{D}\alpha_1 \end{pmatrix}. \tag{3-73}$$

Daraus folgt (obere Zeile), dass ein Strahl, der in X_1 startet und in X_2 enden soll, unter dem Winkel

$$\alpha_1 = \frac{x_2 - \mathrm{A}x_1}{\mathrm{B}} \tag{3-74}$$

den Punkt X_1 verlassen muss.

Betrachtet man die bisher hergeleiteten Strahlmatrizen, so stellt man fest, dass generell

$$\det(\mathbf{M}) = \frac{n_1}{n_2} \tag{3-75}$$

gilt, wo n_1 der Brechungsindex vor und n_2 der Brechungsindex nach dem optischen Element ist. Weil $\det(\mathbf{M}_1 \times \mathbf{M}_2) = \det(\mathbf{M}_1) \times \det(\mathbf{M}_2)$, gilt die Gleichung (3-75) auch für jede beliebige Aneinanderreihung von optischen Elementen (Multiplikation von Strahlmatrizen).

Setzt man (3-74) und (3-75) in (3-73) ein, so findet man

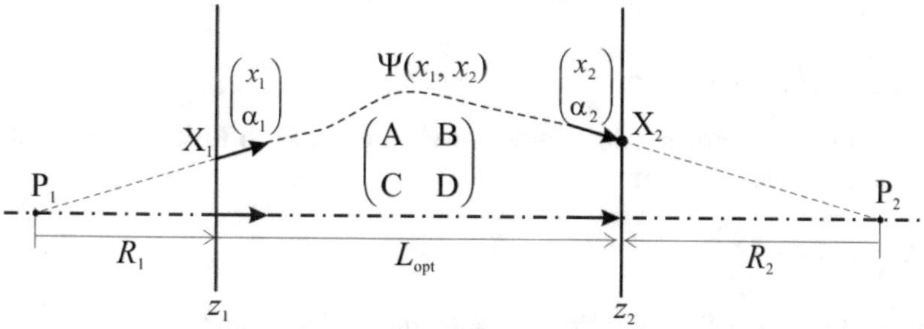

Figur 3-11. Optische Pfade durch ein System, welches als Strahlmatrix gegeben ist.

$$\alpha_2 = \mathrm{C}x_1 + \mathrm{D}\frac{x_2 - \mathrm{A}x_1}{\mathrm{B}} = \frac{\mathrm{D}x_2 - (\mathrm{AD}-\mathrm{CB})x_1}{\mathrm{B}} = \frac{\mathrm{D}x_2 - \frac{n_1}{n_2}x_1}{\mathrm{B}} \tag{3-76}$$

für den Winkel, mit dem der Strahl in X_2 ankommt. Den Eingangsstrahl in $z = z_1$ können wir als von einer Punktlichtquelle in P_1 ausgehend interpretieren, welche sich gemäß Figur 3-11 mit (3-74) im Abstand

$$R_1 = \frac{x_1}{\alpha_1} = \frac{\mathrm{B}x_1}{x_2 - \mathrm{A}x_1} \tag{3-77}$$

von der Ebene in $z = z_1$ befindet (wobei in paraxialer Näherung $\tan(\alpha_1) \approx \alpha_1$ verwendet wurde). Der Strahl, der das optische System bei $z = z_2$ in x_2 unter dem Winkel α_2 verlässt, kreuzt die optische Achse im Punkt P_2, welcher sich mit (3-76) im Abstand

$$R_2 = \frac{x_2}{\alpha_2} = \frac{\mathrm{B}x_2}{\mathrm{D}x_2 - \frac{n_1}{n_2}x_1} \tag{3-78}$$

von der Ebene $z = z_2$ befindet. Wegen der Vorzeichenkonvention für den Strahlwinkel wird R_2 negativ, wenn der Punkt P_2 in Figur 3-11 rechts von $z = z_2$ liegt. Um das Nachvollziehen zu erleichtern wurde in Figur 3-11 ein Strahl gezeichnet, der nach dem optischen System zur Achse hin konvergiert. Die Berechnung gilt aber auch für divergierende Strahlen, wo P_2 ein virtueller Schnittpunkt mit $z < z_2$ ist. Für den einfachsten Fall der Ausbreitung im freien Raum fällt P_2 mit P_1 zusammen.

Die gesamte optische Pfadlänge von P_1 entlang des betrachteten Strahles über X_1 und X_2 nach P_2 ist unter Berücksichtigung der Vorzeichen von R_j gegeben durch

$$\begin{aligned} \overline{P_1P_2} &= n_1\sqrt{R_1^2 + x_1^2} + \Psi(x_1, x_2) + n_2\sqrt{R_2^2 + x_2^2} \\ &\approx n_1\left(R_1 + \frac{x_1^2}{2R_1}\right) + \Psi(x_1, x_2) - n_2\left(R_2 + \frac{x_2^2}{2R_2}\right). \end{aligned} \tag{3-79}$$

Als weiteren Pfad durch das optische System betrachten wir nun den Strahl, der bei $x_1 = 0$ beginnt und bei $x_2 = 0$ endet. Aus (3-74) folgt, dass dies nur mit einem Strahl möglich ist, der bei $x_1 = 0$ mit $\alpha_1 = 0$ startet (also entlang der optischen Achse des Systems). Wegen (3-73) folgt daraus, dass auch $\alpha_2 = 0$ gelten muss. Der so gefundene Strahl bewegt sich also genau entlang der optischen Achse des betrachteten Systems und legt zwischen P_1 und P_2 die optische Weglänge

$$\overline{P_1P_2} = n_1R_1 + L_{opt} - n_2R_2 \tag{3-80}$$

zurück. Die Pfadlänge entlang der Achse zwischen den beiden Referenzebenen des optischen Systems hat allgemein die Form

$$L_{opt} = \sum_i n_i L_i \,, \tag{3-81}$$

wobei in der Praxis die einzelnen Streckenabschnitte bekannt sind.

Wegen dem Prinzip von Fermat (Abschnitt 2.6.3) müssen die beiden optischen Pfadlängen in (3-79) und (3-80) gleich sein, woraus wir mit (3-77) und (3-78) für das gesuchte Eikonal den Ausdruck

$$\Psi(x_1, x_2) = L_{opt} - \frac{n_1 x_1^2}{2R_1} + \frac{n_2 x_2^2}{2R_2} = L_{opt} + \frac{n_1}{2\mathrm{B}}\left(\mathrm{A}x_1^2 - 2x_1 x_2 + \mathrm{D}\frac{n_2}{n_1}x_2^2\right) \tag{3-82}$$

erhalten. Ganz ähnlich wie in (3-67) besteht der optische Weg ($n\rho$ bzw. Ψ) aus der Distanz zwischen den beiden Ebenen und einem Korrekturterm in den transversalen Koordinaten, wobei dieser Korrekturterm von der Matrix des optischen Systems zwischen den beiden Ebenen bestimmt wird. Für eine einfache Ausbreitung im freien Raum (A = D = 1, B = L, siehe (3-6)) mit dem Brechungsindex $n_1 = n_2 = n$ geht (3-82) in $n\rho$, mit ρ aus (3-67), über.

Gleichung (3-82) ist also der neue Ausdruck, den wir in (3-71) an Stelle von Ψ einfügen müssen. Für die Skalierung der Amplitude (ρ im Nenner von (3-66) bzw. L im Nenner von (3-71)) machen wir wieder eine zusätzliche Vereinfachung und vernachlässigen die höheren Korrekturterme. Dabei ist zu bemerken, dass mit der Gleichung (3-6), das Matrixelement B für die Ausbreitung im freien Raum, gleich der geometrischen Länge $L = L_{opt}/n$ ist. Um der Energieerhaltung Rechnung zu tragen, muss für den allgemeinen Fall im Nenner denn auch B und nicht L eingesetzt werden (Beweis als **Übung**). Das Collins-Integral (also das Kirchhoff-Integral für ein optisches System in paraxialer Näherung) lautet damit

$$\begin{aligned} E(x_2, y_2, z_2) = {} & E_0 e^{-i\frac{2\pi}{\lambda_0}L_{opt}} \times \\ & \times \int \sqrt{\frac{i \cdot n_1}{\lambda_0}\frac{f_x(x_1)}{\mathrm{B_x}}}\, e^{-i\frac{\pi}{\lambda_0}\frac{n_1}{\mathrm{B_x}}\left(\mathrm{A_x}x_1^2 - 2x_1x_2 + \mathrm{D_x}\frac{n_2}{n_1}x_2^2\right)} dx_1 \times \\ & \times \int \sqrt{\frac{i \cdot n_1}{\lambda_0}\frac{f_y(y_1)}{\mathrm{B_y}}}\, e^{-i\frac{\pi}{\lambda_0}\frac{n_1}{\mathrm{B_y}}\left(\mathrm{A_y}y_1^2 - 2y_1y_2 + \mathrm{D_y}\frac{n_2}{n_1}y_2^2\right)} dy_1 \,, \end{aligned} \tag{3-83}$$

wobei λ_0/n_1 die Wellenlänge der Quelle im Medium mit Brechungsindex n_1 ist.

Für den Fall einer rotationssymmetrischen Optik sind die beiden ABCD-Matrizen für die x- und die y-Richtung identisch und wir können mit $E(x_1, y_1, z_1) = E_0\sqrt{f_x(x_1) f_y(y_1)}$ das Collins-Integral wie folgt schreiben:

$$\begin{aligned} E(x_2, y_2, z_2) = {} & e^{-i\frac{2\pi}{\lambda_0}L_{opt}} \frac{i \cdot n_1}{\lambda_0} \times \\ & \times \iint \frac{E(x_1, y_1, z_1)}{\mathrm{B}} e^{-i\frac{\pi}{\lambda_0}\frac{n_1}{\mathrm{B}}\left(\mathrm{A}x_1^2 - 2x_1x_2 + \mathrm{D}\frac{n_2}{n_1}x_2^2\right)} e^{-i\frac{\pi}{\lambda_0}\frac{n_1}{\mathrm{B}}\left(\mathrm{A}y_1^2 - 2y_1y_2 + \mathrm{D}\frac{n_2}{n_1}y_2^2\right)} dx_1 dy_1 \,. \end{aligned} \tag{3-84}$$

Auf den ersten Blick mag es erstaunen, dass im Collins-Integral nur drei der vier Matrixelemente eingehen. Dies ist aber eine Folge der Strahlmatrixeigenschaften, wonach die Determinante AD – CB = n_1/n_2 beträgt. Mit dieser Eigenschaft wurde das Element C in (3-76) eliminiert.

3.3.3 Das Collins-Integral in Zylinderkoordinaten

Wenn wir vollständige Rotationssymmetrie voraussetzen und damit das Feld die Form $E(r)$ hat, können wir die Koordinatentransformation

$$\begin{aligned} r &= \sqrt{x^2+y^2} \\ x &= r\sin(\varphi) \\ y &= r\cos(\varphi) \\ dxdy &= r dr d\varphi \end{aligned} \tag{3-85}$$

in (3-84) einfügen,

$$\begin{aligned} E(r_2,z_2) = {} & e^{-i\frac{2\pi}{\lambda_0}L_{opt}} \times \\ & \times \int_0^{2\pi}\!\!\int \frac{i\cdot n_1}{\lambda_0}\frac{E(r_1,z_1)}{\mathrm{B}} e^{-i\frac{\pi}{\lambda_0}\frac{n_1}{\mathrm{B}}\left(\mathrm{A}r_1^2+\mathrm{D}\frac{n_2}{n_1}r_2^2\right)} e^{i\frac{\pi}{\lambda_0}\frac{n_1}{\mathrm{B}}2r_1\sin(\varphi)r_2} r_1 dr_1 d\varphi\,, \end{aligned} \tag{3-86}$$

wobei ausgenutzt wurde, dass nach Voraussetzung auch $E(r_2)$ rotationssymmetrisch sein muss und somit ohne Einschränkung der Allgemeingültigkeit das Integral bei $\varphi_2=\pi/2$ ausgewertet werden kann. Die Integration über den Winkel φ kann mit Hilfe der Integraldarstellung der Besselfunktionen[3]

$$J_m(x) = \frac{1}{2\pi}\int_0^{2\pi} e^{i(x\sin(\varphi)-m\varphi)}d\varphi \tag{3-87}$$

durchgeführt werden und wir erhalten das eindimensionale Collins-Integral

$$\begin{aligned} E(r_2,z_2) = {} & e^{-i\frac{2\pi}{\lambda_0}L_{opt}} \times \\ & \times 2\pi\int \frac{i\cdot n_1}{\lambda_0}\frac{E(r_1,z_1)}{\mathrm{B}} e^{-i\frac{\pi}{\lambda_0}\frac{n_1}{\mathrm{B}}\left(\mathrm{A}r_1^2+\mathrm{D}\frac{n_2}{n_1}r_2^2\right)} J_0\left(\frac{2\pi}{\lambda_0}\frac{n_1}{\mathrm{B}}r_1 r_2\right) r_1 dr_1 \end{aligned} \tag{3-88}$$

für den vollständig rotationssymmetrischen Fall.

Wenn das Feld nicht rotationssymmetrisch ist, kann es mit

$$E(r,\varphi) = \sum_m E_m(r)e^{im\varphi} \quad \text{und} \quad E_m(r) = \frac{1}{2\pi}\int_0^{2\pi} E(r,\varphi)e^{-im\varphi}d\varphi \tag{3-89}$$

entwickelt werden. Das Collins-Integral lautet in diesem Fall

$$E(r_2,\varphi,z_2)=e^{-i\frac{2\pi}{\lambda_0}L_{opt}}\times$$
$$\times 2\pi\sum_m\left(\int\frac{i\cdot n_1}{\lambda_0}\frac{E_m(r_1,z_1)}{\mathrm{B}}e^{im\varphi}e^{-i\frac{\pi}{\lambda_0}\frac{n_1}{\mathrm{B}}\left(\mathrm{A}r_1^2+\mathrm{D}\frac{n_2}{n_1}r_2^2\right)}J_m\left(\frac{2\pi}{\lambda_0}\frac{n_1}{\mathrm{B}}r_1r_2\right)r_1dr_1\right). \tag{3-90}$$

3.3.4 Der Geltungsbereich des Collins-Integrals

In der Herleitung des Collins-Integrals wird schon mit der Verwendung der nur für paraxiale Ausbreitung anwendbaren Strahlmatrizen die Gültigkeit auf paraxiale Strahlfortpflanzung eingeschränkt. Dies ist aber eine Anforderung an den Strahl selbst – welche bereits bei der Herleitung des Kirchhoff-Integrals in paraxialer Näherung vorausgesetzt wurde (siehe Abschnitt 2.5) – und nicht eine Einschränkung des Geltungsbereiches des Collins-Integrals. Solange der Strahl sich paraxial ausbreitet, gilt das Collins-Integral auch für kleine Ausbreitungsdistanzen bis zur Grenze $|\vec{x}_2-\vec{x}_1|>>\lambda$ (siehe Abschnitt 2.5). Wird das Strahlungsfeld hingegen durch harte Blenden abgeschnitten oder weist es scharfe Phasensprünge auf (diffraktive Optik), so darf das Collins-Integral nur auf Gebiete (bzw. über Distanzen) angewendet werden, wo die Fresnel-Näherung (analog zu (3-67)) gilt, also die Fresnell-Zahl klein ist. Mehr zu diesem Thema ist in Referenz 9 nachzulesen.

3.4 Ausbreitung von Gauß-Moden

Mit dem Collins-Integral wurde im vorherigen Abschnitt die Verbindung zwischen den Strahlmatrizen der geometrischen Optik und dem Kirchhoff-Integral aus der Wellenoptik hergestellt.

In Abschnitt 2.4.5 wurden die Gauß-Moden als Kugelwellen mit einer Art komplexen Krümmungsradien (q) eingeführt. Es erscheint daher nahe liegend, zu prüfen, ob die Ausbreitung von Gauß-Strahlen nicht mit dem gleichen ABCD-Gesetz beschrieben werden kann, wie wir es für die Kugelwellen mit reellen Radien in Abschnitt 3.2.1 hergeleitet haben. Dass im ABCD-Gesetz tatsächlich einfach der reelle Radius R durch den komplexen Parameter q ersetzt werden kann, wird im Folgenden bewiesen. Damit gelingt gegenüber der sonst benötigten Aufstellung der Beugungsintegrale eine sehr starke Vereinfachung bei der Berechnung von Moden in optischen Resonatoren.

Wir beschränken uns hier auf die Hermite-Gauß-Moden. In Abschnitt 2.4.6 wurde festgestellt, dass eine TEM_{mn} Mode durch den komplexen Strahlparameter q des zugrunde liegenden TEM_{00} Gauß-Strahles und durch die Ordnungen m und n der Hermite-Polynome in den beiden transversalen Richtungen beschrieben wird. Die Feldverteilung der TEM_{mn} Mode ist überall gegeben durch die Feldverteilung der TEM_{00} Gauß-Mode, welche in transversaler Richtung durch (geeignet normierte) Hermite-Polynome moduliert wird. Für die Ausbreitung einer TEM_{mn} Mode genügt somit die Berechnung der Ausbreitung der zugrunde liegenden Gauß-Mode (TEM_{00}) und eine anschließende Multiplikation mit den zugehörigen Hermite-Polynomen.

Wir betrachten nun einen TEM_{00} Gauß-Strahl, der am Eingang einer gegebenen Optik mit dem Strahlparameter q_1 charakterisiert ist. Um die Rechnung zu vereinfachen, setzen wir voraus, dass die beiden transversalen Richtungen getrennt behandelt werden können und behandeln nur den eindimensionalen Fall. Die Feldverteilung am Eingang der Optik ist somit gemäß (2-103) bzw. (2-115) durch

$$E_1(x_1)=\tilde{E}_1 e^{-ik_1\frac{x_1^2}{2q_1}}=\tilde{E}_1 e^{-i\frac{\pi n_1}{\lambda_0}\frac{x_1^2}{q_1}} \tag{3-91}$$

gegeben. Die betrachtete Optik sei durch eine ABCD-Strahlmatrix beschrieben. Die Feldverteilung am Ausgang des optischen Systems ist mit dem Collins-Integral gegeben durch

$$E_2(x_2)=\tilde{E}_1 e^{-i\frac{2\pi}{\lambda_0}L_{opt}}\sqrt{\frac{i\cdot n_1}{\lambda_0 \mathrm{B}}}\int e^{-i\frac{\pi n_1}{\lambda_0}\frac{x_1^2}{q_1}}\, e^{-i\frac{\pi}{\lambda_0}\frac{n_1}{\mathrm{B}}\left(\mathrm{A}x_1^2-2x_1x_2+\mathrm{D}\frac{n_2}{n_1}x_2^2\right)}dx_1\ . \tag{3-92}$$

Mit

$$\int_{-\infty}^{\infty} e^{-ax^2-2bx}dx=\sqrt{\frac{\pi}{a}}e^{\frac{b^2}{a}} \tag{3-93}$$

findet man, dass das Feld nach dem optischen System immer noch eine Gauß-förmige Feldverteilung aufweist

$$E_2(x_2)=\tilde{E}_1 e^{-i\frac{2\pi}{\lambda_0}L_{opt}}\sqrt{\frac{1}{\mathrm{B}/q_1+\mathrm{A}}}\cdot e^{i\frac{\left(\frac{\pi}{\lambda_0}\frac{n_1}{\mathrm{B}}\right)^2 x_2^2}{\frac{n_1\pi}{\lambda_0 q_1}+\frac{\pi}{\lambda_0}\frac{n_1}{\mathrm{B}}\mathrm{A}}}\, e^{-i\frac{\pi}{\lambda_0}\frac{n_1}{\mathrm{B}}\mathrm{D}\frac{n_2}{n_1}x_2^2} \tag{3-94}$$

und daraus[i]

$$\begin{aligned}E_2(x_2)&=\tilde{E}_2\times e^{-i\frac{\pi}{\lambda_0}\left(\frac{-\left(\frac{n_1}{\mathrm{B}}\right)^2 q_1}{n_1+\frac{n_1}{\mathrm{B}}\mathrm{A}q_1}+\frac{n_1}{\mathrm{B}}\mathrm{D}\frac{n_2}{n_1}\right)x_2^2}=\tilde{E}_2\times e^{-i\frac{n_2\pi}{\lambda_0}\left(\frac{-\frac{n_1}{n_2}\frac{1}{\mathrm{B}}q_1}{\mathrm{B}+\mathrm{A}q_1}+\frac{\mathrm{D}}{\mathrm{B}}\right)x_2^2}\\ &=\tilde{E}_2\times e^{-i\frac{n_2\pi}{\lambda_0}\left(\frac{-\frac{n_1}{n_2}\frac{1}{\mathrm{B}}q_1+\mathrm{D}+\frac{\mathrm{DA}}{\mathrm{B}}q_1}{\mathrm{B}+\mathrm{A}q_1}\right)x_2^2}\end{aligned}\ . \tag{3-95}$$

Mit (3-75) können wir dieses Resultat weiter vereinfachen und erhalten

---

[i] Wie bereits mehrmals erwähnt, interessiert man sich in der Praxis vor allem für die Feldverteilung. Bei bekannter Leistung ergibt sich die Feldamplitude $\tilde{E}_2$ dann direkt aus der Normierung (bzw. dem Radius) der Feldverteilung.

$$E_2(x_2) = \tilde{E}_2 \times e^{-i\frac{n_2\pi}{\lambda_0}\left(\frac{-(\mathrm{AD}-\mathrm{CB})\frac{1}{\mathrm{B}}q_1+\mathrm{D}+\frac{\mathrm{DA}}{\mathrm{B}}q_1}{\mathrm{B}+\mathrm{A}q_1}\right)x_2^2} = \tilde{E}_2 \times e^{-i\frac{n_2\pi}{\lambda_0}\left(\frac{\mathrm{C}q_1+\mathrm{D}}{\mathrm{A}q_1+\mathrm{B}}\right)x_2^2} = \tilde{E}_2 \times e^{-ik_2\frac{x_2^2}{2q_2}} . \tag{3-96}$$

Die Feldverteilung nach dem optischen System ist also wiederum die eines Gauß-Strahles und der Strahlparameter q transformiert sich wie der Krümmungsradius einer Kugelwelle in (3-65) mit dem ABCD-Gesetz

$$q_2 = \frac{\mathrm{A}q_1 + \mathrm{B}}{\mathrm{C}q_1 + \mathrm{D}} . \tag{3-97}$$

Dies ist ein äußerst wichtiges Resultat, denn es bedeutet, dass die Ausbreitung von Hermite-Gauß-Moden (oder Laguerre-Gauß-Moden) – und damit die Ausbreitung von Laserstrahlen – sehr bequem mit Hilfe der Strahlmatrizen aus der geometrischen Optik berechnet werden kann. Wie wir in Kapitel 5 sehen werden, reduziert sich dadurch die Berechnung der Moden in einem Resonator auf die Lösung einer einfachen quadratischen Gleichung für q.

Bevor wir uns endgültig den Laserresonatoren zuwenden, werden im folgenden Abschnitt die allgemeinen Strahlmatrizen für die Reflexion und die Brechung an beliebig geneigten, elliptischen Oberflächen hergeleitet. Damit wird die Sammlung von Strahlmatrizen vervollständigt, die bei der Berechnung von Lasermoden nützlich sind.

3.5 Reflexion und Brechung an elliptischen Oberflächen

Wir wollen nun untersuchen, wie sich der komplexe Strahlparameter q bei Reflexion oder Brechung an elliptischen Oberflächen verändert. Dies folgt im Wesentlichen einer Publikation von G. A. Massey und A. E. Siegman aus dem Jahre 1969.[16] Mit dem ABCD-Gesetz folgen daraus die Darstellungen mit 2×2-Matrizen und ergänzen damit die in Abschnitt 3.1 hergeleiteten Strahlmatrizen.

Wir betrachten zunächst die Anordnung in Figur 3-12 und definieren drei verschiedene Koordinatensysteme (x_j, y_j, z_j), wobei das Koordinatensystem mit $j = 1$ für den einfallenden Strahl benutzt wird, $j = 2$ für den gebrochenen Strahl und $j = 3$ für den reflektierten Strahl. In jedem Fall zeigt die z-Achse in Richtung des Strahles. Die x-Achse liegt immer in der Einfallsebene (= Tangentialebene), die y-Achse senkrecht dazu und zwar so, dass ein rechtshändiges System entsteht. Der Ursprung aller drei Koordinatensysteme soll dort liegen, wo der einfallende Strahl auf die optische Oberfläche trifft (in der Figur aus Gründen der Lesbarkeit nicht so eingezeichnet). Die optische Grenzfläche zwischen den beiden Medien mit Brechungsindex n_1 und n_2 sei durch ein Ellipsoid in einem vierten Koordinatensystem (X, Y, Z) beschrieben, wobei ohne Einschränkung der Allgemeingültigkeit die Z-Achse parallel zum einfallenden Strahl gewählt wird. Die Länge der Halbachsen des Ellipsoides seien R_a und R_b. Der Einfallswinkel auf die Grenzfläche auf der Seite des Mediums mit Brechungsindex n_1 sei θ, der gebrochene Winkel im Medium mit n_2 sei θ'.

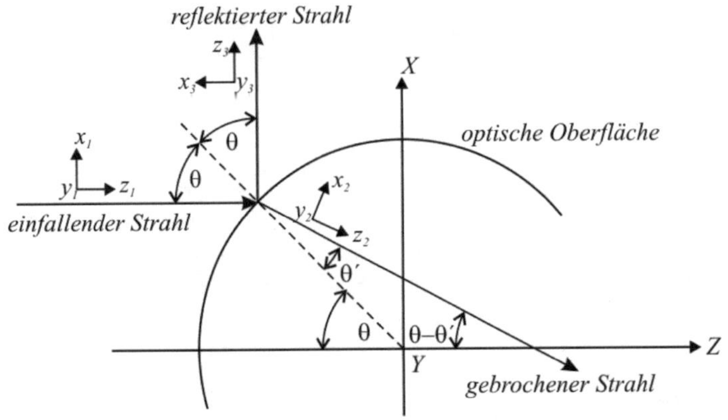

Figur 3-12. Definition der benutzten Koordinatensysteme.

Die Betrachtung wird insofern eingeschränkt, als vorausgesetzt werden soll, dass eine der Hauptachsen der elliptischen Grenzfläche in der Einfallsebene (Zeichnungsebene von Figur 3-12) liegt. Wie in Figur 3-13 gezeigt, stellen wir uns daher das Ellipsoid als Rotationsfläche um die *Y*-Achse vor, wobei die *X*-*Z*-Ebene mit der Einfallsebene zusammenfällt. Mathematisch ist dies zwar eine starke Einschränkung, in der Praxis ist man jedoch bestrebt, möglichst symmetrische Verhältnisse zu schaffen, um die Strahleigenschaften nicht unnötig zu verschlechtern.

Das Feld der einzelnen Strahlen kann gemäß den vorherigen Abschnitten allgemein in der Form

$$E_j(x_j, y_j, z_j) = \tilde{E}_j e^{-i\Phi_j(x_j, y_j, z_j)} \tag{3-98}$$

(j = 1, 2, 3 mit oben definierter Bedeutung)

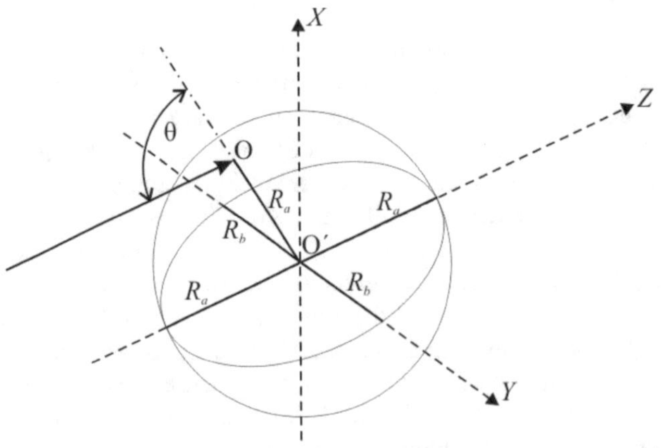

Figur 3-13. Die elliptische Oberfläche.

geschrieben werden, mit

$$\Phi_j(x_j, y_j, z_j) = k_j z_j + \frac{k_j}{2}\left(\frac{x_j^2}{q_{xj}} + \frac{y_j^2}{q_{yj}}\right). \tag{3-99}$$

Man beachte, dass hier z als örtliche Koordinate bezogen auf den Ursprung O ist und nicht die Distanz zu einer Strahltaille. Alle anderen Terme wie z. B. die konstante Phasendifferenz aufgrund der Wahl des Koordinatenursprungs in O statt in der Strahltaille oder die Zeitabhängigkeit sollen in $\tilde{E}_j$ enthalten sein. Ferner gilt

$$k_1 = k_3 = \frac{2\pi n_1}{\lambda_0}, \tag{3-100}$$

$$k_2 = \frac{2\pi n_2}{\lambda_0} \text{ und} \tag{3-101}$$

$$\frac{1}{q_j} = \frac{1}{R_j} - i\frac{\lambda_0}{\pi n_j w_j^2} \text{ (vgl. (2-90)).} \tag{3-102}$$

Im Koordinatensystem (X, Y, Z) von Figur 3-13 wird die elliptische Grenzfläche durch

$$\frac{X^2 + Z^2}{R_a^2} + \frac{Y^2}{R_b^2} = 1 \tag{3-103}$$

beschrieben. Die Umwandlung in das Koordinatensystem (x_1, y_1, z_1) des einfallenden Strahles erfolgt mit den Beziehungen

$$\begin{aligned} X &= x_1 + R_a \sin\theta \\ Y &= y_1 \\ Z &= z_1 - R_a \cos\theta \end{aligned} \tag{3-104}$$

und führt zu

$$(x_1 + R_a \sin\theta)^2 + y_1^2 \frac{R_a^2}{R_b^2} + (z_1 - R_a \cos\theta)^2 = R_a^2. \tag{3-105}$$

Nach z_1 aufgelöst ergibt dies

$$z_1 = \sqrt{R_a^2 - (x_1 + R_a \sin\theta)^2 - y_1^2 \frac{R_a^2}{R_b^2}} + R_a \cos\theta. \tag{3-106}$$

Für $x_1 = y_1 = 0$ ist z_1 erwartungsgemäß ebenfalls 0. Durch Entwicklung von z_1 nach Potenzen von x_1 und y_1 an dieser Stelle erhält man die Näherung

$$z_1 \approx x_1 \tan\theta + \frac{x_1^2}{2\rho_T \cos^3\theta} + \frac{y_1^2}{2\rho_S \cos\theta}, \tag{3-107}$$

wobei die Krümmungsradien des Ellipsoides in der Tangentialebene

$$\rho_T = R_a \tag{3-108}$$

und in der Schnittebene senkrecht dazu (aufgespannt durch Y-Achse und Punkt O)

$$\rho_S = \frac{R_b^2}{R_a} \tag{3-109}$$

verwendet wurden. Die Näherung (3-107) gilt für einen kleinen Bereich um den Punkt, wo der Strahl auf das Ellipsoid auftrifft. Sie ist anwendbar, solange der Strahlquerschnitt wesentlich kleiner ist als die Halbachsen des Ellipsoides.

Durch Einsetzen von (3-107) in (3-99) kann die komplexe Phase des einfallenden Strahles *auf der Oberfläche des Ellopsoides* in den Koordinaten x_1 und y_1 ausgedrückt werden,

$$\Phi_1(x_1, y_1) = k_1 x_1 \tan\theta + \frac{k_1 x_1^2}{2}\left(\frac{1}{q_{T1}} + \frac{1}{\rho_T \cos^3\theta}\right) + \frac{k_1 y_1^2}{2}\left(\frac{1}{q_{S1}} + \frac{1}{\rho_S \cos\theta}\right). \tag{3-110}$$

Die Veränderung, welche der Strahl durch Reflexion oder Brechung erfährt, erhält man aus der Forderung, dass die komplexe Phase aller drei Strahlen auf der Oberfläche des Ellipsoides übereinstimmen müssen, also

$$\Phi_1(x_1, y_1) = \Phi_2(x_1, y_1) = \Phi_3(x_1, y_1), \tag{3-111}$$

denn alle drei Darstellungen beschreiben an dieser Stelle dasselbe Feld.

3.5.1 Die Reflexion

Die Beziehung zwischen den Koordinaten (x_1, y_1, z_1) und (x_3, y_3, z_3) sind durch

$$\begin{aligned} x_3 &= -x_1 \cos(2\theta) - z_1 \sin(2\theta) \\ y_3 &= y_1 \\ z_3 &= x_1 \sin(2\theta) - z_1 \cos(2\theta) \end{aligned} \tag{3-112}$$

gegeben. Unter Verwendung von (3-112), (3-107), (3-100) und (3-109) für $j = 3$ in (3-99) erhält man bei Vernachlässigung der Terme mit höherer Ordnung als x_1^2 und y_1^2 in paraxialer Näherung

$$\begin{aligned} \Phi_3(x_1, y_1) = {} & k_1 x_1 \tan\theta + \frac{k_1 x_1^2}{2}\left(\frac{1}{q_{T3}} + \frac{1 - 2\cos^2\theta}{\rho_T \cos^3\theta}\right) + \\ & + \frac{k_1 y_1^2}{2}\left(\frac{1}{q_{S3}} + \frac{1 - 2\cos^2\theta}{\rho_S \cos\theta}\right). \end{aligned} \tag{3-113}$$

Durch Vergleich der Koeffizienten für x_1^2 und y_1^2 in den Gleichungen (3-113) und (3-110) folgt aus (3-111) die Beziehung

$$\frac{1}{q_{T3}} = \frac{1}{q_{T1}} + \frac{2}{\rho_T \cos\theta} \tag{3-114}$$

für die Tangentialebene und

$$\frac{1}{q_{S3}}=\frac{1}{q_{S1}}+\frac{2\cos\theta}{\rho_S} \tag{3-115}$$

für die Sagittalebene. Um diese Gleichungen in die Form des ABCD-Gesetzes zu bringen, berechnen wir die Kehrwerte

$$q_{T3}=\frac{q_{T1}+0}{\dfrac{-2}{\rho_{Spiegel\ T}\cos\theta}q_{T1}+1} \quad \text{und} \quad q_{S3}=\frac{q_{S1}+0}{\dfrac{-2\cos\theta}{\rho_{Spiegel\ S}}q_{S1}+1}, \tag{3-116}$$

wobei mit $\rho_{Spiegel\ T}=-\rho_T$ und $\rho_{Spiegel\ S}=-\rho_S$ die Vorzeichenkonvention des Matrixformalismus berücksichtigt wurde, wonach konvexe Oberflächen mit einem negativen Krümmungsradius beschrieben werden. Durch Vergleich mit dem ABCD-Gesetz erhalten wir daraus die Matrizen

$$\mathbf{M}_{RT}=\begin{pmatrix} 1 & 0 \\ \dfrac{-2}{\rho_{Spiegel,T}\cos\theta} & 1 \end{pmatrix} \tag{3-117}$$

für die *Reflexion in der Tangentialebene* und

$$\mathbf{M}_{RS}=\begin{pmatrix} 1 & 0 \\ \dfrac{-2\cos\theta}{\rho_{Spiegel,S}} & 1 \end{pmatrix} \tag{3-118}$$

für die *Reflexion in der Sagittalebene*. Die Gleichungen in (3-116) wurden so gekürzt, dass die Determinanten der Matrizen den Wert 1 erhalten.

3.5.2 Die Brechung

Um Φ_2 entlang der Oberfläche des Ellipsoides in den Koordinaten x_1 und y_1 auszudrücken, verwenden wir die Koordinatentransformation

$$\begin{aligned} x_2 &= x_1\cos(\theta-\theta')+z_1\sin(\theta-\theta') \\ y_2 &= y_1 \\ z_2 &= -x_1\sin(\theta-\theta')+z_1\cos(\theta-\theta') \end{aligned} \tag{3-119}$$

und erhalten unter Verwendung von (3-107) und $j=2$ in (3-99) die komplexe Phase

$$\begin{aligned} \Phi_2(x_1,y_1) &= k_2x_1\left(\tan\theta\cos(\theta-\theta')-\sin(\theta-\theta')\right)+ \\ &+\frac{k_2x_1^2}{2}\left(\frac{\cos^2\theta'}{\cos^2\theta}\frac{1}{q_{T2}}+\frac{\cos(\theta-\theta')}{\rho_T\cos^3\theta}\right)+\frac{k_2y_1^2}{2}\left(\frac{1}{q_{S2}}+\frac{\cos(\theta-\theta')}{\rho_S\cos\theta}\right). \end{aligned} \tag{3-120}$$

Wieder fordern wir (3-111) und erhalten

$$\frac{1}{q_{T1}}=\frac{\cos^2\theta'}{\cos^2\theta}\frac{n_2}{n_1q_{T2}}+\frac{n_2\cos(\theta-\theta')-n_1}{n_1\rho_T\cos^3\theta} \tag{3-121}$$

$$\frac{1}{q_{S1}} = \frac{n_2}{n_1 q_{S2}} + \frac{n_2 \cos(\theta - \theta') - n_1}{n_1 \rho_S \cos\theta} \tag{3-122}$$

durch Vergleich der Koeffizienten von x_1^2 und y_1^2 in (3-110) und (3-120).

Um θ' zu eliminieren, verwenden wir das Brechungsgesetz $n_1 \sin\theta = n_2 \sin\theta'$ und finden

$$\frac{1}{q_{T2}} = \frac{\frac{n_2}{n_1}\cos^2\theta}{\left(\frac{n_2}{n_1}\right)^2 - \sin^2\theta} \frac{1}{q_{T1}} + \frac{\frac{n_2}{n_1}\left(\cos\theta - \sqrt{\left(\frac{n_2}{n_1}\right)^2 - \sin^2\theta}\right)}{\rho_T\left[\left(\frac{n_2}{n_1}\right)^2 - \sin^2\theta\right]} \tag{3-123}$$

sowie

$$\frac{1}{q_{S2}} = \frac{1}{\left(\frac{n_2}{n_1}\right)} \frac{1}{q_{S1}} + \frac{\cos\theta - \sqrt{\left(\frac{n_2}{n_1}\right)^2 - \sin^2\theta}}{\frac{n_2}{n_1}\rho_S}. \tag{3-124}$$

Daraus folgen die Kehrwerte

$$q_{T2} = \frac{\dfrac{\sqrt{\left(\frac{n_2}{n_1}\right)^2 - \sin^2\theta}}{\frac{n_2}{n_1}\cos\theta} q_{T1} + 0}{\dfrac{\cos\theta - \sqrt{\left(\frac{n_2}{n_1}\right)^2 - \sin^2\theta}}{\rho_T \cos\theta \sqrt{\left(\frac{n_2}{n_1}\right)^2 - \sin^2\theta}} q_{T1} + \dfrac{\cos\theta}{\sqrt{\left(\frac{n_2}{n_1}\right)^2 - \sin^2\theta}}} \tag{3-125}$$

und

$$q_{S2} = \frac{q_{S1} + 0}{\dfrac{\cos\theta - \sqrt{\left(\frac{n_2}{n_1}\right)^2 - \sin^2\theta}}{\frac{n_2}{n_1}\rho_S} q_{S1} + \dfrac{n_1}{n_2}}. \tag{3-126}$$

Die dazugehörigen Matrizen sind also

$$\mathbf{M}_{BT} = \begin{pmatrix} \dfrac{\sqrt{\left(\frac{n_2}{n_1}\right)^2 - \sin^2\theta}}{\frac{n_2}{n_1}\cos\theta} & 0 \\ \dfrac{\cos\theta - \sqrt{\left(\frac{n_2}{n_1}\right)^2 - \sin^2\theta}}{\rho_T \cos\theta \sqrt{\left(\frac{n_2}{n_1}\right)^2 - \sin^2\theta}} & \dfrac{\cos\theta}{\sqrt{\left(\frac{n_2}{n_1}\right)^2 - \sin^2\theta}} \end{pmatrix} \tag{3-127}$$

für die *Brechung in der Tangentialebene* und

$$\mathbf{M}_{BS} = \begin{pmatrix} 1 & 0 \\ \dfrac{\cos\theta - \sqrt{\left(\frac{n_2}{n_1}\right)^2 - \sin^2\theta}}{\frac{n_2}{n_1}\rho_S} & \dfrac{n_1}{n_2} \end{pmatrix} \tag{3-128}$$

für die *Brechung in der Sagittalebene*. Hier wurden die Gleichungen (3-125) und (3-126) so gekürzt, dass die Determinante der entsprechenden Matrizen das Verhältnis der Brechungsindizes n_1/n_2 ergibt.

Durch Verwendung des Brechungsgesetzes $n_1 \sin\theta = n_2 \sin\theta'$ können diese Gleichungen nach Bedarf zu

$$\mathbf{M}_{BT} = \begin{pmatrix} \dfrac{\cos\theta'}{\cos\theta} & 0 \\ \dfrac{n_1\cos\theta - n_2\cos\theta'}{n_2\rho_T\cos\theta\cos\theta'} & \dfrac{n_1\cos\theta}{n_2\cos\theta'} \end{pmatrix} \tag{3-129}$$

und

$$\mathbf{M}_{BS} = \begin{pmatrix} 1 & 0 \\ \dfrac{n_1\cos\theta - n_2\cos\theta'}{n_2\rho_S} & \dfrac{n_1}{n_2} \end{pmatrix} \tag{3-130}$$

umgeformt werden.

Übung

Man berechne die Matrix für eine unendlich dünne Linse bei nicht senkrechtem Einfall.

Übung

Man zeige, dass aus den hier hergeleiteten Matrizen bei senkrechtem Einfall die Matrizen (3-11) und (3-19) resultieren.

3.5.3 Vergleich mit geometrischen Strahlen

Mit der letzten Übung konnte an einem Beispiel nochmals festgestellt werden, dass die Matrizen für die Strahlenoptik aus Abschnitt 3.1 und jene für die Ausbreitung eines Gauß-Strahles dieselben sind. Eine Tatsache, die wir in Abschnitt 3.3 mit dem Collins-Integral bewiesen haben. Diese Übereinstimmung können wir an dieser Stelle nochmals illustrieren, indem wir einen Strahlenvektor

$$\mathbf{v} = \begin{pmatrix} r \\ \alpha \end{pmatrix} = \begin{pmatrix} w \\ \dfrac{w}{R} \end{pmatrix} \tag{3-131}$$

definieren und diesen mit einem Gauß-Strahl assoziieren, der an der Oberfläche des Ellipsoides einen Radius w und eine Phasenfront mit dem Krümmungsradius R hat. Der dazugehörige Strahlparameter q wird dann durch (2-90) definiert. Der so gewählte Strahl $\mathbf{v}$ steht senkrecht zur Phasenfront des Gauß-Strahles und entspricht lokal dem Poynting-Vektor. Unmittelbar nach der Brechung oder der Reflexion ist der Strahlenvektor **v**′ durch w' und R' beziehungsweise mit der Definition (2-90) durch

$$q' = \frac{\mathrm{A}q + \mathrm{B}}{\mathrm{C}q + \mathrm{D}} = \frac{\mathrm{A} + \mathrm{B}\frac{1}{q}}{\mathrm{C} + \mathrm{D}\frac{1}{q}} = \frac{\mathrm{A} + \mathrm{B}\left(\frac{1}{R} - i\frac{2}{kw^2}\right)}{\mathrm{C} + \mathrm{D}\left(\frac{1}{R} - i\frac{2}{kw^2}\right)} \tag{3-132}$$

gegeben, wobei A, B, C, D die Matrixelemente einer der oben hergeleiteten Matrizen für die Reflexion oder die Brechung an der Oberfläche eines Ellipsoides sind. Für all diese Matrizen gilt B = 0. Damit wird

$$\frac{1}{q'} = \frac{\mathrm{C}Rkw^2 + \mathrm{D}kw^2 - 2i\mathrm{D}R}{\mathrm{A}Rkw^2} . \tag{3-133}$$

Aus dem Imaginärteil folgt gemäß (2-90)

$$k'w'^2 = \frac{\mathrm{A}kw^2}{\mathrm{D}} , \tag{3-134}$$

wobei AD = n_1/n_2, weil die Determinante der Matrix den Wert n_1/n_2 hat und B = 0 ist. Zudem ist $k'n_2 = kn_1$. Für w' folgt damit

$$w' = \mathrm{A}w . \tag{3-135}$$

Aus dem Realteil von (3-133) folgt wiederum mit (2-90)

$$\frac{1}{R'} = \frac{\mathrm{C}R + \mathrm{D}}{\mathrm{A}R} . \tag{3-136}$$

Für den Ausbreitungswinkel α′ notieren wir

$$\alpha' = \frac{w'}{R'} = \frac{\mathrm{C}R + \mathrm{D}}{R}\frac{w'}{A} , \tag{3-137}$$

was mit (3-135) zu

$$\alpha' = \mathrm{C}w + \mathrm{D}\frac{w}{R} \tag{3-138}$$

wird. Somit gilt also für Brechung und Reflexion eines Strahlenvektors an einem Ellipsoid tatsächlich die Gleichung

$$\begin{pmatrix} r' \\ \alpha' \end{pmatrix} = \begin{pmatrix} \mathrm{A} & 0 \\ \mathrm{C} & \mathrm{D} \end{pmatrix} \begin{pmatrix} r \\ \alpha \end{pmatrix} . \tag{3-139}$$

Dieser Vergleich wurde hier lediglich als Ergänzung und zur Illustration der in Abschnitt 3.3 bewiesenen Übereinstimmung der Strahlmatrizen aus der Strahlenoptik mit jenen für die Ausbreitung von Gauß-Strahlen (ABCD-Gesetz) durchgeführt. Abschließend sollen im folgenden Abschnitt noch einige nützliche Eigenschaften der Strahlmatrizen erwähnt werden.

3.6 Besondere Eigenschaften von Strahlmatrizen

Beim Arbeiten mit Strahlmatrizen macht man sich oft bestimmte Eigenschaften zu Nutze, die hier kurz dargestellt werden sollen. Die Behandlung wird besonders einfach, wenn man den Ausbreitungswinkel eines Strahles durch den so genannten reduzierten Winkel ersetzt und die Matrizen dieser Notation anpasst.[9] Da diese Schreibweise aber wenig verbreitet ist, wird sie hier nur am Rande erwähnt. Ansonsten sollen weiterhin die Definitionen von Abschnitt 3.1 verwendet werden.

3.6.1 Die Determinante von Strahlmatrizen

Wie bereits in Abschnitt 3.3.2 vorweggenommen, gilt für die betrachteten Strahlmatrizen allgemein

$$\det(\mathbf{M}) = \frac{n_1}{n_2}, \qquad (3\text{-}140)$$

wo n_1 der Brechungsindex vor und n_2 der Brechungsindex nach dem optischen Element ist. Mit $\det(\mathbf{M}_1 \times \mathbf{M}_2) = \det(\mathbf{M}_1) \times \det(\mathbf{M}_2)$ gilt diese Eigenschaft auch für beliebige Aneinanderreihungen von optischen Elementen (Multiplikation von Strahlmatrizen). In der Praxis kann diese Eigenschaft als einfacher Test zur Kontrolle von berechneten Matrizen benutzt werden. Die Bedeutung geht indessen weiter und kann zur Diskussion von Strahlungsgesetzen für inkohärentes Licht herangezogen werden, worauf hier jedoch nicht weiter eingegangen wird.[17]

Hätte man für den Strahlenvektor in Abschnitt 3.1 an Stelle des Ausbreitungswinkels α den reduzierten Winkel $\alpha' = n\alpha$ eingeführt (n ist der Brechungsindex an der betrachteten Stelle), so würde für alle Matrizen $\det(\mathbf{M}) = 1$ gelten.

Übung

1) Benutzt man die reduzierte Schreibweise, müssen die Strahlmatrizen entsprechend angepasst werden. Wie sehen die in den Abschnitten 3.1 und 3.5 hergeleiteten Matrizen in der reduzierten Notation aus?

2) Man verifiziere, dass durch die Definition von Strahlenvektoren mit dem reduzierten Winkel α' für alle Matrizen $\det(\mathbf{M}) = 1$ folgt.

3) Man zeige, dass in der reduzierten Notation das ABCD-Gesetz seine Form behält, sofern der Krümmungsradius R durch den reduzierten Radius R/n ersetzt wird.

3.6.2 Spiegelung optischer Systeme

Ist die Strahlmatrix in einer Richtung durch ein optisches System gemäß Abschnitt 3.1.2 einmal berechnet, so erhält man die Matrix für die entgegengesetzte Ausbreitungsrichtung durch dasselbe System mit einer einfachen Umformung.

Wie in Figur 3-14 dargestellt, suchen wir, ausgehend von der Matrix $\mathbf{M}_{\rightarrow}$ für die Strahlen

$$\underline{\mathbf{v}}_2 = \mathbf{M}_{\rightarrow} \underline{\mathbf{v}}_1 \qquad (3\text{-}141)$$

in Vorwärtsrichtung, die Matrix $\mathbf{M}_{\leftarrow}$, welche das optische System für die Strahlen

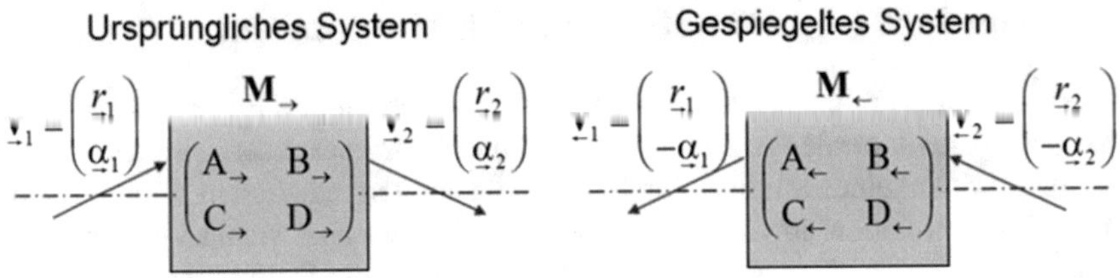

Figur 3-14. Spiegelung eines optischen Systems in der Darstellung mit Strahlmatrizen.

$$\underline{\mathbf{v}}_1 = \mathbf{M}_{\leftarrow} \underline{\mathbf{v}}_2 \tag{3-142}$$

in Rückwärtsrichtung beschreibt.

Gemäss den in Abschnitt 3.1.1 definierten Konventionen gilt zwischen den Strahlen in Vor- und Rückwärtsrichtung die einfache Beziehung

$$\underline{\mathbf{v}} = \begin{pmatrix} r \\ -\alpha \end{pmatrix} = \begin{pmatrix} 1 & 0 \\ 0 & -1 \end{pmatrix} \begin{pmatrix} r \\ \alpha \end{pmatrix} = \begin{pmatrix} 1 & 0 \\ 0 & -1 \end{pmatrix} \underline{\mathbf{v}} \,. \tag{3-143}$$

Durch Multiplikation (von links) mit der inversen Matrix $\mathbf{M}_{\rightarrow}^{-1}$ erhalten wir aus (3-141) die Beziehung

$$\mathbf{M}_{\rightarrow}^{-1} \underline{\mathbf{v}}_2 = \underline{\mathbf{v}}_1 \,. \tag{3-144}$$

Dies für $\mathbf{v}_1$ in (3-143) eingesetzt ergibt

$$\underline{\mathbf{v}}_1 = \begin{pmatrix} 1 & 0 \\ 0 & -1 \end{pmatrix} \underline{\mathbf{v}}_1 = \begin{pmatrix} 1 & 0 \\ 0 & -1 \end{pmatrix} \mathbf{M}_{\rightarrow}^{-1} \underline{\mathbf{v}}_2 \,. \tag{3-145}$$

Nochmalige Anwendung von (3-143), diesmal jedoch auf $\mathbf{v}_2$, führt schließlich zu

$$\underline{\mathbf{v}}_1 = \begin{pmatrix} 1 & 0 \\ 0 & -1 \end{pmatrix} \mathbf{M}_{\rightarrow}^{-1} \begin{pmatrix} 1 & 0 \\ 0 & -1 \end{pmatrix} \underline{\mathbf{v}}_2 \,. \tag{3-146}$$

Die Matrix für die Strahlen in Rückwärtsrichtung ist also durch

$$\mathbf{M}_{\rightarrow} = \begin{pmatrix} 1 & 0 \\ 0 & -1 \end{pmatrix} \mathbf{M}_{\rightarrow}^{-1} \begin{pmatrix} 1 & 0 \\ 0 & -1 \end{pmatrix} \tag{3-147}$$

gegben.

Mit der bekannten analytischen Beziehung der Inversen

$$\mathbf{M}_{\rightarrow}^{-1} = \frac{1}{\det(\mathbf{M}_{\rightarrow})} \begin{pmatrix} \mathrm{D}_{\rightarrow} & -\mathrm{B}_{\rightarrow} \\ -\mathrm{C}_{\rightarrow} & \mathrm{A}_{\rightarrow} \end{pmatrix} \tag{3-148}$$

von

$$\mathbf{M}_{\rightarrow} = \begin{pmatrix} \mathrm{A} & \mathrm{B} \\ \mathrm{C} & \mathrm{D} \end{pmatrix} \tag{3-149}$$

erhalten wir aus (3-147) das explizite Resultat

$$\mathbf{M}_{\leftarrow} = \frac{1}{\det(\mathbf{M}_{\rightarrow})} \begin{pmatrix} D_{\rightarrow} & B_{\rightarrow} \\ C_{\rightarrow} & A_{\rightarrow} \end{pmatrix}. \tag{3-150}$$

Aus der Matrix für die Vorwärtsrichtung erhalten wir die Matrix für die Rückwärtsrichtung also durch Vertauschen der Diagonalterme A und D und durch Dividieren durch die Determinante.[j]

3.6.3 Die Bedeutung einzelner Matrixelemente

Die Bedeutung einzelner Matrixelemente lässt sich aus der Gleichung

$$\begin{pmatrix} r_2 \\ \alpha_2 \end{pmatrix} = \begin{pmatrix} A & B \\ C & D \end{pmatrix} \begin{pmatrix} r_1 \\ \alpha_1 \end{pmatrix} = \begin{matrix} Ar_1 + B\alpha_1 \\ Cr_1 + D\alpha_1 \end{matrix} \tag{3-151}$$

ablesen.

Ist A = 0, so hängt r_2 nicht von r_1 ab und alle Strahlen mit dem selben Winkel α_1 enden am selben Ort r_2. Dies entspricht einer Fokussierung wie sie z. B. eine dünne Linse in der Brennebene macht.

Wichtig ist insbesondere der Fall B = 0. Alle Strahlen die in r_1 starten, enden unabhängig von der Ausbreitungsrichtung α_1 im selben Punkt r_2. Es handelt sich also um eine Abbildung.

Mit C = 0 hängt α_2 nur vom Winkel α_1 ab und parallele Strahlen bleiben parallel. Dies entspricht einer Umlenkung.

Gemäß Abschnitt 3.6.2 ist der Fall D = 0 gerade die Umkehrung der Situation A = 0. Alle Strahlen, die am selben Ort r_1 starten, verlassen das System mit derselben Ausbreitungsrichtung, was einer Defokussierung bzw. einer Kollimation entspricht.

Mit diesen abschließenden Betrachtungen zur Mathematik der Lichtausbreitung wenden wir uns nun endgültig den optischen Resonatoren zu.

---

[j] Man beachte beim Umgang mit Determinanten, dass $\det(k \cdot \mathbf{M}) = k^2 \det(\mathbf{M})$

4 Der optische Resonator

Ganz allgemein formuliert, besteht ein optischer Resonator aus einer Abfolge von optischen Elementen, welche vom Licht wiederholt durchlaufen werden (siehe Figur 4-2). Innerhalb des Resonators wird das Licht bei jedem Durchgang durch das laseraktive Medium verstärkt. Der Laserstrahl wird dann im Allgemeinen durch einen teildurchlässigen Spiegel des Resonators ausgekoppelt (Auskoppelspiegel). Wichtig dabei ist natürlich, dass der so erzeugte Laserstrahl nach jedem vollständigen Umlauf im Resonator dieselbe transversale Feldverteilung aufweist. Wenn der Resonator wie beim Faserlaser aus einem Wellenleiter mit verspiegelten Enden besteht, ist dies inhärent gegeben (siehe Abschnitt 2.4.7). Ist der Resonator hingegen aus den in Kapitel 3 eingeführten diskreten optischen Elementen aufgebaut, wird die Strahlausbreitung durch das Produkt der entsprechenden Strahlmatrizen beschrieben und die erzeugte Feldverteilung hängt sowohl von den Eigenschaften der einzelnen Elemente als auch von deren Anordung ab.

Ein vollständiger Umlauf im Resonator endet am selben Ort wo er begonnen hat, die dazugehörige Strahlmatrix hat deshalb die Determinante 1 (gleicher Brechungsindex am Ende wie am Anfang). Im Folgenden wird gezeigt, welche Eigenschaften die Resonatormatrix sonst noch haben muss, damit sich eine elektromagnetische Welle nach jedem vollständigen Umlauf in einem durch eine Strahlmatrix beschreibbaren Resonator identisch reproduziert. Die Behandlung der in einem solchen Resonator erzeugten Moden folgt danach in Kapitel 5.

4.1 Die Resonatorstabilität

Im Resonator interessieren wir uns für stationäre Feldverteilungen und fordern deshalb, dass für geometrische Strahlen die Eigenwertgleichung

$$\mathbf{v}_2 = \begin{pmatrix} r_2 \\ \alpha_2 \end{pmatrix} = \begin{pmatrix} \mathrm{A} & \mathrm{B} \\ \mathrm{C} & \mathrm{D} \end{pmatrix} \begin{pmatrix} r_1 \\ \alpha_1 \end{pmatrix} = \xi \begin{pmatrix} r_1 \\ \alpha_1 \end{pmatrix} = \xi \mathbf{v}_1 \tag{4-1}$$

eine Lösung hat. Die Strahlmatrix in dieser Gleichung beschreibt dabei einen vollständigen Umlauf im Resonator und hat daher die Determinante AD – BC = 1. Betrachtet man wie in Abschnitt 3.2 die radialen Strahlen einer Kugelwelle, ist die Forderung (4-1) wegen

$$R_2 = \frac{r_2}{\alpha_2} = \frac{\xi r_1}{\xi \alpha_1} = \frac{r_1}{\alpha_1} = R_1 \tag{4-2}$$

gemäß Figur 3-9 gleichbedeutend mit der Forderung, dass der Krümmungsradius

$$R_2 = \frac{\mathrm{A}R_1 + \mathrm{B}}{\mathrm{C}R_1 + \mathrm{D}} = R_1 \tag{4-3}$$

der Kugelwelle bei einem vollständigen Umlauf im Resonator unverändert bleibt. Dies ist wiederum gleichbedeutend mit der Forderung, dass eine (Hermite- oder Laguerre-) Gauß-Mode bei einem vollständigen Resonatorumlauf unverändert bleibt:

$$q_2 = \frac{Aq_1 + B}{Cq_1 + D} = q_1 \, . \tag{4-4}$$

Die Eigenwertgleichung (4-1) hat nur dann nichttriviale Lösungen, wenn

$$\det\begin{pmatrix} A-\xi & B \\ C & D-\xi \end{pmatrix} = \xi^2 - (A+D)\xi + 1 = 0 \tag{4-5}$$

ist, wobei berücksichtigt wurde, dass AD – BC = 1 gilt. Die dazugehörigen Eigenwerte sind

$$\xi_{\pm} = \frac{A+D}{2} \pm \sqrt{\left(\frac{A+D}{2}\right)^2 - 1} \, . \tag{4-6}$$

Bei einem gegebenen Resonator erhält man aus (4-3) und AD – BC = 1 für Kugelwellen die Lösungen

$$R_{\pm} = \frac{(A-D) \pm \sqrt{(A+D)^2 - 4}}{2C} \, . \tag{4-7}$$

Bezüglich Stabilität können folgende Fälle unterschieden werden.

a) Instabile Resonatoren

Ist $|A+D| > 2$, so gibt es nach (4-7) zwei reelle Krümmungsradien von Kugelwellen, die sich im Resonator reproduzieren. Da aber in diesem Falle die Eigenwerte ξ ebenfalls reell und $\neq 1$ sind (nämlich $\xi_+ > 1$ und $0 < \xi_- < 1$ für $(A+D) > 0$ und $\xi_- < -1$ sowie $0 > \xi_+ > -1$ für $(A+B) < 0$), verändern sich die Strahlen bei jedem Umlauf gemäß (4-1) und laufen mit der Zeit aus dem Resonator ($|\xi| > 1$) oder konvergieren zu 0 ($|\xi| < 1$). Man spricht deshalb vom

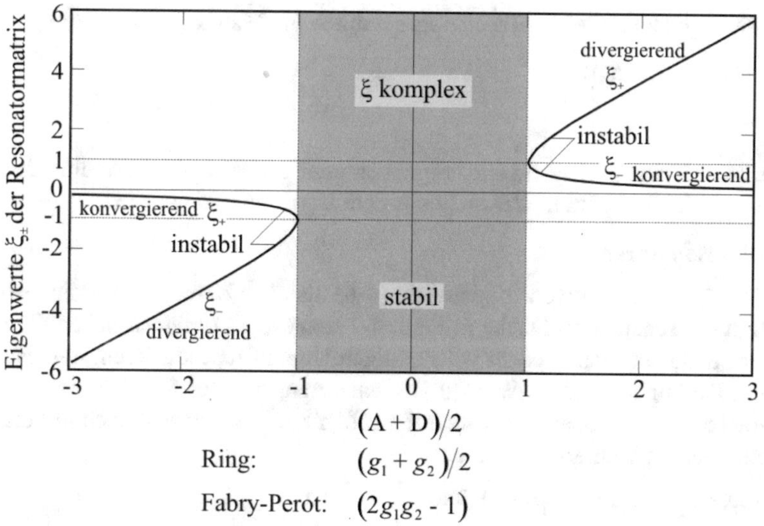

Figur 4-1. Eigenwerte der Resonatormatrix als Funktion von (A + D), beziehungsweise in Abhängigkeit der Resonatorparameter g_1 und g_2, die in den folgenden Abschnitten eingeführt werden.

instabilen Resonator, obwohl eine stationäre Kugelwelle (2-81) existiert. In der Tat werden – vor allem bei Lasern mit sehr hoher Verstärkung und räumlich ausgedehnten Lasermedien – in der Praxis gelegentlich instabile Resonatoren eingesetzt. Der erzeugte Laserstrahl kann in erster Näherung lokal als Kugelwelle approximiert werden, für eine genaue Berechnung insbesondere der Intensitätsverteilung müssen aber numerische Verfahren herangezogen werden. Man findet dann tatsächlich stationäre Lösungen. So gesehen ist der Begriff ‚instabil' etwas unglücklich gewählt. Er ist aber in der Tatsache begründet, dass jeder Lichtstrahl **v** mit der Zeit aus dem Resonator läuft oder zu 0 konvergiert. Die Eigenwerte $\xi_\pm$ sind in Abhängigkeit von (A + D) in Figur 4-1 dargestellt.

Anders als beim stabilen Resonator wird der Laserstrahl aus instabilen Resonatoren meist nicht durch teildurchlässige Spiegel ausgekoppelt, sondern man benutzt den Teil der Strahlung, welcher über die Spiegel hinausragt. Instabile Laser erzeugen deshalb oft Strahlen mit ringförmiger Intensitätsverteilung (siehe Abschnitt 5.4).

b) Die Stabilitätsgrenze

Der Eigenwert ist entweder exakt 1 oder –1, wenn $|A + D| = 2$. Es gibt nur einen Eigenwert ξ und einen Eigenvektor

$$\mathbf{v} = \begin{pmatrix} r \\ \alpha \end{pmatrix}, \tag{4-8}$$

der die Eigenwertgleichung (4-1) löst. Nur Strahlen aus dem Eigenraum von ξ, also Strahlen der Form $a\mathbf{v}$, wobei a eine reelle Zahl ist, reproduzieren sich nach jedem vollständigen Umlauf im Resonator. Man beachte, dass dieser Eigenraum gemäß Abschnitt 3.2 eine Kugelwelle beschreibt (die gleiche wie aus (4-7)) mit den selben Vorbehalten wie oben.

Übung

Der vollständige Umlauf eines Resonators sei durch die Matrix

$$\begin{pmatrix} 0.5 & 0.25\text{m} \\ -1\text{m}^{-1} & 1.5 \end{pmatrix}$$

gegeben. Man berechne Eigenwerte, Eigenvektoren und Krümmungsradius der Kugelwelle. Was passiert mit einem Strahl, der nicht aus dem Eigenraum kommt?

c) Stabile Resonatoren

Ist $|A + D| < 2$, so sind sowohl Eigenwerte (4-6) als auch Krümmungsradien (4-7) komplex. Dies ist mit der schattierten Fläche in Figur 4-1 dargestellt. Offenbar haben die Kugelwellen, die sich im Resonator nach jedem vollständigen Umlauf reproduzieren, in diesem Fall einen komplexen Krümmungsradius. Wie wir aus den vorangehenden Kapiteln wissen, sind dies die Gauß-Strahlen. Die Resonatoreigenschaften sollen hier aber vorerst noch mittels der geometrischen Strahlenoptik untersucht werden.

Aus $|A + D| < 2$ folgt $|A + D|/2 < 1$ und wir können

$$\cos\theta = \frac{A + D}{2} \tag{4-9}$$

definieren. Die Eigenwerte lassen sich dann schreiben als

$$\xi_{\pm} = \cos\theta \pm \sqrt{(\cos\theta)^2 - 1} = \cos\theta \pm i\sin\theta = e^{\pm i\theta} . \tag{4-10}$$

Sie haben also immer den Betrag 1 und sind zueinander komplex konjugiert. Aus diesem Grund wird ein Eigenvektor $\mathbf{v}_+$ zum Eigenwert ξ_+ durch komplexe Konjugation zum Eigenvektor $\mathbf{v}_-$ des Eigenwerts ξ_-, denn

$$\begin{aligned} &\overline{\begin{pmatrix} A & B \\ C & D \end{pmatrix} \mathbf{v}_+} = \overline{\xi_+ \mathbf{v}_+} \\ &= \begin{pmatrix} A & B \\ C & D \end{pmatrix} \overline{\mathbf{v}_+} = \xi_- \overline{\mathbf{v}_+} . \end{aligned} \tag{4-11}$$

Jeder beliebige Strahlenvektor $\mathbf{v}$ kann als Linearkombination von zwei Eigenvektoren

$$\mathbf{v} = a_+ \mathbf{v}_+ + a_- \mathbf{v}_- \tag{4-12}$$

zusammengesetzt werden. In der geometrischen Optik werden nur reelle Strahlen $\mathbf{v}$ betrachtet, d. h. a_+ und a_- müssen zueinander komplex konjugiert sein. Lässt man diesen willkürlich gewählten Strahl im Resonator umlaufen, so resultiert nach N vollständigen Umläufen wegen (4-10)

$$\mathbf{v}_N = a_+ \xi_+^N \mathbf{v}_+ + a_- \xi_-^N \mathbf{v}_- = a_+ \mathbf{v}_+ e^{iN\theta} + a_- \mathbf{v}_- e^{-iN\theta} = \mathbf{v}\cos(N\theta) + \mathbf{w}\sin(N\theta) , \tag{4-13}$$

wobei $\mathbf{v}$ der ursprünglich gewählte Strahl und $\mathbf{w} = i(a_+\mathbf{v}_+ - a_-\mathbf{v}_-)$ ein ebenfalls reeller Vektor ist. Der Strahl erfährt also im stabilen Resonator in jedem Falle eine periodische Veränderung ohne den Resonator je zu verlassen, wobei die maximale Auslenkung alleine vom anfänglich gewählten Vektor $\mathbf{v}$ abhängt. Im Gegensatz zum Resonator an der Stabilitätsgrenze gilt dies für jeden beliebigen Strahlenvektor $\mathbf{v}$ und nicht nur für den Eigenraum.

Übung

Der vollständige Umlauf eines stabilen Resonators sei durch die Matrix

$$\begin{pmatrix} 0.5 & 0.75\text{m} \\ -1\text{m}^{-1} & 0.5 \end{pmatrix}$$

gegeben. Man berechne die Strahleigenschaften nach 1, 2, 3,..10 vollständigen Umläufen eines Strahles, der anfänglich 1 cm von der Resonatorachse entfernt und unter einem Winkel von 1.5° (π/120) startete.

4.2 Das Stabilitätsdiagramm

Obige Behandlung der Resonatorstabilität erforderte keine Information über die Art und den Aufbau des Resonators. Die Behandlung wird nun mit der Einführung des Stabilitätsdiagramms vertieft. Wie in Figur 4-2 gezeigt, unterscheiden wir dabei zwischen dem Ring-Resonator, bei welchem ein gegebener Lichtstrahl alle Elemente immer in derselben Richtung und Reihenfolge durchläuft, und dem Fabry-Perot Resonator, bei welchem die Lichtstrahlen

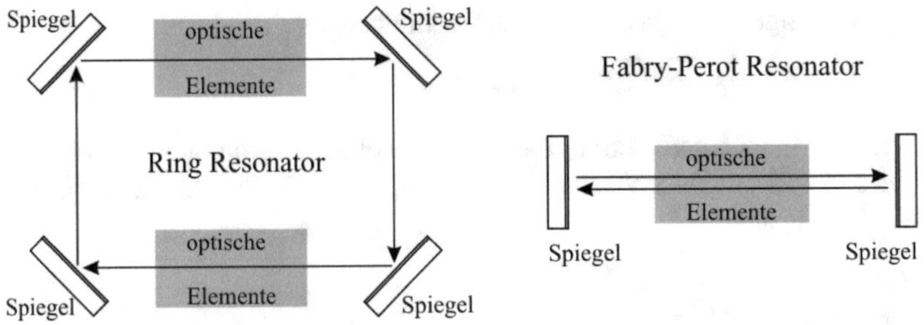

Figur 4-2. Der optische Resonator. Innerhalb des Resonators können beliebige optische Elmente und Systeme angeordnet sein (symbolisiert durch grau schattierte Bereiche).

zwischen zwei Endspiegeln hin und her laufen. Einer der Spiegel der Resonatoren ist teildurchlässig und dient dazu, den erzeugten Laserstrahl auszukoppeln.

Im Ring-Resonator kann sich das Licht in beiden Umlaufrichtungen ausbreiten, sofern dies nicht mit zusätzlichen Vorkehrungen verhindert wird. Ohne diese Vorkehrungen hat der Ring-Resonator den Nachteil, dass beim Auskoppelspiegel zwei Strahlen in unterschiedlicher Richtung emittiert werden. Der Ring-Resonator wird in der Regel deshalb nur im unidirektionalen Betrieb eingesetzt, um insbesondere Strahlung mit einer einzigen Resonanzfrequenz zu erzeugen (kein ‚spatial hole burning' im unidirektionalen Betrieb).[9] Für alle anderen Fälle wird der Fabry-Perot Resonator wegen seinem einfacheren Aufbau vorgezogen. Die beiden Resonatortypen unterscheiden sich aber auch bezüglich der Stabilitätseigenschaften.

4.2.1 Der Ring-Resonator

Einen vollständigen Umlauf beschreiben wir mit einer Strahlmatrix **M**, wobei die beiden Umlaufrichtungen $\mathbf{M}_{\circlearrowright}$ und $\mathbf{M}_{\circlearrowleft}$ zu unterscheiden sind. Da ein vollständiger Umlauf in einem Ring-Resonator immer am selben Ort endet, wo er begonnen hat, ist der Brechungsindex am Anfang und am Ende der gleiche ($n_1 = n_2$). Für einen Ring-Resonator gilt daher immer det(**M**) = 1 und die Resonatormatrix hat ganz allgemein die Form

$$\mathbf{M}_{\circlearrowright} = \begin{pmatrix} g_1 & \tilde{L} \\ \dfrac{g_1 g_2 - 1}{\tilde{L}} & g_2 \end{pmatrix}, \tag{4-14}$$

wobei wir drei der Matrixelemente frei mit A = g_1, D = g_2 und B = $\tilde{L}$ bezeichnet haben und das Element C so gewählt ist, dass die Bedingung det(**M**) = 1 erfüllt wird. Die für den Laser charakteristischen Größen g_1 und g_2 werden wir im Folgenden als Resonatorparameter bezeichnen. $\tilde{L}$ ist eine Art effektive Resonatorlänge (siehe Übungen). Für die umgekehrte Umlaufrichtung ist nach Abschnitt 3.6.2 die Matrix gegeben durch

$$\mathbf{M}_{\circlearrowleft} = \begin{pmatrix} g_2 & \tilde{L} \\ \dfrac{g_1 g_2 - 1}{\tilde{L}} & g_1 \end{pmatrix}. \tag{4-15}$$

Mit dieser Notation lauten die Stabilitätsbedingungen aus dem vorangehenden Abschnitt

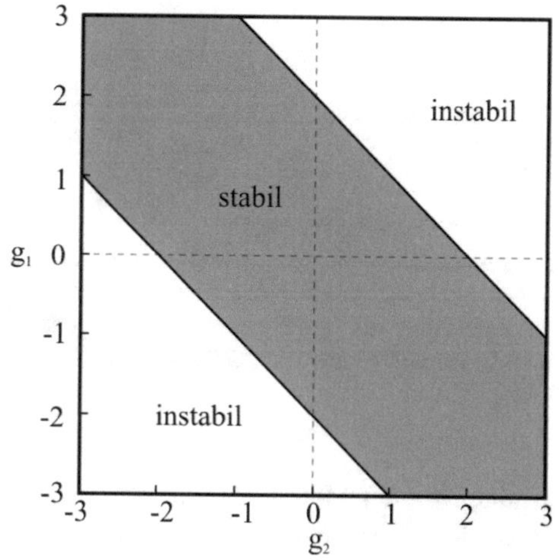

Figur 4-3. Stabilitätsdiagramm für Ring-Resonatoren.

a) der Resonator ist instabil, wenn $|g_1 + g_2| > 2$ (4-16)

b) der Resonator ist an der Stabilitätsgrenze, wenn $|g_1 + g_2| = 2$ (4-17)

c) der Resonator ist stabil, wenn $|g_1 + g_2| < 2$. (4-18)

Diese drei Bedingungen lassen sich graphisch mit dem Diagramm in Figur 4-3 verdeutlichen. Der Resonator ist stabil, wenn sich der Punkt (g_1, g_2) innerhalb der schattierten Fläche befindet.

Übung

Man berechne die Resonatormatrix für einen Ring-Resonator wie er in Figur 4-2 (links) dargestellt ist. Der Abstand zwischen den Spiegeln sei überall L. Einer der Spiegel sei sphärisch und habe den Krümmungsradius ρ, die anderen drei Spiegel seien plan. Der Einfallswinkel ist bei allen Spiegeln 45°. Man vergleiche g_1, g_2, die Summe g_1+g_2 sowie $\tilde{L}$ für verschiedene Startpunkte. Das Resultat hängt davon ab, wo man mit dem Umlauf beginnt. Gibt es einen Startpunkt so, dass $\tilde{L} = 4L$? Man beachte, dass die Reflexion an einem sphärischen Spiegel auch als Produkt zweier dünner Linsen mit je der Brennweite $f = \rho$ geschrieben werden kann.

4.2.2 Der Fabry-Perot Resonator

Wie links in Figur 4-4 skizziert, wird die Strahlung im Fabry-Perot Resonator zwischen zwei Endspiegeln hin und her reflektiert. Für die Berechnung der Strahlmatrix des vollständigen Rundgangs im Resonator spielt es eigentlich keine Rolle, an welcher Stelle man beginnt (vor oder nach einem der Endspiegel oder irgendwo im Raum zwischen den Spiegeln). Wählt man z. B. die Stelle unmittelbar rechts von Spiegel 1 als Referenzebene, so werden auf dem Weg zu Spiegel 2 vorerst alle Matrizen der hier gegebenenfalls vorhandenen Elemente aneinander multipliziert (Reihenfolge gemäß (3-22)!), dann kommt die Matrix für die Reflexion an Spiegel 2, anschließend geht es in umgekehrter Reihenfolge durch alle Elemente im Resonator,

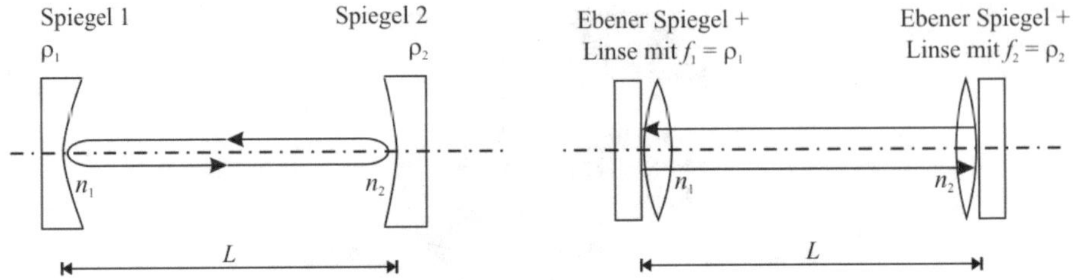

Figur 4-4. Der optische Resonator mit sphärischen Endspiegeln (links) und seine *äquivalente* Darstellung mit einer dünnen Linse und einem ebenen Spiegel als Ersatz für die sphärischen Endspiegel (rechts).

um den vollständigen Umlauf mit der Matrix für Spiegel 1 abzuschließen (man befindet sich hier wieder in der gewählten Referenzebene).

Dieses Vorgehen führt zwar zum richtigen Resultat, die gesamte Rechnung und die Charakterisierung des Resonators wird aber in vieler Hinsicht bedeutend einfacher, wenn die Symmetrie zwischen Hin- und Rücklauf in einem äquivalenten Resonator ausgenutzt wird. Wir werden die dadurch erreichten Vereinfachungen später immer wieder nutzen.

Wie rechts in Figur 4-4 dargestellt, ersetzen wir dazu die Reflexion an einem sphärischen Endspiegel mit Krümmungsradius ρ durch eine dünne Linsen mit einer Brennweite $f = \rho$ und der Reflexion an einem ebenen Endspiegel (letzterer wird durch die Einheitsmatrix beschrieben). Denn mit (3-11) und (3-25) ist die Reflexion am sphärischen Endspiegel identisch mit der Ausbreitung durch die (unendlich dünne) Linse über den ebenen Endspiegel und zurück durch die Linse:[k]

$$\mathbf{M}_{Spiegel}(\rho) = \begin{pmatrix} 1 & 0 \\ -\dfrac{2}{\rho} & 1 \end{pmatrix} = \begin{pmatrix} 1 & 0 \\ -\dfrac{1}{\rho} & 1 \end{pmatrix} \begin{pmatrix} 1 & 0 \\ 0 & 1 \end{pmatrix} \begin{pmatrix} 1 & 0 \\ -\dfrac{1}{\rho} & 1 \end{pmatrix} = \mathbf{M}_{DL}^2(f = \rho)\,. \tag{4-19}$$

Wir wollen den äquivalenten Fabry-Perot Resonator (Figur 4-4, rechts) mit zwei Matrizen für je einen Einfachdurchgang beschreiben. Aus Symmetriegründen empfiehlt es sich, jeweils die beiden ebenen Endspiegel als Referenz zu nehmen. D. h., die eine Matrix beschreibt die Ausbreitung vom ebenen Spiegel 1 bis zum ebenen Spiegel 2, die andere den umgekehrten Weg. Damit werden wir die in Abschnitt 3.6.2 besprochene Spiegelung optischer Systeme verwenden können.

In der Praxis ist mit wenigen Ausnahmen (z. B. endgepumpter Laser) der Brechungsindex auf beiden Seiten des Resonators gleich und die Determinante der Matrizen für Hin- und Rücklauf hat je den Wert 1. Es kann aber durchaus vorkommen, dass der Brechungsindex an den

[k] Der auf diese Weise berechnete Laserstrahl (siehe auch Kapitel 5) ist innerhalb des Resonators bis unmittelbar vor der Linse des Ersatzspiegels genau gleich, wie wenn mit dem sphärischen Spiegel gerechnet würde. Wenn man die Ausbreitung des durch einen sphärischen Spiegel ausgekoppelten Strahles berechnen will, muss allerdings mit dem Strahl unmittelbar vor der Linse begonnen werden, um ihn dann durch die beiden Oberflächen des effektiv vorhandenen sphärischen Spiegels zu propagieren und so dessen Linsenwirkung richtig zu berücksichtigen.

beiden Resonatorenden unterschiedlich ist, so z. B. bei endgepumpten Festkörperlasern. In diesem Fall hat zwar die Determinante für den vollständigen Resonatorumlauf aus dem selben Grund wie beim Ringresonator den Wert 1, die Determinanten für die beiden Einfachdurchgänge weisen aber die Werte n_1/n_2 bzw. n_2/n_1 auf.

Die Matrix für den Einfachdurchgang vom ebenen Endspiegel 1 zum ebenen Endspiegel 2 (im äquivalenten Resonator aus Figur 4-4) hat daher allgemein die Form

$$\mathbf{M}_{\rightarrow} = \begin{pmatrix} g_1 & n_1\tilde{L} \\ \dfrac{g_1 g_2 - 1}{n_2 \tilde{L}} & \dfrac{n_1}{n_2} g_2 \end{pmatrix}. \tag{4-20}$$

Wie oben konnten wir für diese allgemeine Darstellung die drei Matrixelemente A, B und D frei wählen, mussten aber die Brechungsindizes an den beiden Resonatorenden so berücksichtigen, dass die Determinante der Matrix den Wert n_1/n_2 erhält.

Die Verwendung des äquivalenten Resonators mit ebenen Endspiegeln erlaubt es nun, aus Symmetriegründen die Matrix für den entgegengesetzten Einfachdruchgang durch eine einfache Spiegelung gemäß Abschnitt 3.6.2 zu berechnen,

$$\mathbf{M}_{\leftarrow} = \begin{pmatrix} g_2 & n_2\tilde{L} \\ \dfrac{g_1 g_2 - 1}{n_1 \tilde{L}} & \dfrac{n_2}{n_1} g_1 \end{pmatrix}, \tag{4-21}$$

wobei die Determinante nun den Wert n_2/n_1 hat.

Der vollständige Umgang im Fabry-Perot Resonator ist durch das Produkt

$$\mathbf{M}_{\leftrightarrow} = \begin{pmatrix} g_2 & n_2\tilde{L} \\ \dfrac{g_1 g_2 - 1}{n_1 \tilde{L}} & \dfrac{n_2}{n_1} g_1 \end{pmatrix} \begin{pmatrix} g_1 & n_1\tilde{L} \\ \dfrac{g_1 g_2 - 1}{n_2 \tilde{L}} & \dfrac{n_1}{n_2} g_2 \end{pmatrix} = \begin{pmatrix} 2g_1 g_2 - 1 & 2g_2 n_1 \tilde{L} \\ \dfrac{(2g_1 g_2 - 1)^2 - 1}{2 g_2 n_1 \tilde{L}} & 2g_1 g_2 - 1 \end{pmatrix} \tag{4-22}$$

gegeben und weist (wie erwartet) eine Determinante von 1 auf.

Im Falle des Fabry-Perot Resonators lauten die Stabilitätsbedingungen aus Abschnitt 4.1 damit wie folgt:

a) der Resonator ist instabil, wenn $g_1 g_2 > 1$ und wenn $g_1 g_2 < 0$ (4-23)

b) der Resonator ist an der Stabilitätsgrenze, wenn $g_1 g_2 = 1$ oder $g_1 g_2 = 0$ (4-24)

c) der Resonator ist stabil, wenn $0 < g_1 g_2 < 1$. (4-25)

Diese Bedingungen sind graphisch in Figur 4-5 zusammengefasst. Der Resonator ist stabil, wenn sich der Punkt (g_1, g_2) innerhalb der schattierten Fläche befindet. Die Eigenwerte des instabilen Fabry-Perot-Resonators sind als Funktion von ($2g_1g_2 - 1$) in Figur 4-1 dargestellt.

Übung

Man betrachte einen einfachen Resonator mit zwei sphärischen Spiegeln (Krümmungsradien ρ_1 und ρ_2) im Abstand L. Man zeige, dass

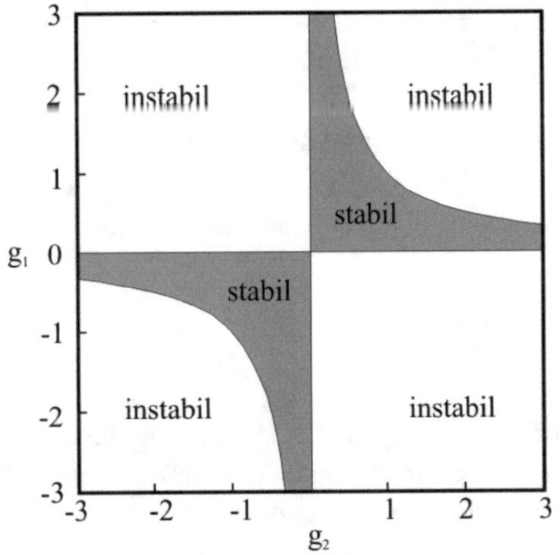

Figur 4-5. Stabilitätsdiagramm für Fabry-Perot Resonatoren.

$$g_{1,2} = 1 - \frac{L}{\rho_{1,2}} \quad \text{und} \quad \tilde{L} = L\,.$$

Wie sieht die Resonatormatrix aus, wenn zwischen die beiden Spiegel eine dünne Linse mit der Brechkraft D eingefügt wird?

5 Im Laserresonator erzeugte Strahlen

Der Laserresonator erfüllt im Wesentlichen zwei Aufgaben. Die Verstärkung im laseraktiven Medium (Kapitel 6) genügt nur in den seltensten Fällen (z. B. beim Röntgenlaser in Laser-induzierten Plasmen), um in einem Einfachdurchgang einen einigermaßen kohärenten Laserstrahl zu erzeugen. In der Regel dominiert ohne Resonator die spontan emittierte inkohärente Strahlung. Die (teilweise) Reflexion der Strahlung an den Resonatorspiegeln dient deshalb als Rückkopplung, damit durch eine Vielzahl von Umläufen im Resonator die Kohärenz und die Leistung des Laserstrahles erhöht wird (die stimuliert emittierte Strahlung überwiegt und unterdrückt die spontane Emission von inkohärentem Licht). Nur der beispielsweise durch einen teildurchlässigen Spiegel transmittierte Strahlungsanteil wird als nutzbarer Laserstrahl aus dem Resonator ausgekoppelt. Bezüglich Kohärenz und Strahlqualität besteht die zentrale Bedeutung des Resonators aber vor allem darin, dass er auch die Anzahl der oszillierenden Moden mit höherer transversaler Ordnung einschränkt.

Im freien Raum hat die Wellengleichung (2-44) bzw. (2-45) unendlich viele Lösungen. Ohne Resonator emittiert eine Strahlungsquelle deshalb in ein Kontinuum von unendlich vielen Strahlungsmoden. Die ohne Resonator erzeugte Strahlung weist eine verschwindend kleine Kohärenz auf und lässt sich damit u.a. schlecht fokussieren. Die wichtigste Aufgabe des optischen Resonators ist es deshalb, aus der unendlichen Anzahl möglicher Strahlungsmoden eine (oder jedenfalls nur wenige) Moden auszuwählen und das Anschwingen anderer Moden zu unterdrücken.

In einem Faserlaser (oder allgemein in Lasern, bei welchen die Strahlung in einem Wellenleiter geführt wird) erfolgt die Selektion der anschwingenden Transversalmoden durch die Wellenleitereigenschaften und wird durch das transversale Brechungsindexprofil bestimmt, siehe Abschnitt 2.4.7. Die Leistungsrückkopplung erfolgt dabei durch Reflexion der im Wellenleiter geführten Strahlung entweder an Bragg-Gittern, welche in die Faser selbst eingeschrieben werden, an einer dielektrischen Beschichtung auf den Faserendflächen oder (im Laborbetrieb) durch ebene Spiegel, welche an die Faserendflächen gedrückt werden (das sogenannte *butt-coupling*). Der im Faserlaser erzeugte Laserstrahl bzw. die darin oszillierenden Moden werden somit im Wesentlichen durch die Wahl des Brechungsindexprofils der Faser festgelegt und kann in geringerem Masse durch die Krümmung der Faser beeinflusst werden (z. B. zur Unterdrückung höherer transversaler Moden durch erhöhte Wellenleiterverluste).

Ist der Resonator hingegen wie in Kapitel 4 beschrieben nicht als Wellenleiter sondern aus den in Kapitel 3 eingeführten diskreten optischen Elementen aufgebaut, wird der erzeugte Strahl durch die Eigenschaften dieser Elemente und deren Anordnung geprägt, wie dies in den folgenden zwei Abschnitten beschrieben wird. Weiterführende Möglichkeiten der Strahlformung mittels asphärischer oder diffraktiver Elemente werden später in Kapitel 9 behandelt.

5.1 Die Grundmode im stabilen Laserresonator

Wenn von den unendlich vielen elektromagnetischen Moden des freien Raumes der Resonator eine ganz bestimmte – z. B. eine TEM_{00} Gauß-Mode mit vorgegebenen Strahlradius – for-

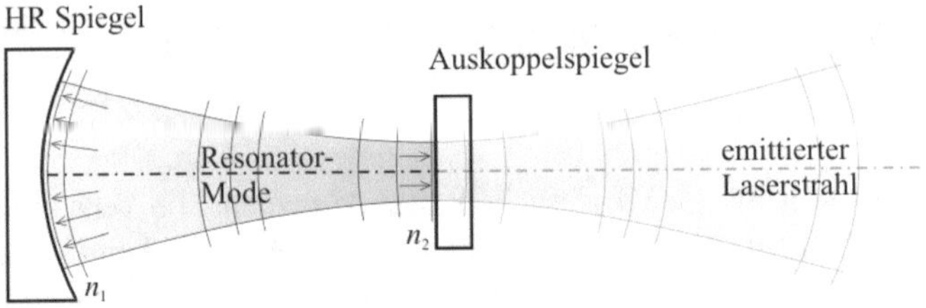

Figur 5-1. Auswahl einer bestimmten Mode mit dem optischen Resonator.

men soll, muss er so gestaltet werden, dass die Form der Spiegeloberflächen mit jener der Phasenfront der gewünschten Mode übereinstimmen, wie dies in Figur 5-1 dargestellt ist. Nur so wird sich das gewünschte Strahlungsfeld nach jedem Umlauf im Resonator reproduzieren. Um dies nachzuvollziehen, betrachten wir die Lichtwelle, welche in Figur 5-1 von rechts nach links auf den hoch reflektierenden (HR) Endspiegel trifft. Wenn die Geometrie der Spiegeloberfläche genau mit jener der ankommenden Phasenfront übereinstimmt, stehen die Strahlenvektoren $\vec{\mathbf{k}}$ überall senkrecht auf der Spiegeloberfläche. Dadurch werden all diese Teilstrahlen vom Spiegel genau in sich selbst zurückreflektiert, d.h. lokal wird überall der Vektor $\vec{\mathbf{k}}$ um 180° gedreht zu $-\vec{\mathbf{k}}$. Für die elektromagnetische Welle entspricht dies einer Phasenkonjugation, der (komplexe) Phasenterm wird komplex konjugiert,

$$e^{-i\vec{\mathbf{k}}\vec{\mathbf{x}}} \rightarrow e^{+i\vec{\mathbf{k}}\vec{\mathbf{x}}}, \tag{5-1}$$

was einer Zeitumkehr gleichkommt, denn

$$\begin{aligned} E(\vec{x},t) = E_0\,\mathrm{Re}(e^{-i\vec{k}\vec{x}+i\omega t}) \xrightarrow{\text{Phasenkonjugation}} E_0\,\mathrm{Re}(e^{i\vec{k}\vec{x}+i\omega t}) = \\ = E_0\,\mathrm{Re}(e^{-i\vec{k}\vec{x}-i\omega t}) = E(\vec{x},-t)\,. \end{aligned} \tag{5-2}$$

Man stelle sich die Wellenfront am Spiegel lokal als ebene Welle genähert vor; wenn jede dieser Teilwellen in der Zeit umgekehrt wird, gilt dies auch für die Gesamtheit der sphärischen Welle. D. h., der gesamte Strahl breitet sich nach der Reflexion aus, wie wenn man den einkommenden Strahl in der Zeit rückwärts laufen ließe. Die gesamte Feldverteilung wird also in sich zurückreflektiert und kommt beim Auskoppelspiegel genau so an, wie sie diesen verlassen hatte. Wenn diese Phasenkonjugation an beiden Endspiegeln gewährleistet ist, reproduziert sich die Feldverteilung der oszillierenden Mode bei jedem Umlauf im Resonator. Moden mit anderen Phasenfronten können nicht anschwingen, sie werden nicht nach jedem Umlauf reproduziert, divergieren mit der Zeit aus dem Resonator und erleiden damit zu hohe Verluste um oszillieren zu können. Auf diese Weise selektiert der Resonator genau einen Satz von oszillierenden TEM_{mn} Moden, alle mit dem selben Strahlparameter q (und damit auch mit dem gleichen Krümmungsradius der Phasenfront).

Laut den Abschnitten 2.4.5 und 2.4.6 ist die Phasenfront in den Strahltaillen der TEM Moden eben. Wie in Figur 5-1 dargestellt, wählt man in der Praxis oft einen ebenen Auskoppelspiegel. Dies hat den Vorteil, dass der Ort der Strahltaille klar definiert ist, da diese immer auf dem ebenen Auskoppelspiegel liegen muss, unabhängig davon, ob sich im Resonator weitere

z. T. variable Linsen befinden. Ein gekrümmter Auskoppelspiegel mit Krümmungsradius ρ kann auch mit einer dünnen Linse der Brennweite $f = \rho$ vor einem ebenen Auskoppelspiegel simuliert werden. Auch so liegt die Strahltaille auf dem ebenen Auskoppelspiegel.

Wie in Abschnitt 4.2.2 dargelegt, empfiehlt es sich aus Symmetriegründen, bei der Aufstellung der Matrix für einen Fabry-Perot Resonator gekrümmte Endspiegel als Kombination einer dünnen Linse mit einem ebenen Spiegel aufzufassen und die Matrix für den Einfachdurchgang in diesem äquivalenten Resonator zwischen den beiden ebenen Endspiegeln zu berechnen. Erstens geht damit die Matrix für den Einfachdurchgang in einer Richtung sehr einfach aus der Matrix für den Einfachdurchgang in der anderen Richtung durch die einfache Operation (3-150) hervor. Zweitens entsprechen so die Diagonalelemente der Matrix des Einfachdurchganges in einem leeren Resonator ganz allgemein der historisch nur für solche Resonatoren eingeführten Resonatorparameter g_1 und g_2 (siehe Übung in Abschnitt 4.2.2).[1] Bis auf den Quotienten der Brechzahlen (siehe (4-20)) sind die Diagonalelemente A und D somit effektive Resonatorparameter im Sinne der historischen Definition von g_1 und g_2.

Gehen wir nicht von einem vorgegebenen Strahl sondern von einem bestehenden Resonator aus, so ist die Aufgabe umgekehrt. Anstatt einen zum Strahl passenden Resonator zu wählen, suchen wir die Moden, welche im gegebenen Resonator oszillieren. In Kapitel 4 wurde gezeigt, dass der Einfachdurchgang durch einen Resonator ganz allgemein die Form

$$\mathbf{M}_E = \begin{pmatrix} g_1 & n_1\tilde{L} \\ \dfrac{g_1 g_2 - 1}{n_2\tilde{L}} & \dfrac{n_1}{n_2} g_2 \end{pmatrix} = \begin{pmatrix} \mathrm{A}_E & \mathrm{B}_E \\ \mathrm{C}_E & \mathrm{D}_E \end{pmatrix} \tag{5-3}$$

mit $\det(\mathbf{M}_E) = n_1/n_2$ aufweist (der Index E steht hier für Einfachdurchgang). Für den Ring-Resonator ist dies gemäss (4-14) mit $n_1 = n_2 = 1$ bereits der vollständige Umlauf. Unter der Voraussetzung, dass im Fabry-Perot Resonator die Matrix $\mathbf{M}_E$ den Einfachdurchgang zwischen ebenen Endspiegeln beschreibt (und nur dann! ⇒ äquivalenter Resonator gemäß Abschnitt 4.2.2 verwenden!), ist der vollständige Umlauf im Fabry-Perot Resonator aus Symmetriegründen durch die Matrix

$$\begin{aligned} \mathbf{M}_R &= \begin{pmatrix} g_2 & n_2\tilde{L} \\ \dfrac{g_1 g_2 - 1}{n_1\tilde{L}} & \dfrac{n_2}{n_1} g_1 \end{pmatrix} \begin{pmatrix} g_1 & n_1\tilde{L} \\ \dfrac{g_1 g_2 - 1}{n_2\tilde{L}} & \dfrac{n_1}{n_2} g_2 \end{pmatrix} \\ &= \begin{pmatrix} 2g_1 g_2 - 1 & 2g_2 n_1\tilde{L} \\ \dfrac{(2g_1 g_2 - 1)^2 - 1}{2g_2 n_1\tilde{L}} & 2g_1 g_2 - 1 \end{pmatrix} = \begin{pmatrix} \mathrm{A}_R & \mathrm{B}_R \\ \mathrm{C}_R & \mathrm{D}_R \end{pmatrix} \end{aligned} \tag{5-4}$$

gegeben (Index R für Rundgang oder ‚roundtrip').

Lässt man einen Gauß-Strahl q_1 über einen vollständigen Umlauf im Resonator propagieren, so resultiert gemäß Abschnitt 3.4 für den Gauß-Strahl q_2 am Ende des Rundganges

---

[1] Andernfalls sind wie in (4-20) die unterschiedlichen Brechzahlen n_1 und n_2 zu berücksichtigen.

$$q_2 = \frac{\mathrm{A}q_1 + \mathrm{B}}{\mathrm{C}q_1 + \mathrm{D}}, \tag{5-5}$$

wobei die Matrixelemente A, B, C, und D entweder durch (4-14) für den Ring-Resonator oder durch (5-4) für den Fabry-Perot Resonator gegeben sind. Ist der oszillierende Gauß-Strahl eine Eigenmode des Resonators, so muss nach jedem vollständigen Umlauf im Resonator $q_2 = q_1$ gelten. Der im Resonator oszillierende Gauß-Strahl ist damit durch die Lösung der Gleichung

$$q = \frac{\mathrm{A}q + \mathrm{B}}{\mathrm{C}q + \mathrm{D}} \tag{5-6}$$

gegeben. Man beachte, dass diese Gleichung den q-Parameter eines ganzen Satzes von TEM_{mn} Moden festlegt. Zusammen mit der Grundmode (TEM_{00}) können je nach seitlicher Begrenzung des Resonators mit demselben q-Parameter (und daher mit demselbem Krümmungsradius der Phasenfronten) auch eine größere Anzahl TEM_{mn} Moden höherer transversaler Ordnung oszillieren (siehe Abschnitt 2.4.6).

Gleichung (5-6) hat gemäß (4-7) die Lösungen[m]

$$q_\pm = \frac{(\mathrm{A}-\mathrm{D}) \pm \sqrt{(\mathrm{A}+\mathrm{D})^2 - 4}}{2\mathrm{C}}. \tag{5-7}$$

Bei stabilen Resonatoren ($|\mathrm{A}+\mathrm{D}| < 2$, siehe Abschnitt 4.1) ist dies eine komplexe Zahl. Die Auswahl des richtigen Vorzeichens vor der Wurzel wird durch die Tatsache bestimmt, dass der Imaginärteil von q (also die Rayleigh-Länge z_R) positiv sein muss. Andernfalls hätte die Strahltaille gemäß (2-97) keinen reellen Radius w_0.

Für den Ring-Resonator lässt sich (5-7) mit (4-14) durch

$$q_\pm = \frac{(g_1 - g_2) \pm \sqrt{(g_1 + g_2)^2 - 4}}{2\frac{g_1 g_2 - 1}{\tilde{L}}} \tag{5-8}$$

in den Resonatorparametern ausdrücken. Der resultierende Wert von q beschreibt den Gauß-Strahl an der Stelle, wo der Rundgang im Resonator zur Beschreibung mit der Matrix begonnen (und beendet) wurde.

Wenn beim (äquivalenten) Fabry-Perot Resonator die Matrix $\mathbf{M}_E$ die Ausbreitung z. B. von einem Endspiegel 1 zum anderen Endspiegel 2 beschreibt (siehe auch Figur 4-4), so ist $\mathbf{M}_R$ in (5-4) die Matrix für den kompletten Rundgang im Resonator von Spiegel 1 zurück zu Spiegel 1. Aus Gleichung (5-7) resultiert damit der q-Parameter für den Gauß-Strahl an der Stelle des (ebenen) Endspiegels 1 des äquivalenten Resonators. Man beachte, dass aus Symmetriegründen Gleichung (5-4) nur im äquivalenten Resonator anwendbar ist, wo die sphärische Endspiegel durch einen dünne Linse und einen ebenen Spiegel repräsentiert werden, siehe Abschnitt 4.2.2. Unter dieser Voraussetzung – und nur dann – ist der Gauß-Strahl auf dem ebenen Endspiegel 1 des äquivalenten Resonators gegeben durch

[m] Da es sich hier um die Matrix für den vollständigen Umlauf im Resonator handelt, gilt AD – BC = 1.

$$q_{\pm} = \frac{\pm\sqrt{(2g_1g_2-1)^2-1}}{\dfrac{(2g_1g_2-1)^2-1}{2g_2n_1\tilde{L}}} = \pm\frac{2g_2n_1\tilde{L}}{\sqrt{(2g_1g_2-1)^2-1}} \tag{5-9}$$

mit den Resonatorparametern g_1 und g_2.

Beispiel eines Fabry-Perot Resonators

Das Vorgehen zur Bestimmung der Resonatormoden sei hier mit einem realistischen Beispiel illustriert. Wir betrachten den Resonator in Figur 5-2. Die beiden Endspiegel befinden sich in einem Abstand von 260 mm und haben einen Krümmungsradius von $\rho = 2000$ mm. Genau in der Mitte des Resonators befinde sich ein Laserstab mit einer Länge von $L = 60$ mm, der für die stimulierte Verstärkung des Strahlungsfeldes sorgt. Der Abstand von den Spiegeln zum jeweiligen Stabende beträgt also genau 100 mm. Aufgrund von thermischen Effekten sei im Stab eine GRIN-Linse (3-52) mit einem γ von 0.0104 mm^{-1} induziert. Unter der Annahme, dass es sich beim Laserstab um Nd:YAG mit einem Brechungsindex von 1.82 handle, entspricht dies gemäß (3-58) einer dünnen Linse mit einer Brennweite von etwa 85 mm. Weil diese Brennweite nicht wesentlich größer ist als die Länge des Stabes, kann der vereinfachende Ersatz der GRIN-Linse durch eine dünne Linse hier aber nicht verwendet werden (siehe Abschnitt 3.1.3.2). Die Laserwellenlänge von Nd:YAG ist $\lambda_0 = 1064$ nm.

Der Einfachdurchgang in diesem Resonator wird also durch die Matrix

$$\mathbf{M}_E = \begin{pmatrix} 1 & 0 \\ -\dfrac{1}{\rho} & 1 \end{pmatrix} \begin{pmatrix} 1 & d \\ 0 & 1 \end{pmatrix} \begin{pmatrix} 1 & 0 \\ 0 & \dfrac{n_2}{n_1} \end{pmatrix} \times$$
$$\times \begin{pmatrix} \cos(|\gamma|L) & \dfrac{\sin(|\gamma|L)}{|\gamma|} \\ -|\gamma|\sin(|\gamma|L) & \cos(|\gamma|L) \end{pmatrix} \begin{pmatrix} 1 & 0 \\ 0 & \dfrac{n_1}{n_2} \end{pmatrix} \begin{pmatrix} 1 & d \\ 0 & 1 \end{pmatrix} \begin{pmatrix} 1 & 0 \\ -\dfrac{1}{\rho} & 1 \end{pmatrix} \tag{5-10}$$

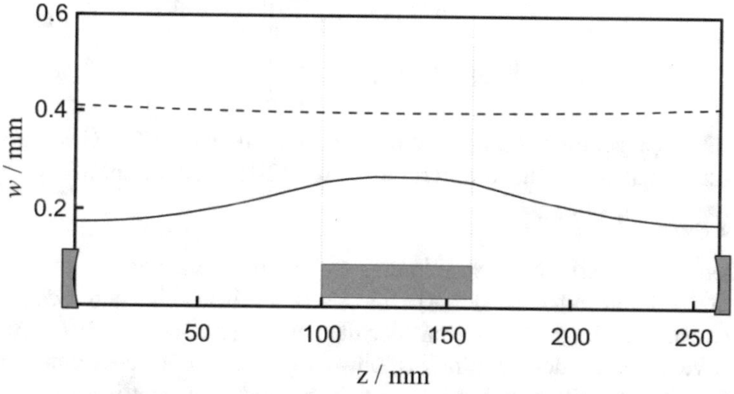

Figur 5-2. Die fundamentale Gauß-Mode (TEM_{00}) in einem Resonator mit sphärischen Spiegeln und mit (durchgezogene Linie) bzw. ohne (gestrichelte Linie) thermisch induzierter Linse im Laserstab.

beschrieben (da der Resonator symmetrisch ist, spielt es keine Rolle, ob von links nach rechts oder umgekehrt verfahren wird). Den Ausführungen in Abschnitt 4.2.2 entsprechend wurden auch hier die sphärischen Spiegel durch je eine dünne Linse mit einer Brennweite $f = \rho$ (bzw. einer Brechkraft $D = 1/\rho$) und einen ebenen Spiegel ersetzt, wobei der Einfachdurchgang jeweils auf den ebenen Spiegeln beginnt bzw. endet. Werden die oben beschriebenen Werte eingesetzt, erhält man

$$\mathbf{M}_E = \begin{pmatrix} -0.334 & 82.7881\text{mm} \\ -0.0107\text{mm}^{-1} & -0.334 \end{pmatrix} = \begin{pmatrix} g_1 & \tilde{L} \\ \dfrac{g_1 g_2 - 1}{\tilde{L}} & g_2 \end{pmatrix} \tag{5-11}$$

für den Einfachdurchgang im betrachteten Resonator. Mit

$$g_1 g_2 = 0.1116 \tag{5-12}$$

ist gewährleistet, dass der Resonator gemäß (4-25) stabil ist. Auch hat die Determinante der Matrix erwartungsgemäß den Wert 1. Mit (5-9) erhalten wir am Ort eines der (ebenen) Resonatorspiegel den Strahlparameter

$$q_{Endspiegel} = z + iz_R = 87.8334i \text{ mm} . \tag{5-13}$$

Weil der Strahl am Ort des ebenen Endspiegels des äquivalenten Resonators eine ebene Phasenfront hat, ist der Realteil von $q_{Endspiegel}$ gleich 0. Aus $q_{Endspiegel}$ lässt sich mit (2-106) der Radius

$$w_{Endspiegel} = 0.172 \text{ mm} \tag{5-14}$$

des Gauß-Strahles auf dem Endspiegel berechnen.

Um im nächsten Abschnitt 5.2 die Anzahl der im Resonator oszillierenden Moden höherer transversaler Ordnung abschätzen zu können, soll hier zusätzlich noch der Strahlradius in der Mitte des Laserstabes bestimmt werden. Dazu wird die Strahlmatrix

$$\mathrm{M}_{Spiegel-Stabmitte} = \begin{pmatrix} \cos(|\gamma|\frac{L}{2}) & \dfrac{\sin(|\gamma|\frac{L}{2})}{|\gamma|} \\ -|\gamma|\sin(|\gamma|\frac{L}{2}) & \cos(|\gamma|\frac{L}{2}) \end{pmatrix} \begin{pmatrix} 1 & 0 \\ 0 & \dfrac{n_1}{n_2} \end{pmatrix} \begin{pmatrix} 1 & d \\ 0 & 1 \end{pmatrix} \begin{pmatrix} 1 & 0 \\ -\dfrac{1}{\rho} & 1 \end{pmatrix} \tag{5-15}$$

vom ersten Endspiegel bis zur Stabmitte benutzt, um mit dem ABCD-Gesetz (3-97) den Wert für $q_{Stabmitte}$ zu erhalten. Daraus resultiert wieder mit (2-106) der Strahlradius

$$w_{Stabmitte} = 0.268 \text{ mm} . \tag{5-16}$$

Um den kompletten Verlauf des Strahlradius entlang des gesamten Resonators zu verfolgen, kann der Gauß-Strahl mit Hilfe des ABCD-Gesetzes schrittweise durch den Resonator propagiert werden. Man beginnt dabei mit der dünnen Linse (Brennweite $f = \rho$). Dies bewirkt noch keine Veränderung des Strahlradius, obwohl q ändert. Für den Verlauf im freien Raum bis zum Kristall unterteilt man d in kleine Schritte und berechnet jedes Mal aus dem resultierenden Wert für q den örtlichen Strahlradius w. Aus Gründen der numerischen Genauigkeit empfiehlt es sich, für jeden Schritt die gesamte Matrix vom Endspiegel bis zum gewünschten

Ort zu berechnen und den neuen Wert für q ausgehend von (5-13) zu ermitteln. Dasselbe Prozedere kann mit der Unterteilung von L auch im Stab und dann wieder im freien Raum bis zum zweiten Endspiegel durchgeführt werden. Das Resultat ist als durchgezogene Linie in Figur 5-2 eingezeichnet. Die Spiegel und der Laserstab sind hier nur symbolisch an deren Ort im Resonator eingezeichnet. In transversaler Richtung müssen Spiegel und Laserstab natürlich größer sein als die oszillierenden Moden. Wie oben berechnet, beträgt der Strahlradius der TEM_{00} Grundmode auf den beiden Spiegeln etwa 0.17 mm. Der größte Radius wird mit etwa 0.27 mm in der Stabmitte erreicht.

Die gestrichelte Linie zeigt die fundamentale Gauß-Mode für den Fall, dass im Laserstab keine thermische Linse vorliegt. Die Strahltaille befindet sich dann in der Mitte des Resonators. Aus dieser Figur ist gut zu erkennen, wie bedeutend der Einfluss thermisch induzierter Linsen in optischen Resonatoren sein kann.

Laser, welche nur die Grundmode erzeugen, werden als transversal monomodig oder üblicher mit *single transversal mode* bezeichnet. Im allgemeinen Sprachgebrauch wird dies oft mit *single mode* abgekürzt, obwohl im Unterschied zu *single frequency* Lasern viele longitudinale Moden mit unterschiedlicher Frequenz (siehe Abschnitte 5.5 und 5.5.2) gleichzeitig oszillieren. Für einen transversal monomodigen Betrieb muss die Oszillation von Moden höherer transversaler Ordnung durch eine geeignete Auslegung des Resonators unterdrückt werden. Dies erfolgt durch Erhöhung der Verluste der Moden höherer Ordnung z. B. durch Blenden oder im Faserlaser durch die Wahl des Brechungsindexprofils (siehe Abschnitt 2.4.7) oder zusätzlich durch enges Aufwickeln der Faser. Übliche Laserspiegel haben einen Durchmesser von typischerweise einigen Zentimetern und schränken durch deren Apertur die Moden in transversaler Richtung kaum ein. Laserstäbe haben meist einen Radius von wenigen Millimetern und wirken schon etwas stärker als modenselektive Blende. Wenn wir aber übliche Stabdimensionen mit dem Radius der oben berechneten TEM_{00} Mode vergleichen, wird deutlich, dass ohne zusätzliche Blenden genügend Platz für Moden höherer transversaler Ordnung vorhanden ist. Dieser Multimodebetrieb eines Laserresonators ist Gegenstand des nächsten Abschnitts.

Übung

Wie groß sind die Radien der TEM_{00} Mode auf den beiden Spiegeln in Figur 5-1, wenn der Spiegelabstand 30 cm, die Wellenlänge 1064 nm und der Krümmungsradius des linken Spiegels 1 m beträgt? (Der Auskoppelspiegel sei plan).

Wo liegt die Strahltaille des ausgekoppelten Laserstrahles, wenn dieser in 30 cm Abstand vom Auskoppelspiegel mit einer Linse der Brennweite $f = 20$ mm fokussiert wird? (Um die Rechnung zu vereinfachen, soll der Auskoppelspiegel als unendlich dünn angenommen werden).

5.2 Im stabilen Resonator erzeugte Multimode-Strahlen

Da die Wellenfronten der Hermite-Gauß-Moden höherer transversaler Ordnung den gleichen Krümmungsradius aufweisen wie jene der zugrundeliegenden TEM_{00} Gauß-Mode, oszilliert ein stabiler Resonator ohne geeignete seitliche Begrenzung auf vielen transversalen Moden gleichzeitig. Der so erzeugte Strahl besteht also aus einer Überlagerung der in Abschnitt 2.4.6 hergeleiteten TEM_{mn} Moden, welche sich im freien Raum gemäß

$$E_{mn}(x,y,z)=E_0\sqrt{\frac{1}{2^{m+n}m!n!\pi}}\frac{w_{00,0}}{w_{00}(z)}H_m\left(\frac{x\sqrt{2}}{w_{00}(z)}\right)H_n\left(\frac{y\sqrt{2}}{w_{00}(z)}\right)\times$$
$$\times e^{-\frac{x^2+y^2}{w_{00}^2(z)}}e^{-i\frac{k}{2}\frac{x^2+y^2}{R(z)}}e^{-i(kz-(m+n+1)\arctan(z/z_R))} \tag{5-17}$$

ausbreiten. Auf die Notation der zeitlichen Oszillation wird hier verzichtet. An einer bestimmten Stelle z hat die Feldverteilung einer solchen Mode also die Form

$$E_{mn}(x,y)=E_z\sqrt{\frac{1}{2^{m+n}m!n!\pi}}H_m\left(\frac{x\sqrt{2}}{w_{00,x}}\right)H_n\left(\frac{y\sqrt{2}}{w_{00,y}}\right)\times$$
$$\times e^{-\frac{x^2}{w_{00,x}^2}-\frac{y^2}{w_{00,y}^2}}e^{-i\frac{k}{2}\frac{x^2}{R_x}-i\frac{ky^2}{R_y}}, \tag{5-18}$$

wobei hier die etwas allgemeinere Form für astigmatische Strahlen gewählt und der Phasenterm zu E_z geschlagen wurde. Die Größen $w_{00,x}$, $w_{00,y}$, R_x und R_y können wie in (2-90) mit

$$\frac{1}{q_x}=\frac{1}{R_x}-i\frac{2}{k\cdot w_{00,x}^2} \quad \text{und} \quad \frac{1}{q_y}=\frac{1}{R_y}-i\frac{2}{k\cdot w_{00,y}^2} \tag{5-19}$$

zusammengefasst werden.

Die beiden Werte $q_{x,y}$ sind für den ganzen Satz der TEM$_{mn}$ Moden (5-17) dieselben. Wie in Abschnitt 2.4.6 dargelegt, ist w_{00} der Radius des zugrunde liegenden Gauß-Strahles – also der TEM$_{00}$ Mode. Aus Figur 2-9 ist zu sehen (für den stigmatischen Fall mit $q_x = q_y$), dass wegen der Modulation durch die Hermite-Polynome die Feldverteilung (5-18) der TEM$_{mn}$ Moden mit steigender Ordnung m bzw. n breiter wird. Da die Intensitätsverteilung dieser Moden mehrere Extremwerte aufweist, kann die Breite der Verteilung nicht mehr eindeutig mit dem Radius definiert werden, bei welchem die Intensität einen Wert von $1/e^2$ des Maximums hat. Aus diesem Grunde ist es erforderlich, eine verallgemeinerte Definition des Strahlradius anzuwenden, wie sie im Folgenden eingeführt wird.

5.2.1 Radius und Divergenz von Laserstrahlen

Für eine eindeutige und generell anwendbare Definition des Strahlradius bietet sich die Verwendung der Varianz bzw. der zweiten Momente der Intensitätsverteilung an. Das j-te Moment in x-Richtung einer gegebenen Intensitätsverteilung $I(x,y)$ ist durch

$$\left\langle x^j\right\rangle=\frac{\iint x^j I(x,y)dxdy}{\iint I(x,y)dxdy} \tag{5-20}$$

definiert (analog für die y-Richtung), wobei die unbestimmten Integrale für die Integration von $-\infty$ bis $+\infty$ stehen (bzw. über den Bereich, wo die Felder nicht verschwinden). Das erste Moment gibt an, wo sich der Schwerpunkt der Intensitätsverteilung befindet. Das zweite Moment (mit dem Koordinatenursprung an der Stelle des ersten Momentes) ist ein Maß für die Breite der Verteilung.

Die Intensitätsverteilung einer TEM_{mn} Mode hat an jeder beliebigen Stelle z die Form

$$I_{mn}(x,y) = I_z \frac{1}{2^{m+n} m!n!\pi} H_m^2\left(\frac{x\sqrt{2}}{w_{00,x}}\right) H_n^2\left(\frac{y\sqrt{2}}{w_{00,y}}\right) e^{-2\frac{x^2}{w_{00,x}^2}-2\frac{y^2}{w_{00,y}^2}} \tag{5-21}$$

(siehe (2-75)). Bei dieser Wahl des Ursprungs in x und y verschwinden die ersten Momente. Das zweite Moment für die TEM_{00} Mode ist

$$\left\langle x^2 \right\rangle_{00} = \frac{\iint x^2 e^{-2\frac{x^2}{w_{00,x}^2}-2\frac{y^2}{w_{00,y}^2}} dxdy}{\iint e^{-2\frac{x^2}{w_{00,x}^2}-2\frac{y^2}{w_{00,y}^2}} dxdy} = \frac{\int x^2 e^{-2\frac{x^2}{w_{00,x}^2}} dx}{\int e^{-2\frac{x^2}{w_{00,x}^2}} dx}, \tag{5-22}$$

was nach Auswertung der Integrale

$$\left\langle x^2 \right\rangle_{00} = \frac{\frac{2}{2^2}\sqrt{\pi\left(\frac{2}{w_{00,x}^2}\right)^{-3}}}{\sqrt{\frac{\pi w_{00,x}^2}{2}}} = \frac{1}{4} w_{00,x}^2 \tag{5-23}$$

ergibt (analog für y). Damit für den Gauß-Strahl der Strahlradius mit der ursprünglichen Festlegung von $w = w_{00}$ übereinstimmt, definiert man den Radius w mit Hilfe der Momente durch

$$w \equiv 2\sqrt{\left\langle x^2 \right\rangle - \left\langle x^1 \right\rangle^2}\ .\text{[n]} \tag{5-24}$$

Für den TEM_{00} Gauß-Strahl sind die Radien somit

$$w_x = w_{00,x} \text{ und } w_y = w_{00,y}\ . \tag{5-25}$$

Für die Berechnung der Radien der TEM_{mn} Moden verwenden wir die Rekursionsformel[3]

$$xH_n(x) = nH_{n-1}(x) + \frac{1}{2} H_{n+1}(x) \tag{5-26}$$

und erhalten durch Einsetzen von (5-21) in (5-20) den Ausdruck

[n] Mit der hier verwendeten Lage des Ursprungs haben die ersten Momente den Wert 0. Bei der experimentellen Bestimmung der Strahlradien (z. B. mit einer CCD Kamera) muss hingegen zuerst der Schwerpunkt der Intensitätsverteilung mit den ersten Momenten bestimmt werden und der Radius wie in (5-24) mit den zweiten Momenten berechnet werden.

$$
\begin{aligned}
\left\langle x^2 \right\rangle &= \frac{\iint x^2 H_m^2\left(\frac{x\sqrt{2}}{w_{00,x}}\right) H_n^2\left(\frac{y\sqrt{2}}{w_{00,y}}\right) e^{-2\frac{x^2}{w_{00,x}^2}-2\frac{y^2}{w_{00,y}^2}}\,dxdy}{\iint H_m^2\left(\frac{x\sqrt{2}}{w_{00,x}}\right) H_n^2\left(\frac{y\sqrt{2}}{w_{00,y}}\right) e^{-2\frac{x^2}{w_{00,x}^2}-2\frac{y^2}{w_{00,y}^2}}\,dxdy} \\
&= \frac{\int x^2 H_m^2\left(\frac{x\sqrt{2}}{w_{00,x}}\right) e^{-2\frac{x^2}{w_{00,x}^2}}\,dx}{\int H_m^2\left(\frac{x\sqrt{2}}{w_{00,x}}\right) e^{-2\frac{x^2}{w_{00,x}^2}}\,dx} \\
&= \frac{w_{00,x}^2}{2}\frac{\int \tilde{x}^2 H_m^2(\tilde{x}) e^{-\tilde{x}^2}\,d\tilde{x}}{\int H_m^2(\tilde{x}) e^{-\tilde{x}^2}\,d\tilde{x}} = \frac{w_x^2}{2}\frac{\int \left(mH_{m-1}(\tilde{x})+\frac{1}{2}H_{m+1}(\tilde{x})\right)^2 e^{-\tilde{x}^2}\,d\tilde{x}}{\int H_m^2(\tilde{x}) e^{-\tilde{x}^2}\,d\tilde{x}}.
\end{aligned}
\tag{5-27}
$$

Mit der Orthogonalitätsrelation

$$
\int_{-\infty}^{\infty} H_m(x)H_n(x)e^{-x^2}\,dx = \begin{cases} \sqrt{\pi}2^n n! & \text{für} \quad n=m \\ 0 & \text{für} \quad n \neq m \end{cases}
\tag{5-28}
$$

der Hermite-Polynome[3] erhalten wir daraus

$$
\begin{aligned}
\left\langle x^2 \right\rangle &= \frac{w_x^2}{2}\frac{m^2\sqrt{\pi}2^{m-1}(m-1)!+\sqrt{\pi}2^{m-1}(m+1)!}{\sqrt{\pi}2^m m!} \\
&= \frac{m\cdot m!+(m+1)!}{4m!}w_{00,x}^2 = \frac{2m+1}{4}w_{00,x}^2 .
\end{aligned}
\tag{5-29}
$$

Durch Einsetzen in (5-24) ergeben sich für die Radien der TEM_{mn} Moden die Ausdrücke

$$
w_{mn,x} = w_{00,x}\sqrt{2m+1} \text{ und } w_{mn,y} = w_{00,y}\sqrt{2n+1} .
\tag{5-30}
$$

Um die Ausbreitung einer TEM_{mn} Mode im freien Raum zu betrachten, setzen wir hier den TEM_{00}-Radius aus (2-96) ein und erhalten

$$
\begin{aligned}
w_{mn,x}(z) &= w_{00,0,x}\sqrt{(2m+1)\left(1+\frac{z^2}{z_{Rx}^2}\right)}, \\
w_{mn,y}(z) &= w_{00,0,y}\sqrt{(2n+1)\left(1+\frac{z^2}{z_{Ry}^2}\right)},
\end{aligned}
\tag{5-31}
$$

wobei $w_{00,0,x}$ bzw. $w_{00,0,y}$ der Radius der Strahltaille des zugrunde liegenden Gauß-Strahles (TEM_{00}) ist. Die Strahlradien der TEM_{mn} Moden sind unagbhängig vom Ort z überall um die

Faktoren $\sqrt{2m+1}$ bzw. $\sqrt{2n+1}$ größer als der Radius der TEM_{00} Mode. Aus diesem Grund muss auch die Divergenz um diese Faktoren größer sein. Die Asymptoten der Hyperbeln in (5-31) sind um die Winkel (siehe auch Abschnitt 2.4.5)

$$\vartheta_{mn,x} = \arctan\left(\frac{w_{00,0,x}\sqrt{2m+1}}{z_{Rx}}\right) \quad \text{und} \quad \vartheta_{mn,y} = \arctan\left(\frac{w_{00,0,y}\sqrt{2n+1}}{z_{Ry}}\right) \tag{5-32}$$

geneigt. In paraxialer Näherung ergibt dies

$$\begin{aligned} \vartheta_{mn,x} &\approx \frac{w_{00,0,x}}{z_{Rx}}\sqrt{2m+1} = \vartheta_{00,x}\sqrt{2m+1} \quad \text{und} \\ \vartheta_{mn,y} &\approx \frac{w_{00,0,y}}{z_{Ry}}\sqrt{2m+1} = \vartheta_{00,y}\sqrt{2n+1}\,. \end{aligned} \tag{5-33}$$

Verglichen mit dem fundamentalen Gauß-Strahl (TEM_{00} Mode) hat also die TEM_{mn} Mode an jeder Stelle z einen um den Faktor $\sqrt{2m+1}$ (in x-Richtung) bzw. $\sqrt{2n+1}$ (in y-Richtung) größeren Radius und dementsprechend auch eine um diesen Faktor größere Divergenz.

Mit (5-30) lässt sich bestimmen, welche Moden in einem gegebenen Resonator anschwingen können. Im Beispiel von Abschnitt 5.1 war der Radius w der TEM_{00} Mode in der Mitte des Laserstabes mit 0.27 mm am größten. Als grobe Faustregel nehmen wir an, dass in diesem Resonator alle Moden oszillieren, deren Radius w_x kleiner ist als der Stabradius R_S.[o] Mit (5-30) erhalten wir auf diese Weise

$$m \le \frac{1}{2}\left(\frac{R_S}{w_{00,x}}\right)^2 - \frac{1}{2} \quad \text{und} \quad n \le \frac{1}{2}\left(\frac{R_S}{w_{00,y}}\right)^2 - \frac{1}{2}\,. \tag{5-34}$$

Wenn $R_S = 2$ mm angenommen und $w_x = w_y = 0.27$ mm eingesetzt wird, ergibt sich, dass in obigem Beispiel alle Moden von der TEM_{00} bis hin zur Mode $TEM_{26\ 26}$ im Resonator oszillieren können.

Die Radien aus (5-30) gelten für eine einzelne TEM_{mn} Mode. Für eine *inkohärente* Überlagerung von vielen Moden ist in (5-20) die Intensitätsverteilung

$$I_{tot}(x,y) = \sum_{m,n} c_{mn} I_{mn}(x,y) \tag{5-35}$$

einzusetzen, wobei c_{mn} mit

$$\sum_{m,n} c_{mn} = 1 \tag{5-36}$$

ein Gewichtungsfaktor ist, der die unterschiedliche Anregung (d.h. die unterschiedlichen Leistungsbeiträge) der einzelnen Moden berücksichtigt. Die einzelnen Intensitätsverteilungen $I_{mn}(x,y)$ sind auf die Leistung P im Strahl normiert:

---

[o] Dies ist eine relativ grobe Abschätzung, die in der Regel aber brauchbare Anhaltspunkte liefert. Damit die Verluste nicht zu groß werden, muss die Mode etwas kleiner sein als die einschränkende Blende (bzw. Staböffnung).

$$\iint I_{mn}(x,y)dxdy = P\,, \tag{5-37}$$

denn damit wird

$$\begin{aligned}\iint I_{tot}(x,y)dxdy &= \iint \sum_{m,n} c_{mn} I_{mn}(x,y)dxdy = \\ &= \sum_{m,n} c_{mn} \iint I_{mn}(x,y)dxdy = \sum_{m,n} c_{mn} P = P\,.\end{aligned} \tag{5-38}$$

Aus der Definition (5-24) des Radius einer gegebenen Intensitätsverteilung erhalten wir mit (5-20) für die inkohärente Überlagerung mehrerer Moden die Radien

$$\begin{aligned} w_{tot,x} &= \sqrt{\sum_{m,n} c_{mn} w_{mn,x}^2} = w_{00,x}\sqrt{\sum_{m,n} c_{mn}(2m+1)} \\ w_{tot,y} &= \sqrt{\sum_{m,n} c_{mn} w_{mn,y}^2} = w_{00,y}\sqrt{\sum_{m,n} c_{mn}(2n+1)}\,. \end{aligned} \tag{5-39}$$

Und daraus wie oben die Divergenzen

$$\begin{aligned} \vartheta_{tot,x} &= \vartheta_{00,x}\sqrt{\sum_{m,n} c_{mn}(2m+1)} \\ \vartheta_{tot,y} &= \vartheta_{00,y}\sqrt{\sum_{m,n} c_{mn}(2n+1)}\,. \end{aligned} \tag{5-40}$$

Der Strahlradius einer beliebigen Überlagerung von TEM_{mn} Moden desselben Resonators (gleiches q und z_R) ist also an jeder Stelle z um einen festen Faktor größer als jener des zugrundeliegenden fundamentalen Gauß-Strahles (TEM_{00} Mode) und weist dementsprechend auch eine um denselben Faktor größere Divergenz auf. Wir werden das Quadrat dieses Faktors im nächsten Abschnitt 5.3 allgemein als Beugungsmaßzahl M^2 bezeichnen.

Wenn alle Moden eines Strahlses von TEM_{00} bis hin zu $TEM_{\hat{m}\hat{n}}$ mit gleicher Gewichtung

$$c_{mn} = \frac{1}{\hat{m}+1}\frac{1}{\hat{n}+1} \tag{5-41}$$

vorliegen (die gesamte Anzahl dieser Moden ist $(\hat{m}+1)(\hat{n}+1)$), dann resultieren aus (5-39) die Radien

$$\overline{w}_{tot,x} = w_{00,x}\sqrt{\hat{m}+1} \text{ und } \overline{w}_{tot,y} = w_{00,y}\sqrt{\hat{n}+1}\,. \tag{5-42}$$

Die Divergenz beträgt in diesem Fall

$$\overline{\vartheta}_{tot,x} = \vartheta_{00,x}\sqrt{\hat{m}+1} \text{ und } \overline{\vartheta}_{tot,y} = \vartheta_{00,y}\sqrt{\hat{n}+1}\,. \tag{5-43}$$

Wenn wiederum im Beispiel aus Abschnitt 5.1 angenommen wird, dass alle 729 = 27×27 Moden mit gleicher Gewichtung angeregt sind, ergibt sich aus (5-42) in der Mitte des Laserstabes ein totaler Strahlradius von 1.4 mm (= $0.27\times\sqrt{27}$mm).

Die Diskussion ist hier auf die Behandlung der Hermite-Gauß-Moden in kartesischen Koordinaten beschränkt. Für die Laguerre-Gauß-Moden findet man analoge Ausdrücke. Insbesondere folgt für das zweite Moment in Zylinderkoordinaten

$$\left\langle x^2 \right\rangle = \frac{1}{P} \iint x^2 I(x,y) dx dy = \frac{1}{P} \int_0^{\infty} \int_0^{2\pi} r^2 \cos^2 \varphi I(r,\varphi) r dr d\varphi = \frac{1}{P} \frac{1}{2} \int_0^{\infty} r^3 I(r,\varphi) dr \,. \tag{5-44}$$

Damit Laguerre-Gauß-Moden erzeugt werden, muss der Resonator absolut zylindersymmetrisch sein. Jede Abweichung davon durch z. B. auch nur geringfügig verkippte Elemente (gewollt oder ungewollt) bricht diese Symmetrie und es entstehen die Hermite-Gauß-Moden. Aus diesem Grund sind diese Moden in der Praxis viel häufiger anzutreffen als die Laguerre-Gauß-Moden.

5.3 Die Beugungsmaßzahl

Bei vielen Laseranwendungen ist es wichtig, den Laserstrahl auf einen möglichst kleinen Fleck fokussieren zu können, d. h. die Radien der Strahltaille $w_{0,x}$ (bzw. $w_{0,y}$) in Figur 5-3 sollten möglichst klein sein. Andererseits ist man auch an einem langen fokalen Bereich z_R interessiert, d. h. die Divergenz ϑ_x und ϑ_y des Strahles sollte ebenfalls möglichst klein sein. Es liegt deshalb nahe, den Strahl mit dem so genannten Strahlparameterprodukt

$$w_{0,x}\vartheta_x \text{ bzw. } w_{0,y}\vartheta_y \tag{5-45}$$

zu charakterisieren (je kleiner dieser Wert, desto besser ist der Strahl fokussierbar). Wegen der Beugung kann dieser Wert aber nicht beliebig klein werden. Von allen TEM_{mn} Moden hat der TEM_{00} Gauß-Strahl überall die kleinste transversale Ausdehnung und daher auch die kleinste Divergenz. Mit (2-99) und (2-102) erhalten wir in paraxialer Näherung für diesen beugungsbegrenzten Strahl ein Strahlparameterprodukt von λ/π. Um das Strahlparameterprodukt (5-45) auf den beugungsbegrenzten TEM_{00} Strahl zu normieren, definiert man die so genannte Beugungsmaßzahl

$$M_x^2 = \frac{\pi \; w_{0,x}\vartheta_x}{\lambda} \text{ bzw. } M_y^2 = \frac{\pi \; w_{0,y}\vartheta_y}{\lambda} \,. \tag{5-46}$$

Für die fundamentale TEM_{00} Mode ergibt sich der Wert $M^2 = 1$. Mit (5-31) und (5-33) erhält

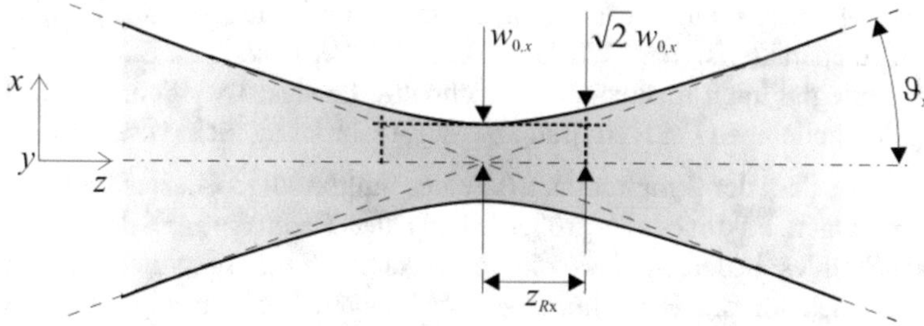

Figur 5-3. Ausbreitung eines fokussierten Strahles.

man für eine einzelne TEM_{mn} Mode die Werte

$$M_{mn,x}^2 = 2m+1 \text{ und } M_{mn,y}^2 = 2n+1 . \tag{5-47}$$

Für ein Gemisch von verschiedenen Moden sind die Summen (5-39) und (5-40) in (5-46) einzusetzen:

$$M_{tot,x}^2 = \sum_{m,n} c_{mn}(2m+1) \text{ und } M_{tot,y}^2 = \sum_{m,n} c_{mn}(2n+1) . \tag{5-48}$$

Für eine gleichgewichtete Überlagerung aller Moden von TEM_{00} bis $TEM_{\hat{m}\hat{n}}$ ergeben sich mit (5-42) und (5-43) die Werte

$$\bar{M}_{tot,x}^2 = \hat{m}+1 \text{ und } \bar{M}_{tot,y}^2 = \hat{n}+1 . \tag{5-49}$$

Unter der Annahme, dass alle Moden gleich stark angeregt sind, ergibt sich im Beispiel aus Abschnitt 5.1 (Figur 5-2) für den erzeugten Laserstrahl eine Beugungsmaßzahl M^2 von 27.

Um einen gegebenen Strahl in beiden transversalen Richtungen gleichzeitig zu charakterisieren, kann man die Zahl

$$M^4 = M_x^2 M_y^2 \tag{5-50}$$

definieren. Für eine gleichverteilte Überlagerung aller Moden von TEM_{00} bis $TEM_{\hat{m}\hat{n}}$ ergibt sich für M^4 der Wert

$$M^4 = (\hat{m}+1)(\hat{n}+1) , \tag{5-51}$$

was gerade der Gesamtzahl der im Strahl vorhandenen Moden entspricht!

Wie bereits mehrmals betont, ist die Feldverteilung einer TEM_{mn} Mode an jeder beliebigen Stelle z gegeben durch die Feldverteilung der zugrunde liegenden TEM_{00} Gauß-Mode (charakterisiert durch den komplexen Strahlparameter q) multipliziert mit Hermite-Polynomen (siehe (5-18) und (5-21)). Ein Strahl der aus einer koaxialen Überlagerung solcher Moden besteht, wird seine Modenzusammensetzung nicht verändern, wenn er sich durch optische Systeme (ohne Blenden) ausbreitet, welche durch ABCD-Matrizen beschreibbar sind. Das bedeutet einerseits, dass man rechnerisch nur die zugrunde liegende TEM_{00} Mode (durch q gegeben) mit dem ABCD-Gesetz durch das optische System berechnen muss, die anderen Moden ergeben sich dann durch die Multiplikation mit den Hermite-Polynomen. Andererseits bedeutet dies aber auch, dass die Beugungsmaßzahl M^2 entlang des Strahles überall denselben Wert hat. M^2 ist also eine Ausbreitungskostante und ist deshalb eine geeignete Größe, um einen Strahl zu charakterisieren. Wir lassen es bei dieser plausiblen Erklärung bewenden, mit dem Collins-Integral kann mathematisch stichhaltig bewiesen werden, dass sich die zweiten Momente jeder beliebigen Feldverteilung bei der Ausbreitung nicht verändern.

Die Feststellung, dass der Strahlradius $w(z)$ eines multimodigen Laserstrahls an jeder Stelle z um den konstanten Faktor $\sqrt{M^2}$ größer ist als der Radius $w_{00}(z)$ des zugrundeliegenden Grundmode-Strahles bedeutet, dass die in Abschnitt 2.4.5 beschriebene Ausbreitung des Gauß-Strahls auch für die Betrachtung von beliebigen Strahlen angewendet werden kann, wenn lediglich überall $w_{00}(z)$ durch $w(z)/\sqrt{M^2}$ (und ϑ_{00} druch $\vartheta/\sqrt{M^2}$) ersetzt wird.

In der Praxis lässt sich dies wie folgt nutzen. Um zunächst anhand der Definitioin (5-46) den Wert der Beugungsmaßzahl M^2 eines gegebenen Strahles zu ermitteln, misst man den Radius der Strahltaille w_0 und die Divergenz ϑ (gemäß ISO Norm 11146). Aus (2-102) folgt die Rayleigh-Länge z_R

$$z_R = \frac{\pi w_0^2}{\lambda \cdot M^2} \tag{5-52}$$

des Strahles, was mit (2-85) und dem gemessenen Ort der Strahltaille den komplexen Strahlparameter q an einer gegebenen Stelle festlegt. Es sei darauf hingewiesen, dass z_R für alle Moden im Strahl und für den Gesamtstrahl denselben Wert hat (die Gleichungen (2-102) und (5-52) liefern dasselbe Ergebnis). Die Ausbreitung des Strahles durch optische Systeme (z. B. Abbildungen oder Fokussierungsoptik etc.) erfolgt nun einfach durch Anwendung des ABCD-Gesetzes (3-97).

Mit (2-106) beträgt der lokale Strahlradius dann

$$w(z) = w_{00}(z)\sqrt{M^2} = \sqrt{-\frac{\lambda_0 \cdot M^2}{\operatorname{Im}(q(z)^{-1})\pi n}} . \tag{5-53}$$

Für die Strahlkaustik resultiert aus (2-96) analog

$$w(z) = w_{0,00}\sqrt{M^2}\sqrt{\left(1+\frac{z^2}{z_R^2}\right)} = w_0\sqrt{\left(1+\frac{z^2}{z_R^2}\right)} . \tag{5-54}$$

Die Divergenz ϑ folgt entsprechend zu (2-99) wieder aus der Neigung der Asymtoten und lautet in paraxialer Näherung

$$\vartheta = \frac{w_0}{z_R} \qquad \left(= \frac{w_{0,00}\sqrt{M^2}}{z_R} = \vartheta_{00}\sqrt{M^2} \right) . \tag{5-55}$$

Man beachte, dass sowohl die Definition des Strahlradius (5-24) mit den zweiten Momenten und der Beugungsmaßzahl nach (5-46) als auch die Ausbreitungsgesetzmäßigkeiten (5-52) bis (5-55) allgemeingültig sind. Die TEM_{mn} Hermite-Gauß-Moden wurden oben beispielhaft eingesetzt, weil sie sich für die Beschreibung der Strahlausbreitung im freien Raum als vollständige Basis sehr gut eignen. Das hier Behandelte ist damit auf beliebige Strahlen anwendbar, auch auf solche, die aus Fasern austreten. Dies weil zum einen gezeigt werden kann, dass die zweiten Momente einer beliebigen Strahlungsverteilung bei Anwendung des Collins-Integrals erhalten bleiben und zum anderen, weil nach dem Austritt der Strahlung aus der Faser die Ausbreitungsgesetze des freien Raumes (mit konstantem Brechungsindex und gegebenenfalls vorhandenen optischen Elementen, wie sie in Kapitel 3 behandelt sind) gelten und man sich dabei den Strahl mathematisch nach Hermite-Gauß-Moden zerlegt vorstellen kann.

Die Beugungsmaßzahl M^2 wird oft etwas salopp als Strahlqualität bezeichnet, obwohl dies physikalisch nicht wirklich zutreffend ist. Die Entropie der Strahlung ist in der Tat ein besseres Maß für die Qualität eines Strahlungsfeldes. Diese lässt auch weiterführende Überlegungen zur Effizienz von Lasern und Solaranlagen oder über die Möglichkeiten bei der Strahlformung zu.[18, 19, 20]

5.4 Moden im instabilen Resonator

Wie in Abschnitt 4.1 vorausgeschickt, kann die Bezeichnung ‚instabil' etwas irreführend wirken. Der Begriff ist auf die Betrachtung der geometrischen Strahlen zurückzuführen, welche bei wiederholten Rundgängen im instabilen Resonator entweder zur Resonatorachse hin konvergieren oder seitlich aus dem Resonator heraus divergieren. Wie in den stabilen Resonatoren gibt es aber auch in den instabilen Resonatoren stationäre Moden mit unterschiedlichen transversalen Amplitudenverteilungen und axialen Resonanzen (zu letzteren siehe die Abschnitte 5.5 und 5.5.2). Der einzige Unterschied zwischen stabilen und instabilen Resonatoren besteht darin, dass die transversale Amplitudenverteilungen der Moden im instabilen Resonator nicht so schön analytisch hergeleitet werden können, wie im Falle der TEM Moden, und dass die Auskopplung in der Regel nicht durch einen teildurchlässigen Spiegel sondern seitlich um einen oder mehrere Spiegel herum erfolgt, wie dies für verschiedene Resonatorkonfigurationen in Figur 5-4 schematisch skizziert ist. Im Gegensatz zum stabilen Resonator, stimmen zudem am Ort der Spiegel im instabilen Resonator die Krümmungen der eintreffenden Wellenfronten und der Spiegeloberflächen nicht überein.

Für die anschauliche Betrachtung der verschiedenen instabilen Resonatorkonfigurationen ist es praktisch, sich zu vergegenwärtigen, dass in einem leeren Fabry-Perot Resonator mit sphärischen Spiegeln der Einfachdurchgang gemäß Abschnitt 4.2.2 durch

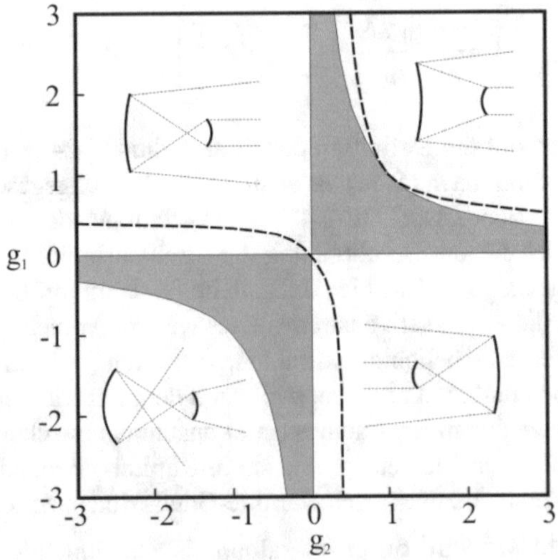

Figur 5-4. Qualitative Darstellung verschiedener Konfigurationstypen von instabilen Resonatoren. Im ersten (Typ I) und dritten (Typ II) Quadranten ist g_1g_2 positiv, im zweiten und vierten negativ. Auf den gestrichelten Linien liegen die konfokalen Resonatorkonfigurationen.

$$\mathbf{M}_{\rightarrow} = \begin{pmatrix} g_1 & \tilde{L} \\ \dfrac{g_1 g_2 - 1}{\tilde{L}} & g_2 \end{pmatrix} = \begin{pmatrix} 1 & 0 \\ \dfrac{1}{-\rho_2} & 1 \end{pmatrix} \begin{pmatrix} 1 & L \\ 0 & 1 \end{pmatrix} \begin{pmatrix} 1 & 0 \\ \dfrac{1}{-\rho_1} & 1 \end{pmatrix} \tag{5-56}$$

gegeben ist, was ausgewertet

$$\mathbf{M}_{\rightarrow} = \begin{pmatrix} g_1 & \tilde{L} \\ \dfrac{g_1 g_2 - 1}{\tilde{L}} & g_2 \end{pmatrix} = \begin{pmatrix} 1 - \dfrac{L}{\rho_1} & L \\ \dfrac{L^2}{\rho_1 \rho_2} - \dfrac{1}{\rho_1} - \dfrac{1}{\rho_2} & 1 - \dfrac{L}{\rho_2} \end{pmatrix} \tag{5-57}$$

ergibt, wobei ρ_1 und ρ_2 die Krümmungsradien des linken bzw. des rechten Resonatorspiegels sind und L der Spiegelabstand ist. Die g-Parameter eines *leeren Fabry-Perot-Resonators mit sphärischen Spiegeln* sind also durch

$$g_1 = 1 - \frac{L}{\rho_1} \quad \text{und} \quad g_2 = 1 - \frac{L}{\rho_2} \tag{5-58}$$

gegeben.

Gemäß (4-23) ist ein Resonator *instabil*, wenn entweder $g_1 g_2 > 1$ oder $g_1 g_2 < 0$. Je nach Lage der g-Parameter in den verschiedenen Quadranten des Stabilitätsdiagramms existieren unterschiedliche Strahlformen, wie sie für den Fall leerer Resonatoren qualitativ in Figur 5-4 dargestellt sind. Wesentliches Merkmal der so entstehenden Moden ist das Auftreten beziehungsweise das Fehlen eines oder zweier Brennpunkte innerhalb des Resonatorraumes. Am Ort dieser Brennpunkte treten sehr hohe Intensitäten auf, die insbesondere einer möglichst gleichmäßigen Ausnützung eines Verstärkermediums zuwiderlaufen. Bei den instabilen Resonatoren sind daher nur jene von praktischer Bedeutung, die im ersten Quadranten mit $g_1 > 0$ und $g_2 > 0$ liegen.

5.4.1 Der konfokale instabile Resonator

Von den zahlreichen möglichen Konfigurationen instabiler Resonatoren interessieren vor allem jene, welche die Auskopplung eines parallelen Strahls mit ebener Phasenfläche gestatten. Wie man sich durch geometrisch-optische Überlegungen leicht überzeugen kann, sind dies die konfokalen Resonatortypen. Die Bezeichnung konfokal weist darauf hin, dass die Brennpunkte der beiden Endspiegel örtlich zusammenfallen, wie dies im Beispiel von Figur 5-5 schematisch dargestellt ist. Weil die Brennweite eines sphärischen Spiegels gemäß (3-11) der Hälfte seines Krümmungsradius entspricht (vergleiche dazu (3-25)), ist dies genau dann der Fall, wenn im leeren Resonator die Bedingung

$$\frac{\rho_1}{2} + \frac{\rho_2}{2} = L \tag{5-59}$$

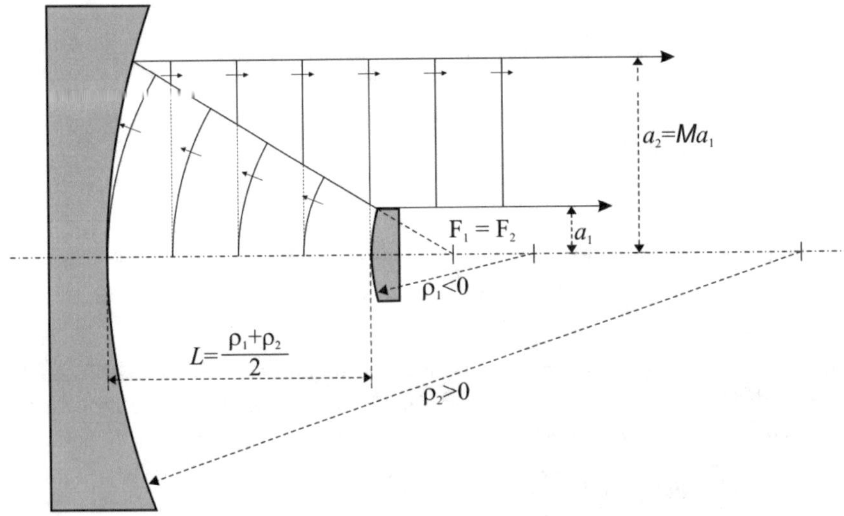

Figur 5-5. Konfokaler instabiler Resonator vom Typ I ($g_{1,2} > 0$). In der oberen Hälfte sind die Wellenfronten und deren Ausbreitungsrichtungen schematisch dargestellt. Der ringförmig ausgekoppelte Strahl hat eine ebene Phasenfront.

erfüllt ist. Mit (5-58) ist dies gleichbedeutend mit der Bedingung[p]

$$g_1 + g_2 = 2g_1g_2, \tag{5-60}$$

wobei letzteres ganz allgemein auch für nicht leere Resonatoren gilt. Diese Bedingung für konfokale Resonatoren ist in Figur 5-4 mit den gestrichelten Linien eingezeichnet.

In dem in Figur 5-5 dargestellten konfokalen Resonator wird eine eintreffende ebene Welle vom konvexen Spiegel als divergierende Kugelwelle reflektiert. Die sphärischen Wellenfronten haben ihren Ursprung im Fokus $F_1 = F_2$ der beiden Spiegel. Vom konkaven Spiegel wird diese sphärische Welle daher wieder als ebene Welle zurück reflektiert, womit sich die so im Resonator hin- und herlaufende Welle nach jedem vollständigen Umlauf reproduziert. Die Amplitudenverteilung der so oszillierenden Mode kann nicht mit einfachen analytischen Methoden hergeleitet werden. Mit Hilfe des Collins-Integrals (Abschnitt 3.3) lässt sich diese aber leicht mit numerischen Methoden berechnen. Auf diese numerische Methode wird später in Kapitel 9 näher eingegangen. Aus der Darstellung in Figur 5-5 geht aber bereits hervor, dass die vom konvexen Spiegel ausgehende Welle mit dem Querschnittsradius a_1 eine Aufweitung von

---

[p] $\frac{\rho_1}{2} + \frac{\rho_2}{2} = L \quad \Rightarrow \quad \frac{L}{\rho_2} + \frac{L}{\rho_1} = \frac{2L^2}{\rho_1\rho_2} \quad \Rightarrow \quad 1 - \frac{L}{\rho_2} + \frac{2L}{\rho_2} + 1 - \frac{L}{\rho_1} + \frac{2L}{\rho_1} - 2 = \frac{2L^2}{\rho_1\rho_2} \quad \Rightarrow$

$$1 - \frac{L}{\rho_2} + 1 - \frac{L}{\rho_1} = 2\left(1 - \frac{L}{\rho_2} - \frac{L}{\rho_1} + \frac{L^2}{\rho_1\rho_2}\right).$$

$$M = 1 - \frac{2L}{\rho_1} \tag{5-61}$$

erfährt. Die nach einem Resonatorumlauf beim konvexen Spiegel eintreffende Welle hat daher eine um den Vergrößerungsfaktor M breitere Amplitudenverteilung,

$$a_2 = M a_1 , \tag{5-62}$$

und ragt somit seitlich über den konvexen Spiegel hinaus. Der Leistungsanteil, der nicht vom konvexen Spiegel aufgefangen wird, verlässt den Resonator. Der so ausgekoppelte Strahl hat daher eine ringförmige Intensitätsverteilung und der Auskopplungsgrad kann durch die Anpassung der Vergrößerung M eingestellt werden. Es sei darauf hingewiesen, dass der Durchmesser des konkaven Spiegels größer als $2a_1M$ gewählt werden sollte, um von seiner Berandung ausgehende Beugungseffekte gering zu halten.

Setzt man zur Vereinfachung eine homogene Intensitätsverteilung im Strahl voraus, so ist der ausgekoppelte Leistungsanteil gegeben durch das Verhältnis der Fläche der ausgekoppelten Ringverteilung zur Querschnittsfläche πa_2^2. Für einen instabilen Resonator mit sphärischen Spiegeln ist der *geometrische Auskopplungsgrad* somit durch

$$T_s = \frac{\pi a_2^2 - \pi a_1^2}{\pi a_2^2} = 1 - \frac{1}{M^2} \tag{5-63}$$

gegeben. Für eine Anwendung mit Zylinderspiegeln ergibt sich analog

$$T_z = 1 - \frac{1}{M} . \tag{5-64}$$

Diese Überlegung dient zur Abschätzung der ausgekoppelten Leistungsanteile. Eine genaue quantitative Berechnung kann nur mit numerischen Methoden erfolgen.

Im Gegensatz zum stabilen Resonator, bei dem der ausgekoppelte Leistungsanteil durch den Transmissionsgrad des Auskoppelspiegels bestimmt wird, ist im instabilen Resonator der Auskopplungsrad eine Funktion der geometrischen Vergrößerung. Diese geometrische Auskopplung eröffnet die Möglichkeit, beide Spiegel aus hochreflektierenden Materialien mit guter Wärmeleitfähigkeit zu fertigen und mit einer effizienten Wasserkühlung zu versehen. Während transmittierende Spiegel nur vom Rand her gekühlt werden können, lassen sich bei totalreflektierenden Spiegeln Kühlwasserkanäle im gesamten Spiegelkörper bis dicht unter die bestrahlte Oberfläche anbringen.

5.5 Die spektralen Resonanzlinien optischer Resonatoren

Die vorangehenden Abschnitte waren den räumlichen Strahleigenschaften gewidmet. Es wurde gezeigt, dass die zentrale Bedeutung des Resonators darin liegt, dass dieser die Anzahl der unterschiedlichen transversalen Moden im Laserstrahl einschränkt. Darüber hinaus schränkt der Resonator aber auch das Frequenzspektrum auf eine Anzahl diskreter Resonanzfrequenzen ein. Die Resonanzbedingung folgt aus der Forderung, dass die totale optische Weglänge eines vollständigen Umlaufs im Resonator ein ganzzahliges Vielfaches der oszillierenden Wellenlänge sein muss. Nur so ist nach jedem vollständigen Rundgang konstruktive

Interferenz gewährleistet. Ohne diese Bedingung wäre die Feldamplitude an einer gegebenen Stelle die Summe der Amplituden von vielen harmonischen Wellen mit unterschiedlicher Phasenlage und würde im Mittel verschwinden.

Ein optischer Laserresonator – egal ob stabil, instabil oder als Wellenleiter aufgebaut – weist also eine diskrete aber unendliche Anzahl von Resonanzen auf. Wie viele dieser longitudinalen Moden in einem Resonator anschwingen, hängt von der spektralen Breite des Laserverstärkers oder von gegebenenfalls vorhandenen Frequenzfiltern (z. B. Etalons) ab. Im unidirektionalen Ring-Resonator wird hingegen in der Regel einfrequente Strahlung erzeugt, weil sich hier keine stehende Welle bildet (Ausbleiben von ‚spatial hole burning').

Die Breite und die Form der Resonanzlinien können ohne Einschränkung der Allgemeingültigkeit am einfachsten anhand eines ebenen Fabry-Perot-Interferometers untersucht werden. Dieses bestehe aus zwei plan-parallelen und teildurchlässigen Spiegeln im Abstand L und befinde sich in einem Medium mit dem Brechungsindex n. Die hier gemachten Feststellungen dienen der Untersuchung des axialen Resonanzverhaltens einer bestimmten transversalen Modenform und gelten unabhängig davon, ob der Resonator in transversaler Richtung stabil oder instabil ist.

Wir betrachten eine ausgedehnte ebene Welle $E_0 e^{-ik_0nz}$, die in Figur 5-6 von links nach rechts auf Spiegel 1 trifft und deren Vakuumwellenzahl k_0 beträgt. Hier wird die einfallende Welle aufgeteilt in eine reflektierte Welle $E_{a1} = E_0 r_1 e^{ik_0nz}$ und eine transmittierte Welle $E_{b1} = E_0 t_1 e^{-ik_0nz}$, wobei r_1 für die Amplitudenreflektivität und t_1 die Amplitudentransmission stehen. Der transmittierte Strahl läuft weiter und wird am Spiegel 2 wiederum aufgeteilt. Zurück an Spiegel 1 gilt für die an Spiegel 2 reflektierte Welle

$$E_{c1} = E_0 t_1 r_2 \mathrm{v}^2 e^{ik_0nz - ik_0n2L}, \tag{5-65}$$

wobei v gegebenenfalls vorhandenen Verlusten oder Verstärkung zwischen den beiden Spiegeln Rechnung trägt. Die bei Spiegel 2 transmittierte Welle ist durch

$$E_{d1} = E_0 t_1 t_2 \mathrm{v} e^{-ik_0nz - ik_0nL} \tag{5-66}$$

gegeben. Die reflektierte Welle E_{c1} gelangt nach der teilweisen Reflexion an Spiegel 1 wieder

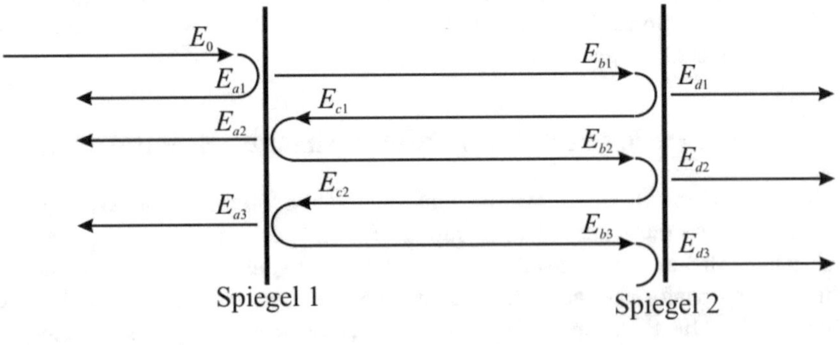

Figur 5-6. Schematische Darstellung der reflektierten und transmittierten Wellen am Fabry-Perot Interferometer.

zu Spiegel 2 und dort wieder teilweise transmittiert,

$$E_{d2} = E_0 t_1 r_1 r_2 t_2 \mathrm{v}^3 e^{-ik_0 nz - ik_0 n3L}\,. \tag{5-67}$$

Dies wiederholt sich unendlich oft und alle durch Spiegel 2 transmittierten Wellen setzen sich gemäß

$$E_t = E_0 t_1 t_2 \mathrm{v} e^{-ik_0 nz - ik_0 nL}\left(1 + r_1 r_2 \mathrm{v}^2 e^{-ik_0 n2L} + \left(r_1 r_2 \mathrm{v}^2\right)^2 e^{-ik_0 n4L} + \ldots\right) \tag{5-68}$$

zusammen. Sofern

$$\left|r_1 r_2 \mathrm{v}^2\right| < 1 \tag{5-69}$$

konvergiert die Reihe in (5-68) gemäß

$$\sum_{j=0}^{\infty} x^j = \frac{1}{1-x}\,,\ \text{für } |x| < 1 \tag{5-70}$$

und ergibt

$$E_t = E_0 t_1 t_2 \mathrm{v} e^{-ik_0 nz - ik_0 nL} \frac{1}{1 - r_1 r_2 \mathrm{v}^2 e^{-ik_0 n2L}}\,. \tag{5-71}$$

Der Quotient E_t/E_0 ist der komplexe Amplitudentransmissionsfaktor des Interferometers. Gemäß (2-75) ist die Intensität im Strahl proportional zum Quadrat der Feldamplituden. Wir interessieren uns für die Transmission der Intensität eines Strahles und berechnen daher das Verhältnis

$$T_{FP} = \frac{E_t E_t^*}{E_0 E_0^*} = \frac{|t_1|^2 |t_2|^2 |\mathrm{v}|^2}{\left(1 - r_1 r_2 \mathrm{v}^2 e^{-ik_0 n2L}\right)\left(1 - r_1^* r_2^* \mathrm{v}^{2*} e^{ik_0 n2L}\right)}\,. \tag{5-72}$$

Die gegebenenfalls komplexen Größen r und v schreiben wir in der Form

$$\begin{aligned} r_1 &= |r_1| e^{-i\varphi_1} \\ r_2 &= |r_2| e^{-i\varphi_2} \\ \mathrm{v} &= |\mathrm{v}| e^{-i\varphi_\mathrm{v}}\,. \end{aligned} \tag{5-73}$$

Damit lauten die Ausdrücke im Nenner von (5-72)

$$\begin{aligned} &\left(1 - r_1 r_2 \mathrm{v}^2 e^{-ik_0 n2L}\right)\left(1 - r_1^* r_2^* \mathrm{v}^{2*} e^{ik_0 n2L}\right) = \\ &= \left(1 - |r_1||r_2||\mathrm{v}|^2 e^{-ik_0 n2L - i(\varphi_1 + \varphi_2 + 2\varphi_\mathrm{v})}\right)\left(1 - |r_1||r_2||\mathrm{v}|^2 e^{ik_0 n2L + i(\varphi_1 + \varphi_2 + 2\varphi_\mathrm{v})}\right). \end{aligned} \tag{5-74}$$

Die Größen r, t und v beziehen sich auf die Feldamplituden. Für Reflektionsgrad, Transmissionsgrad und Verstärkung (bzw. Verlust) der Intensität verwenden wir daher folgende Beziehungen

$$
\begin{aligned}
&|r_1|^2 = R_1\,,\ |r_2|^2 = R_2 \\
&|t_1|^2 = T_1\,,\ |t_2|^2 = T_2 \\
&|v|^2 = V\,,
\end{aligned}
\tag{5-75}
$$

wobei natürlich bei verlustfreien Spiegeln (keine Streuung oder Absorption)

$$
T_1 = 1 - R_1 \text{ und } T_2 = 1 - R_2 \tag{5-76}
$$

gelten muss (Energieerhaltung). Somit können wir (5-72) umschreiben in

$$
T_{FP} = \frac{T_1 T_2 V}{1 - \sqrt{R_1 R_2} V \left(e^{-i2\alpha} + e^{i2\alpha}\right) + R_1 R_2 V^2}\,, \tag{5-77}
$$

wobei

$$
\begin{aligned}
\alpha &= k_0 n L + \left(\frac{\varphi_1 + \varphi_2}{2} + \varphi_v\right) \\
&= \frac{2\pi}{\lambda_0} n L + \left(\frac{\varphi_1 + \varphi_2}{2} + \varphi_v\right) = \frac{2\pi\nu}{c_0} n L + \left(\frac{\varphi_1 + \varphi_2}{2} + \varphi_v\right).
\end{aligned}
\tag{5-78}
$$

Wie erwartet ist T_{FP} eine reelle Größe und kann als

$$
T_{FP} = \frac{T_1 T_2 V}{1 + R_1 R_2 V^2 - 2\sqrt{R_1 R_2} V \cos(2\alpha)} \tag{5-79}
$$

oder mit $\cos(2\alpha) = 1 - 2\sin^2(\alpha)$ als

$$
T_{FP} = \frac{T_1 T_2 V}{\left(1 - \sqrt{R_1 R_2} V\right)^2 + 4\sqrt{R_1 R_2} V \sin^2(\alpha)} \quad \text{(gilt für } R_1 R_2 V < 1\text{)} \tag{5-80}
$$

geschrieben werden. Der Verlauf der Transmission T_{FP} eines Fabry-Perot Interferometers ist als Funktion von α und damit als Funktion der Frequenz ν für den verlust- und verstärkungsfreien Fall $V = 1$ in Figur 5-7 dargestellt.

Außerhalb der Resonanzfrequenzen ist die Transmission erwartungsgemäß niedrig, da jeder der beiden Spiegel den Anteil R_1 bzw. R_2 der einfallenden Strahlung zurückreflektiert. Die hohen Transmissionsspitzen andererseits können nur damit erklärt werden, dass zwischen den beiden Spiegeln aufgrund einer Resonanz ein starkes oszillierendes Feld aufgebaut wird, welches dann mit der Transmission $T_2 = 1 - R_2$ durch den zweiten Spiegel austritt.

In einem Laserresonator resultiert für jede transversale Modenform ein ganzes Frequenzspektrum, wie es in Figur 5-7 als Ausschnitt dargestellt ist, wobei nach den Definitionen in Abschnitt 2.4.3 jede einzelne Resonanz eine unabhängige elektromagnetische Mode ist. Wie im Abschnitt 5.5.2 gezeigt, sind im Allgemeinen die Modenspektren der unterschiedlichen transversalen Modenklassen relativ zueinenader versetzt und bilden im Frequenzspektrum zusätzliche Resonanzlinien.

Um den Frequenzabstand zwischen zwei benachbarten Resonanzlinien einer Modenklasse aus (5-80) zu bestimmen, betrachten wir die Bedingung

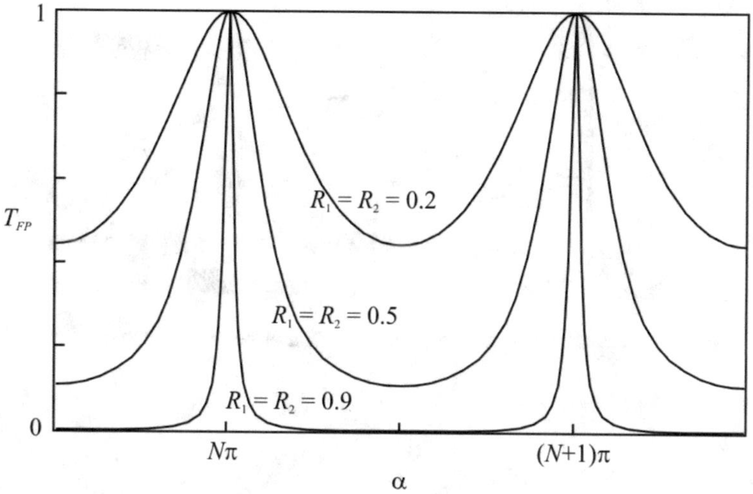

Figur 5-7. Resonanzspektrum eines Fabry-Perot Interferometers mit $V = 1$.

$$\alpha(\nu_{N+1}) = \alpha(\nu_N) + \pi \tag{5-81}$$

und setzen (5-78) ein, um

$$\frac{2\pi\nu_{N+1}}{c_0} n(\nu_{N+1})L = \frac{2\pi\nu_N}{c_0} n(\nu_N)L + \pi \tag{5-82}$$

zu erhalten. Mit $n = n(\nu)$ wird hier eine mögliche Dispersion berücksichtigt. Für schwache Dispersion schreiben wir in guter erster Näherung (Taylor-Entwicklung von νn)

$$\nu_{N+1} n(\nu_{N+1}) = \nu_N n(\nu_N) + \left(n(\nu_N) + \nu_N \left.\frac{dn(\nu)}{d\nu}\right|_{\nu_N} \right)(\nu_{N+1} - \nu_N) \,. \tag{5-83}$$

Der Ausdruck in der großen Klammer ist der so genannten Gruppen-Brechungsindex n_g aus (2-58), also ist

$$\nu_{N+1} n(\nu_{N+1}) = \nu_N n(\nu_N) + n_g(\nu_N)(\nu_{N+1} - \nu_N) \,. \tag{5-84}$$

Dies in (5-82) eingesetzt führt zu

$$\frac{2\pi}{c_0}\Big(\nu_N n(\nu_N) + n_g(\nu_N)(\nu_{N+1} - \nu_N) \Big) L = \frac{2\pi\nu_N}{c_0} n(\nu_N)L + \pi \tag{5-85}$$

und schließlich zu

$$\frac{2\pi}{c_0}\Big(n_g(\nu_N)(\nu_{N+1} - \nu_N) \Big) L = \pi \,. \tag{5-86}$$

Der Frequenzabstand im dispersiven Resonator lautet somit

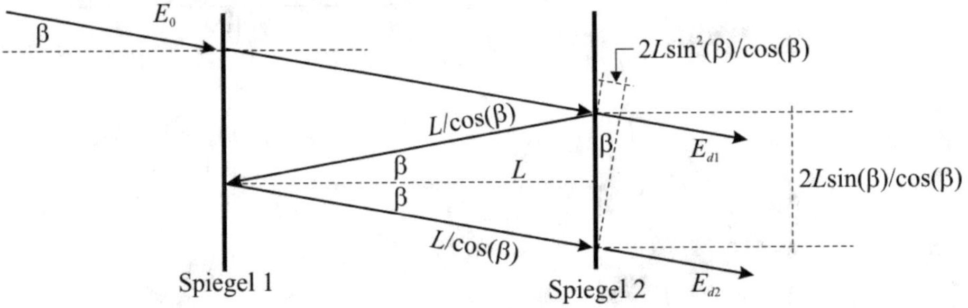

Figur 5-8. Pfadlängen im Fabry-Perot Resonator bei nicht senkrechtem Einfall.

$$\Delta\nu = (\nu_{N+1} - \nu_N) = \frac{c_0}{2n_g L} \,. \tag{5-87}$$

Der Unterschied zwischen n und n_g ist durch $\nu \times dn/d\nu$ gegeben und ist in der Regel klein. Gerade bei den Resonanzlinen eines optischen Resonators erkennt man die Dispersion aber an den geringfügigen Frequenzverschiebungen der Resonanzlinien. Mehr über dieses Moden *pushing* und *pulling* kann z. B. in Referenz 9 nachgelesen werden.

Wenn die einfallende Welle nicht senkrecht auf die Spiegel des Fabry-Perot Resonators trifft, wäre man in einem ersten Ansatz versucht, einfach den Spiegelabstand L gemäß $L/\cos(\beta)$ zu strecken. Eine sorgfältigere Betrachtung anhand Figur 5-8 zeigt hingegen, dass der Pfadlängenunterschied zwischen den Teilwellen E_{d1} und E_{d2} gegeben ist durch

$$\frac{L}{\cos(\beta)} + \frac{L}{\cos(\beta)} - \frac{2L\sin^2(\beta)}{\cos(\beta)} = \frac{2L}{\cos(\beta)}\left(1 - \sin^2(\beta)\right) = L\cos(\beta) \,. \tag{5-88}$$

In (5-78) ist also L durch $\cos(\beta)L$ zu ersetzen

$$\alpha = \frac{2\pi\nu}{c_0} n\cos(\beta)L + \left(\frac{\varphi_1 + \varphi_2}{2} + \varphi_v\right) \tag{5-89}$$

und das resultierende Resonanzspektrum ist wieder durch Figur 5-7 gegeben.

Durch Einsetzen von (5-89) in (5-80) findet man für das Transmissionsspektrum des unter dem Winkel β angeregten Fabry-Perot Resonators also explizit

$$T_{FP} = \frac{T_1 T_2 V}{\left(1 - \sqrt{R_1 R_2 V}\right)^2 + 4\sqrt{R_1 R_2 V}\sin^2\left(\frac{2\pi\nu}{c_0} n\cos(\beta)L + \left(\frac{\varphi_1 + \varphi_2}{2} + \varphi_v\right)\right)} \,. \tag{5-90}$$

Nach wie vor gilt dies nur für den Fall $R_1 R_2 V < 1$ und zwar sowohl für stabile als auch für instabile Resonatoren. Für stabile Resonatoren mit TEM_{mn} Moden wird die Diskussion des Resonanzspektrums in Abschnitt 5.5.2 noch etwas erweitert. Hier soll aber zunächst auf die zur Erzeugung ultra-kurzer Pulse wichtige Methode der Modenkopplung eingegangen werden.

5.5.1 Die Modenkopplung

Das Anschwingen einer großen Anzahl longitudinaler Moden im Resonator macht man sich bei der so genannten Modenkopplung zur Erzeugung ultra-kurzer Pulse zu Nutze. Hierbei wird durch eine Phasenkopplung dieser Moden eine Schwebung erzeugt, die zu sehr kurzen und sehr intensiven Laserpulsen führt. Die so erzeugten Pulsdauern decken den Bereich von einigen fs bis einige Hundert ps ab. Solche Laser werden gemeinhin als Ultrakurzpuls-Laser bezeichnet.

Ohne zusätzliche Maßnahmen schwingen die typischerweise sehr zahlreich vorhandenen longitudinalen Moden eines Lasers ohne feste Phasenbeziehung – also inkohärent – zueinander und die Felder der einzelnen Moden überlagern sich zufällig. Wenn in einem Strahl N longitudinale Moden vorliegen, die alle die Intensität I_0 aufweisen, jedoch ohne feste Phasenbeziehung unabhängig voneinander schwingen, wird die Intensität des Gesamtstrahles zufällig um einen mittleren Wert

$$\overline{I} = NI_0 \tag{5-91}$$

schwanken. Wenn es aber gelingt, alle Moden in Phase schwingen zu lassen, werden sich in regelmäßigen Abständen die Felder aller N Moden gleichzeitig konstruktiv addieren. Das Feld dieses Strahles beträgt zu diesem Zeitpunkt damit als Summe der Teilfelder das N-fache der Feldamplitude einer einzelnen longitudinalen Mode. Die Gesamtintensität wird daher gemäß (2-73) für einen kurzen Augenblick

$$I_{\max} = N^2 I_0 = N\overline{I} \tag{5-92}$$

betragen. Durch diese als Modenkopplung (engl. mode locking) bezeichnete Festlegung der Phasenbeziehungen kann also eine deutliche Intensitätsüberhöhung eines Laserstrahles mit vielen longitudinalen Moden erzielt werden.

Die genauen Verhältnisse lassen sich sehr einfach wie folgt beschreiben. Wenn ein Laserstrahl N longitudinale Moden enthält, lässt sich der Betrag des elektrischen Feldes an einem gegebenen festen Ort beschreiben durch

$$E_{tot} = E_0 \sum_{j=0}^{N-1} e^{i(\omega_j t + \varphi_j)}, \tag{5-93}$$

wobei

$$\omega_j = 2\pi\nu_j \tag{5-94}$$

die Kreisfrequenzen der einzelnen longitudinalen Moden und φ_j die zunächst noch zufällig (und zeitlich variierend) verteilten Phasen sind. Durch die Modenkopplung wird nun erreicht, dass alle Phasen den selben Wert, z. B. $\varphi_j = 0$ erhalten. Wenn wir zudem

$$\omega_j = \omega_0 + j\Delta\omega = 2\pi(\nu_0 + j\Delta\nu) = 2\pi\left(\nu_0 + j\frac{c_0}{2n_g L}\right) \tag{5-95}$$

schreiben (siehe auch (5-87)), resultiert für das modengekoppelte Gesamtfeld

$$E_{tot} = E_0 \sum_{j=0}^{N-1} e^{i(\omega_0 + j\Delta\omega)t} = E_0 e^{i\omega_0 t} \sum_{j=0}^{N-1} e^{ij\Delta\omega t} . \tag{5-96}$$

Letzteres ist eine bekannte Summe mit dem Ergebnis

$$E_{tot} = E_0 e^{i\omega_0 t} \sum_{j=0}^{N-1} e^{ij\Delta\omega t} = E_0 e^{i\omega_0 t} \frac{e^{iN\Delta\omega t} - 1}{e^{i\Delta\omega t} - 1} . \tag{5-97}$$

Um daraus die Intensität des modengekoppelten Strahles zu erhalten, ist nur noch (2-75) anzuwenden und man erhält zunächst

$$I_{mk} = \frac{n\varepsilon_0 c_0}{2\mu_r} E_0^2 \frac{\left(e^{iN\Delta\omega t} - 1\right)\left(e^{-iN\Delta\omega t} - 1\right)}{\left(e^{i\Delta\omega t} - 1\right)\left(e^{-i\Delta\omega t} - 1\right)} = \frac{n\varepsilon_0 c_0}{2\mu_r} E_0^2 \frac{2 - e^{iN\Delta\omega t} - e^{-iN\Delta\omega t}}{2 - e^{i\Delta\omega t} - e^{-i\Delta\omega t}} \tag{5-98}$$

und nach Anwendung der Eulergleichung

$$I_{mk} = \frac{n\varepsilon_0 c_0}{2\mu_r} E_0^2 \frac{2 - 2\cos(N\Delta\omega t)}{2 - 2\cos(\Delta\omega t)} = \frac{n\varepsilon_0 c_0}{2\mu_r} E_0^2 \frac{\sin^2\left(\frac{N\Delta\omega t}{2}\right)}{\sin^2\left(\frac{\Delta\omega t}{2}\right)} . \tag{5-99}$$

Also ist

$$I_{mk} = I_0 \frac{\sin^2\left(\frac{N\Delta\omega t}{2}\right)}{\sin^2\left(\frac{\Delta\omega t}{2}\right)} . \tag{5-100}$$

Dieser Intensitätsverlauf weist periodisch wiederkehrende Pulse auf, die mit zunehmender Modenzahl N kürzer und intensiver werden. Der zeitliche Abstand zwischen zwei Pulsen ist durch

$$t_R = \frac{2\pi}{\Delta\omega} = \frac{1}{\Delta\nu} = \frac{2n_g L}{c_0} \tag{5-101}$$

gegeben und entspricht somit der Resonatorumlaufszeit.

Die so erzeugten Pulse sind in Figur 5-9 für $N = 2$, $N = 4$ und $N = 8$ gekoppelte Moden dargestellt und verdeutlichen die mit zunehmender Modenzahl gesteigerte Intensitätsüberhöhung der Pulse. Typische modengekoppelte Laser weisen eine noch weit höhere Modenzahl auf. Wie bereits die einfache Überlegung am Anfang dieses Abschnitts zeigte, liegt die im Puls erreichte Spitzenintensität im modengekoppelten Strahl N mal über der mittleren Intensität $\overline{I}$.

Eine weiterführende Analyse der Gleichung (5-99) ergibt zudem, dass die Pulsdauer durch

$$\tau_p \approx \frac{1}{N\Delta\nu} = \frac{1}{\Delta\Omega} , \tag{5-102}$$

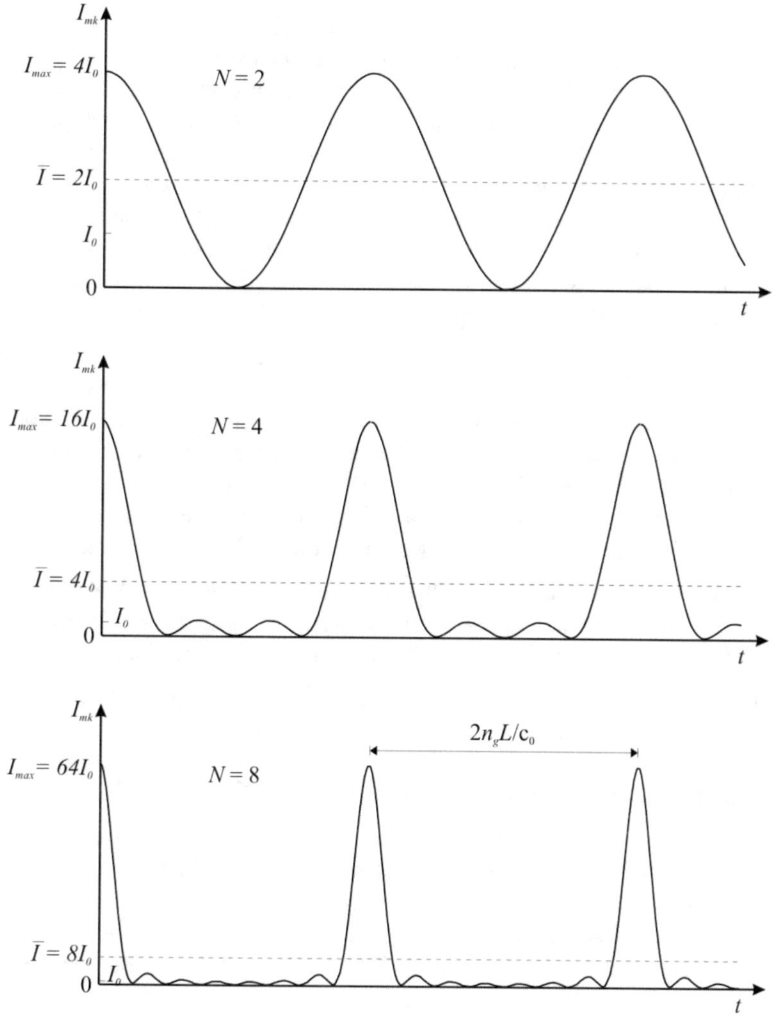

Figur 5-9. Intensitätspulse bei Modenkopplung mit $N = 2$, 4 und 8 Moden. I_0 ist die Intensität der einzelnen longitudinalen Moden.

bestimmt wird. Je breiter also die oszillierende Strahlungsbandbreite $\Delta\Omega$, desto kürzer sind die erzeugten Pulse. Dies folgt schon aus Überlegungen der Fourier-Transformation. Um ultra-kurze Pulse zu erzeugen, sind demnach laseraktive Medien mit einer möglichst großen Verstärkungsbandbreite ($\Delta\nu_{\text{Übergang}}$ bzw. $\Delta\nu_{ou}$ in den Abschnitten 6.3.4 und 6.5.11) einzusetzen.

Um die Modenkopplung in einem Resonator zu realisieren, werden unterschiedliche technische Methoden eingesetzt. Man unterscheidet dabei im Wesentlichen die drei Arten aktive Modenkopplung, passive Modenkopplung und die durch synchrones Pumpen bewirkte Modenkopplung.

Bei der aktiven Modenkopplung wird entweder die Amplitude oder die Phase des Strahls im Resonator exakt mit der Frequenz $\Delta\nu$ moduliert. Ausgehend von einer longitudinalen Mode der Frequenz ν_0 entstehen dadurch Seitenbänder bei den Frequenzen der benachbarten Moden $\nu_0 \pm \Delta\nu$, wodurch diese mit der Phaseninformation der ersten Mode „geimpft" werden (engl. *injection seeding* oder *injection locking*) und mit derselben Phase zu oszillieren beginnen. Dieser Vorgang setzt sich sukzessive über alle longitudinalen Moden fort, bis alle phasengekoppelt sind und so die ultra-kurzen Pulse erzeugen. Die aktive Amplituden- oder die Phasenmodulation erfolgt entweder mittels akusto-optischer oder elektro-optischer Modulatoren. Um eine stabile Modenkopplung zu gewährleisten, muss dabei die Modulationsfrequenz stets exakt auf den durch die Resonatorlänge bestimmten Modenabstand $\Delta\nu$ abgestimmt bleiben.

Die passive Modenkopplung hat den Vorteil, dass diese Frequenzabstimmung von sich aus gegeben ist. Hier erzeugen die im Resonator zirkulierenden Strahlungspulse in sättigbaren Absorbern oder anderen nichtlinearen Elementen (z. B. Kerr-Linsen Modenkopplung) selbst die Amplitudenmodulation. Da die Umlauffrequenz der Strahlung im Resonator dem longitudinalen Modenabstand entspricht (siehe (5-87)), erfolgt diese Modulation inhärent mit der richtigen Frequenz und führt so zum selben Ergebnis wie bei einer aktiven Modulation. Als sättigbare Absorber werden heute überwiegend Halbleiterelemente eingesetzt.[21]

Auch das synchrone Pumpen bewirkt über die dadurch verursachte Verstärkungsmodulation letztlich eine Amplitudenmodulation der im Resonator vorhandenen Strahlung, die wie bei den bereits beschriebenen Methoden zur Phasenkopplung der longitudinalen Moden führt.

Weiterführende Diskussionen zur Modenkopplung können beispielsweise in den Referenzen 9 und 21 nachgelesen werden.

5.5.2 Das longitudinale Spektrum der Hermite-Gauß-Moden

Aus (5-90) folgt formal, dass für das Auftreten einer Resonanz die gesamte durchlaufene Phase eines vollständigen Rundganges im Resonator ein Vielfaches von 2π betragen muss. Dies gilt für die Hermite-Gauß TEM_{mn} Moden insbesondere auch entlang der Achse mit $x = y = 0$. Für einen dispersionsfreien und stabilen Fabry-Perot Resonator, bei dem sich die beiden Endspiegel im Abstand z_1 bzw. z_2 von der Strahltaille befinden, lautet diese Bedingung mit dem Phasenterm einer TEM_{mn} Mode aus (5-17)

$$(kz_2 - (m+n+1)\arctan(z_2 / z_R)) - (kz_1 - (m+n+1)\arctan(z_1 / z_R)) = N\pi\,, \qquad (5\text{-}103)$$

wobei hier bereits mit 2 gekürzt wurde, d. h. die Gleichung entspricht dem Einfachdurchgang = halber Rundgang im Resonator. Mit

$$k = \frac{2\pi}{\lambda} \qquad (5\text{-}104)$$

und

$$\nu = \frac{c}{\lambda} = \frac{c_0}{\lambda_0} \qquad (5\text{-}105)$$

findet man aus obiger Bedingung das Frequenzspektrum $\nu_{N,mn}$ (für den Ring-Resonator ist das Vorgehen analog).

Mit erheblichem algebraischem Aufwand (d. h. mit (5-6) die oszillierende Moden im Resonator berechnen, die Abstände z_1 und z_2, sowie z_R bestimmen und in (5-103) einsetzen) lässt sich dieses Spektrum für einen Fabry-Perot Resonator mit den Resonatorparametern ausdrücken:[9]

$$\nu_{N,mn} = \left(N + (m+n+1)\frac{\arccos\left(\pm\sqrt{g_1 g_2}\right)}{\pi} \right) \frac{c_0}{2L_{opt}}, \tag{5-106}$$

wo L_{opt} die optische Länge des Resonators ist. Aus dem vorangehenden Abschnitt 5.5 wissen wir, dass bei vorhandener Dispersion die optische Länge L_{opt} durch den Gruppenbrechungsindex gemäß

$$L_{opt} = n_g L \tag{5-107}$$

bestimmt wird, wo L die geometrische Resonatorlänge ist. Das Vorzeichen der Wurzel in (5-106) ist Plus für den Quadranten mit positiven g_i und Minus für den Quadranten mit negativen g_i. Für jede einzelne transversale TEM_{mn} Modenform folgt daraus ein äquidistantes Modenspektrum mit einem longitudinalen Modenabstand von

$$\Delta\nu = \frac{c_0}{2L_{opt}}. \tag{5-108}$$

Zwischen benachbarten TEM_{mn} Modenordungen besteht ein Frequenzunterschied von

$$\delta\nu = \frac{\arccos\left(\pm\sqrt{g_1 g_2}\right)}{\pi} \frac{c_0}{2L_{opt}}. \tag{5-109}$$

Mit

$$\frac{\arccos\left(\pm\sqrt{g_1 g_2}\right)}{\pi} \approx \begin{cases} 0 & \textit{für } g_1 g_2 \to 1 \\ \frac{1}{2} & \textit{für } g_1 g_2 \to 0 \\ 1 & \textit{für } g_1 g_2 \to -1 \end{cases} \tag{5-110}$$

folgen in der Nähe der drei Spezialfälle aus (5-106) die in Figur 5-10 dargestellten Modenspektren, wobei weiterhin die Form der einzelnen Linien durch (5-90) gegeben ist.

Der erste Fall tritt beispielsweise in einem leeren Fabry-Perot Resonator mit nahezu ebenen Spiegeln ein. Der zweite Fall wird konfokal benannt, da er bei einem leeren Resonator der Situation entspricht, wo die Brennpunkte der beiden Resonatorspiegel zusammenfallen. Der dritte, konzentrische Fall entspricht in einem leeren Resonator der Situation, bei welcher der Spiegelabstand gleich der Summe der beiden Krümmungsradien ist (die Krümmungszentren der beiden Spiegel fallen zusammen).

Mit der Diskussion der elektromagnetischen Moden und den (optischen) Resonatoren wurden gewissermaßen die „Behälter" der Strahlung beschrieben. Nun sollen diese Moden mit Energie „gefüllt" werden, wozu wir uns im nächsten Kapitel der Erzeugung und Verstärkung elektromagnetischer Strahlung zuwenden.

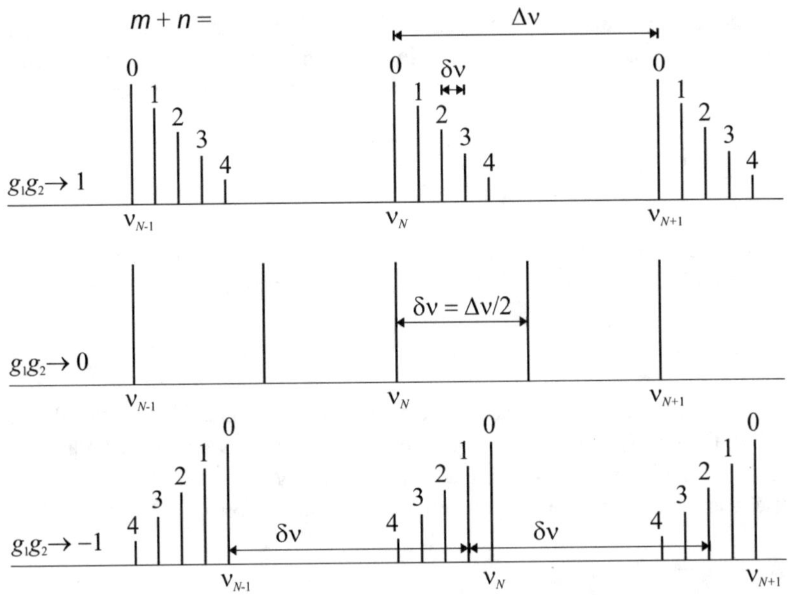

Figur 5-10. Frequenzsprektrum der TEM_{mn} Moden in stabilen Resonatoren für drei Spezialfälle. Die Zahl über den Resonanzlinien entspricht der Summe $m + n$.

6 Erzeugung und Verstärkung von Licht

In den vorangehenden Kapiteln wurden die elektrodynamischen Grundlagen der Lichtausbreitung und die optischen Eigenschaften von Laserresonatoren besprochen. Es wurde festgestellt, dass im Laserresonator eine beschränkte Anzahl Moden mit wohldefinierten Amplitudenverteilungen und diskreten Resonanzfrequenzen oszillieren. In einem Resonator ohne Strahlungsquelle ist die Amplitude dieser Moden aber verschwindend klein, da diese nur thermisch angeregt werden. Um einen leistungsstarken Laserstrahl zu erzeugen, braucht es im Resonator eine geeignete Strahlungsquelle, welche die oszillierenden elektromagnetischen Wellen verstärkt. Die Strahlungsverstärkung beruht auf quantenphysikalischen Wechselwirkungsprozessen zwischen dem Strahlungsfeld und den Materieteilchen (Atome, Ionen, Moleküle) des laseraktiven Mediums. Gerade bei der Erzeugung von Laserstrahlen manifestiert sich die Quantennatur der elektromagnetischen Strahlung besonders deutlich.

6.1 Das Photonenbild des Lichtes

Aufgrund des durchschlagenden Erfolges des elektromagnetischen Wellenmodells von Maxwell wurden in der zweiten Hälfte des 19. Jahrhunderts die klassischen Teilchenmodelle des Lichtes verworfen. Es dauerte jedoch nicht lange, bis die damalige Wissenschaft auf neue Phänomene stieß, die eine gründliche Neubetrachtung der Physik erforderten und letztlich zur Formulierung der Quantenphysik führten.

Diese Revolution begann damit, dass es mit klassischen Modellen nicht gelang, das in Figur 6-1 dargestellte Emissionsspektrum von thermischen Lichtquellen (z. B. Sonne, glühendes Ofenrohr, Kerze etc.) zu beschreiben[2]. Als physikalisches Modell für diese so genannten Schwarzkörperstrahler[q] dient gewöhnlich ein kleines Loch in einem Hohlraum (z. B. eines Ofens) mit absorbierenden Wänden. Bei tiefen Temperaturen tritt hauptsächlich unsichtbare Infrarotstrahlung aus der Öffnung. Mit zunehmender Temperatur wird durch die Öffnung ein rotes Glühen und dann ein weißes Leuchten erkennbar. In jedem Fall erstreckt sich die Strahlungsemission über das ganze elektromagnetische Spektrum, aber mit einer von der Temperatur abhängigen Verteilung, wobei sich das Maximum der spektralen Leistungsdichte mit zunehmender Temperatur zu kürzeren Wellenlängen verlagert (Wiens Verschiebungsgesetz[2]). Zusätzlich zu dieser Beobachtung gelang es dem deutschen Physiker Carl Werner Otto Fritz Franz Wien (1864-1928) eine Formel aufzustellen, die bei gegebener Temperatur im Bereich kurzer Wellenlängen gut mit der beobachteten Verteilung des Emissionsspektrums übereinstimmte, im langwelligen Bereich jedoch versagte. Lord John William Strutt Rayleigh (1842-1919) und Sir James Jeans (1877-1946) fanden andererseits ein Gesetz, das nur im fernen Infrarot mit den Beobachtungen übereinstimmte. Erst um 1900 gelang es Max Karl Ernst Ludwig Planck (1858-1947) mit einer empirischen Formel und einer gewagten Hypothese das

[q] Im thermischen Gleichgewicht mit der Umgebung muss ein beliebiges Objekt gleichviel Strahlungsleistung emittieren wie es absorbiert. Ein guter Absorber (= Schwarzkörper) ist deshalb auch ein guter Strahler.

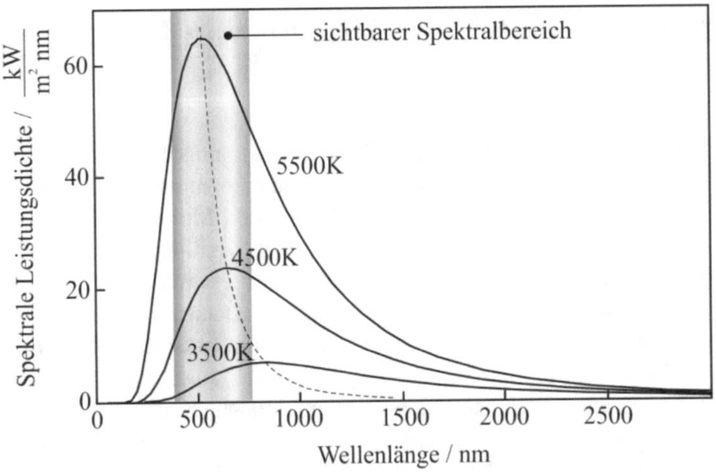

Figur 6-1. Emissionsspektrum eines idealen Schwarzkörpers bei verschiedenen Temperaturen. Die gestrichelte Linie illustriert Wiens Verschiebungsgesetz, wonach das jeweilige Maximum der Spektren bei der Wellenlänge $\lambda_{max} = h\,c\,/\,(4.96\,k_BT)$ liegt, wobei h die Plancksche Konstante, c die Lichtgeschwindigkeit, k_B die Boltzmannkonstante und T die Temperatur ist.

thermische Emissionsspektrum nachzubilden. Seine thermodynamischen Überlegungen basierten auf der Betrachtung des thermischen Gleichgewichtes zwischen den Atomen der Ofenwände und den im Hohlraum eingeschlossenen Strahlungsmoden (siehe Abschnitt 6.1.1). Planck stellte fest, dass sich das Strahlungsspektrum formal reproduzieren lässt, wenn man annimmt, dass die Atome nur diskrete Energiemengen absorbieren und emittieren können und dass diese Energiemenge proportional zur Frequenz ν der Strahlung sei. Die Proportionalitätskonstante h ist heute als Plancksche Konstante bekannt und beträgt $h = 6.626\times10^{-34}$ Js. Die Quantelung der zwischen Atomen und Strahlungsfeld ausgetauschten Energie in diskrete Quanten der Energie $h\nu$ war zunächst nur dadurch motiviert, dass nur so das errechnete Spektrum mit der beobachteten Emission (Figur 6-1) übereinstimmte.

Erst im Zusammenhang mit der Untersuchung der durch Licht aus einer Elektrode freigesetzten Elektronen – dem so genannten photoelektrischen Effekt – wurde allmählich klar, dass die von Planck gewagte Hypothese mehr als bloß ein rechnerischer Kunstgriff war.[2, 4] Es wurde nämlich festgestellt, dass die maximale kinetische Energie der photoelektrisch emittierten Elektronen unerwarteterweise nicht von der Intensität des einfallenden Lichtes, sondern alleine von dessen Frequenz abhängt. Mit zunehmender Lichtintensität ändert sich nur die Anzahl der emittierten Elektronen, nicht jedoch deren Energieverteilung. Die Energieverteilung der Photoelektronen ist je nach verwendeter Lichtquelle unterschiedlich und verändert sich linear mit der Lichtfrequenz ν. Dieses Phänomen konnte damals nur mit der Quantelung des Lichtes erklärt werden und veranlasste 1905 Albert Einstein dazu, die Hypothese von Planck zu erweitern, indem er den quantisierten Energieaustausch zwischen Atomen und Strahlungsfeld auf eine eigentliche Energiequantelung der elektromagnetischen Moden selbst zurückführte[r].

Mit anderen Worten, *die Energie einer elektromagnetischen Mode kann nicht kontinuierlich jeden beliebigen Wert annehmen, sondern sich nur in ganzen Portionen der Größe* $h\nu$ *verändern.* Wenn die Energie einer Mode gequantelt ist, müssen aufgrund der Beziehung (2-33) auch die Felder E und B quantisiert sein. Obwohl diese Tatsache in der Maxwell'schen Theorie nicht vorgesehen war, bleiben die Beziehungen der Felder in den Maxwellgleichungen unverändert bestehen. Wendet man die Quantentheorie auf die in Abschnitt 2.1 behandelten Maxwellgleichungen an, so kann in der Tat auch aus diesen Gleichungen die von Einstein postulierte Quantisierung des elektromagnetischen Feldes hergeleitet werden[8]. Die Energieportionen $h\nu$ einer Mode sind allerdings so klein, dass die Quantelung bei makroskopischen Feldamplituden E und B in der Praxis keine Auswirkung hat und auch kaum aufgelöst werden kann.

Der photoelektrische Effekt lässt sich nun aber mit der quantisierten Strahlung einfach erklären: Wenn die Elektrode ein Energiequant des Lichtes aufnimmt, kann die Energie $h\nu$ auf ein Elektron übertragen werden. Je höher die Frequenz ν, umso mehr Energie steht dem Elektron zur Verfügung. Eine Erhöhung der Lichtintensität bedeutet eine größere Anzahl von Energiequanten pro Zeit und Fläche, was eine Erhöhung der Anzahl angestoßener Elektronen bewirkt und nicht zur Erhöhung derer Energie beiträgt.

Für die Energiequanten der elektromagnetischen Strahlung ist heute – in Anlehnung an das Elektron als Ladungsentität – die Bezeichnung Photon gebräuchlich. Wie wir im Folgenden sehen werden, ist dieses Photonenbild des Lichtes gerade bei der Behandlung der Lichtverstärkung im Lasermedium sehr anschaulich, insbesondere wenn man die Intensität als Produkt der Energieqantenzahl je Flächen- und Zeiteinheit und ihrer Energie $h\nu$ auffasst.

Man sollte aber nicht den Fehler machen, sich einen Lichtstrahl als Partikelstrom vorzustellen. Das Licht ist kein Strahl aus „Photonen-Kügelchen". Auch ein Laserstrahl ist und bleibt eine elektromagnetische Welle mit den oszillierenden klassischen Feldgrößen $\vec{\mathbf{E}}$ und $\vec{\mathbf{B}}$. Die Energiedichte u oder $\bar{u}$ des elektromagnetischen Feldes und die Intensität I eines solchen Strahles sind weiterhin durch die Beziehungen (2-33), (2-78) und (2-75) gegeben. Die Quantisierung der elektromagnetischen Strahlung besagt lediglich, dass die Feld*energie* nur in ganzzahligen Energieportionen (die man Photonen nennt) der Größe $h\nu$ verändert werden kann. Um diese Tatsache zu berücksichtigen, werden die Energiedichten u bzw. $\bar{u}$ und die Intensität I daher oft in Einheiten von $h\nu$, also mit der Anzahl der Energieportionen (Photonen) im Strahl ausgedrückt. Die Beziehungen sind einfach: Teilt man beispielsweise die mittlere Energiedichte $\bar{u}$ durch $h\nu$, erhält man die mittlere Photonendichte ϕ,

$$\frac{\bar{u}}{h\nu} = \phi \text{ beziehungsweise } \bar{u} = \phi h\nu . \tag{6-1}$$

Teilt man die Intensität I durch $h\nu$, erhält man die Photonenflussdichte Φ

---

[r] Heute ist bekannt, dass sich der photoelektrische Effekt auch erklären lässt, wenn das Feld klassisch behandelt und nur der Materie eine Quantennatur verliehen wird. Die Hypothese des quantisierten Feldes war aber trotzdem richtig und lässt sich mit einer quantenmechanischen Behandlung sogar direkt aus den Maxwellgleichungen herleiten.

$$\frac{I}{h\nu} = \Phi \text{ beziehungsweise } I = \Phi h\nu\,. \tag{6-2}$$

Aus der Beziehung (2-80) zwischen der Intensität I und der mittleren Energiedichte $\overline{u}$ folgt auch für die Photonendichten

$$\Phi = \phi c_g\,. \tag{6-3}$$

Man kann mit der Energiedichte u aus (2-33) auch eine örtlich und zeitlich aufgelöste Photonendichte definieren. Da im Folgenden und insbesondere beim Einsatz des Lasers in der Materialbearbeitung oft die mittlere Intensität im Vordergrund steht, verwenden wir hier hauptsächlich die über eine Schwingungsperiode gemittelte Energie- bzw. Photonendichte.

6.1.1 Das Spektrum der thermischen Schwarzkörperstrahlung

Die spektrale elektromagnetische Energiedichte (= Energie pro Volumen und pro Frequenzabschnitt) eines Schwarzkörperstrahlers (z. B. Hohlraum) lässt sich durch Abzählen der elektromagnetischen Moden in einem Hohlraum und der Berücksichtigung der pro Mode thermisch angeregten Photonen (thermodynamische Boltzmann-Verteilung) leicht berechnen.[8] Dazu werden die elektromagnetischen Moden im Volumen eines Würfels mit ideal leitenden Wänden betrachtet. Die Kantenlänge des Würfels sei L. Die Kanten des Würfels seien parallel zu den Achsen x, y umd z eines kartesischen Koordinatensystems ausgerichtet, dessen Ursprung auf einer Ecke des Würfels liegt. Wenn die Wände ideal leitend sind, müssen dort die zu den Wänden parallelen Komponenten der elektrischen Feldstärke verschwinden. Zudem muss das elektische Feld der Moden die Wellengleichung (2-44) sowie die Maxwellgleichung (2-18) mit $\rho = 0$ erfüllen. Wie (durch Einsetzen in die genannten Gleichungen) leicht überprüft werden kann, ist all dies innerhalb des Würfels für Moden der Form[8]

$$\vec{\mathbf{E}}(\vec{\mathbf{x}},t) = \begin{pmatrix} E_x \cos(k_x x)\sin(k_y y)\sin(k_z z) \\ E_y \sin(k_x x)\cos(k_y y)\sin(k_z z) \\ E_z \sin(k_x x)\sin(k_y y)\cos(k_z z) \end{pmatrix} e^{-i\omega t} \tag{6-4}$$

gegeben, wenn ein ganzzahliges Vielfaches derer halben Wellenlänge gleich L ist,

$$N_i \frac{\lambda}{2} = L\,, \tag{6-5}$$

bzw.

$$k_i = N_i \frac{\pi}{L}\,, \tag{6-6}$$

wobei $i = x$, y oder z und $N_i = 0,1,2,3,\ldots$ aber höchstens eines der $N_i = 0$ (weil nur die zu den Wänden senkrechte Komponente des elektrischen Feldes $\neq 0$ sein darf). Es handelt sich also um harmonisch schwingende stehende Wellen mit Knotenflächen auf den ideal leitenden Wänden des Würfels.

Im Raum der Wellenzahlvektoren $\vec{\mathbf{k}}$ liegen diese Moden im ersten Quadranten, siehe Figur 6-2, und jede Mode nimmt darin ein Volumen von π^3/L^3 ein. Das im 1. Quadranten befindliche Volumen

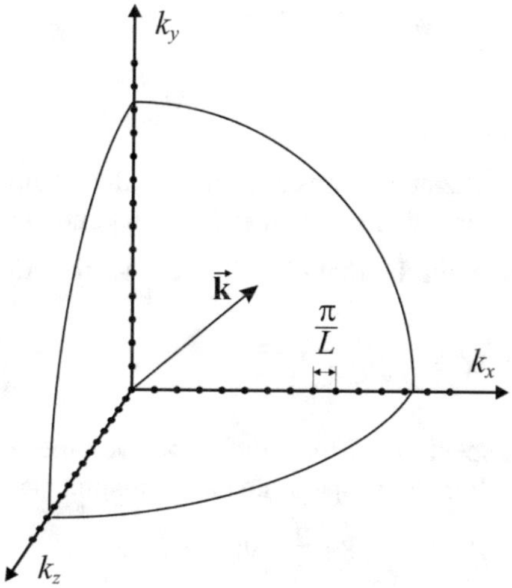

Figur 6-2. Abzählung der elektromagnetischen Moden in einem Würfel mit ideal leitenden Wänden.

$$\frac{4\pi}{8}k^2 dk \tag{6-7}$$

einer Kugelschale mit Radius $k = |\vec{\mathbf{k}}|$ und der Dicke dk enthält deshalb

$$dM = 2\frac{L^3}{\pi^3}\frac{4\pi}{8}k^2 dk \tag{6-8}$$

Moden. Mit dem Faktor 2 in (6-8) wird dem Freiheitsgrad der zwei möglichen Polarisationsrichtungen Rechnung getragen.

Durch Einsetzen von $k = 2\pi\nu/c$, siehe (2-53), und $dk = 2\pi d\nu / c_g$, siehe (2-58), folgt die spektrale Modendichte

$$\frac{dM}{d\nu} = 2L^3 \frac{4\pi}{c^2 c_g}\nu^2, \tag{6-9}$$

oder pro Volumen ausgedrückt

$$\frac{dM}{V d\nu} = 8\pi \frac{n^2 n_g}{c_0^3}\nu^2 . \tag{6-10}$$

Die Energie der einzelnen Moden ist durch die (ganzzahlige) Anzahl ihrer Photonen gegeben. Die Photonenergie $h\nu$ legt somit das äquidistante Spekturm der Energiezustände jeder Mode fest.

Im thermischen Gleichgewicht folgt die Besetzung dieser Zustände einer Boltzmann-Verteilung. D. h., die Wahrscheinlichkeit, dass eine gegebene Mode N Photonen enthält, ist durch

$$p_N = \left(1 - e^{-\frac{h\nu}{k_B T}} \right) \cdot e^{-\frac{Nh\nu}{k_B T}} \tag{6-11}$$

gegeben, wobei k_B die Boltzmann-Konstante und T die Temperatur ist (der Faktor in der Klammer normiert die Summe über alle Wahrscheinlichkeiten von $N = 0$ bis unendlich auf 1).

Bei einer gegebenen Temperatur beträgt die mittlere Energie einer Mode mit der Freuquenz ν

$$U_M = h\nu \cdot \sum_{N=0}^{\infty} N \cdot p_N = \frac{h\nu}{e^{h\nu/k_B T} - 1}. \tag{6-12}$$

Durch Multiplikation der spektralen Modendichte pro Volumen (6-10) mit der mittleren Energie der Moden (6-12) erhält man die spektrale elektromagnetische Energiedichte

$$\frac{dM}{Vd\nu} U_M = \frac{dU}{Vd\nu} = \frac{du}{d\nu} = u_\nu = \frac{8\pi n^2 n_g \nu^2}{c_0^3} \frac{h\nu}{e^{h\nu/k_B T} - 1} \tag{6-13}$$

eines Hohlraumes im thermischen Gleichgewicht. Womit wir die am Kapitelanfang erwähnten Überlegungen von Max Planck nachvollzogen haben.

Die so hergeleitete spektrale Energiedichte ist allgemeingültig und für $\lambda \ll L$ von Form und Beschaffenheit des betrachteten Volumens unabhängig. Wäre dem nicht so und die Energiedichte bzw. die im Folgenden berechnete durch eine kleine Öffnung emittierte Intensität für verschiedene Hohlräume gleicher Temperatur unterschiedlich, könnte Energie von einem kälteren zu einem heißeren Wärmereservoir fließen, was aber dem zweiten Hauptsatz der Thermodynamik widerspräche.

Das Ergebnis (6-13) werden wir in Abschnitt 6.3.5 nutzen, um die Beziehung zwischen der Spontanemission, der Absorption und der stimulierten Emission eines Laserprozesses herzuleiten. Der Vollständigkeit halber sei hier aber noch kurz das in Figur 6-1gezeigte Emissionsspektrum eines schwarzen Strahlers sowie das Stefan-Boltzmann-Gesetz hergeleitet.

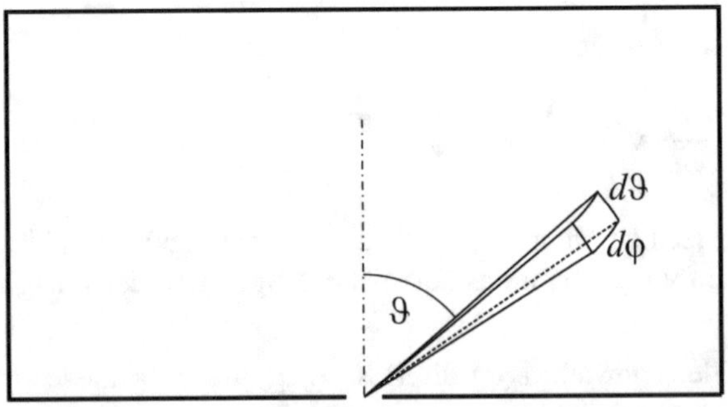

Figur 6-3. Geometrische Darstellung zur Berechnung der aus einer kleinen Öffnung eines Hohlraums emittierten thermischen Strahlung. In Polarkoodinaten ausgedrückt beträgt das dargestellte Raumwinkelement $d\Omega = sin\vartheta d\vartheta d\varphi$.

Da die stehenden Wellen (6-4) einer Überlagerung zweier gegeläufiger ebenen Wellen entsprechen (siehe Abschnitt 2.4.1.1), herrscht im Inneren des Würfels zumindest für $\lambda \ll L$ ein in alle Raumrichtungen gleichverteilter Energiefluss $u_\nu c_g/4\pi$. Das ist die in jeder Raumrichtung fließende Energie, die pro Zeit und Raumwinkel auf eine Fläche senkrecht zur Flussrichtung trifft.

Wenn dieser Energiefluss wie in Figur 6-3 skizziert unter einem Einfallswinkel ϑ auf die Fläche einer kleinen Öffnung im Würfel trifft, beträgt die projizierte Intensität $u_\nu c_g \cos\vartheta/4\pi$. Unter Benutzung der Definition des infinitesimalen Raumwinkels $d\Omega = \sin\vartheta d\vartheta d\varphi$ in Polarkoordinaten, berechnet sich die durch eine kleine Öffnung des Würfels insgesamt austretende spektrale Intensität somit als Integral

$$I_\nu = \int_{\vartheta=0}^{\frac{\pi}{2}} \int_{\varphi=0}^{2\pi} \frac{u_\nu c_g}{4\pi} \cos\vartheta \sin\vartheta d\vartheta d\varphi = \frac{c_g}{4} u_\nu \tag{6-14}$$

über den Halbraum auf der Würfelinnenseite.

Soll die von einem solchen Schwarzkörperstrahler emittierte spektrale Intensität nicht als Funktion der Frequenz sondern als Funktion der Wellenlänge ausgedrückt werden, so kann mit $u_\lambda = -u_\nu \, d\nu/d\lambda$ der Ausdruck (6-14) bzw. (6-13) in

$$I_\lambda = \frac{c_0}{4n_g} u_\lambda = -\frac{c_0}{4n_g} u_\nu \frac{d\nu}{d\lambda} = \frac{c_0}{4n_g} u_\nu \frac{c_0}{n\lambda^2} = \frac{2\pi h c_0^2}{n^2\lambda^5} \frac{1}{e^{hc_0/n\lambda k_B T} - 1} \tag{6-15}$$

umgeschrieben werden, dessen Verlauf in Figur 6-1 gezeigt ist.

Interessiert nur die über das gesamte Spektrum eines thermischen Strahlers pro Fläche emittierte Leistung, muss (6-15) nur noch über alle Wellenlängen aufintegriert werden. Das Ergebnis

$$I = \int_{\lambda=0}^{\infty} I_\lambda d\lambda = \int_{\lambda=0}^{\infty} \frac{2\pi h c_0^2}{n^2\lambda^5} \frac{1}{e^{hc_0/n\lambda k_B T} - 1} d\lambda = \frac{2\pi^5}{15} \frac{k_B^4}{c^2 h^3} T^4 = \sigma_B T^4 \tag{6-16}$$

ist das bekannte Stefan-Boltzmann-Gesetz.

6.2 Die diskreten Energiezustände atomarer Systeme

Wie in Figur 6-1 gezeigt, emittiert ein idealer thermischer Strahler ein sehr breites und glattes, d. h. ununterbrochenes Strahlungsspektrum. Die emittierte Strahlung wird auf atomarer Ebene in unzähligen Einzelprozessen unter sehr unterschiedlichen, stochastischen Bedingungen erzeugt. Die so abgestrahlten Photonen decken das ganze Spektrum ab. Betrachtet man solche thermische Strahler (Glühbirne, Sonne etc.) mit einem Prisma oder einem Gitterspektrograph, so erkennt man im sichtbaren Bereich ein ununterbrochenes Spektrum über alle Farben wie bei einem Regenbogen. Bei der Sonne liegt das Maximum des Spektrums mit einer Wellenlänge um 550 nm im grünen Spektralbereich.

Bei genauerem Hinsehen sind aber mit geeigneten Instrumenten (hochauflösendes Spektrometer) selbst im Spektrum der Sonne bereits einige Unregelmäßigkeiten zu erkennen. Eine noch deutlichere Aufteilung des Spektrums in diskrete Farbkomponenten kann bei der Betrachtung des Spektrums von Leuchtstofflampen festgestellt werden. Wenn gerade kein wissenschaftliches Gerät zu Hand ist, kann dazu auch die Datenseite einer handelsüblichen CD-ROM als Gitterspektrograph eingesetzt werden. Am besten betrachtet man das am Gitter gebeugte Licht einer entfernten Lichtquelle (z. B. Quecksilberdampf-Straßenlampe). Man stellt dabei fest, dass das Licht im Wesentlichen aus etwa fünf getrennten Farbkomponenten blau, türkis, grün, orange und rot besteht. Die anderen Farben fehlen. Was man hier sieht, ist allerdings nicht das von der Gasentladung in der Lampe erzeugte Licht, sondern jenes, das vom Phosphor auf der Glasinnenseite der Leuchtstofflampe emittiert wird. Das Licht des Leuchtstoffes selber (heute meist Quecksilberdampf) besteht nur aus wenigen schmalen Emissionslinien und wäre für die Beleuchtung ungeeignet. Um ein einigermaßen farbneutrales, sprich weißes, Licht zu erzeugen, wird die Glasinnenseite der Lampen mit einem Phosphor versehen. Dieser wird vom Licht der Gasentladung angeregt und emittiert dann ein breiteres Spektrum von einzelnen Farbkomponenten, die als Summe den Eindruck von annähernd weißem Licht ergeben.

Wie in Figur 6-4 schematisch am Beispiel von Helium dargestellt, besteht das Spektrum einer elektrischen Gasentladung aus einer Reihe isolierter und schmaler Emissionslinien. Im Unterschied zum Schwarzkörperstrahler erfahren die Licht emittierenden Atome und Moleküle in einer Gasentladung eine nur sehr geringe Wechselwirkung mit der Umgebung und offenbaren dadurch ihre natürlichen quantenmechanischen Eigenschaften. Wir wissen bereits, dass die Energie eines Photons proportional zu seiner Frequenz ist. D. h. alle Photonen derselben Farbe (derselben Frequenz bzw. Wellenlänge) haben dieselbe Energie. Offenbar können die Atome im betrachteten Gas nach deren Anregung, d.h. der Energieaufnahme durch Stöße mit freien Elektronen, die aufgenommene Energie nur in scharf definierten Portionen wieder abgeben. In einem ersten Versuch, die optischen Emissionspektren der beobachteten Atome zu

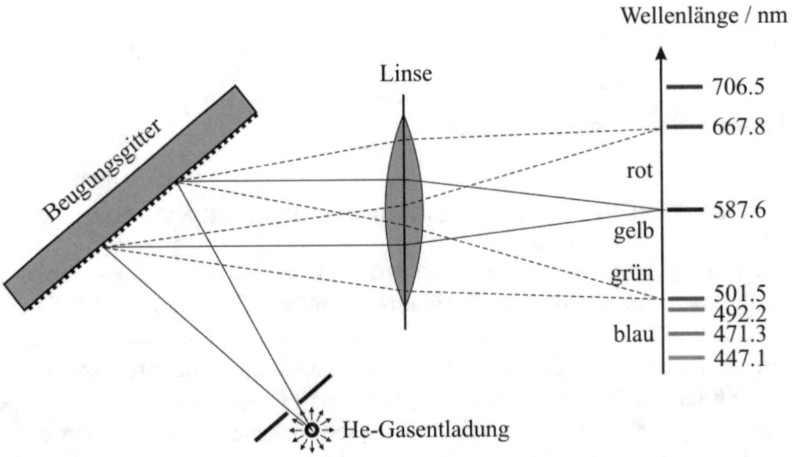

Figur 6-4. Das von einer He-Gasentladung emittierte Lichtspektrum besteht aus einer Reihe schmalbandiger Emissionslinien, welche sich aus den Übergängen zwischen den in Figur 6-5 gezeigten Energieniveaus ergeben.

erklären, hatte 1913 Niels Bohr die Quantisierung des Bahndrehimpulses der an die Atomkerne gebundenen Elektronen postuliert (Bohrsches Atommodell).

Das optisch festgestellte Linienspektrum ist die experimentelle Manifestation der Tatsache, dass *die Elektronen in einem Atom, Ion oder Molekül nur ganz bestimmte Energiezustände einnehmen* können. Die Elektronen eines Atoms sind durch das elektrische Potential an den Kern gebunden. Eine quantenmechanische Betrachtung der Elektronen in diesem Potential ergibt, dass die Elektronen nur eine Anzahl diskreter, scharf definierter Energiezustände einnehmen können. Ohne auf die quantenmechanische Bezeichnung der einzelnen Zustände einzugehen, sind in Figur 6-5 als Beispiel die Zustände des Heliums dargestellt.[22, 23] Jede horizontale Linie bezeichnet eine bestimmte Elektronenkonfiguration des Heliums, mit der an der vertikalen Achse abzulesenden Zustandsenergie. Durch Zu- oder Abführen von Energie können die beiden Elektronen des Heliums von einem Energiezustand in einen andern gebracht werden. Die *zu- oder abgeführte Energie entspricht dabei* aufgrund des Energieerhaltungsprinzips *immer exakt der Energiedifferenz zwischen dem Anfangs- und Endzustand* eines solchen Überganges. Solche elektronische Energieübergänge sind in allen Atomen, Ionen, Molekülen etc. möglich. Die Energiezu- oder Abfuhr kann dabei auf sehr unterschiedliche Art erfolgen: durch Absorption oder Emission von Photonen aber auch durch Zu- oder Abfuhr von Vibrationsenergie (das dazugehörige Quant wird dann Phonon genannt), durch chemische Energie, elektrische Energie und so weiter. Wird die Energie durch ein Photon übertragen, muss die Energie $h\nu$ des Photons exakt der Energiedifferenz $\Delta E_{Übergang}$ zwischen den beiden Energiezuständen des Elektronenübergangs entsprechen. Da das Photon die kleinste Energieeinheit der beteiligten elektromagnetischen Mode darstellt, ist es nicht möglich, dass nur ein

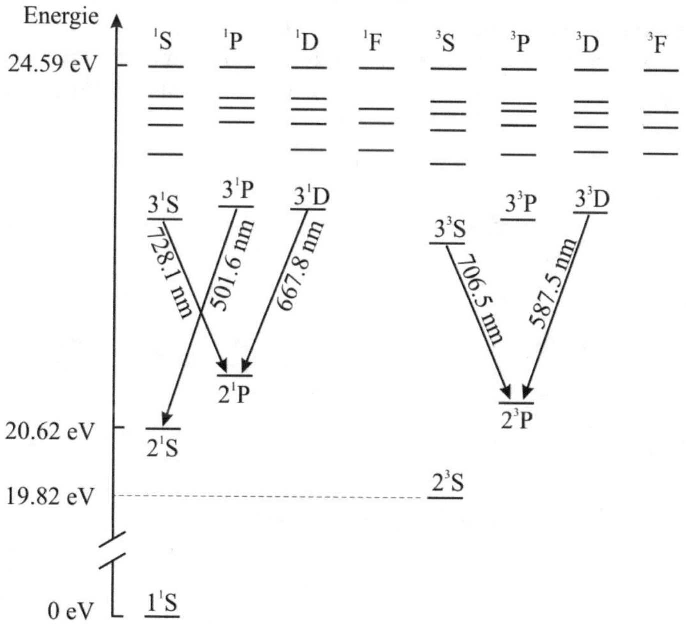

Figur 6-5. Energiezustände des Heliums und einige der strahlenden Übergänge (vgl. Figur 6-4).

Teil der Photonenergie ausgetauscht wird. Damit haben alle Lichtquanten, die bei einem bestimmten Elektronenübergang absorbiert oder emittiert werden, exakt dieselbe Frequenz ν und damit auch exakt dieselbe Wellenlänge λ.

6.3 Absorption und Emission von Licht

Es ist eine experimentell alltäglich festgestellte Tatsache, dass ein Lichtstrahl, der sich in Materie ausbreitet, oft mehr oder weniger stark abgeschwächt wird. Dies geschieht in der Regel entweder durch Streuung (einzelnen Photonen werden aus dem Lichtstrahl weggestreut) oder durch Absorption. Der umgekehrte Fall, in dem Licht in der Materie verstärkt oder erzeugt wird, ist ebenso bekannt (Lichtquellen). Für die Erzeugung von Laserstrahlen wird dabei aber eine ganz spezielle Form der Lichtverstärkung ausgenutzt. Um diese zu verstehen, wollen wir im Folgenden die Lichtabsorptions- und Lichtemissionsprozesse auf der quantisierten Ebene der Materiezustände betrachten, wie sie in Figur 6-6 dargestellt sind.

Wir unterscheiden hier zwischen den drei Prozessen der Absorption von Strahlung, der spontanen Emission von Strahlung und der stimulierten Emission von Strahlung. In Figur 6-6 betrachten wir nur zwei Energieniveaus eines gegeben Mediums. Die Punkte auf den jeweiligen Energieniveaus sollen symbolisch zeigen, dass sich mehrere Teilchen (Atome, Ionen, Moleküle) eines Mediums (Festkörper, Gas, Flüssigkeit) im gleichen Energiezustand befinden können.

6.3.1 Die Absorption von Strahlung

Der links in Figur 6-6 dargestellte Prozess ist die Absorption von Strahlung (oder Licht). Die Strahlungsabsorption kann eintreten, wenn das elektromagnetische Feld eines Lichtstrahls (bzw. einer Mode) mit den Elektronen eines Teilchens im unteren Energiezustand wechselwirkt. Voraussetzung ist, dass das elektromagnetische Strahlungsfeld in Resonanz mit dem

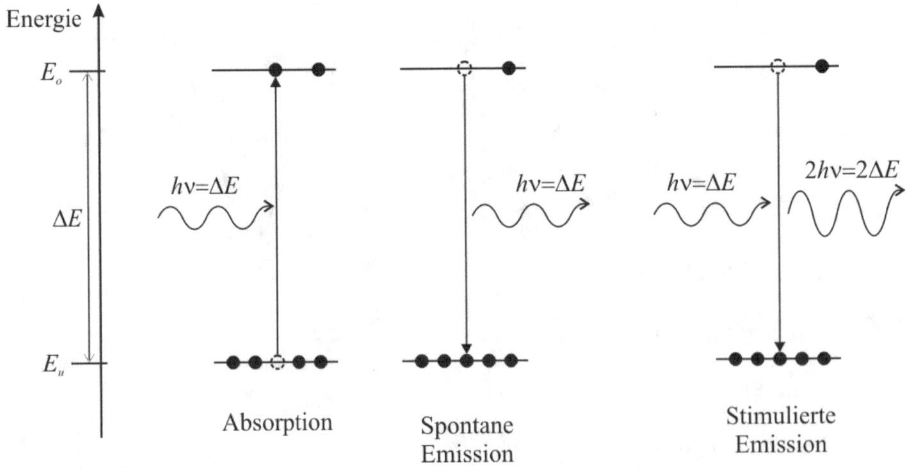

Figur 6-6. Photonische Übergänge zwischen zwei Energieniveaus der Elektronen eines Mediums.

Übergang zwischen zwei Energiezuständen des Teilchens ist. D. h. die Frequenz der Strahlung muss die Bedingung $\nu = \Delta E/h$ erfüllen, damit die Energiequanten des Strahlungsfeldes die zum Übergang passende Energie $h\nu = \Delta E$ aufweisen. Das betroffene Teilchen kann dann dem elektromagnetischen Strahlungsfeld die Energie $h\nu = \Delta E$ entziehen und dabei in den oberen (angeregten) Energiezustand mit der Energie $E_o = E_u + \Delta E$ übergehen. Dieser Prozess findet nur mit einer bestimmten Wahrscheinlichkeit statt, deren Maß aus praktischen Gründen in Form einer hypothetischen Querschnittsfläche, dem so genannten Wirkungsquerschnitt σ_{uo} angegeben wird.

Die Bedeutung des Wirkungsqerschnitts eines Prozesses kann leicht anhand der Figur 6-7 nachvollzogen werden. Dazu betrachten wir ein kleines Volumen $V = Adz$ des Mediums. Dieses Volumenelement enthalte N_u Teilchen im unteren Energiezustand mit dem Wirkungsquerschnitt σ_{uo}. Dabei ist dz (bzw. σ) so klein, dass sich keine der in V befindlichen Wirkungsquerschnittflächen in z-Richtung gegenseitig überdecken. Man stellt sich nun vor, dass ein Lichtstrahl, der das Volumenelement in z-Richtung durchläuft, an diesen Wirkungsquerschnitten der Teilchen absorbiert wird. Neben den Wirkungsquerschnittsflächen wird der Lichtstrahl ungestört transmittiert. Wenn I die Intensität des einfallenden Strahles ist, wird also im Volumen V die Leistung

$$P = IN_u\sigma_{uo} \tag{6-17}$$

absorbiert. Durch Division der Leistung P (Energie pro Zeit) durch die Energie $h\nu$ der absorbierten Lichtquanten, erhält man die Anzahl der Absorptionsprozesse pro Zeiteinheit

$$\dot{N} = \frac{P}{h\nu} = \frac{I}{h\nu} N_u \sigma_{uo} \,. \tag{6-18}$$

Die Größe N_u bezeichnet die Anzahl jener Teilchen im Volumenelement V, die sich im unteren Energiezustand befinden (siehe Figur 6-6) und ein Photon aus dem Strahlungsfeld absorbieren können. Sobald ein solches Teilchen ein Photon absorbiert hat und damit in das obere Energieniveau angehoben wurde, stehen im unteren Energieniveau nur noch N_u-1 Teilchen für weitere Absorptionsprozesse zur Verfügung. Die Anzahl der Teilchen im unteren Energiezustand ändert sich also mit der Rate

$$\frac{dN_u}{dt} = -\dot{N} = -\frac{I}{h\nu} N_u \sigma_{uo} \,. \tag{6-19}$$

Da alle Energieniveaus aufgrund der quantenmechanischen Unschärferelationen eine endliche

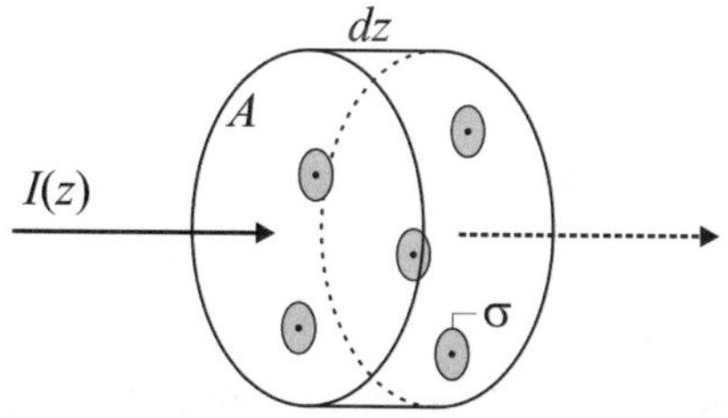

Figur 6-7. Bedeutung des Wirkungsquerschnitts σ eines Prozesses.

Breite aufweisen, sind die Wirkungsquerschnitte Funktionen der Strahlungsfrequenz ν, also $\sigma = \sigma(\nu)$.

Laut (6-2) ist $I/h\nu$ die Photonenflussdichte Φ des monochromatischen Lichtstrahls, also können wir für (6-19) auch

$$\frac{dN_u}{dt} = -\Phi(\nu) N_u \sigma_{uo}(\nu) \tag{6-20}$$

schreiben.

Meist ist es zweckmäßiger, statt der absoluten Teilchenzahl N_u im Volumenelement V, die Teilchenzahldichte $n_u = N_u / V$ pro Volumeneinheit, die sogenannte *Besetzungsdichte*, anzugeben. Damit lautet die Beziehung (6-20) nun

$$\frac{dn_u}{dt} = -\Phi(\nu) n_u \sigma_{uo}(\nu), \tag{6-21}$$

bzw. mit (6-3)

$$\frac{dn_u}{dt} = -\Phi(\nu) n_u \sigma_{uo}(\nu) = -\phi(\nu) c_g \, n_u \sigma_{uo}(\nu). \tag{6-22}$$

Dies bedeutet aber auch, dass lokal die Photonendichte $\phi(\nu)$ im monochromatischen Strahl mit derselben Rate

$$\frac{d\phi(\nu)}{dt} = \frac{dn_u}{dt} = -\Phi(\nu) n_u \sigma_{uo}(\nu) = -\phi(\nu) c_g \, n_u \sigma_{uo}(\nu) \tag{6-23}$$

abnimmt, denn mit jedem Absorptionsprozess wird ein Photon aus dem Strahlungsfeld entfernt. Um die Verwechslung mit den Teilchendichten n_u und n_o zu vermeiden, wird hier die Lichtgeschwindigkeit c_g nicht in der ausgeschriebenen Form c_0/n_g verwendet.

Wir können auch anders argumentieren. Wenn unmittelbar vor dem Volumenelement in Figur 6-7 die eintreffende Intensität $I(\nu,z)$ beträgt, so geht über die Strecke dz die Leistung

$$dP(\nu, z) = -I(\nu, z) N_u \sigma_{uo}(\nu) = -I(\nu, z) n_u A dz \sigma_{uo}(\nu) \tag{6-24}$$

verloren. Umschreiben der Gleichung ergibt

$$\frac{dP(\nu, z)}{Adz} = -I(\nu, z) n_u \sigma_{uo}(\nu) \tag{6-25}$$

und mit $dI = dP/A$

$$\frac{dI(\nu, z)}{dz} = -I(\nu, z) n_u \sigma_{uo}(\nu). \tag{6-26}$$

Oder wieder mit der mittleren Photonendichte ausgedrückt

$$\frac{d\phi(\nu, z)}{dz} = -\phi(\nu, z) n_u \sigma_{uo}(\nu). \tag{6-27}$$

Die beiden letzten Gleichungen beschreiben, wie die Intensität oder die Photonendichte mit der im betrachteten Medium zurückgelegten Strecke abnimmt.

Dasselbe Resultat findet man, wenn von der zeitlichen Änderung in (6-23) ausgehend berücksichtigt wird, dass sich die Strahlung mit der Geschwindigkeit c_g fortbewegt, also in der Zeit dt die Strecke $dz = c_g dt$ zurücklegt.

Übung

Durch die Absorptionsprozesse im absorbierenden Medium schwächt sich ein Strahl in Ausbreitungsrichtung kontinuierlich ab. Man berechne die Abnahme der Intensität (bzw. des Photonenflusses) als Funktion der zurückgelegten Distanz (Beer'sches Gesetz).

6.3.2 Die spontane Strahlungsemission

Wenn sich ein Teilchen in einem angeregten (oberen) Energiezustand befindet, kann es unter gewissen Voraussetzungen durch Ausstrahlung eines Photons spontan in einen tiefer liegenden (unteren) Energiezustand zurückkehren. Dieser Prozess ist schematisch in der Mitte von Figur 6-6 dargestellt. Die Wahrscheinlichkeit, mit der ein angeregtes Teilchen seine Energie in einem Zeitintervall dt auf diese Weise abstrahlt, hängt von der Art des Teilchens ab und wird durch den so genannten Einstein-Koeffizienten A_{ou} für die Spontanemission des betrachteten Überganges beschrieben. Bei einer gegebenen Teilchenzahl N_o bzw. einer Besetzungsdichte n_o im angeregten Zustand beträgt die spontane Übergansrate $A_{ou}n_o$. Die Teilchendichte n_o nimmt daher mit der Rate

$$\frac{dn_o}{dt} = -A_{ou}n_o \tag{6-28}$$

ab und die Photonendichte nimmt mit der Rate

$$\frac{d\phi}{dt} = A_{ou}n_o \tag{6-29}$$

zu.

Beträgt die Dichte der angeregten Teilchen anfänglich $n_o(t=0)$, so nimmt diese ohne äußere Einflüsse aufgrund der Zerfallsrate (6-28) über die Zeit gemäß

$$n_o(t) = n_o(t=0)e^{-A_{ou}t} \tag{6-30}$$

ab. Der Einstein-Koeffizient A_{ou} bestimmt somit die zeitliche Abnahme von n_o und hat die Dimension 1/Zeit. Meist benutzt man daher den als Fluoreszenzlebensdauer bezeichneten reziproken Wert

$$\tau_{ou} = \frac{1}{A_{ou}}. \tag{6-31}$$

6.3.3 Die stimulierte Strahlungsemission

Der Prozess, der dem Laser seinen Namen gegeben hat (Light Amplification by Stimulated Emission of Radiation = Lichtverstärkung durch stimulierte Emission von Strahlung), ist rechts in Figur 6-6 dargestellt. Er kann eintreten, wenn ein elektromagnetisches Strahlungsfeld mit den Elektronen eines Teilchens wechselwirkt, welches sich in einem angeregten (oberen) Energiezustand befindet. Wenn die Frequenz des Strahlungsfeldes die Resonanzbedingung $\nu = \Delta E_{ou}/h$ erfüllt und somit die Übergangsenergie ΔE des Teilchens der Energie $h\nu$ der elektromagnetischen Energiequanten entspricht, kann das Teilchen durch den Übergang vom oberen in den unteren Energiezustand die Energie $\Delta E = E_o - E_u$ auf die bereits vorhandene elektromagnetischen Welle übertragen und diese damit verstärken.

Die Rate, mit welcher ein quasi-monochromatischer Strahl durch stimulierte Emission verstärkt wird, kann wie bei der Absorption wieder mit Hilfe eines Wirkungsquerschnittes σ_{ou} beschrieben werden. Nur dass jetzt am Wirkungsquerschnitt die Welle nicht abgeschwächt (absorbiert) sondern verstärkt wird. In der Gleichung (6-26) muss daher einfach das Vorzeichen geändert werden und man erhält analog

$$\frac{dI(\nu,z)}{dz} = I(\nu,z) n_o \sigma_{ou}(\nu)\,. \tag{6-32}$$

Dies ist die pro Wegstrecke durch stimulierte Emission verursachte Verstärkung der Strahlungsintensität. Mit jeder stimulierten Emission gibt ein Teilchen im Medium die Energie $\Delta E = E_o - E_u = h\nu$ an die elektromagnetische Welle ab und geht dabei vom oberen Niveau ins untere Energieniveau über. Analog zu (6-19) ist die Übergansrate der Teilchen daher durch

$$\frac{dN_o}{dt} = -\frac{I(\nu)}{h\nu} N_o \sigma_{ou}(\nu) \text{ beziehungsweise } \frac{dn_o}{dt} = -\frac{I(\nu)}{h\nu} n_o \sigma_{ou}(\nu) \tag{6-33}$$

gegeben.

Ferner erhält man analog zu (6-21) und (6-23)

$$\frac{dn_o}{dt} = -\Phi(\nu) n_o \sigma_{ou}(\nu) \tag{6-34}$$

und

$$\frac{d\phi(\nu)}{dt} = \Phi(\nu) n_o \sigma_{ou}(\nu) = \phi(\nu) c_g\, n_o \sigma_{ou}(\nu)\,. \tag{6-35}$$

Oder wieder bezogen auf die Wegstrecke dz:

$$\frac{d\phi(\nu)}{dz} = \phi(\nu) n_o \sigma_{ou}(\nu)\,. \tag{6-36}$$

Die stimulierte Übertragung von Energie aus der Materie an die wechselwirkende elektromagnetische Welle bewirkt gemäß (6-32) eine Steigerung der Strahlungsintensität I und damit auch die Erhöhung der Feldamplituden $\vec{\mathbf{E}}$ und $\vec{\mathbf{B}}$ (siehe Abschnitt 2.4.2). Es handelt sich also um eine kohärente Verstärkung der Welle. In der klassischen Betrachtungsweise des elektromagnetischen Feldes ist diese kohärente Feldverstärkung leicht nachvollziehbar.

Übung

Die stimulierte Emission verstärkt einen sich ausbreitenden Strahl, die Absorption schwächt diesen ab. Man berechne den Verlauf der Intensität (bzw. des Photonenflusses) eines Strahls als Funktion der zurückgelegten Strecke in einem Medium mit gegebenen Besetzungsdichten n_o und n_u und gegebenen Wirkungsquerschnitten σ_{ou} und σ_{uo}. Unter welcher Voraussetzung wird der Strahl verstärkt?

6.3.4 Die Linienverbreiterung

Führt man die in Figur 6-4 dargestellte Messung des Emissionsspektrums mit genügend hoher Auflösung durch, so stellt man für jede der Emissionslinien eine Intensitätsverteilung mit einer endlichen spektralen Breite $\Delta\nu_{Übergang}$ und einem Maximum bei einer für den Übergang charakteristischen Frequenz $\nu_{Übergang}$ fest.

Das spontan emittierte Licht kann schon wegen der endlichen Dauer des Abstrahlungsprozesses nicht rein monochromatisch sein. Eine absolut monochromatische Welle ist zeitlich unbegrenzt (unendliche Sinuswelle). Die Fourieranalyse eines zeitlich auf Δt begrenzten Wellenzuges ergibt eine endliche spektrale Breite $\Delta\nu$ die proportional zu $1/\Delta t$ wächst, wenn Δt abnimmt. Bereits ohne störende Einflüsse ist Δt auf die natürliche Fluoreszenzlebensdauer τ_0 eingeschränkt.

Gemäß (6-30) nimmt die Besetzungsdichte des angeregten Zustandes aufgrund der Spontanemission exponentiell ab. Auf quantenmechanischer Ebene gilt dieser exponentielle Zerfall für den angeregten Zustand jedes einzelnen Teilchens. In der probabilistischen Sprache der Quantentheorie bedeutet dies, dass die Wahrscheinlichkeit, dass sich das Teilchen im angeregten (oberen) Zustand befindet, über die Zeit exponentiell abnimmt. Dieser exponentielle Verlauf überträgt sich auf die Strahlungsemission in Form einer gedämpften Relaxationsschwingung. Geht man von einer exponentiellen Abnahme der abgestrahlten Intensität aus,

$$I(t) = I_0 e^{-\frac{t}{\tau_{ou}}}, \tag{6-37}$$

so entspricht dies für das elektrische Feld des abgestrahlten Lichtes im einfachsten Fall einem harmonisch schwingenden Ausdruck der Form (siehe Abschnitt 2.4.2)

$$E(t) = E_0 e^{-\frac{t}{2\tau_{ou}}} e^{i2\pi\nu_{ou}t} = E_0 e^{-\frac{t}{2\tau_{ou}}} e^{i\omega_{ou}t}. \tag{6-38}$$

Die Fourieranalyse

$$\tilde{E}(\omega) = E_0 \int_0^{\infty} e^{-\frac{t}{2\tau_{ou}}} e^{i\omega_{ou}t} e^{-i\omega t} dt \tag{6-39}$$

der elektrischen Feldstärke ergibt

$$\tilde{E}(\omega) = \frac{E_0}{\frac{1}{2\tau_{ou}} - i\left(\omega_{ou} - \omega\right)}. \tag{6-40}$$

Mit (2-75) erhält man damit das Intensitätsspektrum

$$\tilde{I}(\omega) = \frac{1}{2\mu_r} n\varepsilon_0 c_0 E_0^2 \frac{1}{\frac{1}{4\tau_{ou}^2} + \left(\omega_{ou} - \omega\right)^2}, \tag{6-41}$$

dessen Form als Lorentz-Profil bekannt ist. Die halbe Breite der Lorentz-Verteilung auf halbem Maximum (HWHM) beträgt

$$\Delta\omega_{ou} = \frac{1}{2\tau_{ou}}. \tag{6-42}$$

In normierter Form kann das Lorentz-Profil durch

$$\gamma(\omega, \omega_{ou}) = \frac{\Delta\omega_{ou}}{\pi} \frac{1}{\Delta\omega_{ou}^2 + (\omega_{ou} - \omega)^2} \tag{6-43}$$

ausgedrückt werden, damit

$$\int_{-\infty}^{\infty} \gamma(\omega, \omega_{ou}) d\omega = 1. \tag{6-44}$$

Das natürliche Emissionsspektrum eines spontan abstrahlenden Teilchens hat also die in Figur 6-8 dargestellte Form eines Lorentz-Profils. Im Vergleich zu einer Gauß-Verteilung weist die Lorentz-Verteilung wesentlich weiter zur Seite ausgedehnte Flanken auf.

Die natürliche Linienbreite ist nur in den seltensten Fällen beobachtbar. In der Regel tragen eine Vielzahl unterschiedlichster Prozesse zu einer zusätzlichen Verbreiterung des Spektrums bei. Stellt man diese Linienverbreiterung bei allen Teilchen einer Probe fest, so spricht man von *homogener* Verbreiterung. Sind verschiedene Untermengen einer Probe unterschiedlich verbreitert, spricht man von einer *inhomogenen* Verbreiterung. Eine homogene Verbreiterung wird sehr oft durch Stöße zwischen den Teilchen z. B. eines Gases (CO_2 Gas-Laser) oder durch Wechselwirkung mit thermischen Schwingungen (Phononen) des Wirtsmaterials (z. B. YAG-Kristallgitter) verursacht. Beide Vorgänge führen zu einer Verkürzung des Emissionsprozesses (Verkleinerung von τ_{ou}) und damit zu einer Verbreiterung des Spektrums (Vergrößerung von $\Delta\omega_{ou}$). Beispiele, die inhomogene Verbreiterungen hervorrufen, sind die Frequenz-

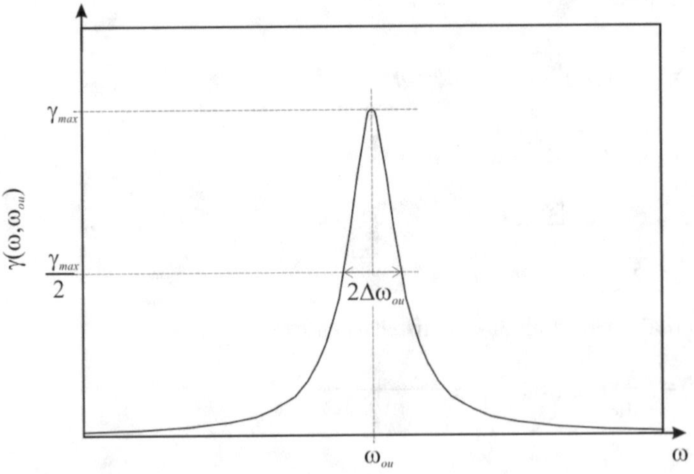

Figur 6-8. Das Lorentz-Profil.

verschiebung einzelner Teilchen in einem Gas aufgrund des Dopplereffektes oder lokale Inhomogenitäten des Wirtsmaterials (z. B. lokale Unterschiede in der Glasmatrix). Beides führt zu einer Frequenzverbreiterung der Emission einer Probe als Ganzes betrachtet.

Aus dem hier Ausgeführten folgt, dass die Spontanemission nicht rein monochromatisch ist, wie dies implizit in Abschnitt 6.3.2 angenommen wurde. Wir können den Emissionsprozess (6-29) spektral aufgelöst notieren, indem wir den Einstein-Koeffizienten mit einer spektralen Linienform $\gamma(\omega,\omega_{ou})$ oder $\gamma(\nu, \nu_{ou})$ multiplizieren,

$$\frac{d\phi'(\nu)}{dt} = A_{ou}\gamma(\nu,\nu_{ou})n_o\,, \tag{6-45}$$

und erhalten damit eine Emissionsrate für die spektrale Photonendichte $\phi'(\nu)$ (also die Anzahl Photonen pro Volumen und pro Frequenzintervall), wobei $\phi(\nu) = \phi'(\nu)d\nu$.

Bei der stimulierten Emission und der Absorption haben wir die Linienform bereits durch die spektrale Abhängigkeit der Wirkungsquerschnitte berücksichtigt. Wenn die Strahlung nicht monochromatisch ist, kann in den Gleichungen (6-23) und (6-35) einfach ϕ durch ϕ' ersetzt werden. Um die totalen Übergangsraten zu erhalten, muss dann jeweils über das ganze Spektrum integriert werden.

6.3.5 Die Beziehung zwischen Emissionen und Absorption von Strahlung

Bis jetzt haben wir die Wirkungsquerschnitte für die Absorption (σ_{uo}) und für die stimulierte Emission (σ_{ou}) unterschiedlich gekennzeichnet. Durch Betrachtung eines Strahlungsfeldes im thermischen Gleichgewicht mit der Materie können wir eine einfache Beziehung zwischen den Wirkungsquerschnitten und der spontanen Emissionsrate herleiten. Im thermischen Gleichgewicht müssen sich nämlich die Strahlungsemissionsraten und die Absorptionsrate gegenseitig aufheben. Unter Verwendung von (6-23), (6-29) und (6-35) in der spektral aufgelösten Form bedeutet dies

$$A_{ou}\gamma(\nu,\nu_{ou})n_o + \phi'(\nu)c_g\left(n_o\sigma_{ou}(\nu) - n_u\sigma_{uo}(\nu)\right) = 0\,. \tag{6-46}$$

Im thermischen Gleichgewicht sind die Besetzungsdichten der Energiezustande n_o und n_u durch die Boltzmannverteilung bestimmt. Es kann dabei vorkommen, dass mehrere unterschiedliche quantenmechanische Zustände eines Materieteilchens dieselbe Energie aufweisen. Ein solches Energieniveau wird als *entartet* bezeichnet. Jeder der unterschiedlichen Teilchenzustände in einem entarteten Energieniveau wird aufgrund der Boltzmannverteilung im thermischen Gleichgewicht mit der gleichen Häufigkeit n_u' bzw. n_o' im Verhältnis

$$\frac{n_o'}{n_u'} = e^{-\frac{\Delta E}{k_B T}} \tag{6-47}$$

besetzt. Die Dichten n_u und n_o bezeichnen die Gesamtheit aller Teilchen auf den Energieniveaus E_u und E_o. Wenn das untere Niveau g_u-fach und das obere Niveau g_o-fach entartet ist, folgt daher $n_u = g_u n_u'$, $n_o = g_o n_o'$ und

$$\frac{n_o}{n_u} = \frac{g_o n_o'}{g_u n_u'} = \frac{g_o}{g_u} e^{-\frac{\Delta E}{k_B T}}\,. \tag{6-48}$$

Setzt man dies in (6-46) ein und löst nach $\phi'(\nu)$ auf, so erhält man

$$\phi'(\nu)=\frac{A_{ou}\gamma(\nu,\nu_{ou})}{c_g\sigma_{ou}(\nu)}\frac{1}{\left(\frac{g_u}{g_o}\frac{\sigma_{uo}(\nu)}{\sigma_{ou}(\nu)}e^{\frac{h\nu}{k_BT}}-1\right)}, \tag{6-49}$$

wobei für ΔE bereits der Ausdruck $h\nu$ eingesetzt wurde.

Im thermischen Gleichgewicht ist die spektrale Energiedichte der elektromagnetischen Strahlung und damit die spektrale Photonendichte bekannt und durch (6-13) gegeben. Zwischen der spektralen Energiedichte ρ_ν und der spektralen Photonendichte $\phi'(\nu)$ besteht der einfache Zusammenhang

$$\rho_\nu=h\nu\phi'(\nu). \tag{6-50}$$

Die spektrale Photonendichte ist im thermischen Gleichgewicht also mit (6-13) durch

$$\phi'(\nu)=\frac{8\pi n^2 n_g\nu^2}{c_0^3}\frac{1}{e^{h\nu/k_BT}-1} \tag{6-51}$$

gegeben. Vergleicht man die beiden Ausdrücke (6-49) und (6-51), so kann (6-49) nur dann für alle Temperaturen die richtige Photonendichte wiedergeben, wenn sowohl

$$A_{ou}\gamma(\nu,\nu_{ou})=\frac{8\pi n^2\nu^2}{c_0^2}\sigma_{ou}(\nu) \tag{6-52}$$

als auch

$$g_u\sigma_{uo}(\nu)=g_o\sigma_{ou}(\nu) \tag{6-53}$$

gilt. Wir sehen also, dass zwischen der spontanen und der stimulierten Emission als auch zwischen der stimulierten Emission und der Absorption ein direkter, quantitativer Zusammenhang besteht. Insbesondere sind bei nicht entarteten Energieniveaus (also $g_o = g_u = 1$) die Wirkungsquerschnitte für die Absorption und die stimulierte Emission gleich groß.

6.3.6 Die Besetzungsinversion

Im Folgenden wenden wir uns wieder ausschließlich Situationen mit quasi-monochromatischer Strahlung zu. Wir untersuchen, wie sich die Photonendichte in einem Strahl verändert, wenn er ein mit den Besetzungsdichten n_o und n_u mit aktiven Teilchen dotiertes Medium durchquert. Aus den vorangegangenen Abschnitten wissen wir, dass der Strahl durch Absorption von Photonen in der Materie abgeschwächt und durch stimulierte Emission kohärent verstärkt wird. Die Spontanemission ist inkohärent und trägt nicht zur Verstärkung des Strahles bei. Berücksichtigt man sowohl die Absorption (6-23) als auch die stimulierte Verstärkung (6-35), so ergibt sich die Bilanz

$$\frac{d\phi(\nu)}{dt}=\dot{\phi}(\nu)=\phi(\nu)c_g\left(n_o\sigma_{ou}(\nu)-n_u\sigma_{uo}(\nu)\right). \tag{6-54}$$

Durch Verwendung von (6-53) findet man

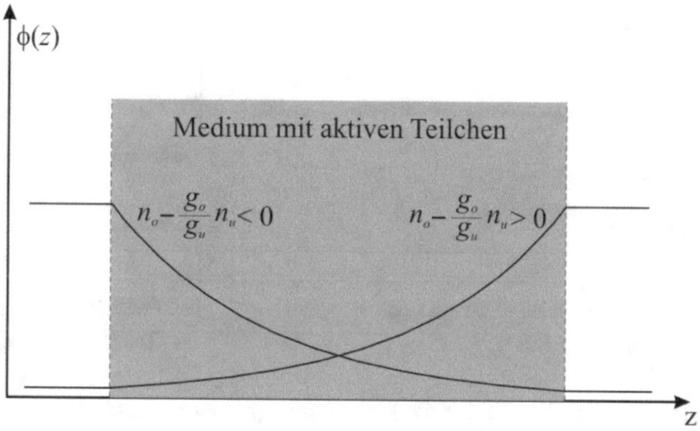

Figur 6-9. Verlauf der Photonendichte innerhalb eines Mediums mit unterschiedlichen Besetzungsverhältnissen.

$$\frac{d\phi(\nu)}{dt} = \dot{\phi}(\nu) = \phi(\nu) c_g \sigma_{ou}(\nu) \left(n_o - \frac{g_o}{g_u} n_u \right). \tag{6-55}$$

Dies ist die Veränderung pro Zeit dt der in Einheiten $h\nu$ ausgedrückten Energiedichte. Für die Veränderung über die zurückgelegte Strecke findet man aus (6-27) und (6-36)

$$\frac{d\phi(\nu)}{dz} = \phi(\nu) \sigma_{ou}(\nu) \left(n_o - \frac{g_o}{g_u} n_u \right). \tag{6-56}$$

Wenn der einfallende Strahl schwach ist[s] und die Besetzungsdichten n_o und n_u im Medium durch vorläufig nicht näher betrachtete Vorkehrungen konstant gehalten werden, so verändert sich die Photonendichte aufgrund der Differentialgleichung (6-56) entlang der Ausbreitungsrichtung im Medium gemäß

$$\phi(\nu, z) = \phi(\nu, z=0) e^{\sigma_{ou}(\nu) \left(n_o - \frac{g_o}{g_u} n_u \right) z} = \phi(\nu, z=0) e^{g(\nu) z}. \tag{6-57}$$

Qualitativ ist dieses Verhalten in Figur 6-9 wiedergegeben.[t] Verstärkung des Strahles findet nur unter der Bedingung

$$\left(n_o - \frac{g_o}{g_u} n_u \right) > 0 \text{ (Besetzungsinversion)} \tag{6-58}$$

statt. Der entsprechende Faktor

---

[s] Damit vernachlässigt werden kann, dass die Besetzungsdichten n_o und n_u durch die Wechselwirkung mit dem Strahl verändert werden.

[t] Der hier gezeigte Verlauf (6-57) gilt streng genommen nur für absolut divergenzfreie Strahlen. Aufgrund der endlichen Divergenz realer Strahlen verändert sich die Intensität bzw. die Photonendichte auch wegen des sich ändernden Strahldurchmessers (man denke z. B. an einen fokussierten Strahl).

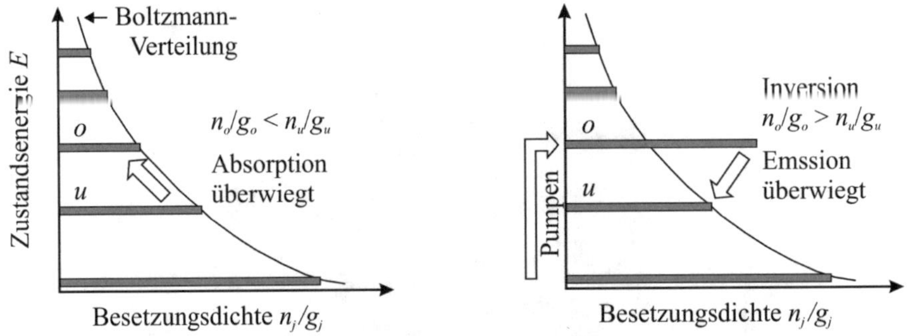

Figur 6-10. Ohne äußere Einflüsse folgt die Besetzung der Energiezustände einer Boltzmann-Verteilung (links). Eine Besetzungsinversion (rechts) kann nur durch kontinuierliche Energiezufuhr, dem Pumpen, aufrecht erhalten werden. Sobald das Pumpen eingestellt wird, strebt die Verteilung mit der durch die Lebensdauer τ_o bestimmten Zerfallsrate wieder der Boltzmann-Verteilung zu.

$$g(\nu) = \sigma_{ou}(\nu)\left(n_o - \frac{g_o}{g_u} n_u\right) \tag{6-59}$$

im Exponenten von (6-57) wird unter der Bedingung (6-58) *Verstärkungskoeffizient* genannt.[u]

Bei nicht entarteten Übergängen (also $g_o = g_u = 1$) bedeutet (6-58), dass die Besetzung des oberen (angeregten) Energieniveaus höher sein muss als die Besetzung des unteren Energieniveaus. Im thermischen Gleichgewicht kann dieser Zustand nicht hergestellt werden, da aufgrund der Boltzmann-Verteilung (6-48) n_o/g_o immer kleiner ist als n_u/g_u, und somit die Bedingung (6-58) nicht erfüllt ist. Die Besetzung der Zustände aufgrund der Boltzmann-Verteilung ist links in Figur 6-10 schematisch dargestellt. Weil im thermischen Gleichgewicht die tiefer liegenden Zustände höher besetzt sind als die oberen Niveaus, wird die umgekehrte Bedingung (6-58) *Besetzungsinversion* genannt. Letztere ist rechts in Figur 6-10 skizziert.

Um in einem Laserresonator Strahlung zu erzeugen und zu verstärken, besteht die Kunst also darin, ein Medium mit Besetzungsinversion zu präparieren. Wegen der endlichen Lebensdauer τ eines jeden Teilchenzustandes, nehmen die Besetzungsdichten ohne äußere Einwirkung nach kurzer Zeit die Boltzmann-Verteilung ein. Will man die Besetzungsinversion zwischen zwei Energieniveaus aufrecht erhalten, muss ständig Energie zugeführt werden, um Teilchen aus einem tiefer liegenden Zustand in das obere Energieniveau zu befördern. Dieser als *Pumpen* bezeichneter Vorgang ist rechts in Figur 6-10 dargestellt. Sobald die Energiezufuhr über das Pumpen eingestellt wird, strebt die Besetzung n_o durch die Spontanemission mit der durch die Lebensdauer τ_o definierten Zerfallsrate wieder dem durch die Boltzmann-Verteilung bestimmten Wert zu.

Wenn ein Strahl mit der passenden Frequenz ($h\nu_{ou} = E_o - E_u$) das Medium durchstrahlt, überwiegt im thermisch besetzten Fall (links in Figur 6-10) die Absorption und im Falle einer Besetzungsinversion (rechts in Figur 6-10) die stimulierte Emission.

---

[u] Ist dieser negativ, spricht man in der Regel vom Absorptionskoeffizienten α.

6.3.7 Die Anregung: Pumpen

Die Methoden zur Erzeugung einer Besetzungsinversion sind so vielfältig wie die Verstärkermedien selbst. Davon werden hier nur solche angeführt bzw. behandelt, bei denen die stimulierten Übergänge zwischen reellen Energieniveaus stattfinden, wie sie oben eingeführt wurden. Dazu gehören

- dielektrische Kristalle und Gläser, die mit laseraktiven Ionen dotiert sind,
- Flüssigkeiten mit laseraktiven Ionen oder fluoreszierenden Farbstoffmolekülen,
- Gase in elektrischen Entladungen oder in gasdynamischen Systemen,
- Halbleiter mit pn-Übergängen.

Komplexere Systeme, auf die hier nicht eingegangen wird, basieren auf virtuellen Niveaus und nichtlinearen Effekten. Dazu gehören

- die parametrische Verstärkung und Oszillation,
- der stimulierte Brillouineffekt,
- der stimulierte Ramaneffekt,
- stimulierte Zwei-Photonen-Übergänge,
- freie, relativistische Elektronen in einem periodischen Magnetfeld.

Um die für die Verstärkung erforderliche Besetzungsinversion zu erreichen, müssen im Verstärkermedium laseraktive Teilchen angeregt werden können. Dazu kommen vor allem die folgenden Mechanismen bzw. Methoden in Frage:

- Absorption von Photonen = optisches Pumpen,
- Anregung durch Elektronenstöße z. B. in Gasentladungen,
- Anregung durch Stöße mit anderen Teilchen z. B. in gasdynamischen Lasern,
- Anregung durch ein elektrisches Feld im Halbleiterlaser,
- Anregung durch chemische Prozesse.

Dabei ist zu beachten, dass die drei erstgenannten Anregungsmechanismen nicht nur Übergänge von einem unteren (u) auf ein oberes (o) Niveau, sondern auch in umgekehrter Richtung (von o nach u) bewirken können. Daraus folgt, dass ein reines 2-Niveau-System, also ein System bei dem sowohl die Anregung als auch die Verstärkung durch stimulierte Emission über nur 2 Energieniveaus bewerkstelligt werden soll, auf diese Weise nur invertiert werden kann, wenn die Wirkungsquerschnitte für Hin- und Rückreaktion verschieden sind.

Wie aus Abschnitt 6.3 hervorgeht, ist diese Bedingung beim optischen Pumpen nicht erfüllt. Denn bei zunehmender Besetzung des oberen Niveaus wird ein wachsender Teil der Pump-Photonen auch stimulierte Übergänge vom oberen ins untere Niveau induzieren und so der Anregung entgegenwirken. Ist anfänglich $g_u n_o/g_o - n_u < 0$, so wird durch die Absorption von Pump-Photonen der Frequenz $\nu_{uo} = (E_o - E_u)/h$ die Besetzung n_o nur solange zunehmen (und n_u dabei abnehmen), bis das Medium mit $g_u n_o/g_o - n_u = 0$ vollständig ausgebleicht ist und sich die Absorption und die stimulierte Emission von Photonen die Waage halten.

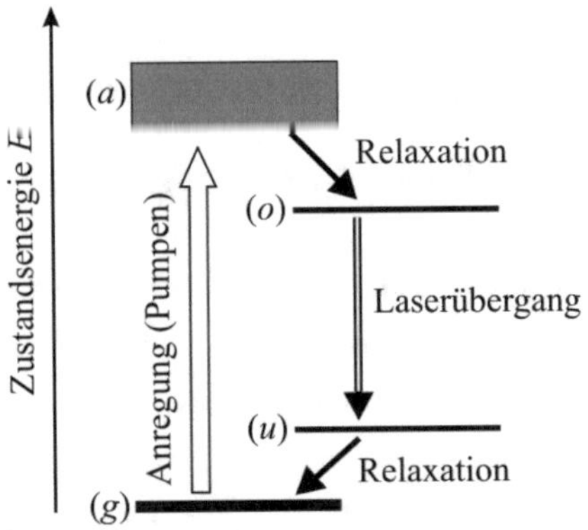

Figur 6-11. Der 4-Niveau-Laser mit dem Grundzustand (*g*), dem Anregungsband (*a*), dem oberen Laserniveau (*o*) und dem unteren Laserniveau (*u*).

Ähnliches geschieht auch bei anderen Anregungsmechanismen. Bei Elektronenstößen beispielsweise ist neben dem Anregungsprozess $e_{\text{schnell}} + \text{Teilchen}_u \Rightarrow e_{\text{langsam}} + \text{Teilchen}_o$ auch die Rückreaktion $e_{\text{langsam}} + \text{Teilchen}_o \Rightarrow e_{\text{schnell}} + \text{Teilchen}_u$ möglich. Auch hiermit kann somit höchstens Gleichbesetzung der beiden Energieniveaus erreicht werden.

Wegen diesen Rückreaktionsprozessen sind 2-Niveau-Systeme nicht möglich. Um die für den Laserbetrieb erforderliche Besetzungsinversion zu erreichen, bedarf es daher mindestens eines weiteren Energieniveaus, um den Pumpprozess vom Übergang der stimulierten Emission zu trennen. Am einfachsten wird der Laserbetrieb über mindestens 4 Energieniveaus bewerkstelligt, wie dies in Figur 6-11 skizziert ist. Die Verwendung von 3- oder Quasi-3-Niveau-Systemen reduziert allerdings die mit den Übergängen (*a*)-(*o*) und (*g*)-(*u*) assoziierten Energieverluste (siehe unten) und führt generell zu einem höheren Wirkungsgrad des Lasers (siehe Abschnitt 6.4.1), erfordert aber eine intensivere Anregung.

Aus dem Grundzustand (*g*) werden hier die laseraktiven Teilchen durch Energiezufuhr in ein Anregungsband (*a*) gepumpt. Von dort relaxieren sie zu einem großen Teil (im Idealfall nahezu 100%) auf das darunterliegende obere Laserniveau (*o*). Dies geschieht in den meisten Fällen durch strahlungslose Prozesse (z. B. Wechselwirkung mit Schwingungen eines Kristallgitters (Phononen) oder durch Stöße in einem Gas), die Rate kann aber wie bei der Spontanemission (6-28) mit einer Zerfallszeit τ_{ao} (6-31) charakterisiert werden. Die stimulierte Emission findet zwischen dem oberen (*o*) und unteren (*u*) Laserniveau statt. Vom unteren Laserniveau (*u*) gelangen die Teilchen wieder durch meist strahlungslose Prozesse und mit einer durch eine Zerfallszeit τ_{ug} bestimmten Rate zurück in den Grundzustand.

Bei der Auswahl eines laseraktiven Mediums sind dabei folgende Überlegungen zu berücksichtigen:

1. Das untere Laserniveau (*u*) sollte nicht mit dem Grundzustand (*g*) identisch sein. Andernfalls ($u = g$) müssen nämlich mindestens die Hälfte der Teilchen aus dem Grundzustand in das obere Laserniveau (*o*) gepumpt werden, um Besetzungsinversion zu erreichen (keine Entartung vorausgesetzt).

2. Die Anregung sollte mit einem möglichst breiten Energiespektrum realisierbar sein, da vorwiegend breitbandige Energiequellen (Blitzlampen, elektrische Entladungen etc.) zur Verfügen stehen. Aus diesem Grund ist das breitbandige Anregungsniveau (a) vorzugsweise vom oberen Laserniveau (o) getrennt, welches in der Regel schmaler ist und dafür eine längere Lebensdauer und eine höhere maximale Verstärkung aufweisen kann (siehe (6-42) und (6-43)).
3. Die Lebensdauer des Anregungsbandes (a) und die des unteren Laserniveaus (u) sollten klein sein gegenüber der Lebensdauer des oberen Laserniveaus (o). Diese Bedingung ist für kontinuierlichen Betrieb unerlässlich. Denn wenn die Übergänge von den oberen Niveaus her die spontane Zerfallsrate des unteren Niveaus überwiegen, wird die Besetzung im untern Laserniveau (u) anwachsen und die Erzeugung einer Besetzungsinversion verhindern oder eine anfängliche Besetzungsinversion schnell abbauen. Um den Laserprozess aufrecht zu erhalten muss gleichzeitig die Übergangsrate vom Anregungsband zum obere Laserniveau (o) höher sein (τ_a klein) als die Rate der stimulierten und spontanen Emissionen (τ_o groß), welche das obere Laserniveau (o) entleeren. (Eine quantitative Aussage über diese Bedingungen kann mit den Ratengleichungen aus Abschnitt 6.5 gewonnen werden).
4. Der Abstand zwischen dem unteren Laserniveau (u) zum Grundzustand (g) sollte möglichst so groß sein, dass dessen thermische Besetzung aufgrund der Boltzmann-Verteilung vernachlässigbar ist.
5. Andererseits sollte die Energie des Laserüberganges ($o \Rightarrow u$) möglichst groß sein, damit der größtmögliche Teil der Pumpenergie $E_a - E_g$ in Laserenergie umgewandelt wird und nicht durch die anderen Übergänge ($a \Rightarrow o$) und ($u \Rightarrow g$) verloren geht.

Nur bei wenigen Lasersystemen werden alle diese Forderungen ganz erfüllt. Insbesondere existieren auch 3-Niveau-Laser, wie der Rubin-Laser, oder Quasi-3-Niveau-Laser, wie der sehr erfolgreiche Yb:YAG Laser, bei welchen jedoch höhere Anforderungen an die Anregung bestehen.

Auf die verschiedenen Anregungsmöglichkeiten wird im Folgenden kurz eingegangen, bevor in Abschnitt 6.4 die praktische Realisierung einzelner Lasertypen näher besprochen wird.

6.3.7.1 Optisches Pumpen

Ein nahe liegender Anregungsmechanismus ist das Pumpen durch Einkopplung von Energie in Form von Licht. Da der Anregungsübergang $\Delta E_{ga} = E_a - E_g$ größer ist als der Laserübergang $\Delta E_{ou} = E_o - E_u$, müssen die Photonen des Pumplichtes energiereicher sein als die Photonen der Laserstrahlung. Damit hat das Pumplicht eine höhere Frequenz ν und eine kürzere Wellenlänge λ als der Laserstrahl. Eine hohe Effizienz der Anregung wird erreicht, wenn das Spektrum des Pumplichts genau auf das Absorptionsband des Lasermediums abgestimmt ist. Dies wird insbesondere dann erreicht, wenn der Laser durch einen anderen Laser gepumpt wird (z. B. mittels Ar-Laser gepumpter Ti-Saphirlaser). Aus diesem Grunde sind auch die mittels Diodenlasern gepumpten Festkörperlaser wesentlich effizienter als die lampengepumpten Systeme. Bei der Anregung durch Blitzlampen wird ein wesentlich größerer Teil der Pumpleistung im Material in Wärme umgewandelt und es müssen zusätzliche Vorkehrungen z. B. zur Verminderung der Schäden durch die ultra-violetten Anteile der Pumpstrahlung getroffen werden. Wenn das Pumplicht auch Teilchen vom oberen Laserniveau (*o*) in noch höher liegende Zustände befördert (excited state absorption (ESA)), kann dies eine Inversion zusätzlich erschweren oder gar verunmöglichen.

6.3.7.2 Elektronenstöße

Die Atome oder Moleküle eines Lasergases können durch Stöße mit freien, d. h. nicht an einen Kern gebundene Elektronen angeregt werden. Dabei kann die Energie unmittelbar durch einen direkten Elektronenstoß, oder mittelbar über einen weiteren Stosspartner an das eigentliche laseraktive Atom oder Molekül im Gasgemisch übertragen werden. D. h. die Elektronen übertragen ihre Energie erst auf nicht laseraktive Teilchen und dieses überträgt sie dann in einem zweiten Stoss an ein laseraktives Atom oder Molekül. Typische Beispiele hierfür sind der HeNe-Laser (Elektronenstoß-Anregung des Heliums und anschließende Energieübertragung vom Helium an das für die Laseremission verantwortliche Neon) und der CO_2-Laser (Elektronenstoß-Anregung des Stickstoffs und resonante Energieübertragung auf das für die Laseremission verantwortliche CO_2-Molekül). Beim CO_2-Laser wird die Entleerung des unteren Laserniveaus durch die Anwesenheit von Helium stark begünstigt. Ein CO_2-Laser enthält daher üblicherweise ein Gemisch von CO_2, N_2 und He.

Die Elektronen können entweder externen Quellen entstammen (Elektronenstrahlbeschleuniger) oder sie werden in einer im Medium selbst stattfindenden Gasentladung erzeugt.

6.3.7.3 Gasdynamische Anregung

Da aufgrund der Boltzmann-Verteilung die Niveaus mit zunehmender Zustandsenergie schwächer besetzt werden, kann man durch thermische Anregung direkt keine Besetzungsinversion erreichen. Durch Ausnutzen gasdynamischer Effekte bei der raschen Expansion eines vorher aufgeheizten Gases kann diese Limitierung aber umgangen und eine indirekte Inversionserzeugung erzielt werden. Dabei wird ein geeignetes Gas (z. B. CO_2) in einer Brennkammer erhitzt und erfährt so die erforderliche Vibrationsanregung (es herrscht aber noch keine Inversion). Beim Durchströmen einer Düse wird es sehr schnell adiabatisch entspannt. Infolge der daraus resultierenden, sehr raschen Temperatursenkung kann sich die Boltzmann-Verteilung nicht unmittelbar einstellen. Aufgrund der sehr viel kürzeren Relaxationszeit des unteren Laserniveaus nimmt dessen Besetzungsdichte mit der sinkenden Temperatur wesentlich schneller ab als die Besetzung des oberen Laserniveaus. Dies führt ab einer bestimmten, stromabwärts vom engsten Düsenquerschnitt befindlichen Stelle, zu einem Inversionszustand, der zur Erzeugung von Laserstrahlung verwendet werden kann.

6.3.7.4 Chemische Anregung

Chemisch angeregte Medien können während der Reaktion zweier (meist gasförmiger) Stoffe entstehen, bei der ein neues Molekül gebildet wird. Speichert das entstandene Molekül einen Teil der Reaktionsenergie in Form von Vibrationsenergie, so befindet es sich bereits bei der Entstehung in einem angeregten Zustand.

6.3.7.5 Elektrische Anregung

Unter den Festkörperlasern bilden die Halbleiterlaser eine besondere Klasse, da sie auch direkt durch anlegen eines elektrischen Stromes betrieben werden können. Die Lichterzeugung im Halbleiter erfolgt durch Rekombination von Ladungsträgern (Elektronen-Loch-Paare) in einem halbleitenden Kristall. Diese so genannten Diodenlaser zeichnen sich durch vergleichsweise hohe Effizienzen aus (Größenordnung 50%).

6.4 Laserstrahlquellen

Es ist üblich, die verschiedenen Laser nach besonderen Merkmalen des laseraktiven Mediums in Gas-Laser, Festkörperlaser, Diodenlaser, Scheibenlaser, Faserlaser, Excimer-Laser und Farbstofflaser zu unterteilen. Diese Einteilung ist zwar inkonsistent, da z. B. sowohl Scheibenlaser und Faserlaser als auch Diodenlaser im physikalischen Sinne Festkörperlaser sind. Andererseits heben diese Bezeichnungen besondere Merkmale der unterschiedlichen Laserkonzepte hervor und sind inzwischen weit verbreitet.

Die Vielfalt der heute bekannten Laser ist viel zu umfangreich, um hier auf jede Variante einzeln eingehen zu können. Stattdessen sollen im Folgenden die prinzipielle Funktionsweisen der genannten Lasertypen kurz erläutert werden und bei den wichtigsten Klassen exemplarisch auf ein oder zwei weit verbreitete Lasersysteme konkret eingegangen werden.

6.4.1 Festkörperlaser

Wie es der Name sagt, besteht das laseraktive Medium dieser Laser aus einem Festkörper. Heute sind dies in den allermeisten Fällen monokristalline Stäbe, Scheiben oder Quader (englisch: slab). Man spricht daher auch von Stab-, Scheiben- oder Slablasern. Zur Erzeugung und Verstärkung der Laserstrahlung sind die Laserkristalle mit laseraktiven Ionen wie Nd, Yb, Er etc. dotiert. Bei Stablasern wurden früher auch mit laseraktiven Ionen dotierte Gläser verwendet. Abgesehen von den homogeneren spektroskopischen Eigenschaften besteht der wesentlichste Vorteil der Kristalle in der gegenüber Glas wesentlich höheren Wärmeleitfähigkeit und der höheren Bruchfestigkeit. Die für einen effizienten Laserbetrieb erforderlichen Qualitäten des Lasermediums stellen dabei sehr hohe Anforderungen an die Kristallzucht. Seit einigen Jahren wird daher auch an der Entwicklung so genannter keramischer Festkörperlaser gearbeitet. Diese bestehen im Wesentlichen aus demselben Material wie die herkömmlichen Laserkristalle, werden aber in Pulverform zu beliebigen Geometrien versintert. Dabei ist die Herstellung des kristallinen Pulvers einfacher als die Zucht großer Kristalle aus denen erst danach die gewünschten Geometrien ausgesägt oder ausgebohrt werden.

Festkörperlaser werden mit Ausnahme der Diodenlaser optisch angeregt. In den Anfängen standen dazu nur Blitzlampen zur Verfügung. Aufgrund der wesentlich höheren Effizienz setzen sich heute mehr und mehr Diodenlaser als Pumplichtquelle durch. Diese Halbleiterlaser werden später in Abschnitt 6.4.1.6 behandelt.

6.4.1.1 Der Rubinlaser

Die erste experimentelle Realisierung eines Lasers gelang T. H. Maiman 1960 mit einem blitzlampengepumpten Rubin.[24] Heute ist dieser Laser allerdings nur noch von historischer

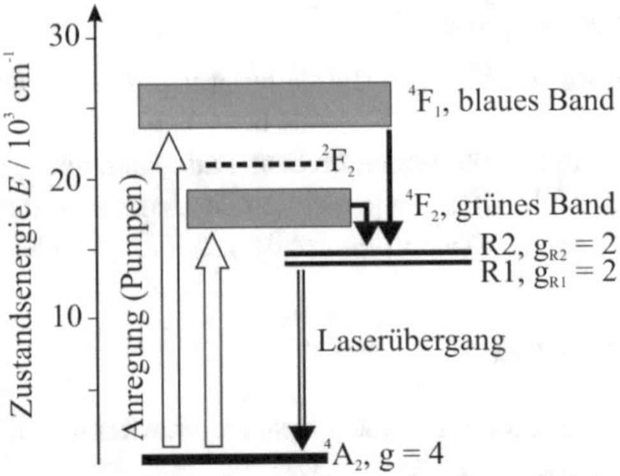

Figur 6-12. Energieschema des Rubinlasers. Die optische Anregung erfolgt über zwei Absorptionsbänder im grünen und blauen Spektralbereich. Die Entartungsgrade der einzelnen Zustände sind mit g bezeichnet.

Bedeutung und soll hier auch aus diesem Grund erwähnt werden. Der Rubin ist ein Edelstein aus der Familie der Korunde (Al_2O_3, auch Saphir genannt) und weist eine rötliche Verfärbung auf, die auf einen geringen Anteil von Chrom zurückzuführen ist. Für die Verwendung als Laserkristall sind im Rubinkristall bis zu 1 % der Al^{3+}-Ionen des Saphir-Kristallgitters durch Cr^{3+}-Ionen ersetzt. Das Energiespektrum dieser Cr-Ionen ist in Figur 6-12 wiedergegeben. Beim Rubinlaser handelt es sich um einen reinen 3-Niveau-Laser.[25]

In der Spektroskopie wird die Energiedifferenz zwischen zwei Zuständen oft in den so genannten Wellenzahlen

$$\tilde{\nu} = \frac{1}{\lambda} \tag{6-60}$$

ausgedrückt. Die Schreibweise leitet sich von der Photonenenergie $E = h\nu$ ab, wobei bekanntlich $\nu = c/\lambda$ gilt. Der Zusammenhang zwischen der Energie und der Wellenzahl $\tilde{\nu}$ (meist in cm^{-1}) lautet daher

$$E = hc\tilde{\nu}\,. \tag{6-61}$$

Für ein Licht-Energiequant mit einer Wellenlänge von $\lambda = 1$ μm ist $\tilde{\nu} = 1000\ cm^{-1}$, beziehungsweise $E = 1.99\times10^{-20}$ J. Die Energieangabe in Wellenzahlen ergibt also die handlicheren Werte.

Die optische Anregung des Rubinlasers erfolgt über die zwei spektroskopisch mit $^4F_2$ und $^4F_1$ bezeichneten Absorptionsbänder im grünen und blauen Spektralbereich. Die Absorptionsbänder sind breit genug, um die Anregung mittels Blitzlampen zu ermöglichen. Die Anregung des ersten Rubinlasers erfolgte mit einer Blitzlampe, welche spiralförmig um den Rubinstab angeordnet war, wie dies in Figur 6-13 skizziert ist. Die beiden polierten Endflächen des Rubinstabes von Maiman waren teildurchlässig verspiegelt und bildeten so den optischen Laserresonator.

Wegen der höheren Boltzmannbesetzung im tiefer liegenden Laserniveau R1 erreicht der Laserübergang, der vom Zustand R1 ausgeht, die Inversionsbedingung vor dem Übergang ab

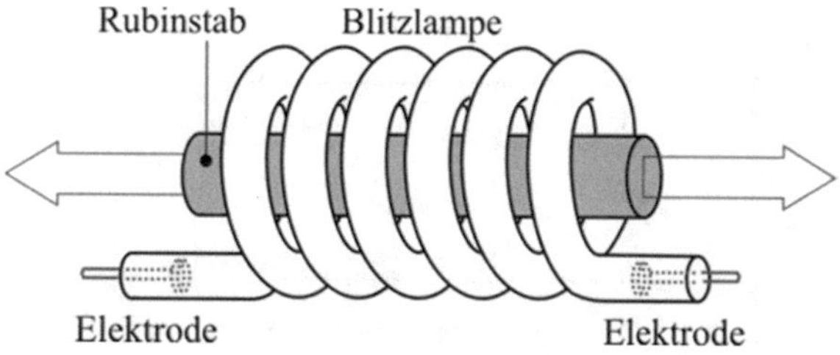

Figur 6-13. Aufbau des ersten Rubinlasers. Die Blitzlampe war spiralförmig um den Rubinstab angeordnet. Die Endflächen des Rubinstabes waren teildurchlässig verspiegelt und bildeten den Laserresonator.

dem Niveau R2. Die Laseremission erfolgt somit immer über das Niveau R1 und weist eine Wellenlänge von 694.3 nm auf.

Die Entartungen der beteiligten Energiezustände kommen dem Laserbetrieb vereinfachend zugute. Da der Grundzustand im Gegensatz zur zweifachen Entartung des oberen Laserniveaus R1 sogar vierfachen entartet ist, muss die totale Besetzung in R1 nur die Hälfte der totalen Besetzung des Grundzustandes betragen, um die Inversionsbedingung (6-58) zu erreichen.

Ähnlich wie der Rubinlaser in Figur 6-13 wurden später auch andere Festkörperlaser aufgebaut, insbesondere der Nd:YAG Stablaser.

6.4.1.2 Nd:YAG Stab- und Slablaser

Nd:YAG steht für Neodym dotierter Yttrium-Aluminium-Granat. Dabei werden bis zu 2% (meist aber nur 1.1%) der Y^{3+}-Ionen des $Y_3Al_5O_{12}$ Kristallgitters durch Nd^{3+}-Ionen ersetzt. Der große Vorteil des Nd:YAG Lasers ist sein 4-Niveau-Energieschema, welches in Figur 6-14 dargestellt ist.[25] Nd:YAG Laser sind daher vergleichsweise einfach kontinuierlich zu betreiben. In diesem Energiespektrum nicht eingezeichnet sind die bei der Anregung durch Blitzlampen verwendeten Absorptionsbänder. Der Laserübergang findet zwischen den mit $^4F_{3/2}$ und $^4I_{11/2}$ bezeichneten Energiezuständen der Nd^{3+}-Ionen statt und weist eine Wellenlänge von 1064 nm auf.

Nebst dem reinen 4-Niveau-System zeichnet sich Nd:YAG auch durch einen vergleichsweise hohen Wirkungsquerschnitt für stimulierte Emission aus. Für den Übergang bei 1064 nm beträgt dieser $\sigma_{ou} = 2.8\times10^{-19}$ cm^2.[25] Weiter besitzt YAG auch eine gute Wärmeleitfähigkeit von 0.13 Wcm^{-1}K^{-1} (bei Raumtemperatur).[25]

Obwohl die Bezeichnung Blitzlampe auf das kurze Aufblitzen früherer Anregungslampen zurückgeht, werden heute neben den gepulsten Blitzlampen auch kontinuierlich betriebene Lampen eingesetzt. Anders als bei den ersten Versuchen (wie in Figur 6-13) sind blitzlampengepumpte Systeme heute in der Regel mit stabförmigen Blitzlampen ausgestattet. Um die verfügbare Pumpstrahlung möglichst effizient auszunutzen, werden die stabförmigen Blitzlampen dabei mittels einfach-, doppelt- oder mehrfach-elliptischen Pumpkavitäten auf den Laserstab abgebildet, wie dies in Figur 6-15 skizziert ist. Sowohl der Laserstab als auch die Blitz-

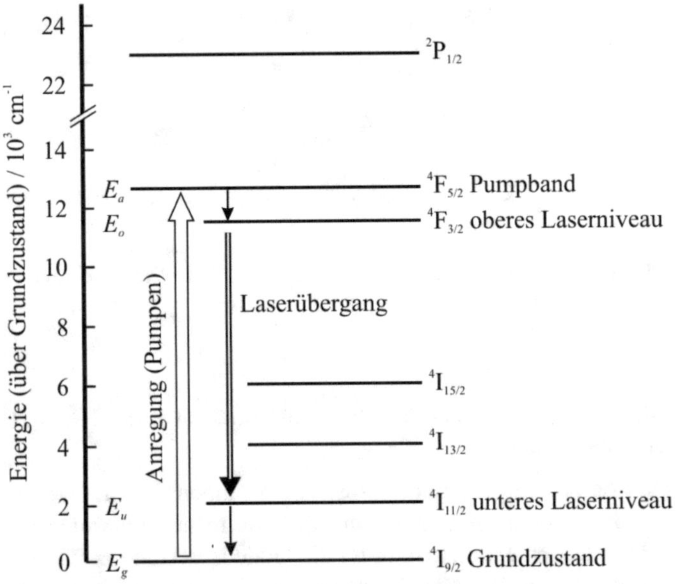

Figur 6-14. Vereinfachtes Energieschema des Nd:YAG Lasers.

lampen sind zur Kühlung dabei direkt mit Wasser umströmt. Die Wände der Pumpkavitäten sind poliert und zur Erhöhung des Reflexionsgrades meist vergoldet.

Alternativ zu Laserstäben werden gelegentlich auch Slablaser (engl. slab = Platte) eingesetzt, wobei der Laserstrahl, wie in Figur 6-16 dargestellt, entweder wie beim Stab gerade oder im Zickzack über mehrere Reflektionen durch das laseraktive Medium mit plattenförmiger Geometrie geführt wird. Die optische Anregung kann dabei durch jede beliebige Oberfläche des Lasermediums erfolgen.

Bei Slablasern oder bei Laserstäben mit rechteckigem Querschnitt werden die Ein- und Austrittsflächen oft im Brewster-Winkel geschnitten.[2] Dies hat den Vorteil, dass der p-polarisierte

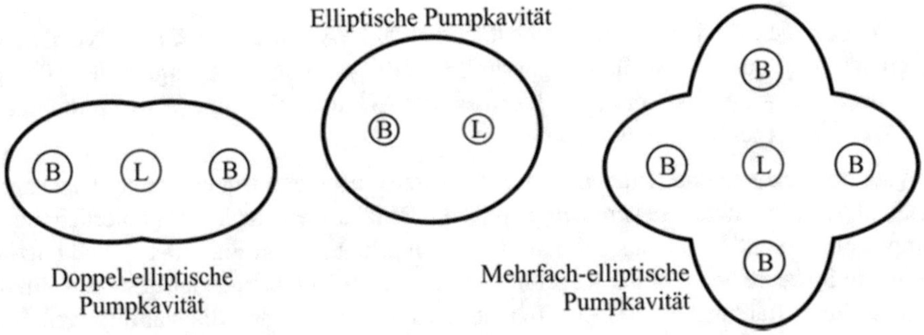

Figur 6-15. Schematische Anordnung elliptischer Pumpkavitäten. In den gezeigten Querschnitten sind die in den Brennlinien angeordneten stabförmigen Blitzlampen (B) und der Laserstab (L) skizziert.

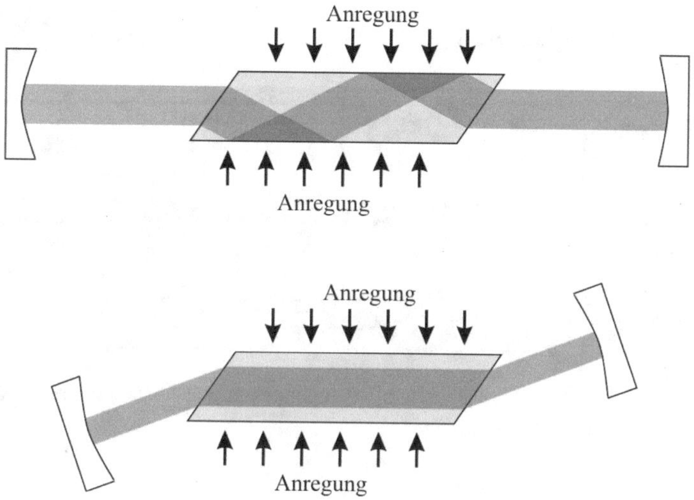

Figur 6-16. Bei Slablasern wird der Laserstrahl entweder gerade oder im Zickzack über mehrere Reflektionen durch das Lasermedium geführt. Die Anregung kann über mehrere Seiten erfolgen.

Laserstrahl auch ohne optische Vergütung der Flächen absolut verlustfrei transmittiert wird. Gleichzeitig wirkt der Laserkristall so als Polarisator und erzeugt damit einen linear polarisierten Laserstrahl.

Verglichen mit der Anregung mittels Diodenlasern hat die Verwendung von Blitzlampen eine ganze Reihe von Nachteilen. Der wohl wichtigste Nachteil ist im Emissionsspektrum der Lampen begründet, welches in der Regel wesentlich breiter ist als die Absorptionslinien der laseraktiven Medien. Dadurch wird nur ein geringer Anteil der verfügbaren Pumpleistung im Lasermedium absorbiert und ausgenutzt. Darüber hinaus können die hohen UV-Anteile im Spektrum auch unerwünschte Auswirkungen auf das Lasermedium selbst (Bildung von Farbzentren) oder andere optische Komponenten haben.

Diodenlaser weisen hingegen ein wesentlich schmaleres Emissionsspektrum auf, welches erst noch gezielt auf die stärksten Absorptionslinien des Lasermediums abgestimmt werden kann. Nd:YAG Laser werden mit Dioden bei einer Wellenlänge um 808 nm angeregt, wobei diese in der Regel eine spektrale Bandbreite von weniger als 5 nm aufweisen und so sehr gut vom Absorptionsband des Nd:YAG abgedeckt werden. Wie dies in Figur 6-17 anhand typischer Werte zusammengestellt ist, weisen diodengepumpte Festkörperlaser wegen der effizienteren Ausbeute der Pumpstrahlung daher einen wesentlich höheren Gesamtwirkungsgrad auf.

Der Einsatz von Diodenlasern führt derzeit im Vergleich zu Blitzlampen noch zu leicht höheren Investitions- und Unterhaltskosten. Wegen dem günstigeren Verhältnis von Strahlleistung und Verlustwärme im Lasermedium (siehe Figur 6-17) bieten diodengepumpte Laser jedoch bei gleicher Ausgangsleistung wesentlich bessere Strahleigenschaften. Wie in den Kapiteln 7 und 8 ausgeführt, erschweren nämlich thermisch verursachte Störungen die Erzeugung von Laserstrahlen mit guter Fokussierbarkeit. Besonders ausgeprägt sind diese Effekte in seitlich

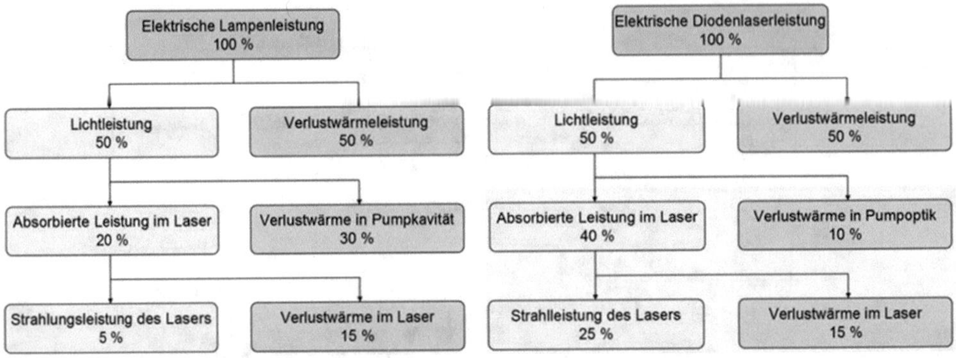

Figur 6-17. *Links*: typische Leistungsbilanz blitzlampengepumpter Lasersysteme. *Rechts*: typische Leistungsbilanz diodengepumpter Lasersysteme.

gekühlten Medien, weil dort die Temperaturverteilung über den Querschnitt des Laserstrahles nicht konstant verläuft.

Stab- und Slablaser werden auch mit Diodenlasern meist seitlich angeregt. Die möglichen Anordnungen sind dabei sehr vielfältig. Repräsentativ ist in Figur 6-18 ein dreifach seitlich angeregter Laserstab skizziert. Die Hochleistungsdiodenlaser können dabei entweder – wie in der Zeichnung dargestellt – als einzelne Barren montiert werden oder zu ganzen Stacks zusammengefasst sein. Da in der Regel die Diodenstrahlung in einem einzigen Durchgang durch den Stab nicht vollständig absorbiert werden kann, wird die verbleibende Strahlung oft mittels eines Reflektors nochmals zurück in den Stab geleitet.

Wegen der auch bei Hochleistungslaserdioden im Vergleich zu Blitzlampen wesentlich stärker gerichteten Abstrahlung können Festkörperlaser mittels Dioden auch longitudinal angeregt werden. In solchen Systemen wird der Laserstab durch eine oder (seltener) durch beide Endflächen hindurch mittels eines kollimierten Diodenlaserstrahls angeregt. Wird nur eine Seite des Stabes gepumpt, dient diese meistens auch gleich als Resonator-Endspiegel und ist daher mit entsprechenden dielektrischen Beschichtungen versehen (hochreflektierend für die Laserwellenlänge und hochtransmittierend für die Pumpwellenlänge). Analoge Anordnungen können auch bei Slablasern eingesetzt werden. Wegen den räumlich eingeschränkten Möglichkeiten für die Zuführung der Pumpstrahlung werden endgepumpte Nd:YAG Laser nur bei vergleichbar niedrigen Leistungen eingesetzt.

Sowohl blitzlampengepumpte als auch diodengepumpte Stablaser werden heute mit *kontinuierlichen Ausgangsleistungen* von mehreren kW kommerziell angeboten. Blitzlampengepumpte Nd:YAG Laser mit einer Ausgangsleistung von z. B. 4 kW erreichen ein Strahlparameterprodukt von etwa 25 mm×mrad. Der Gesamtwirkungsgrad beträgt allerdings lediglich etwa 3%. Demgegenüber sind diodengepumpte Nd:YAG Stablaser bei derselben Ausgangsleistung schon mit einem Strahlparameterprodukt von 16 mm×mrad und einem Gesamtwirkungsgrad von 10% erhältlich. Noch bessere Strahlqualitäten und Gesamtwirkungsgrade von deutlich über 20% werden heute nur mit Scheiben- und Faserlasern erreicht (siehe Abschnitte 6.4.1.3 und 6.4.1.5).

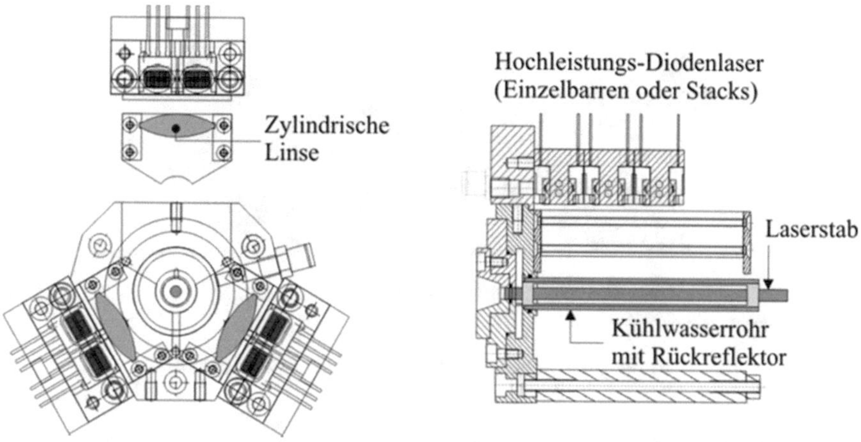

Figur 6-18. Typischer Aufbau eines mittels Diodenlasern seitlich angeregten Stablasers. Die drei seitlich angeordneten Zylinderlinsen fokussieren die Diodenlaser-Strahlung auf den Laserstab im Kühlwasserrohr [Quelle: CAPTEC GmbH].

Kontinuierlich betriebene Laser (Englisch: *cw* für *continuous-wave*) hoher Leistung werden hauptsächlich in der Makro-Materialbearbeitung für Anwendungen wie Schweißen und Schneiden eingesetzt. In der Mikro-Bearbeitung – wie Bohren und Strukturieren – werden oft gepulste Laser mit hohen Spitzenleistungen aber aktuell noch moderaten mittleren Leistungen eingesetzt (in der Regel deutlich unter 1 kW).

Gepulst angeregte Nd:YAG Laser sind heute oft noch lampengepumpt. Typische Pulsdauern liegen zwischen 0.1 bis 100 ms und sind im Wesentlichen durch die Dauer der Anregungspulse bestimmt. Die Energie der Einzelpulse kann je nach Anwendung sehr unterschiedlich gewählt sein und beträgt typischerweise und je nach Pulsdauer zwischen 0.1 bis 70 J. Die Pulsspitzenleistung liegt dabei in der Regel deutlich unter 10 kW. Die Pulsrepetitionsrate kann vom Einzelpulsbetrieb bis in die Größenordnung kHz variieren und bestimmt so die mittlere Leistung des Lasers.

Sind deutlich kürzere Pulse erforderlich, so wird eine *Güteschaltung* eingesetzt, wie sie in Abschnitt 6.5.13 beschrieben ist. In Nd:YAG Lasern werden auf diese Weise bei nahezu beugungsbegrenzter Strahlqualität Pulsdauern in der Größenordnung von 100 ns erzeugt. Für diese Betriebsweise und die *Modenkopplung* (siehe Abschnitt 5.5.1) zur Erzeugung von ultrakurzen Pulsen im Pikosekunden- und Femtosekunden-Bereich gibt es allerdings geeignetere Lasermaterialien, die in Abschnitt 6.4.1.4 beschrieben werden.

6.4.1.3 Yb:YAG und Yb:LuAG Scheibenlaser

Wie in den Kapiteln 7 und 8 gezeigt, wird die Erzeugung guter Strahlqualität in Stab- und Slablasern durch die quer zur Strahlausbreitungsrichtung inhomogene Temperaturverteilungen im laseraktiven Medium stark beeinträchtigt. Diesbezüglich bietet der Scheibenlaser einen ganz entscheidenden Vorteil. Wie in Figur 6-19 dargestellt, besteht hier das Lasermedium aus einer dünnen Scheibe von typisch 0.1 bis 0.3 mm Dicke, die in Richtung der Strahlachse

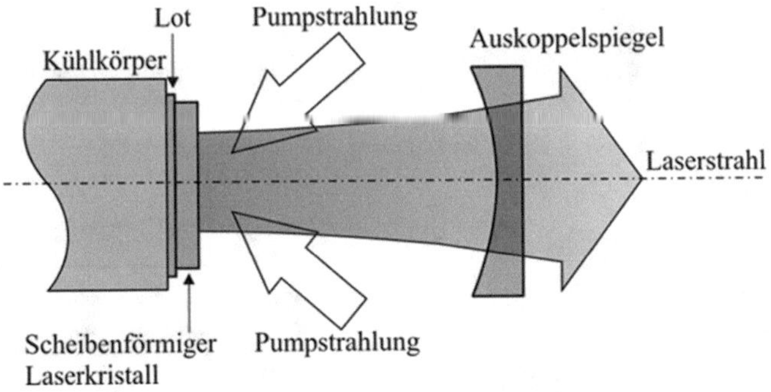

Figur 6-19. Schematischer Aufbau eines Scheibenlasers.

flächig gekühlt wird. Dies hat den großen Vorteil, dass quer zum Strahl die Temperaturgradienten und die damit verbundenen inhomogenen Veränderungen der optischen Eigenschaften stark vermindert werden.[26, 27]

Zur Kühlung des Laserkristalls wird die Scheibe auf eine wassergekühlte Wärmesenke gelötet oder geklebt. Zur Vermeidung von Spannungen und Verformungen sollten dabei die thermischen Ausdehnungskoeffizienten von Kühlkörper und Lot auf den des Laserkristalls abgestimmt sein.

Die gekühlte Rückseite der Laserkristallscheibe dient gleichzeitig als Resonatorspiegel. Der Laserstrahl wird also in seinem Doppeldurchgang durch die dünne Scheibe verstärkt. Der kurze Weg in der Scheibe führt natürlich auch zu vergleichsweise geringen Verstärkungen pro Resonatorumlauf. Gemäß den Ausführungen in Abschnitt 6.5.9 bedeutet dies, dass der optimale Auskopplungsgrad bei Scheibenlasern nur wenige Prozente beträgt.

Im Gegensatz zu den oben beschriebenen Stablasern wird der Scheibenlaser gewöhnlich nicht seitlich angeregt. Die Pumpstrahlung wird von vorne auf die Scheibe geleitet und an der Rückseite reflektiert. Ein einfacher Doppeldurchgang reicht für eine effiziente Absorption der Pumpstrahlung allerdings bei weitem nicht aus. Um eine gute Pumpeffizienz zu erreichen, wird das Pumplicht, wie in Figur 6-20 dargestellt, z. B. über einen Parabolspiegel und vier Prismen wiederholt auf die Scheibe abgebildet.

Damit die Anregung im Laserkristall möglichst homogen ist, wird die Strahlung der Pumpdioden zur Homogenisierung entweder durch ein Faserbündel oder durch einen einfachen Glasstab geleitet und danach mit einer Linse kollimiert. Von da gelangt der Pumpstrahl zunächst ein erstes Mal auf den Parabolspiegel (z. B. Position ①). Der Parabolspiegel fokussiert den Pumpstrahl auf den Laserkristall. Nach dem ersten Doppeldurchgang durch den Laserkristall trifft der Pumplichtstrahl erneut auf den Parabolspiegel (Position ②) und wird von dort auf ein Umlenkprisma geleitet. Das Umlenkprisma erzeugt einen Strahlversatz, damit der Pumplichtstrahl um einen bestimmten Betrag verschoben auf den Parabolspiegel gelangt (Position ③) und von dort erneut auf die Laserscheibe abgebildet wird. Dies kann so oft wiederholt werden, dass die Gesamtabsorption der Pumpstrahlung im Kristall gut 90 % beträgt.

Wie in der Skizze ersichtlich, hat der Parabolspiegel in der Mitte eine Aussparung, durch die der Laserstrahl hindurchgeführt werden kann.

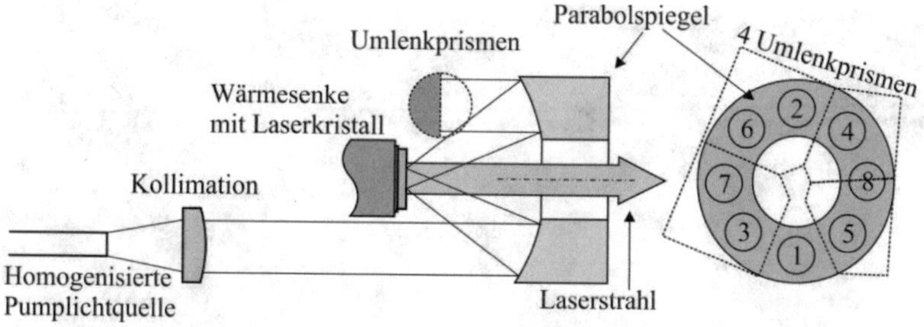

Figur 6-20. Schema der Pumpoptik des Scheibenlasers. Der Pumpstrahl wird hier über einen Parabolspiegel und vier Prismen wiederholt auf die Laserscheibe abgebildet.

Die mit dieser Anregungsoptik erreichte ausgesprochen hohe Pumpleistungsdichte in der Laserscheibe eignet sich insbesondere auch zur Anregung von Quasi-3-Niveau-Medien wie die im Scheibenlaser häufig verwendeten Yb:YAG oder Yb:LuAG. Die beiden mit Ytterbium dotierten Kristalle weisen sehr ähnliche Eigenschaften auf.[28] Die Energieniveaus von Yb:YAG sind in Figur 6-21 dargestellt.[29] Sowohl Yb:YAG als auch Yb:LuAG können mit vergleichsweise hohen Dotierungskonzentrationen gezüchtet werden, was einer starken Absorption der Pumpstrahlung zusätzlich entgegenkommt. Yb:YAG und Yb:LuAG Laser werden meist mittels Diodenlaser bei einer Wellenlänge von 941 nm gepumpt. Eine Anregung bei der längeren Wellenlänge von 969 nm, dem sogenannten *zero-phonon* Übergang vom Grundzustand direkt ins obere Laserniveau (also ein reiner 3-Niveau-Betrieb), reduziert die Wärmeentwicklung im Kristall um 32% und ermöglicht damit deutlich gesteigerte Leistungsmerkmale, erhöht wegen des schmaleren Absortpionsbandes aber die spektralen Anforderung an die Pumpquellen.[30]

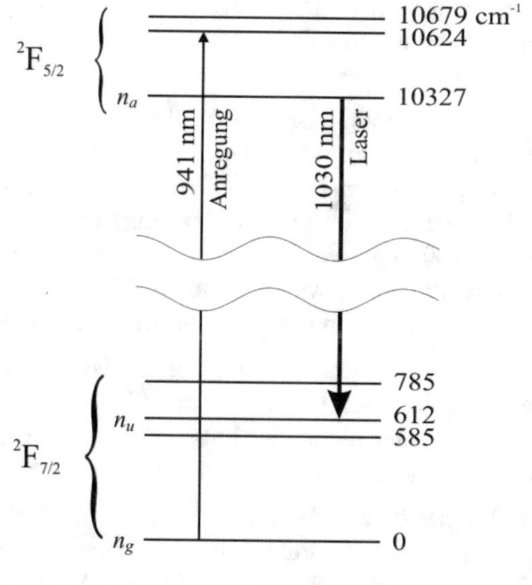

Figur 6-21. Energieniveaus und Übergänge im Yb:YAG Laserkristall.

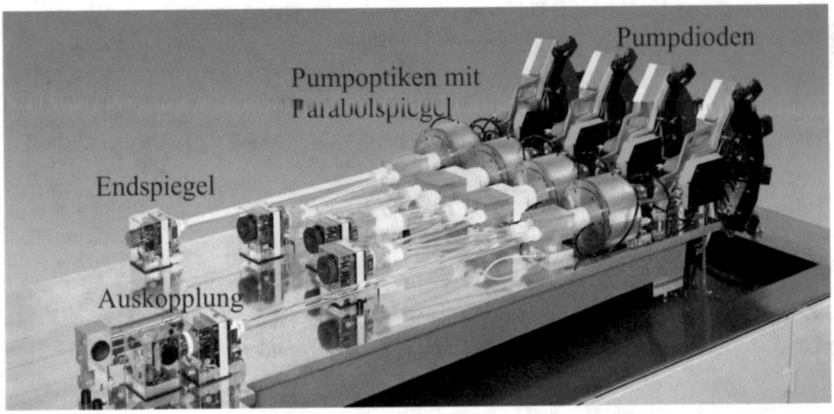

Figur 6-22. Scheibenlaser mit gefaltetem Resonator und vier Scheibenmodulen [Quelle: TRUMPF].

Der Laserübergang erfolgt mit einer Wellenlänge von 1030 nm. Da die Energie des unteren Laserniveaus nur knapp über der Grundzustandsenergie liegt, ist dieses auch bei einer durchaus üblichen Betriebstemperatur von 100 °C bereits mit 7.6% der Yb-Ionen besetzt. Trotzdem ist dank der intensiven Anregungsmethode des Scheibenlasers und wegen der vergleichsweise geringen Energiedifferenz zwischen Anregung und Laseremission ein sehr effizienter Laserbetrieb möglich.

Kommerziell sind heute Yb:YAG Scheibenlaser bis zu einer kontinuierlichen Leistung von 16 kW mit einem ausgezeichneten Strahlparameterprodukt von 8 mm×mrad (nach der in der Praxis üblicherweise mittels Lichtleitkabel erfolgenden Strahlführung) und einem exzellenten Gesamtwirkungsgrad von über 25% erhältlich.

Die Leistungsskalierung erfolgt dabei grundsätzlich über eine Vergrößerung des gepumpten Durchmessers auf der Scheibe und durch Verwendung mehrerer Scheiben im Resonator, so wie es in Figur 6-22 zu sehen ist.

Die bei Wellenlängen um 1 μm mögliche, äußerst flexible Strahlführung mittels Glasfasern über sehr große Distanzen ist im industriellen Umfeld ein wichtiger Aspekt und Anwendungsvorteil. Aufgrund seiner spezifischen Eigenschaften und insbesondere wegen des geringen Auskopplungsgrades kann der Strahl von Hochleistungsscheibenlasern (cw) ohne jegliche Schwierigkeiten weit über 100 m durch Lichtleitkabel übertragen werden. Dies ist derzeit mit keinem anderen Lasersystem möglich, wo nichtlineare Effekte und Rückreflexe aus der Glasfaser in den Resonator den Laserbetrieb gefährlich beeinflussen können.

Kommerziell gibt es Scheibenlaser auch modengekoppelt (siehe Abschnitt 5.5.1), hochrepetitiv gütegeschaltet (siehe Abschnitt 6.5.13), mittels nichtlinearer Kristalle frequenzvervielfacht oder als Verstärker für kurze und ultrakurze Pulse. Bei ultrakurzen Pulsen ist die mittlere Leistung bei kommerziellen Systemen heute (2014) auf etwas über 50 W beschränkt.

Verstärker für gepulste Laser sind gerade beim Scheibenlaser oft als sogenannte regenerative Verstärker konzipiert. Hier werden die Pulse eines modengekoppelten oder gütegeschalteten Lasers mittels eines Strahlschalters (meist eine Pockelszelle) zur Verstärkung in einen weite-

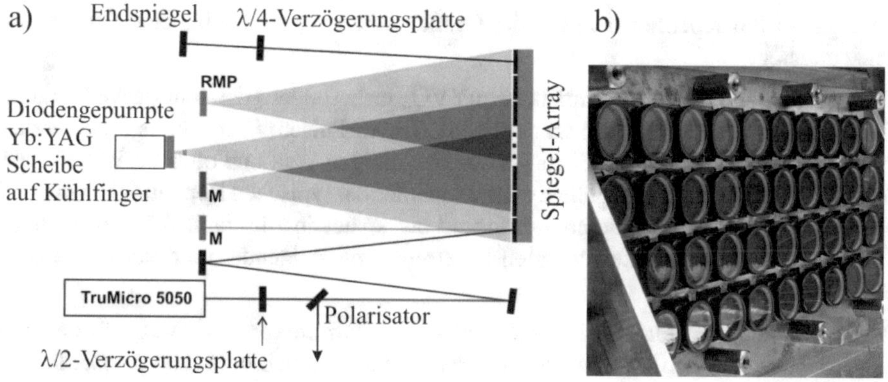

Figur 6-23. Schematische Anordnung des Multipassverstärkers (a) nach Ref. 32. Die Laserpulse einer kommerziellen Laserquelle (TruMicro 5050) werden zur Verstärkung durch die Anordnung von Spiegeln (b) geometrisch insgesamt 40 mal über die Yb:YAG Scheibe geführt. Die λ/2-Verzögerungsplatte am Anfang dient zur Ausrichtung der Polarisation. Aufgrund der λ/4-Verzögerungsplatte vor dem Endspiegel werden die verstärkten Pulse am Polarisator vom Strahlengang der einkommenden Pulse getrennt.

ren Resonator eingekoppelt. Nach einer bestimmten Anzahl von Umläufen im Verstärkungsresonator werden die so verstärkten Pulse wieder mittels Strahlschalter aus dem Resonator ausgekoppelt. Dabei limitieren die Strahlschalter sowohl die mittlere Leistung, die Pulsenergie und die Repetitionsrate.

Aus diesem Grunde wurde vor kurzem ein alleine auf einer gemoetrischen Faltung des Strahlengangs beruhender Scheibenlaserverstärker entwickelt, der ganz ohne Strahlschalter auskommt.[31] Die Leistungsfähigkeit dieses als Multipassverstärker bezeichneten Ansatzes wurde durch die Erzeugung von 7,3 ps langen Pulsen mit 1,4 mJ Pulsenergie bei einer mittleren Leistung von 1,1 kW demonstriert. Dies war der welweit erste Ultra-Kurz-Puls-Laser, der bei über einem kW an mittlerer Leistung gleichzeitig Pulse von über einem mJ erzeugte.[32] Der schematische Aufbau des hierbei verwendeten Multipassverstärkers ist in Figur 6-23 abgebildet. Die Entwicklungen auf diesem Gebiet sind noch nicht abgeschlossen und bergen noch viel zusätzliches Potential.

6.4.1.4 Andere Festkörperlaser

Besonders für die Erzeugung kurzer Pulse durch Güteschaltung oder ultrakurzer Pulse durch Modenkopplung gibt es Laserkristalle mit geeigneteren spektroskopischen Eigenschaften als die genannten Nd:YAG und Yb:YAG. Dazu zählen bei kommerziellen Systemen insbesondere Nd:YLF (Neodym:Yttrium-Lithium-Flourid), Nd:YVO_4 (Neodym:Yttrium-Vanadat) oder Ti:Saphir (Titan:Saphir). Im wissenschaftlichen Umfeld werden im Hinblick auf zukünftige Produkte zahlreiche weitere Kristalle untersucht.

Bei Nd:YLF ist vor allem die vergleichsweise lange Fluoreszenzlebensdauer (480 μs gegenüber 270 μs bei Nd:YAG) für gepulst angeregte, gütegeschaltete Laser mit niedrigen Repetitionsraten bis 2 kHz von Vorteil. Kommerzielle Nd:YLF Laser erzeugen bei einer mittleren Leistung von typischerweise 20 W und beugungsbegrenzter Strahlqualität Pulse mit 20 bis 60 ns Länge bei Pulsrepetitionsraten in der Größenordnung von kHz bis etwa 20 kHz (kontinuierlich angeregt).

Im gütegeschalteten Betrieb führt bei Nd:YVO_4 insbesondere der sehr große Wirkungsquerschnitt für stimulierte Emission zu deutlich kürzeren Pulsen. Hier gibt es kommerzielle Systeme, die bei einer mittleren Leistung zwischen einigen Watt und etwa 20 W Pulsdauern von 10 bis 20 ns und beugungsbegrenzter Strahlqualität bei typischen Repetitionsraten um 50 kHz aber auch bis zu 200 kHz liefern. Aufgrund der später in Abschnitt 6.5 behandelten Laserdynamik verlängern sich die erzeugten Laserpulse mit steigender mittlerer Leistung und Repetitionsrate.

Das im Vergleich zu Nd:YAG breitere Emissionsspektrum von Nd:YVO_4 führt auch im modengekoppelten Betrieb zu kürzeren Laserpulsen von deutlich unter 100 ps. Bei Pulsenergien bis zu 300 µJ und 30 kHz Repetitionsrate (also ca. 10 W mittlere Leistung) liefern kommerzielle MOPA-Systeme etwa 12 ps Pulsdauer. MOPA steht dabei für Master Oscillator Power Amplifier, was bedeutet, dass die kurzen Pulse zunächst in einem Laseroszillator erzeugt und danach in einem Laser-Verstärkersystem verstärkt werden.

Noch viel kürzere Laserpulse werden jedoch mit modengekoppelten Ti:Saphir Lasern erreicht. Diese können bis zu wenigen fs (Femtosekunden) betragen. Bei kommerziellen Systemen für die Materialbearbeitung sind die Pulse dieses Lasersystems jedoch in der Regel länger als 100 fs. Die Pulsrepetitionsrate beträgt dabei typischerweise 80 MHz und die mittlere Leistung übersteigt kaum 2 Watt. Mit ebenfalls kommerziell erhältlichen Verstärkern kann die Pulsenergie mit einer Repetitionsrate von wenigen kHz auf bis über 2 mJ gesteigert werden.

Neben all den oben behandelten bzw. erwähnten Typen von Festkörperlasern, deren Wellenlängen durch das jeweilige laseraktive Material festgelegt wird, gewinnen Frequenzvervielfachung nutzende Geräte zunehmend an Bedeutung. Mittels besonderer Materialien und Techniken wird dabei die Frequenz der „Grundwellenlänge" eines bestimmten Lasers auf das Doppelte oder Dreifache erhöht. Zwar wird dadurch der Wirkungsgrad herabgesetzt (d. h. es steht weniger Leistung bei der frequenzvervielfachten Wellenlänge zur Verfügung), doch der Vorteil einer kürzeren Wellenlänge für eine spezifische Anwendung kann weit stärker ins Gewicht fallen. Als Beispiel sei das Schweißen von Kupferwerkstoffen angeführt, wo die Absorption grünen Lichts weit höher als die von Infrarotstrahlung ist und deshalb einen effizienteren Prozess ermöglicht.

6.4.1.5 *Faserlaser*

Schon drei Jahre nach der Realisierung des ersten Lasers[24] überhaupt wurde mit einer im Kern laseraktiv dotierten Faser auch der erste eigentliche Faserlaser demonstriert.[33, 34] Die Fasertechnologie entsprang ursprünglich aus der Telekommunikation und passte sich (beschleunigt durch Krisen im Finanzmarkt) erst nach und nach den Bedürfnissen der Materialbearbeitung an. Heute stehen Hochleistungsfaserlaser für fertigungstechnische Anwendungen[10] in allen Varianten (cw, gepulst, gütegeschaltet, modengekoppelt) zur Verfügung.

Aktive Laser-Fasern unterscheiden sich von optischen Fasern zur passiven Strahlführung dadurch, dass der Faserkern zusätzlich mit laseraktiven Ionen wie Nd, Yb, Er etc. dotiert ist. Zur Anregung dieser Ionen wird der Faserlaser mit Diodenlaserstrahlung gepumpt. Wegen den typischerweise sehr kleinen Kerndurchmessern von wenigen Mikrometern wäre die Anre-

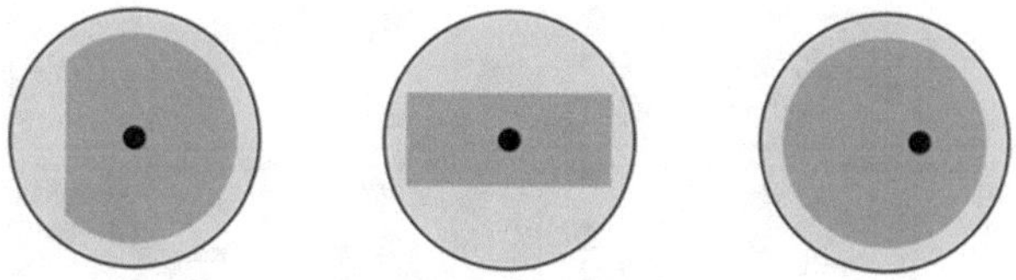

Figur 6-24. Double-Cladding Fasergeometrien zur Steigerung der Anregungseffizienz.

gungseffizienz bei seitlicher Bestrahlung der Faser jedoch völlig unzureichend. Die Pumpstrahlung wird daher longitudinal in die Faser eingekoppelt und wie die zu erzeugende Laserstrahlung in der Faser geführt.

Wollte man die Pumpstrahlung ausschließlich im Faserkern führen, so müsste dessen Strahlqualität allerdings praktisch gleich hoch sein, wie jene der zu erzeugenden Laserstrahlung. Um die hochgradig multimodige Pumpstrahlung der Diodenlaser in der Faser entlang des Laserkerns führen zu können, werden daher so genannte *double-cladding* Fasern eingesetzt. In diesen Fasern bilden der Laserkern und das erste Cladding den Wellenleiter für die zu erzeugende Laserstrahlung. Die Pumpstrahlung wird hingegen innerhalb dieses ersten Claddings geführt, wozu darum herum ein zweites Cladding mit einem noch tieferen Brechungsindex angebracht wird.[35]

Bei vollständig konzentrisch aufgebauten Double-Cladding Fasern ist die Absorption der Pumpstrahlung im Laserkern eher gering, weil nur die tiefsten transversalen Moden des Pumpstrahls einen ausreichenden Überlapp mit dem Faserkern aufweisen. Um auch die höheren transversalen Moden des Pumpstrahls zu absorbieren, muss durch entsprechende Symmetriebrechungen die Strahlausbreitung gezielt beeinflusst werden. Dies wird in der Regel durch entsprechend asymmetrisch geformte Pump-Claddings, siehe Figur 6-24, und eine Biegung der Faser erreicht.[36]

Industriell wurden Faserlaser und vor allem faseroptische Laserverstärker zuerst hauptsächlich in der Telekommunikation eingesetzt. Nachdem der Telekommunikationsmarkt vor wenigen Jahren abrupt einbrach, wurde im Hochleistungsbereich für die Laser-Materialbearbeitung ein neues Geschäftsfeld entdeckt, welches das Überleben der innovativsten Firmen ermöglichte. Diese konnten auf den in der Telekommunikationsbranche über Jahrzehnte gewonnenen Erfahrungen in der Herstellung faseroptischer Komponenten mit höchster Qualität aufbauen und so in kürzester Zeit beachtliche Fortschritte in der Leistungsskalierung der Faserlaser realisieren.

Heute sind (Yb-dotierte) Hochleistungsfaserlaser für die Materialbearbeitung kommerziell mit mehreren 10 kW Leistung im Multimodebetrieb und einigen kW an nahezu beugungsbegrenzter Leistung erhältlich. Neben der guten Strahlqualität zeichnen sich Faserlaser auch durch einen hohen Gesamtwirkungsgrad von gegenwärtig bis zu 25% und darüber aus. Da die Leistung auf Faserlängen von einigen Metern verteilt wird, ist die Kühlung von Hochleistungsfaserlasern selbst bei Leistungen von mehreren kW vergleichsweise unproblematisch. Zur Erreichung der hohen Leistungen sind zwei unterschiedliche Skalierungskonzepte üblich.

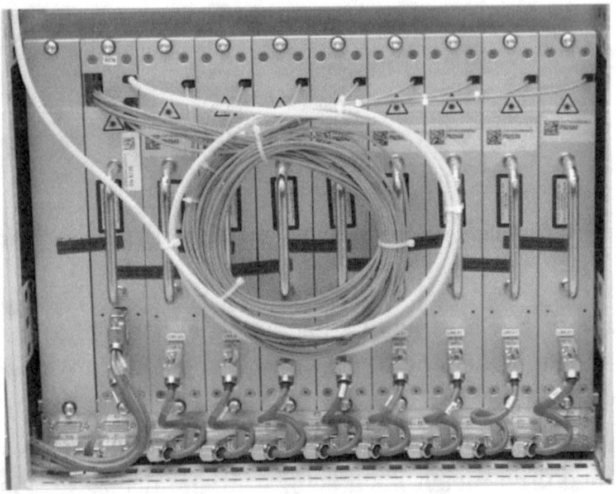

Figur 6-25. Leistungsskalierung durch „parallele" Kombination mehrerer Faserlaser (dünne orange Kabel) in einem gemeinsamen Multimodeausgang (dickes gelbes Lichtleitkabel) [Quelle: IPG Laser].

Entweder werden die Ausgänge mehrerer Singlemode-Faserlaser[v] durch einen faseroptischen „Combiner" in einer Multimodefaser zusammengefasst, wie dies an einem Beispiel in Figur 6-25 erkennbar ist, oder es werden mehrere Faserlaser als Pumpquelle eines weiteren Faserlasers oder Faserlaserverstärkers eingesetzt, was sich besonders zur Erzielung hoher Strahlqualität bewährt.

Wegen dem breiten Emissionsspektrum der laseraktiven Ionen in der Glasmatrix eignen sich Faserlaser auch zur Erzeugung ultrakurzer Pulse durch Modenkopplung. Aber auch Güteschaltung ist möglich.

Der große Vorteil der Faserlaser ist, dass die transversale Qualität des Laserstrahles alleine durch die Faserstruktur – also hauptsächlich durch Kerndurchmesser und Brechungsindexprofil – bestimmt wird (siehe Abschnitt 2.4.7). Thermische Einflüsse, wie sie in den Kapiteln 7 und 8 behandelt werden, sind vernachlässigbar. Die Erzeugung einer guten Strahlqualität (kleines Strahlparameterprodukt) erfordert aber einen Faserkern mit sehr geringer numerischer Apertur (kleine Divergenz) und sehr kleinem Kerndurchmesser. Wie oben mit (2-152) gezeigt, erfordert eine kleine numerische Apertur einen geringen Brechzahlunterschied Δn zwischen dem Kern und dem ersten Cladding. Zum einen führt der kleine Kerndurchmesser aber zu einer hohen Leistungsdichte des geführten Laserstrahles und andererseits nimmt die Führungseigenschaft der Faser mit abnehmendem Δn ab.

Noch bevor die Faser durch den Laserstrahl beschädigt wird, bewirken sehr hohen Intensitäten im Faserkern nichtlineare Effekte, welche den Laserbetrieb empfindlich beeinträchtigen. Gegenwärtige Entwicklungen streben daher einen möglichst großen effektiven Kernquerschnitt bei gleichzeitig noch brauchbaren Wellenleitereigenschaften an.[13]

[v] Gemeint ist dabei im allgemeinen Sprachgebrauch *single transversal mode*, im Unterschied zu *single frequency* oszillieren hier also viele longitudinale Moden gleichzeitig.

6.4.1.6 Diodenlaser

Diodenlaser nehmen heute eine besondere Stellung ein, indem sie zunehmend auch zur Anregung anderer Laser (Festkörperlaser und Faserlaser) eingesetzt werden. In der Materialbearbeitung beschränkt sich die direkte Anwendung von Diodenlasern hingegen auf Verfahren mit geringen Anforderungen an die Fokussierbarkeit der Laserstrahlung.

Wie der Name verrät, besteht ein Diodenlaser aus einer Halbleiterdiode, die wie eine Leuchtdiode Licht erzeugen kann, aber zusätzlich die stimulierte Strahlungsverstärkung in einem Laserresonator ausnutzt. Die Lichterzeugung basiert dabei auf der Energieabstrahlung der Elektronen, wenn diese im Bereich des p-n-Übergangs vom Leitungsband ins Valenzband wechseln. Diodenlaser sind also direkt elektrisch angeregt.

Wie aus der Diskussion des Lorentz-Profils in Abschnitt 6.3.4 ersichtlich wurde, ist die maximale Verstärkung γ_{max} eines Laserübergangs umso größer, je schmaler die Emissionslinie ist. Aus diesem Grund werden heute im Bereich des p-n-Übergangs des Diodenlasers mehrere so genannte Quantentöpfe (engl. *quantum well*) eingebracht, in welchen die Energiezustände der Elektronen scharf begrenzt sind.

Wie bei anderen Laserarten kommen auch beim Diodenlaser die unterschiedlichsten Materialien und Anordnungen zur Anwendung, die Laserstrahlung in einem weiten Spektralbereich von UV mit Wellenlängen ab etwa 330 nm[37, 38] bis ins ferne Infrarot mit Wellenlängen um 100 µm[39] zu realisieren erlauben. Elektrisch gepumpte GaAlAs-Diodenlaser werden z. B. bei einer Wellenlänge von 808 nm zum Pumpen von Nd:YAG eingesetzt. Für das Pumpen von Yb:YAG bei Wellenlängen von 941 nm oder 969 nm werden InGaAs-Diodenlaser verwendet.

Ein typischer Aufbau von Diodenlasern ist in Figur 6-26 am Beispiel einer $Ga_{1-x}Al_xAs$-Diode dargestellt. In der Regel werden Diodenlaser epitaktisch auf ein geeignetes Substrat (hier n-GaAs) gewachsen. Der Laserstrahl entsteht in einer etwa 1 µm dicken Schicht. Oben und unten befinden sich die elektrischen Anschlüsse. Die Endflächen vorne und hinten des typisch

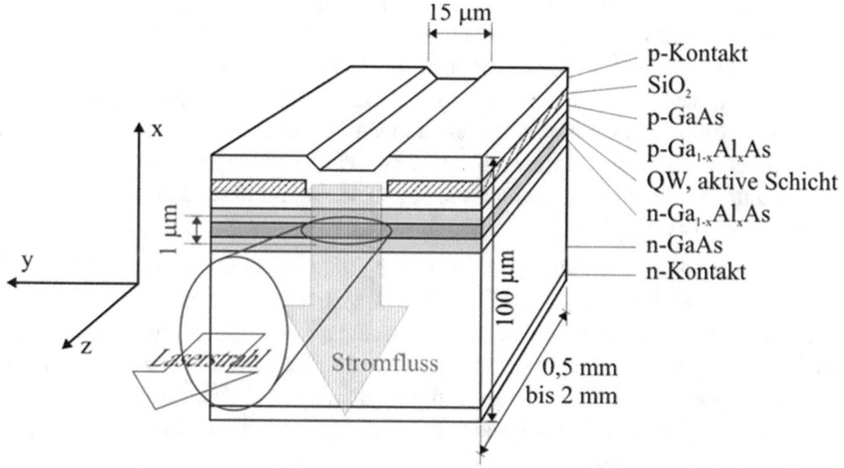

Figur 6-26. Aufbau eines Diodenlasers.

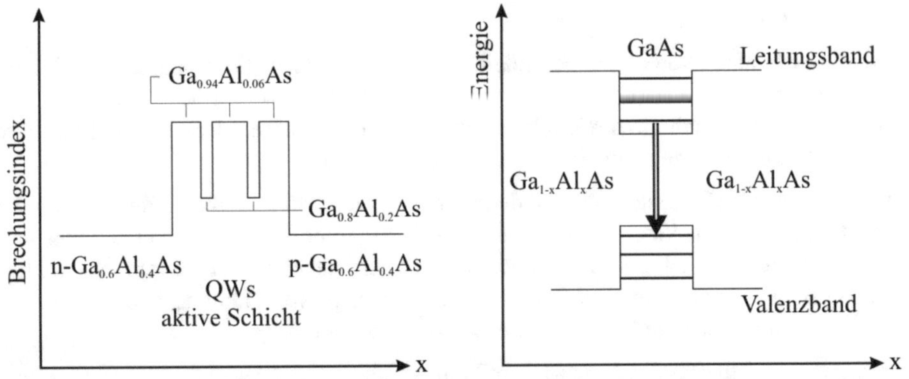

Figur 6-27. Schnitt durch die aktive Schicht des Diodenlasers aus Figur 6-26. Links: der Verlauf des Brechungsindex bildet einen Wellenleiter für die Laserstrahlung. Der Wellenleiter besteht hier aus drei Quantentöpfen, welche durch zwei Barrierenschichten getrennt sind. Rechts: in den Quantentöpfen können die Elektronen im Leitungsband (und die Löcher im Valenzband) nur scharf begrenzte Energiezustände einnehmen.

0.5 mm bis 2 mm langen Diodenlasers werden als Spiegel genutzt und bilden den Laserresonator.[40]

Der Laserresonator dient hier allerdings hauptsächlich der Rückkopplung des Laserstrahls, sorgt also alleine für die geeignete Anzahl Durchgänge des Lichtes in der verstärkenden Diodenlaserschicht. In x-Richtung werden die transversalen Strahleigenschaften durch eine Wellenleiterstruktur bestimmt. Wie bei einer Glasfaser ist der Brechungsindex der oben und unten unmittelbar an die aktive Laserschicht angrenzenden Schichten niedriger als der der Quantentöpfe und bildet damit einen (ebenen) Wellenleiter, wie dies links in Figur 6-27 dargestellt ist.

Für die Wellenleitung würde eine einfache, durchgehende Brechungsindexstufe ausreichen. Mit der links in Figur 6-27 gezeigten Schichtfolge werden neben dem angesprochenen Wellenleiter für das Laserlicht gleichzeitig auch die Quantelung der Energiezustände der Elektronen (und der Löcher im Valenzband) erzielt. Dies ist eine Folge der örtlichen Lokalisierung der Elektronen (und Löcher) in den mittels dünnen Barriereschichten getrennten Quantentöpfen. Wie rechts in Figur 6-27 dargestellt, wird so der Laserübergang der Elektronen vom Leitungsband zum Valenzband des Halbleiters auf schmale und dafür starke Emissionslinien eingeschränkt (siehe Lorentz-Profil in Abschnitt 6.3.4).

Die soeben besprochene Struktur bildet nur in x-Richtung einen Wellenleiter. In y-Richtung wird der Laserstrahl durch die endliche Breite des Stromflusses eingeschränkt. Wie in Figur 6-26 gezeigt, wird der p-Kontakt oberhalb der aktiven Laserschicht durch eine entsprechende Isolationsschicht (hier SiO_2) auf einen etwa 15 μm breiten Bereich eingeschränkt. Der im monolithischen Resonator erzeugte Laserstrahl wird somit in der einen Richtung durch eine Wellenleiterstruktur geformt und in der anderen Richtung durch die endliche Breite der laseraktiv angeregten Schicht begrenzt.

Je nach Dimension der einzelnen Strukturen können solche Einzelemitter bis zu mehreren Watt an Laserstrahlung erzeugen. In x-Richtung sind diese Strahlen meist beugungsbegrenzt, weisen aber aufgrund der geringen Dicke der aktiven Diodenlaserschicht eine sehr hohe Divergenz von typisch 35° FWHM (d. h. *full width at half maximum*) bzw. 45° bis 65° Vollwinkel bei 95% des Maximums auf. In y-Richtung ist die Divergenz mit typisch 6° bis 12° FWHM geringer, die Strahlqualität variiert je nach Struktur des Diodenlasers.

Bei der Verwendung als Pumplichtquelle für Festkörper- und Faserlaser hoher Leistung werden sehr viele solcher Einzelemitter benötigt. Eine erste Leistungsskalierung erfolgt daher, indem man mehrere solcher Diodenlaser nebeneinander auf ein und demselben Halbleiterchip anordnet. Solche Barren weisen in der Regel eine Breite von 10 mm auf und beinhalten je nach Hersteller und Typ mehrere 10 Einzelemitter. Die einzelnen Diodenlaser eines Barrens sind zueinander inkohärent, wodurch diese Art der Leistungsskalierung auf Kosten der Strahlqualität geht. Die Leistung von Diodenlaser-Barren ist heute aufgrund der hohen Leistungsdichten in der Diodenlaserstruktur auf etwa 120 W beschränkt. Ist noch mehr Leistung erforderlich (z. B. zur Anregung von mulit-kW Scheibenlasern) werden viele Diodenlaser-Barren übereinander in einem Stapel, dem so genannten Stack angeordnet. Die Kühlung solch dicht gepackter Diodenlaser ist dabei eine besondere Herausforderung und erfordert entsprechend ausgelegte Mikrokanäle für das Kühlwasser.

Aufgrund der inkohärent erfolgten Leistungsskalierung in Barren und Stacks ist die Strahlqualität von Diodenlasern sehr bescheiden. Andererseits zeichnen sich Diodenlaser durch einen äußerst hohen Gesamtwirkungsgrad von bis über 50% aus. Dies und das im Vergleich zu Blitzlampen wesentlich schmalere Emissionsspektrum machen Diodenlaser zu einer sehr attraktiven Pumplichtquelle für alle Festkörperlaser.

6.4.2 Gaslaser

Die meisten Gaslaser werden durch Elektronenstöße in einer Gasentladungsstrecke angeregt. Zu den bekanntesten Gaslasern gehören der HeNe Laser, der Ar-Ionen Laser, der CO_2 Laser und der Excimerlaser.

HeNe Laser sind in den optischen Laboratorien als Justierhilfe oder als kohärente Strahlquelle für Interferometer sehr verbreitet, da sie einen sichtbaren, roten Strahl bei $\lambda = 632{,}8$ nm erzeugen. Als Justierlaser werden heute aber zunehmend auch kollimierte Diodenlaser eingesetzt. Beim HeNe Laser erfolgt die Elektronenstoßanregung mittelbar über das Helium, welches die so gespeicherte Energie an das laseraktive Neon überträgt.

Ar-Ionen Laser erzeugen einen blau-grünen oder grünen Strahl bei einer Wellenlänge von $\lambda =$ 457,9 nm oder $\lambda = 488$ nm. In den Forschungslaboratorien besteht seine wohl häufigste Anwendung im Pumpen von Ti-Saphir Lasern.

6.4.2.1 CO_2-Laser

Für die Materialbearbeitung ist der CO_2-Laser von größter Bedeutung, da er Strahlen von einigen 10 W bis zu mehreren kW Leistung mit nahezu beugungsbegrenzter Strahlqualität erzeugen kann. Hinzu kommt, dass seine im Vergleich zu Festkörperlasern geringeren Investitionskosten (€/kW) die Wirtschaftlichkeit seines fertigungstechnischen Einsatzes positiv beeinflussen.

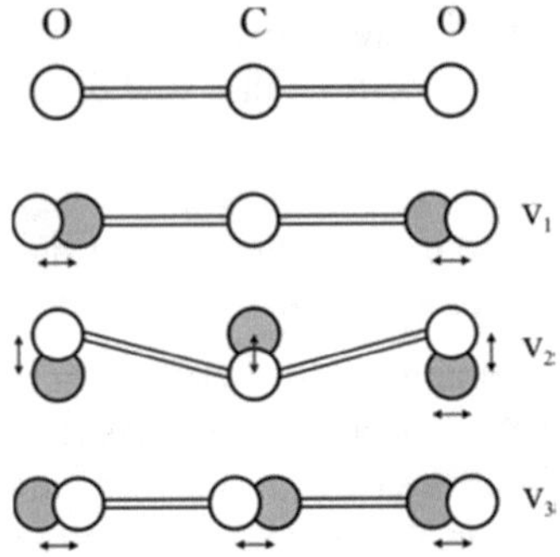

Figur 6-28. CO_2 Molekül (oben) und seine drei Schwingungsformen: symmetrische Streckschwingung v_1, Biegeschwingung v_2 und asymmetrische Streckschwingung v_3.

Ein besonderes Merkmal des CO_2 Lasers ist, dass der Laserübergang nicht zwischen Energiezuständen der Elektronen sondern zwischen vibratorischen Energieniveaus stattfindet. Wie in Figur 6-28 dargestellt, kann das an sich lineare CO_2 Molekül drei unterschiedliche Schwingungen vollführen.[41, 42] Bei der symmetrischen Streckschwingung v_1 schwingen die beiden Sauerstoffatome symmetrisch zum Kohlenstoffatom hin und her. Die Biegeschwingung v_2, bei der sich das Molekül V-förmig verbiegt, ist aufgrund der beiden Richtungsfreiheitsgrade zweifach entartet. Bei der asymmetrischen Streckschwingung v_3 bewegen sich immer abwechslungsweise ein Sauerstoffatom und das C-Atom aufeinander zu, während das andere Sauerstoffatom sich nach außen verlagert.

Wie die Energie der Elektronen sind auch die Energien dieser Molekülschwingungen gequantelt und können nur diskrete Energiewerte annehmen. Da bei diesen Schwingungen Ladungen verschoben werden, wirkt ein solches Molekül wie eine mikroskopische Antenne und kann elektromagnetische Strahlung aufnehmen oder abstrahlen. Durch Ausnutzung geeigneter Energieübergänge kann daher auch mit diesen Schwingungszuständen elektromagnetische Strahlung mittels stimulierter Emission verstärkt werden. Die für den Laserprozess relevanten Energieniveaus des CO_2 Moleküls sind links in Figur 6-29 dargestellt.[43, 41, 42]

Die Energiezustände der Molekülschwingungen werden in der Regel mit den drei Quantenzahlen $v_1v_2v_3$ notiert. Ausgehend vom ersten angeregten Zustand der asymmetrischen Streckschwingung 001 gibt es zwei für den Laserbetrieb geeignete Übergänge. Der eine Laserübergang, bei einer Wellenlänge von 10,6 μm, führt zur ersten angeregten symmetrischen Streckschwingung 100. Der andere führt zur zweiten angeregten Biegeschwingung 020 und weist aufgrund des leicht höheren Energieunterschieds eine kürzere Wellenlänge von 9,6 μm auf. Von den beiden unteren Laserniveaus gelangen die CO_2 Moleküle über den Zustand 010 wieder in den Grundzustand 000.

Wegen des größeren Wirkungsquerschnitts für den Übergang 001 nach 100 oszilliert ein CO_2 Laser ohne entsprechende Maßnahmen immer bei einer Wellenlänge von 10,6 μm. Die Emission bei 9,6 μm kann durch Einsatz entsprechend schmalbandiger Spiegel erzwungen werden.

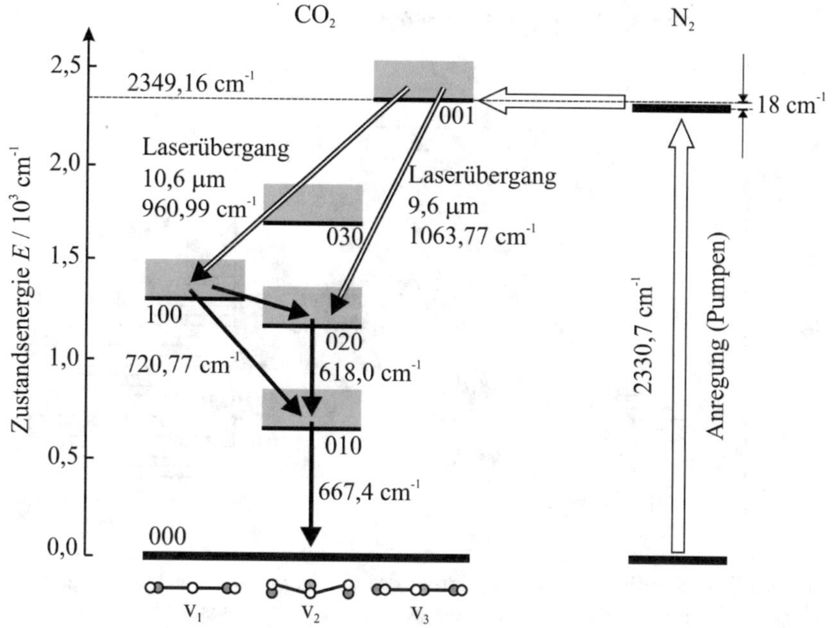

Figur 6-29. Die für den Laserprozess relevanten Energieniveaus des CO_2 Moleküls (links). Die Anregung erfolgt mittelbar über Elektronenstöße mit Stickstoff (rechts).

Die Anregung kann im Prinzip durch Elektronenstöße in einer Gasentladung direkt in das obere Laserniveau 001 erfolgen. Dies ist möglich, weil der Wirkungsquerschnitt für diese Stossanregung größer ist als jener für die drei unteren Niveaus 100, 020 und 010. Wie in Figur 6-29 dargestellt, gibt es allerdings einen effizienteren Weg, die CO_2 Moleküle anzuregen. Das Stickstoffmolekül N_2 hat einen vergleichsweise langlebigen Energiezustand, der sehr nahe bei der Energie des oberen Laserniveaus des CO_2 Moleküls liegt. Zudem lässt sich dieser Zustand des Stickstoffs in einer Gasentladung sehr effizient durch Elektronenstöße anregen. Die so gespeicherte Anregungsenergie wird dann durch Stöße zwischen den Molekülen vom Stickstoff auf das CO_2 übertragen. Aus diesem Grund enthält das Gasgemisch eines CO_2 Lasers typischerweise 3- bis 5-mal soviel N_2 wie CO_2.

Neben dem Stickstoff wird dem Gasgemisch auch He zugefügt. Dieses hat die Aufgabe, über Stöße mit den CO_2 Molekülen für eine rasche Entleerung der unteren Niveaus 100, 020 und 010 zu sorgen. Aufgrund seiner hohen thermischen Leitfähigkeit hat es gleichzeitig positive Auswirkungen auf die Homogenität und Stabilität der elektrischen Glimmentladung.

Wie mit den grauen Balken in Figur 6-29 angedeutet, befinden sich unmittelbar über den jeweiligen Schwingungszuständen des CO_2 Moleküls ganze Bänder an weiteren Energiezuständen. Diese sind eine Folge der Rotationsenergie, denn neben den Biege- und Streckschwingungen kann das CO_2 Molekül auch rotieren. Wie links in Figur 6-30 dargestellt, ist auch die Rotationsenergie des Moleküls gequantelt und wird mit der Rotationsquantenzahl J bezeichnet.[44] Die quantenmechanisch hergeleiteten Rotationsenergien des CO_2 Moleküls sind gegeben durch

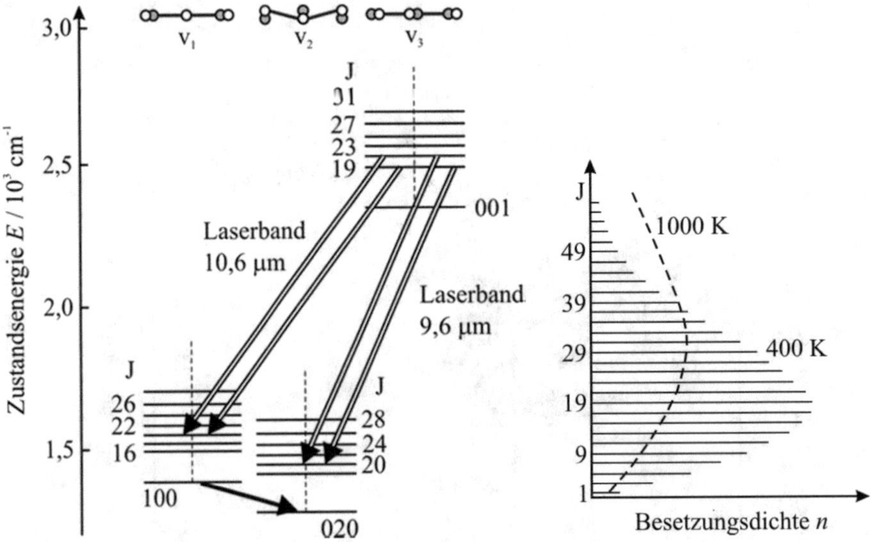

Figur 6-30. Links: detailliertes Energiespektrum des oberen und der unteren Laserniveaus unter Berücksichtigung der gequantelten Rotationsenergie. Rechts: Besetzungsdichteverteilung der Rotationszustände im oberen Laserniveau (001) unter Berücksichtigung der Entartungsgrade und der thermischen Boltzmannverteilung.

$$E_{rot} = J(J+1)Bhc\,, \tag{6-62}$$

wobei B eine molekülspezifische Konstante und J eine ganze Zahl ist. Die Herleitung zeigt auch, dass die Energiezustände einen Entartungsgrad von

$$g_J = 2J+1 \tag{6-63}$$

aufweisen. Aus quantenmechanischen Überlegungen folgt des Weiteren die Auswahlregel, wonach nur Übergänge mit

$$\Delta J = \pm 1 \tag{6-64}$$

erlaubt sind.

Aufgrund der mit der Energie zunehmenden Entartung folgt aus der thermischen Boltzmann-Verteilung der Rotationsenergie (die trotz der Inversion der Vibrationszustände weitgehend gegeben ist), dass nicht der tiefstliegende Energiezustand am stärksten besetzt ist. Wie rechts in Figur 6-30 dargestellt, weist das Energieniveau mit $J = 19$ bei einer Temperatur von 400 K die höchste Besetzung auf.[41, 42] Bei einer höheren Temperatur liegt dies bei entsprechend höheren Energieniveaus.

Die Laseroszillation kann einsetzen, sobald die Inversion hoch genug ist, um durch stimulierte Lichtverstärkung die Verluste im Resonator zu kompensieren. Da hier die Besetzungen der unteren Laserniveaus vernachlässigbar klein sind, folgt aus (6-55) oder (6-59), dass für die Verstärkung alleine die Besetzungsdichte des oberen Laserniveaus ausschlaggebend ist. Bei einer Temperatur von 400 K wird der CO_2 Laser daher ausgehend vom Energiezustand

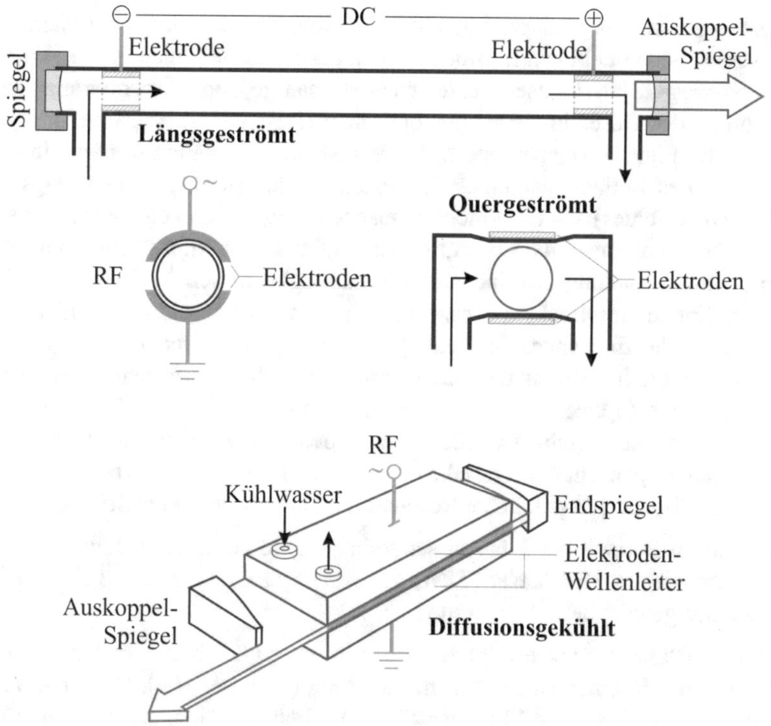

Figur 6-31. Konvektionsgekühlte – längsgeströmte (oben und Mitte links) und quergeströmter (Mitte rechts) – und diffusionsgekühlter (unten) CO_2-Laser. Die bei DC-Entladungen im Entladungsraum befindlichen Elektroden sind hier nur schematisch angedeutet; in der Praxis werden Stifte, Rohre, segmentierte Platten etc. genutzt. Die elektrische Feldstärke ist bei längsgeströmten Lasern entweder parallel (bei DC-Anregung) oder senkrecht (bei RF-Anregung), bei quergeströmten Geräten immer senkrecht zur Strömungsrichtung orientiert.

bei $J = 19$ anschwingen. Da sich die Boltzmann-Verteilung mit der Temperatur ändert, bestimmt die Gastemperatur von welchem der Energieniveaus der Laserprozess ausgeht. Sobald der Laser stationär oszilliert, wird die Besetzung des oberen Laserniveaus laufend in dem Masse abgebaut, wie sie durch den Anregungsprozess aufgefüllt wird. Die thermische Boltzmann-Verteilung wird dabei (bei hinreichend hohen Gasdrücken von etwa 100 mbar, wie sie in für die Fertigungstechnik entwickelten CO_2-Lasern üblich sind) durch sehr schnelle Prozesse aufrechterhalten, weshalb der Laser durch die Entleerung des einen Niveaus (z. B. bei $J = 19$) nicht zur Oszillation über andere Energiezustände ausweicht.

Das Lasergas sollte allerdings eine Temperatur von typisch 550 K nicht überschreiten, um eine merkliche thermische Besetzung der unteren Laserniveaus zu vermeiden. Eine effiziente Kühlung des Gasgemisches ist daher wichtig. Die Art der Kühlung legt auch weitgehend die Bauform des Lasers fest.

Diffusionsgekühlte Laser ohne stetig erfolgenden Gasaustausch („*sealed-off*“) werden heute in einem Leistungsbereich von einigen Watt bis zu wenigen kW gebaut. Während im niedrigen

Leistungsbereich vorwiegend zylindrische Entladungsräume (Glas- oder Keramikrohre) verwendet werden, sind bei hohen Leistungen auch prismatische üblich (siehe Figur 6-31 unten). Bei *konvektionsgekühlten* Lasern unterscheidet man je nach Orientierung der Hauptströmungsrichtung des Gases in Bezug zur optischen (Resonator-) Achse in längs- und quergeströmte Geräte (Figur 6-31 oben und Mitte rechts). In allen Fällen werden die geometrischen Abmessungen des Entladungsraumes (insbesondere dessen Erstreckung längs der Richtung des elektrischen Feldes) vom thermodynamischen bzw. fluidmechanischen Zustand des Lasergasgemisches und der davon beeinflussten Entladungsstabilität (Umschlag von einer homogenen Glimmentladung in eine Bogenentladung) limitiert.[45] So ist beispielsweise die Länge einer Entladungsstrecke auf etwa 0,5 bis 1 m bei typischen Gasdrücken von 100 bis 250 hPa infolge des Erreichens der Schallgeschwindigkeit begrenzt. Zur Leistungsskalierung längsgeströmter Laser werden deshalb mehrere Entladungsstrecken hintereinander im Resonator angeordnet (optisch in Serie, aber strömungsmässig parallel). Quergeströmte Laser können sehr kompakt aufgebaut werden. Wegen den quer zur Strahlachse inhomogenen Gas- und Verstärkungseigenschaften erreichen diese aber selbst bei mehrfacher optischer Durchdringung („multi-pass") in gefalteten Resonatoren eine weniger gute Strahlqualität.

Hohe Drücke im Bereich um 1 bar lassen keine stabile Glimmentladung zu. Für solche Bedingungen konzipierte TEA-Laser (TEA: *transversely excited at atmospheric pressure*) können deshalb nur gepulst betrieben werden.

Die Elektronenstoßanregung erfolgt entweder in einer Gleichstromentladung (DC: engl. *direct current*) oder in einer Hochfrequenzentladung (HF oder engl. RF für *radio frequency*), deren Frequenz üblicherweise 13,6 oder 27,3 MHz beträgt. Die meisten der heute in Deutschland gebauten CO_2-Laser sind HF-angeregt, weil mit diesem Entladungstyp eine Reihe von Vorteilen verbunden ist. So erlaubt die damit mögliche kapazitive Energieeinkopplung durch dielektrische Materialien (Glas, Keramik) die Anordnung der Elektroden außerhalb des Entladungsraums, wohingegen sie bei DC-Entladungen stets in Kontakt mit dem Gas sind (siehe Figur 6-31). Dieses verunreinigen sie durch ihren Abbrand (aufgrund des hohen Spannungsabfalls) und erfordern deshalb einen erhöhten Austausch mit frischem Gas. Weitere Vorteile der HF-Anregung sind die deutlich höheren erzielbaren Leistungsdichten sowie eine insgesamt im Vergleich zur DC-Anregung homogenere und stabilere Entladungsform. Diffusionsgekühlte Multi-kW-Laser mit großflächigen Elektroden (die gleichzeitig der Kühlung dienen) wie in Figur 6-31 unten schematisch gezeigt,[46] lassen sich nur mittels HF-Entladungen realisieren. Andererseits weisen die HF-Generatoren einen geringeren Wirkungsgrad als die DC-Energieaufbereitung auf.

CO_2-Laser werden meist kontinuierlich (cw), gepulst bzw. moduliert angeregt betrieben und liefern bis zu einigen 10 kW mittlerer Leistung, wobei die Strahlqualität bis etwa 6 kW Leistung noch nahezu beugungsbegrenzt ist ($M^2 \approx 2$). Ihr industrieller Einsatz erfolgt für das Schneiden und Schweißen. Aufgrund der hohen Wirtschaftlichkeit werden die CO_2-Laser vor allem für ein- und zweidimensionale Bearbeitungsaufgaben dem Konkurrenzdruck der modernen Festkörperlaser noch einige Zeit standhalten.

6.4.2.2 *Excimerlaser*

In der Materialbearbeitung kommen Excimerlaser hauptsächlich dort zur Anwendung, wo hohe Pulsenergien im UV-Spektralbereich erforderlich sind. Zwar können heute durch nichtlineare Prozesse auch frequenzvervielfachte Festkörperlaser UV Strahlen erzeugen, doch sind diese noch teurer in der Anschaffung.

Die Bezeichnung *Excimer* ist eine Zusammenfassung von *excited dimer*, womit ein angeregtes zweiatomiges Molekül bezeichnet wird, das lediglich im elektronisch angeregten Zustand und auch dort nur kurzzeitig existiert; d. h. die Energie des gebundenen Moleküls ist höher als die Energie der ungebundenen Atome.

Bei Edelgashalogenid-Excimerlasern wird ein derartiges Molekül aus einem Edelgas (Ar, Kr, Xe) und einem Halogenatom (Cl, F) gebildet. Die Lebensdauer dieser Moleküle – und damit des oberen Laserniveaus – beträgt nur etwa 10 ns. Die Bildung (bzw. Anregung) der Excimere erfolgt in elektrischen Entladungen in einer Abfolge sehr komplexer kinetischer Stossprozesse zwischen Elektronen und schweren Teilchen sowie zwischen diesen untereinander. Typische zum laseraktiven Medium führende Prozesse laufen über angeregte oder ionisierte Edelgasatome, wie beispielsweise:

$$Kr^* + F_2 \rightarrow KrF^* + F \qquad \text{oder} \qquad Kr^+ + F^- + Ar \rightarrow KrF^* + Ar, \tag{6-65}$$

wobei angeregte Teilchen mit * bezeichnet sind. Da eine effiziente Anregung hohe Stossraten bedingt, sind hohe Gasdrücke erforderlich.

Die Wellenlängen der gebräuchlichsten Excimerlaser sind:

Excimer	Wellenlänge
ArF	193 nm
KrF	248 nm
XeCl	308 nm
XeF	351 nm
F_2	157 nm

Die verwendeten Gasgemische bestehen aus 0,1 bis 0,5% Halogen, etwa 5 bis 10% des entsprechenden Edelgases und einem überwiegenden Anteil an Puffergas (Helium oder Neon), das als Stosspartner bei den entladungsphysikalischen und laserkinetischen Vorgängen dient. Um bei Drücken bis zu einigen bar homogene Glimmentladungen realisieren zu können, bedarf es einer Vorionisierung zur Erzeugung hinreichend vieler Startelektronen, denen dann in der Hauptentladung die erforderliche Energie vermittelt wird. Funken- oder Coronaentladungen sind die gebräuchlichsten Techniken der Vorionisierung. Der dennoch nicht vermeidbare Umschlag in eine Bogenentladung schränkt die Dauer der Entladung und damit des Pumpens auf typischerweise 10 bis 30 ns ein; die begrenzte Pulsdauer ist also entladungstechnisch und nicht laserkinetisch bedingt.

Das heiße Gasgemisch – der Excimerlaser weist einen Wirkungsgrad von nur wenigen Prozent auf – wird entsprechend dem Konzept eines quergeströmten Geräts zirkuliert. Damit von Puls zu Puls stets gleiche Entladungsbedingungen herrschen, ist eine sorgfältige Abstimmung zwischen Pulsenergie und Gasgeschwindigkeit erforderlich. Für fertigungstechnische Anwendungen sind heute Laser mit mittleren Leistungen zwischen Watt und Kilowatt bei Repetitionsraten bis zu 1 kHz verfügbar.[47, 48]

Bei Excimerlasern werden meist stabile Resonatoren eingesetzt, wobei der Strahlquerschnitt an die durch die Entladung gegebene Verstärkungsgeometrie angepasst wird. Die erzielte Strahlqualität ist nicht beugungsbegrenzt und sehr asymmetrisch.

6.4.3 Farbstofflaser

Für die Materialbearbeitung sind Farbstofflaser ohne Bedeutung. Wie der Name sagt, wird die laseraktive Funktion durch Farbstoffmoleküle übernommen. Ähnlich wie die laseraktiven Ionen können auch diese Farbstoffmoleküle in Festkörper eingebaut werden. Aufgrund der geringen Lebensdauer dieser vergleichsweise komplexen und langen Moleküle, werden die Farbstoffe jedoch meist in Flüssigkeiten gelöst, die im Resonator laufend ausgetauscht werden können. Das laseraktive Medium im Resonator besteht dann aus einem laminaren, ebenen Wasserstrahl, der optisch angeregt werden kann.

Interessant sind Farbstofflaser für Anwendungen, die eine große Durchstimmbarkeit der Laserwellenlänge erfordern. Ein oft verwendeter Farbstoff ist dabei das Rhodamin 6G, das allerdings aufgrund seiner stark färbenden Wirkung unangenehm in der Handhabung ist.

6.5 Die Ratengleichungen des Laserprozesses

Nach der qualitativen Betrachtung der verschiedenen Lasersysteme, soll in diesem Abschnitt näher auf den eigentlichen Laserprozess eingegangen werden. Dazu wird die Bilanz der verschiedenen Übergangsraten aus Abschnitt 6.3 aufgestellt, um einen Satz von Differentialgleichungen zu erhalten, welcher die zeitliche Dynamik der Erzeugung von Laserlicht beschreibt. Die sogenannten Ratengleichungen werden hier für den allgemeinen Fall des in Figur 6-11 (auf Seite 154) dargestellten 4-Niveau-Systems aufgestellt und es wird angenommen, dass die Niveaus (a), (o) und (u) so weit über dem Grundzustand (g) liegen, dass deren thermische Besetzung (Boltzmann-Verteilung) vernachlässigt werden kann. Andere Schemas sind analog zu behandeln (siehe beispielsweise die Behandlung des Quasi-3-Niveau-Systems Yb:YAG in Abschnitt 7.4.3.1).

Für viele Fragestellungen ist es nicht erforderlich, die Bilanzgleichungen in voller örtlicher und zeitlicher Auflösung zu betrachten. Um den Rechnungsaufwand zu reduzieren, werden daher eine Reihe von vereinfachenden Annahmen gemacht:

a) Die örtliche Variation der Besetzungsdichten im Lasermedium und der Strahlungsintensität (im Medium und im Resonator) soll vernachlässigbar sein. Es wird also insbesondere angenommen, dass sich die im Lasermedium erzeugte Strahlung unmittelbar auf den ganzen Resonator gleichmäßig verteilt und es wird die transversale Amplitudenverteilung des Strahles vernachlässigt.

b) Verglichen mit der Wechselwirkungszeit der Teilchen seien die zeitlichen Änderungen aller Größen langsam.

c) Es wird eine homogene Linienverbreiterung vorausgesetzt. Für den Fall der inhomogenen Linienverbreiterung können die im Folgenden hergeleiteten Ratengleichungen mit geringfügigen Anpassungen verwendet werden, wenn nur eine der verschiedenen inhomogenen Teilchenpopulationen betrachtet wird (unter Berücksichtigung deren Anteils an der Gesamtteilchendichte).

d) Die thermische Besetzung der Niveaus (a), (o) und (u) sei vernachlässigbar. Falls erforderlich, lässt sie sich aber durch eine entsprechende Ergänzung der Gleichungen leicht berücksichtigen.

Dank diesen starken Vereinfachungen sind für die Auslegung von Lasergeräten sehr aufschlussreiche Aussagen möglich, es ergibt sich aber eine Reihe von Einschränkungen, die nicht außer Acht gelassen werden dürfen.

Insbesondere wegen der in a) angenommenen unmittelbaren und gleichmäßigen Verteilung der Energie im Resonator gelten die Ratengleichungen nur, wenn die zeitlichen Änderungen aller Größen langsam sind im Vergleich zu der Umlaufzeit der Strahlung im Resonator. Die Ratengleichungen sind daher gut auf stationäre Situationen anwendbar um Aussagen über die Laserschwelle, die Ausgangsleistung und zur optimalen Auskopplung zu machen. Vorsicht ist bei Einschwingvorgängen (Spiking) und bei der Erzeugung kurzer Pulse (Güteschaltung) geboten. Verlässliche Resultate liefern hier die Ratengleichungen nur, wenn die Pulsdauern wesentlich länger sind als die Resonatorumlaufzeit. Auch bei den vergleichsweise langen Faserlasern ist die Vernachlässigung der Variation von Besetzungsdichten, Pumpstrahlung und Laserintensität entlang der Ausbreitungsrichtung in der Faser nicht immer angemessen. Zur Lösung der ortsaufgelösten Ratengleichungen werden dann numerische Methoden herangezogen.

Die im Folgenden hergeleiteten Ratengleichungen können auch keine Aussagen liefern zu Amplituden- und Phasenfluktuationen, zum emittierten Spektrum, zum Anschwingen verschiedener Moden, zu schnellen Einschaltvorgängen (gepulste Anregung) und zur Erzeugung ultra-kurzer Pulse mittels Modenkopplung.

Trotz all dieser Einschränkungen, die für die analytische Behandlung der Ratengleichungen nötig sind, ergeben sich daraus sehr wichtige Erkenntnisse über die Anforderungen an das laseraktive Medium, die Laserschwelle, den kontinuierlichen Laserbetrieb, die dabei extrahierbare Leistung, das Sättigungsverhalten der Verstärkung, die optimale Resonatorauskopplung, Einschwingvorgänge und grundsätzlich auch zur Güteschaltung, wie dies in den folgenden Abschnitten ausführlich diskutiert wird.

Zur Herleitung der Ratengleichungen beginnen wir mit der Anregung. Die Pumpmethode ist dabei irrelevant. Wichtig ist nur die daraus resultierende Pumprate W_p, die bestimmt, wie viele Teilchen pro Zeit vom Grundzustand (g) in das Anregungsband (a) gepumpt werden. Dieser Pumpprozess erhöht die Besetzung des Anregungsbandes. Gleichzeitig relaxieren die so angeregten Teilchen mit verschiedenen Raten wieder zurück in tiefer liegende Zustände. Die Raten dieser Übergänge können wie bei der Spontanemission (6-28) durch entsprechende Lebensdauern τ (6-31) charakterisiert werden. Die Bilanz für die gesamte Zu- und Abnahme der Besetzung des Pumpbandes (a) lautet daher

$$\frac{dn_a}{dt} = \dot{n}_a = W_p n_g - \frac{n_a}{\tau_{ao}} - \frac{n_a}{\tau_{au}} - \frac{n_a}{\tau_{ag}} . \qquad (6\text{-}66)$$

Man beachte, dass die Zerfallsraten in die verschiedenen darunterliegenden Zustände mit den unterschiedlichen Zerfallszeiten τ angegeben wurden. Man sollte in diesem Zusammenhang nicht von Lebensdauern sprechen. Bezogen auf die totale Abnahme der Besetzung n_a ist die Lebensdauer τ_a des Anregungsniveaus im Sinne von (6-28) und (6-31) hier nämlich durch

$$\frac{1}{\tau_a} = \frac{1}{\tau_{ao}} + \frac{1}{\tau_{au}} + \frac{1}{\tau_{ag}} \qquad (6\text{-}67)$$

gegeben. Oft werden die unterschiedlichen Zerfallsraten mittels eines Verzweigungsverhältnisses (branching ratio) β gemäß $1/\tau_{ao} = \beta_{ao}/\tau_a$ etc. angegeben. Im Folgenden werden wir aber die Verzweigungsverhältnisse weiterhin mittels der verschiedenen Zerfallszeiten angeben.

Da für jedes gepumpte Teilchen die Energie $\Delta E_{ag} = E_a - E_g$ aufgewendet wird, folgt aus der Pumprate $W_p n_g$ direkt die im Lasermedium absorbierte Pumpleistungsdichte (Leistung pro Volumen)

$$p = \Delta E_{ag} W_p n_g . \qquad (6\text{-}68)$$

Wenn das Lasermedium optisch angeregt wird, muss die Energie $h\nu_{ag}$ der Pumplichtphotonen mit der Frequenz ν_{ag} der Anregungsenergie der Teilchen $\Delta E_{ag} = h\nu_{ag}$ entsprechen.

Die Besetzung des oberen Laserniveaus (o) wird durch die Relaxationen aus dem Anregungsband (a) erhöht und gleichzeitig sowohl durch die stimulierte Emission (6-55) als auch durch spontane Zerfälle verringert. Die Bilanz lautet

$$\frac{dn_o}{dt} = \dot{n}_o = \frac{n_a}{\tau_{ao}} - \frac{n_o}{\tau_{ou}} - \frac{n_o}{\tau_{og}} - \phi c_g \sigma_{ou} \left(n_o - \frac{g_o}{g_u} n_u \right) . \qquad (6\text{-}69)$$

Das untere Laserniveau (u) wird durch die stimulierte Emission und durch spontane Übergänge (nicht zwingend nur Photonemission) aus dem oberen Laserniveau (o) und gegebenenfalls durch Übergänge aus dem Anregungsband (a) gefüllt. Entleert wird es durch den spontanen Zerfall (meist strahlungslos) in den Grundzustand (g). Daraus ergibt sich

$$\frac{dn_u}{dt} = \dot{n}_u = \frac{n_a}{\tau_{au}} + \frac{n_o}{\tau_{ou}} + \phi c_g \sigma_{ou} \left(n_o - \frac{g_o}{g_u} n_u \right) - \frac{n_u}{\tau_{ug}} . \qquad (6\text{-}70)$$

Aus dem Grundzustand (g) werden die Teilchen durch den Pumpprozess ins Pumpband befördert. Gleichzeitig füllt sich der Grundzustand aufgrund der spontanen Zerfälle aus den oberen Niveaus. Insgesamt ergibt sich daher

$$\frac{dn_g}{dt} = \dot{n}_g = -W_p n_g + \frac{n_a}{\tau_{ag}} + \frac{n_o}{\tau_{og}} + \frac{n_u}{\tau_{ug}} . \qquad (6\text{-}71)$$

Wir interessieren uns nur für die Photonen des Laserüberganges von (u) nach (o). Diese entstehen durch stimulierte Emission oder durch Spontanemission. Örtlich werden die Photonen im Lasermedium erzeugt, welches die Länge L_L habe. Da angenommen wird, dass sich die im Lasermedium erzeugte Strahlung unmittelbar über die ganze Resonatorlänge L_R verteilt, ist die Zuwachsrate der Photonendichte im Resonator um den Faktor L_L/L_R kleiner als die Emissionsraten im Lasermedium. Die im Laserstrahl aus dem Resonator ausgekoppelten Photonen und vorhandene Verluste (Beugung, Streuung, Absorption etc.) bewirken eine Reduktion der Photondichte im Resonator. Beides zusammen kann – ähnlich wie bei den Lebensdauern der Energiezustände – mit einer Resonator-Abklingzeit τ_ϕ charakterisiert werden. Die Bilanz der Photonen lautet damit

$$\frac{d\phi}{dt} = \dot{\phi} = \phi c_g \sigma_{ou} \left(n_o - \frac{g_o}{g_u} n_u \right) \frac{L_L}{L_R} + \frac{n_o}{\tau_{ou}} \frac{L_L}{L_R} \Re - \frac{\phi}{\tau_\phi} . \tag{6-72}$$

Der Faktor $\Re$ wird in Abschnitt 6.5.2 berechnet und berücksichtigt, dass die Spontanemission nur zu einem sehr geringen Anteil in Richtung des Laserstrahles erfolgt und daher nur in einem sehr geringen Maße zu dessen Leistung beiträgt. Gemessen an der stimulierten Emission (erster Summand in (6-72)) ist die Spontanemission (zweiter Summand in (6-72)) bei Laserbetrieb vernachlässigbar klein, bewirkt aber, dass der Laser überhaupt erst anschwingt.

Die Gleichungen (6-66) bis (6-72) sind die Ratengleichungen, welche den Laserprozess unter den obgenannten Voraussetzungen beschreiben. Bevor diese weiter vereinfacht werden, soll in den folgenden zwei Abschnitten zunächst näher auf die Resonator-Abklingzeit τ_ϕ und den Beitrag $\Re$ der Spontanemission eingegangen werden.

6.5.1 Die Resonator-Abklingzeit

In einem leeren Resonator ohne Verstärkermedium wird die Photonendichte aufgrund der teildurchlässigen Spiegel und gegebenenfalls vorhandenen Verlusten abnehmen. Die Abnahmerate

$$\frac{d\phi(t)}{dt} = -\phi(t)\kappa \tag{6-73}$$

wird durch eine von den Spiegelreflektivitäten und den Resonatorverlusten abhängigen Konstanten κ bestimmt. Die Photonendichte im Resonator wird daher über die Zeit (Integration von (6-73)) gemäß

$$\phi(t) = \phi(0)e^{-t\kappa} = \phi(0)e^{-\frac{t}{\tau_\phi}} \tag{6-74}$$

mit einer charakteristischen Lebensdauer $\tau_\phi = 1/\kappa$ exponentiell abfallen. Um diese Lebensdauer aus den Spiegelreflektivitäten und den Resonatorverlusten zu berechnen, betrachten wir die bei einem vollständigen Resonatorumlauf auftretenden Photonenverluste. Bei einem solchen Resonatorumlauf wird die anfänglich vorhandene Photonenzahl ϕ_0 im Resonator aufgrund der unvollständigen Spiegelreflektivitäten $R_i \leq 1$ und gegebenenfalls vorhandener Streu- und Beugungsverlusten auf den Wert

$$\phi_R = \phi_0 R_1 R_2 e^{-\alpha L_{Umlauf}} \tag{6-75}$$

abnehmen. Wenn mehr als zwei Spiegel berücksichtig werden sollen, müssen in (6-75) deren Reflektivitäten ebenfalls anmultipliziert werden. L_{Umlauf} bezeichnet die Länge des gesamten

Resonatorumlaufs. In einem Fabry-Perot Resonator beträgt $L_{Umlauf} = 2L_R$, wobei L_R der Abstand zwischen den Endspiegeln ist. Wir können die im Resonator verteilten Verluste mit

$$V = e^{-\alpha L_{Umlauf}} \tag{6-76}$$

zusammenfassen ($V < 1$, $V = 1$ bedeutet keine Verluste). Die Umlaufszeit im Resonator betrage t_R. In dieser Zeit nimmt also die Photonendichte bei einem Resonatorumlauf von anfänglich $\phi(0) = \phi_0$ auf $\phi(t_R) = \phi_R$ ab:

$$\phi(t_R) = \phi(0) R_1 R_2 e^{-\alpha L_{Umlauf}} = \phi(0) R_1 R_2 V \,. \tag{6-77}$$

Dies können wir mit dem Ausdruck (6-74) zur Zeit t_R vergleichen,

$$\phi(t_R) = \phi(0) R_1 R_2 V = \phi(0) e^{-\frac{t_R}{\tau_\phi}} \,. \tag{6-78}$$

Daraus finden wir für die Resonatorabklingzeit

$$\tau_\phi = \frac{t_R}{-\ln\left(R_1 R_2 V\right)} \tag{6-79}$$

(man beachte, dass $R_1 R_2 V < 1$ und damit $-\ln(R_1 R_2 V) > 0$). Natürlich ist man stets bestrebt, die Verluste so klein wie möglich zu halten, d. h. $V \approx 1$. Zudem beträgt die optimale Auskopplung (siehe Abschnitt 6.5.9) eines Lasers oft weniger als etwa 20% bis 30%. In diesem Fall weicht das Produkt $R_1 R_2 V$ nicht stark von 1 ab und wir können die um $x \approx 1$ sehr gute Näherung

$$-\ln(x) \approx \frac{1-x}{\sqrt{x}} \tag{6-80}$$

verwenden und erhalten

$$\tau_\phi = \frac{\sqrt{R_1 R_2 V}}{1 - R_1 R_2 V} t_R \,. \tag{6-81}$$

Solange $R_1 R_2 V > 0.4$ ist, beträgt der Fehler durch diese Näherung weniger als 4%.

6.5.2 Der Beitrag der Spontanemission

Im Gegensatz zur ausschließlich zur Verstärkung des gerichteten Laserstrahls beitragenden stimulierten Emission erfolgt die Spontanemission – ähnlich wie bei der thermischen Strahlung in Abschnitt 6.1.1 – ungerichtet in alle möglichen Moden eines gegebenen Resonatorvolumens. Um den Beitrag $\Re$ der Spontanemission zur Photonendichte des Laserstrahls in (6-72) abzuschätzen, muss daher die Rate der Spontanemission durch die Anzahl aller möglichen Moden des Resonatorvolumens dividiert und mit der Anzahl der im Laserstrahl oszillierenden Moden multipliziert werden.

Dazu wird zunächst die spektrale Rate $d\phi(\nu)/dtd\nu$ der Spontanemission (6-52) durch die spektrale Modendichte $dM/d\nu dV$ (6-10) eines Hohlraums bzw. Resonators dividiert und wiederum berücksichtigt, dass die Spontanemission nur in dem mit dem laseraktiven Medium abgedeckten Bereich der Länge L_L entsteht, die Moden sich aber über die ganze Resonatorlänge L_R erstrecken. Das Ergebnis

$$\frac{Vd\phi d\nu}{dtd\nu dM} = \frac{Vd\phi}{dtdM} = \frac{n_o\sigma_{ou}(\nu)c_0}{n_g}\frac{L_L}{L_R} \tag{6-82}$$

ist die absolute Anzahl $Vd\phi$ der Photonen, die vom laseraktiven Medium pro Zeit in eine einzelne Mode emittiert werden. Das Resonatorvolumen ist durch die Querschnittsfläche der Strahlapertur (≈Strahlquerschnittsfläche) mal die Resonatorlänge gegeben. Die Abschätzung erfolgt gedanklich also so, als wäre der Resonator seitlich z. B. durch ein hochreflektierendes Rohr begrenzt, wodurch bei der Spontanemission alle mögliche Moden im Volumen des Laserresonators berücksichtigt werden, auch solche die sich quer zur Laserstrahlachse ausbreiten.

Wenn der Laserstrahl aus mehreren gleich stark angeregten Moden besteht, ist der Beitrag (6-82) der Spontanemission pro Mode nun mit der Anzahl im Laserstrahl anschwingender Moden M_L zu multiplizieren. Pro Volumen ausgedrückt ergibt dies

$$\frac{d\phi}{dtdM}M_L = \frac{M_L}{V}\frac{n_o\sigma_{ou}(\nu)c_0}{n_g}\frac{L_L}{L_R}, \tag{6-83}$$

was nun dem zweiten Summanden in (6-72) entspricht und daher

$$\Re = \frac{M_L}{V}\frac{\tau_{ou}\sigma_{ou}(\nu)c_0}{n_g} \tag{6-84}$$

folgt.

Da hier die Herleitung aufgrund der sehr verallgemeinerten Modendichte eines Hohlraumes etwas abstrakt erscheinen mag, wird im Folgenden noch auf eine stärker an den Eigenschaften eines Laserresonators orientierte Betrachtung eingegangen, die ohne eine gedachte seitliche Begrenzung des Resonatorvolumens auskommt.[49] Wir können den Beitrag $\Re$ der Spontanemission zum Laserstrahl in drei Faktoren

$$\Re = \Re_p\Re_\Omega\Re_\nu \tag{6-85}$$

zerlegen, um die Verhältnisse bezüglich Polarisation (p), Raumwinkel (Ω) und Spektrum (ν) separat zu betrachten.

Ist der Laser polarisiert und die Spontanemission unpolarisiert, so kann nur die Hälfte der Spontanemission zum Laserstrahl beitragen. Es gilt dann

$$\Re_p = \frac{1}{2}. \tag{6-86}$$

Die Spontanemission erfolgt in alle Richtungen und füllt den gesamten Raumwinkel von 4π aus. Die Divergenz ϑ des Laserstahles entspricht unter Berücksichtigung der Brechung (in paraxialer Näherung) an der Oberfläche zum laseraktiven Medium in dessen Inneren ϑ/n_2, wobei die Spontanemission in beide Richtungen des Laserstahles beitragen kann. Somit entfällt der Anteil

$$\Re_\Omega = 2\sin^2(\vartheta/2n_2) \tag{6-87}$$

der Spontanemission auf den im laseraktiven Medium vom Laserstrahl eingenommenen Raumwinkel $\Omega = 4\pi \sin^2(\vartheta / 2n_2)$. In paraxialer Näherung reduziert sich dies auf

$$\Re_\Omega = 2(\vartheta / 2n_2)^2 . \tag{6-88}$$

Unter Verwendung von (5-46) folgt daraus

$$\Re_\Omega = 2\left(\frac{M^2\lambda_0}{\pi w_0 2n_2}\right)^2 = \frac{1}{2}\left(\frac{M^2 c_0}{\pi w_0 n_2 \nu_L}\right)^2 . \tag{6-89}$$

Welcher spektrale Anteil der Spontanemission zum Spektralbereich $\Delta\nu_{tot,L}$ des Laserstahls beiträgt, ergibt sich aus der Linienform gemäß (6-45) und kann mit

$$\Re_\nu = \frac{A_{ou}\gamma(\nu_L, \nu_{ou})\Delta\nu_{tot,L}}{\int\limits_{-\infty}^{\infty} A_{ou}\gamma(\nu, \nu_L)d\nu} \tag{6-90}$$

abgeschätzt werden, was mit der Normierung (6-44)

$$\Re_\nu = \gamma(\nu_L, \nu_{ou})\Delta\nu_{tot,L} \tag{6-91}$$

ergibt. Mit (6-52) und (6-31) folgt daraus

$$\Re_\nu = \frac{\tau_{ou} 8\pi n_2^2 \nu_L^2}{c_0^2}\sigma_{ou}(\nu_L)\Delta\nu_{tot,L} . \tag{6-92}$$

Zusammenfassen der Gleichungen (6-92), (6-89) und (6-86) in (6-85) ergibt insgesamt

$$\Re = \left(M^2\right)^2 \frac{\tau_{ou}^2 \sigma_{ou}(\nu_L)}{\pi w_0^2}\Delta\nu_{tot,L} . \tag{6-93}$$

Die gesamte spektrale Breite $\Delta\nu_{tot,L}$ des Laserstrahls kann als Produkt des longitudinalen Modenabstands (5-87) und der Anzahl M_ν der longitudinalen Moden des Laserstrahls ausgedrückt werden:

$$\Re = \left(M^2\right)^2 \frac{\tau_{ou}^2 \sigma_{ou}(\nu_L)}{\pi w_0^2}\frac{M_\nu c_g}{2L_R} . \tag{6-94}$$

Bei einem beugungsbegrenzten und auf einer einzigen Frequenz oszillierenden Laser ist sowohl die Beugungsmaßzahl M^2 als auch M_ν gleich 1. Im Falle einer gleichverteilten Überlagerung vieler Moden entspricht laut Abschnitt 5.3 das Quadrat der Beugungsmaßzahl gerade der Anzahl transversaler Moden im Strahl. Das Produkt

$$M_L = \left(M^2\right)^2 M_\nu \tag{6-95}$$

in (6-94) entspricht daher der Gesamtzahl aller Moden des Laserstrahls. Andererseits ist das Produkt

$$V = \pi w_0^2 L_R \tag{6-96}$$

in (6-94) ein Maß für das Volumen des Laserstrahls im Resonator. Der Faktor $\Re$ kann mit (6-94) bis (6-96) nun als

$$\Re = \frac{M_L}{V} \tau_{ou} \sigma_{ou}(\nu_L) c_g \tag{6-97}$$

geschrieben werden, was wiederum mit (6-84) übereinstimmt.

Durch Einsetzen von (6-97) lautet die Ratengleichung (6-72) also

$$\frac{d\phi}{dt} = \dot{\phi} = \left(\phi + \frac{M_L}{V}\right) c_g \sigma_{ou} n_o \frac{L_L}{L_R} - \phi c_g \sigma_{ou} \frac{g_o}{g_u} n_u \frac{L_L}{L_R} - \frac{\phi}{\tau_\phi}. \tag{6-98}$$

Betrachtet man statt der Photonendichte ϕ die absolute Anzahl $V\phi$ der Photonen im Laserstrahlvolumen V,

$$V \frac{d\phi}{dt} = V\dot{\phi} = (V\phi + M_L) c_g \sigma_{ou} n_o \frac{L_L}{L_R} - V\phi c_g \sigma_{ou} \frac{g_o}{g_u} n_u \frac{L_L}{L_R} - V \frac{\phi}{\tau_\phi}, \tag{6-99}$$

so stellt man fest, dass der Beitrag der Spontanemission gleich ist, wie wenn zusätzlich zu der Anzahl $V\phi$ der Photonen im Laserstrahl für jede der M_L anschwingenden Moden exakt ein weiteres Photon zu berücksichtigen ist, was gelegentlich als „*the extra photon*" bezeichnet wird.[9]

Da im Laserbetrieb die Anzahl $V\phi$ der Photonen innerhalb eines Laserresonators üblicherweise sehr hoch ist (siehe Abschnitte 6.5.4 und 6.5.8 – viel höher jedenfalls als die Anzahl $M_L \ll V\phi$ der oszillierenden Lasermoden – verdeutlicht die Darstellung in (6-99) nochmals, dass im Laserbetrieb der Beitrag der Spontanemission vernachlässigbar klein wird. Allerdings würde der Laser ohne diesen Beitrag gar nicht anschwingen, denn bei anfänglich $\phi = 0$ ist der Term der Spontanemission der einzige nicht verschwindende Summand in der Ratengleichung (6-72) oder (6-99), der dafür sorgt, dass $d\phi/dt > 0$ ist.

Neben der wichtigen Funktion, die Laseroszillation erst zu starten, hat der Beitrag der Spontanemission noch eine weitere sehr fundamentale Bedeutung. Im Gegensatz zur stimulierten Emission, welche immer den bereits bestehenden Laserstrahl verstärkt und damit insbesondere seine Kohärenz beibehält, erfolgt der oben berechnete Beitrag der Spontanemission zum Laserstrahl mit zufälliger Phasenlage. Die Spontanemission führt damit zu einer zwar schwachen aber steten Phasenstörung, welche in der Folge ebenfalls stimuliert verstärkt wird. Selbst ohne äußere Störung kann ein Laser aufgrund der Spontanemission daher prinzipiell keine absolut kohärente Strahlung erzeugen.

6.5.3 Voraussetzung zum Aufbau einer Besetzungsinversion

Um die Diskussion der Ratengleichungen fortzusetzen, werden nun vorerst die für den Aufbau einer Inversion nötigen Voraussetzungen untersucht. Solange die Inversion noch nicht erreicht ist, bleibt die Photonendichte sehr klein und kann vernachlässigt werden $\phi \approx 0$. Um eine Inversion aufzubauen, muss die Besetzungsdichte n_o anwachsen. Zumindest für eine gewisse Zeit muss also $dn_o/dt > 0$ sein. Aus (6-69) und $\phi \approx 0$ folgt daher, dass

$$\frac{n_a}{\tau_{ao}} > \frac{n_o}{\tau_{ou}} + \frac{n_o}{\tau_{og}} \tag{6-100}$$

sein muss. Um effizient eine Inversion aufzubauen, sollte die Zerfallszeit τ_{ao} demnach möglichst kurz sein. Dies ist gemäß (6-66) auch im Vergleich zu τ_{au} und τ_{ag} erforderlich, damit möglichst viele Teilchen ins obere Laserniveau gelangen und die Übergangsraten zu den anderen Niveaus im Vergleich dazu gering bleiben. In vielen Lasermedien ist in der Tat $\tau_{ao} \ll \tau_{au}$ und $\tau_{ao} \ll \tau_{ag}$ erfüllt. Die beiden letzten Summanden in (6-66) können daher vernachlässigt werden und wir erhalten

$$\dot{n}_a = W_p n_g - \frac{n_a}{\tau_{ao}}. \tag{6-101}$$

Da τ_{ao} in vielen Fällen auch gegenüber all den anderen Zerfallszeiten sehr klein ist, nimmt n_a vergleichsweise schnell einen stationären Wert an, d. h. $\dot{n}_a \approx 0$. Alle in das Anregungsband (*a*) gepumpten Teilchen werden praktisch unmittelbar ins obere Laserniveau (*o*) zerfallen und es gilt

$$W_p n_g = \frac{n_a}{\tau_{ao}}. \tag{6-102}$$

In diesem Fall braucht die Gleichung (6-66) nicht berücksichtigt zu werden. Die Pumprate wird stattdessen gemäß (6-102) direkt in (6-69) eingesetzt. Die damit vereinfachten Ratengleichungen lauten nun

$$\frac{dn_o}{dt} = \dot{n}_o = W_p n_g - \frac{n_o}{\tau_{ou}} - \frac{n_o}{\tau_{og}} - \phi c_g \sigma_{ou}\left(n_o - \frac{g_o}{g_u} n_u\right) \tag{6-103}$$

$$\frac{dn_u}{dt} = \dot{n}_u = \frac{n_o}{\tau_{ou}} + \phi c_g \sigma_{ou}\left(n_o - \frac{g_o}{g_u} n_u\right) - \frac{n_u}{\tau_{ug}} \tag{6-104}$$

$$\frac{dn_g}{dt} = \dot{n}_g = -W_p n_g + \frac{n_o}{\tau_{og}} + \frac{n_u}{\tau_{ug}} \tag{6-105}$$

$$\frac{d\phi}{dt} = \dot{\phi} = \phi c_g \sigma_{ou}\left(n_o - \frac{g_o}{g_u} n_u\right)\frac{L_L}{L_R} + \frac{n_o}{\tau_{ou}}\frac{L_L}{L_R}\Re - \frac{\phi}{\tau_\phi}. \tag{6-106}$$

Es sei hier nochmals darauf hingewiesen, dass die mittlere Photonendichte ϕ lediglich eine auf das Energiequantum $h\nu$ normierte Schreibweise für die mittlere Energiedichte $\overline{u}$ ist. Gemäß (6-1) bis (6-3) kann in den Ratengleichungen daher je nach Vorliebe überall ϕ durch $\overline{u}/(h\nu)$ oder durch $I/(c_g h\nu)$ ersetzt werden. Statt der Pumprate $W_p n_g$ kann auch die in (6-68) definierte Pumpleistungsdichte verwendet werden.

Allgemeine, zeitabhängige Lösungen dieses Gleichungssystems können nur mit numerischen Rechenverfahren (z. B. Runge-Kutta) erhalten werden. Der mathematisch wesentlich einfacher zu behandelnde stationäre Fall kann jedoch auch analytisch gelöst werden und vermittelt sehr wichtige Erkenntnisse über den kontinuierlichen Laserbetrieb.

6.5.4 Der stationäre Fall

Im stationären Fall sind die zeitlichen Ableitungen in den Ratengleichungen alle gleich Null. Aus (6-104) folgt damit

$$0 = \frac{n_o}{\tau_{ou}} + \phi c_g \sigma_{ou} \left(n_o - \frac{g_o}{g_u} n_u \right) - \frac{n_u}{\tau_{ug}} . \tag{6-107}$$

Ohne vorhandenen Laserstrahl, also $\phi = 0$, folgt daraus

$$\frac{n_o}{n_u} = \frac{\tau_{ou}}{\tau_{ug}} . \tag{6-108}$$

Eine stationäre Besetzungsinversion $n_o > n_u$ kann also selbst ohne den Abbau durch die stimulierte Emission nur unter der Voraussetzung $\tau_{ou} > \tau_{ug}$ aufrecht erhalten werden. Da eine stationäre Besetzungsinversion Voraussetzung für kontinuierlichen Laserbetrieb ist, können Lasermaterialien mit $\tau_{ou} < \tau_{ug}$ nur gepulst betrieben werden, weil sich das untere Laserniveau weniger schnell entleert, als es vom oberen Laserniveau her aufgefüllt wird.

In den guten Lasermedien nimmt die Besetzungsdichte im unteren Laserniveau hingegen so schnell ab (τ_{ug} sehr klein), dass die Besetzung im unteren Laserniveau in erster Näherung vernachlässigt werden kann, d. h. $n_u \approx 0$.

Im stationären Fall folgt aus (6-106)

$$0 = \phi c_g \sigma_{ou} \left(n_o - \frac{g_o}{g_u} n_u \right) \frac{L_L}{L_R} + \frac{n_o}{\tau_{ou}} \frac{L_L}{L_R} \Re - \frac{\phi}{\tau_\phi} . \tag{6-109}$$

Unter der Vorsaussetzung $n_u = 0$ (also τ_{ug} sehr kurz) ergibt sich daraus

$$n_o = \frac{\phi}{\tau_\phi \left(\phi c_g \sigma_{ou} \frac{L_L}{L_R} + \frac{1}{\tau_{ou}} \frac{L_L}{L_R} \Re \right)} \tag{6-110}$$

oder

$$\phi = \frac{1}{\left(\frac{L_R}{L_L} \frac{\tau_{ou}}{\tau_\phi} \frac{1}{n_o} - \tau_{ou} c_g \sigma_{ou} \right)} \Re . \tag{6-111}$$

Aus (6-110) folgt, dass mit steigender Photonenzahl im Resonator die Besetzung des oberen Laserniveaus sich einem durch die Resonatorverluste (bzw. Resonatorabklingzeit τ_ϕ) und den Wirkungsquerschnitt bestimmten Wert

$$n_{oL} = n_o(\phi \to \infty) = \frac{1}{\tau_\phi c_g \sigma_{ou} \frac{L_L}{L_R}} \tag{6-112}$$

nähert (wenn ϕ sehr groß wird, kann der zweite Summand unter dem Bruchstrich in (6-110) vernachlässigt werden). Umgekehrt folgt aus (6-111), dass die Photonendichte ϕ gegen unendlich strebt, wenn sich n_o dem Wert n_{oL} aus (6-112) nähert. Aufgrund dieses Zusammenhangs zwischen n_o und ϕ ist die Besetzungsdichte des oberen Laserniveaus im kontinuierlichen Laserbetrieb auf den Wert n_{oL} beschränkt.

Nur bei niedriger Photonendichte ϕ, also insbesondere ohne Laserbetrieb, kann n_o bei ausreichender Pumprate auch größere Werte annehmen. Die Verknüpfung von n_o, ϕ und der Pumprate $W_p n_g$ lässt sich aus (6-103) herleiten. Wieder unter der Voraussetzung $n_u = 0$ erhält man

$$n_o = \frac{W_p n_g}{\dfrac{1}{\tau_{ou}} + \dfrac{1}{\tau_{og}} + \phi c_g \sigma_{ou}} = \frac{W_p n_g}{\dfrac{1}{\tau_o} + \phi c_g \sigma_{ou}}, \tag{6-113}$$

wobei

$$\frac{1}{\tau_o} = \frac{1}{\tau_{ou}} + \frac{1}{\tau_{og}} \tag{6-114}$$

verwendet wurde.

6.5.5 Das Sättigungsverhalten

Die durch eine hohe Intensität I bzw. eine große Photonendichte ϕ verursachte Beschränkung der Besetzungsdichte n_o wird allgemein als Sättigung bezeichnet. Zur quantitativen Behandlung der Sättigung betrachten wir einen Strahl, der sich mit der Intensität I bzw. mit dem Photonenfluss $\Phi = I/(h\nu)$ durch ein mit der Pumprate $W_p n_g$ bzw. der Pumpleistungsdichte $p = W_p n_g \Delta E_{ag}$ angeregtes Medium ausbreitet. Wenn $\phi = \Phi/c_g$ sehr klein ist, also $\phi \approx 0$, beträgt die Besetzungsdichte n_o gemäß (6-113)

$$n_o(\phi = 0) = W_p n_g \tau_o \,. \tag{6-115}$$

Für den Verstärkungskoeffizienten $g(\nu)$ in (6-57) folgt unter diesen Bedingungen ($n_u = \phi \approx 0$) aus (6-59)

$$g(\nu) = n_o \sigma_{ou}(\nu) \tag{6-116}$$

und aus (6-115)

$$g_{kl}(\nu) = W_p n_g \sigma_{ou}(\nu) \tau_o \,. \tag{6-117}$$

Weil dies der Verstärkungskoeffizient für kleine Signale mit $\phi \approx 0$ bzw. $I = \phi c_g h\nu \approx 0$ ist, wird g_{kl} als *Kleinsignalverstärkungs-Koeffizient* bezeichnet. Nimmt die Intensität des Signales zu, nimmt bei gleich bleibender Pumprate die Besetzungsdichte laut (6-113) ab. Durch Definition der Sättigungsphotonendichte

$$\phi_s = \frac{1}{c_g \sigma_{ou} \tau_o} \tag{6-118}$$

wird aus (6-113)

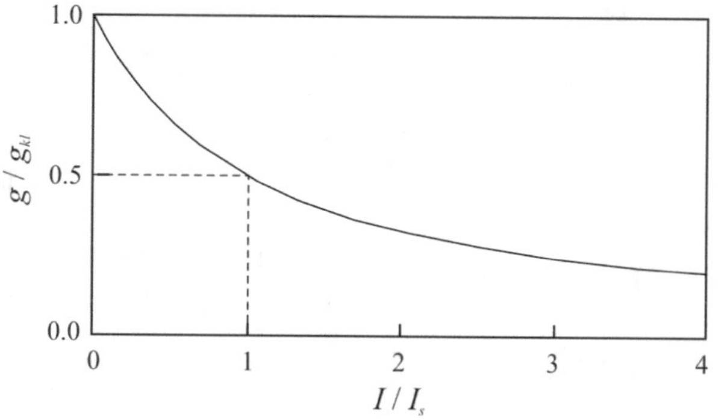

Figur 6-32. Sättigungsverhalten der Verstärkung im laseraktiven Medium. Wenn die Intensität des einfallenden Strahles die Sättigungsintensität des Verstärkermediums erreicht, sinkt der Verstärkungskoeffizient auf die Hälfte des Kleinsignalverstärkungskoeffizienten.

$$n_o = \frac{W_p n_g \tau_o}{1 + \dfrac{\phi}{\phi_s}} . \tag{6-119}$$

In (6-116) eingesetzt folgt daraus

$$g(\nu) = \frac{W_p n_g \sigma_{ou} \tau_o}{1 + \dfrac{\phi}{\phi_s}} . \tag{6-120}$$

Wenn die Photonendichte im Strahl den Wert ϕ_s bzw. die Intensität den Wert $I_s = \phi_s c_g h\nu$ erreicht, so sinkt die Besetzungsdichte n_o und damit der Verstärkungskoeffizient $g(\nu)$ auf die Hälfte der entsprechenden Werte bei der Kleinsignalverstärkung. Mit (6-1) bis (6-3) lauten die entsprechenden Ausdrücke für die Intensität

$$g(\nu) = \frac{W_p n_g \sigma_{ou} \tau_o}{1 + \dfrac{I}{I_s}} = \frac{g_{kl}(\nu)}{1 + \dfrac{I}{I_s}} \tag{6-121}$$

und

$$I_s = \frac{h\nu}{\sigma_{ou} \tau_o} , \tag{6-122}$$

wobei I_s als Sättigungsintensität bezeichnet wird. Das Sättigungsverhalten der Verstärkung in einem laseraktiven Medium ist in Figur 6-32 skizziert.

6.5.5.1 Auswirkung der Sättigung auf die Verstärkung

Dieses Sättigungsverhalten hat also einen direkten Einfluss auf die Verstärkung eines einfallenden Strahles der Intensität I_0. Aus (6-56) und (6-59) folgt für den Verlauf der Intensität $I = \phi c_g h\nu$ in einem verstärkenden Medium die Beziehung

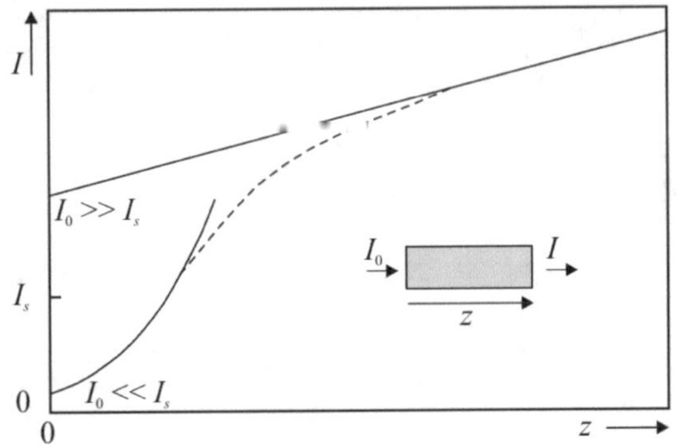

Figur 6-33. Einfluss der Sättigung auf den Verlauf der Intensität eines Strahles im verstärkenden Lasermedium. Die durchgezogenen Kurven entsprechen den Grenzsituationen mit sehr geringer Intensität (nahezu exponentieller Verlauf) und mit sehr hoher Intensität (nahezu linearer Verlauf). Die gestrichelte Kurve deutet den Verlauf im Übergangsbereich an.

$$\frac{dI}{dz} = Ig(\nu, I) . \tag{6-123}$$

Durch Einsetzen von (6-121) erhalten wir

$$\frac{dI}{dz} = I\frac{g_{kl}(\nu)}{1+\dfrac{I}{I_s}} = I\frac{g_{kl}(\nu)}{I_s + I} I_s . \tag{6-124}$$

Wenn die Intensität I viel kleiner ist als die Sättigungsintensität I_s, können wir den Nenner durch Kürzen von I_s vereinfachen und erhalten

$$\frac{dI}{dz} \approx Ig_{kl}(\nu) . \tag{6-125}$$

Mit dieser Näherung ergibt die Verstärkung für einen sehr schwachen Strahl im laseraktiven Medium also einen exponentiellen Verlauf der Intensität

$$I(z) = I_0 e^{g_{kl}(\nu)z} . \tag{6-126}$$

Wenn die Intensität des Strahles wesentlich grösser ist als die Sättigungsintensität des Verstärkermediums, vereinfacht sich (6-124) hingegen zu

$$\frac{dI}{dz} \approx g_{kl}(\nu) I_s \tag{6-127}$$

und wir erhalten in dieser Näherung für den Intensitätsverlauf die lineare Beziehung

$$I(z) = I_0 + g_{kl}(\nu) I_s z . \tag{6-128}$$

Diese beiden Grenzsituationen sind in Figur 6-33 mit den durchgezogenen Kurven dargestellt. Die gestrichelte Kurve deutet den Verlauf im Übergangsbereich an.

6.5.6 Die aus einem laseraktiven Medium extrahierbare Intensität

Aus der Beziehung (6-128) für den vollständig gesättigten Verstärkungsfall lässt sich leicht die maximal aus einem laseraktiven Medium der Länge L_L extrahierbare Intensität

$$I_{\max extrah.} = I(L_L) - I_0 = g_{kl}(\nu) I_s L_L \tag{6-129}$$

berechnen. Berücksichtigt man die Querschnittsfläche A des Lasermediums, so folgt daraus auch die aus dem Volumen $V = AL_L$ maximal extrahierbare Leistung

$$P_{\max extrah.} = g_{kl}(\nu) I_s A L_L \,. \tag{6-130}$$

Die pro Volumen aus dem Lasermedium extrahierbare Leistung ist also alleine durch den Kleinsignalverstärkungskoeffizienten und die Sättigungsintensität des verstärkenden Mediums beeinflusst.

6.5.7 Die Laserschwelle

Bevor die analytische Diskussion der Ratengleichungen weitergeführt wird, soll hier mit einer einfachen Energiebetrachtung das Schwellverhalten des Lasers behandelt werden.

Damit die Energie einer Strahlungsmode im Laserresonator aufrechterhalten werden kann, muss die Verstärkung im Lasermedium sowohl die Verluste innerhalb des Resonators als auch die Auskopplungen $T_i = 1 - R_i$ wettmachen.

Exemplarisch kann dies anhand des Resonators in Figur 6-34 betrachtet werden. Es liege ein Fabry-Perot Resonator mit zwei Endspiegeln im Abstand $L_R/2$ und einem Lasermedium der Länge $L_L/2$ vor (die in den Ratengleichungen verwendeten Längen L_L und L_R bezeichnen die

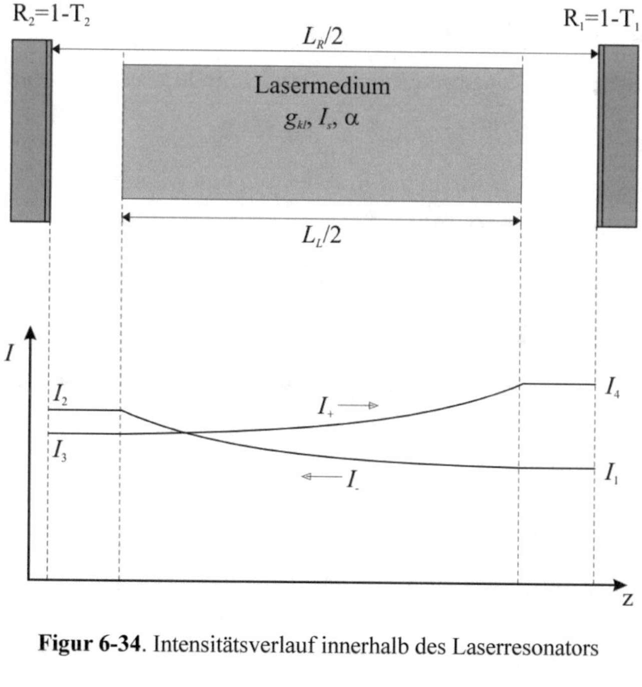

Figur 6-34. Intensitätsverlauf innerhalb des Laserresonators

entsprechenden Strecken eines vollständigen Resonatorumlaufs!). Das Lasermedium ist durch die Kleinsignalverstärkung g_{kl}, die Sättigungsintensität I_s und gegebenenfalls vorhandene Verluste mit dem Abschwächungskoeffizienten α charakterisiert. Ohne Einschränkung der Allgemeingültigkeit wird hier angenommen, dass außerhalb des Lasermediums keine Streu- oder Absorptionsverluste auftreten. Solche könnten in den folgenden Gleichungen sehr einfach mit zusätzlichen Verlustfaktoren berücksichtigt werden. Die Reflektivitäten der beiden Spiegel sind durch R_1 und R_2 gegeben.

Wir beginnen mit dem von rechts nach links laufenden Teil der Strahlung. Dieser habe anfänglich die Intensität I_l (siehe unten in Figur 6-34). Da wir die Schwellbedingung suchen, die erfüllt sein muss, damit der Laser überhaupt anschwingt, können wir voraussetzen, dass die Intensität im Resonator klein ist gegenüber der Sättigungsintensität des Lasermediums. Im Lasermedium wird der Strahl über die Strecke $L_l/2$ daher gemäß (6-126) verstärkt und erreicht nach dem Lasermedium die Intensität

$$I_2 = I_1 e^{g_{kl}(\nu) L_L/2} . \tag{6-131}$$

Wenn im Lasermedium nebst der Verstärkung auch Verluste irgendwelcher Art auftreten, können diese mit einem Abschwächungskoeffizienten α berücksichtigt werden,

$$I_2 = I_1 e^{(g_{kl}(\nu)-\alpha) L_L/2} = I_1 e^{g_{kl}(\nu) L_L/2} e^{-\alpha L_L/2} . \tag{6-132}$$

Die Betrachtungsweise gilt analog auch für den Laserbetrieb mit hoher Leistung, nur müsste dann die Sättigung des Verstärkungskoeffizienten gemäss (6-121) berücksichtig werden.

Am linken Spiegel wird nur der dem Reflexionsvermögen R_2 entsprechende Teil der Strahlung reflektiert. D. h.

$$I_3 = I_2 R_2 = I_1 e^{g_{kl}(\nu) L_L/2} e^{-\alpha L_L/2} R_2 . \tag{6-133}$$

Auf dem Rückweg durch das Lasermedium wird der Strahl wieder wie in (6-132) verstärkt,

$$I_4 = I_3 e^{g_{kl}(\nu) L_L/2} e^{-\alpha L_L/2} = I_1 e^{g_{kl}(\nu) L_L} e^{-\alpha L_L} R_2 . \tag{6-134}$$

Am rechten Spiegel wird der Strahl mit R_1 reflektiert und wir erhalten

$$I_4 R_1 = I_1 e^{g_{kl}(\nu) L_L} e^{-\alpha L_L} R_2 R_1 . \tag{6-135}$$

Im stationären Fall muss dies wieder gleich der ursprünglichen Intensität I_1 sein, also

$$I_1 e^{g_{kl}(\nu) L_L} e^{-\alpha L_L} R_2 R_1 = I_1 . \tag{6-136}$$

Daraus folgt die für das Erreichen eines stationären Laserbetriebs wichtige Schwellbedingung

$$G_{kl} R V = 1 , \tag{6-137}$$

wobei

$$G_{kl} = e^{g_{kl}(\nu) L_L} \tag{6-138}$$

die totale Kleinsignalverstärkung pro vollständigem Resonatorumlauf und

$$R = R_1 R_2 \tag{6-139}$$

ist. Ferner sind mit

$$V = e^{-\alpha L_L} \tag{6-140}$$

die Verluste pro Resonatorumlauf berücksichtigt, wobei $0 < V < 1$ gilt und $V = 1$ Verlustfreiheit bedeutet.

Wenn die Pumpleistungsdichte p (6-68) und damit die Pumprate $W_p n_g$ klein ist, ist auch der Verstärkungskoeffizient $g_{kl}(\nu)$ in (6-121) und damit der Verstärkungsfaktor G_{kl} in (6-138) klein. Wenn dieser so klein ist, dass $G_{kl}RV < 1$, wird im Resonator kein Laserstrahl erzeugt, da die Verluste überwiegen. Eine gegebenenfalls vorhandene Intensität würde aufgrund dieser Verluste rasch abnehmen und mit der Zeit verschwinden. Im stationären Fall ist in einem Resonator mit $G_{kl}RV < 1$ daher $I \approx 0$ (bzw. $\phi \approx 0$).

Wird – ausgehend von dieser Situation – die Pumprate $W_p n_g$ in (6-117) nach und nach gesteigert, so wird das Produkt $G_{kl}RV$ von unten langsam gegen den Wert 1 streben und damit die Schwellbedingung (6-137) erreichen. An diesem Punkt kann die Laseroszillation einsetzen und mit steigender Pumprate $W_p n_g$ wird die Intensität I (bzw. die Photonendichte ϕ) im Resonator erhöht. Wenn mit steigender Intensität der Verstärkungskoeffizient gemäss (6-121) zu sättigen beginnt, gilt die oben für die Bestimmung der Laserschwelle gemachte Voraussetzung der Kleinsignalverstärkung nicht mehr und wir müssen $g_{kl}(\nu)$ durch $g(\nu)$ aus (6-121) bzw. G_{kl} durch den gesättigten Ausdruck G (Ersatz von $g_{kl}(\nu)$ durch $g(\nu)$ in (6-138)) ersetzen. Das Produkt GRV wird im stationären Fall jedoch trotz einer weiteren Zunahme von Pumprate und Laserintensität nicht über den Wert 1 hinauswachsen. Dann wären nämlich die Verluste kleiner als die Verstärkung und die Intensität würde mit jedem Resonatorumlauf exponentiell, also nicht stationär, ansteigen. Die Steigerung der Intensität führt aber gemäß (6-121) zur Sättigung der Verstärkung. Die Intensität kann also nur so lange anwachsen, bis sich aufgrund der Sättigung die Bedingung $GRV = 1$ einstellt und damit wieder ein stationärer Zustand erreicht wird. Die gesättigte Verstärkung G ist damit auch oberhalb der Laserschwelle auf den Schwellwert G_0 beschränkt.

Die für das Erreichen der Laserschwelle erforderliche Pumprate $W_{p0}n_{g0}$ erhält man durch Einsetzen von (6-117) und (6-138) in (6-137) und findet so

$$W_{p0} n_{g0} \sigma_{ou}(\nu) \tau_o L_L = -\ln(RV) = -\ln(R_1 R_2 V) \tag{6-141}$$

oder nach der Pumprate aufgelöst

$$W_{p0} n_{g0} = \frac{-\ln(R_1 R_2 V)}{\sigma_{ou}(\nu) \tau_o L_L} . \tag{6-142}$$

Mit (6-68) erhält man daraus direkt die zur Erreichung der Laserschwelle erforderliche Pumpleistungsdichte

$$p_0 = \Delta E_{ag} W_{p0} n_{g0} = \frac{-\ln(R_1 R_2 V)}{\sigma_{ou}(\nu) \tau_o L_L} \Delta E_{ag} . \tag{6-143}$$

Dieser Schwellwert kann auch direkt aus den Ratengleichungen hergeleitet werden. Bei kleinen Pumpraten unterhalb der Laserschwelle ist die Intensität bzw. die Photonendichte verschwindend klein, $\phi \approx 0$, und es gilt (6-115). Wenn sich die Besetzungsdichte n_o durch Steigerung der Pumprate dem Wert n_{oL} (6-112) nähert, wird wegen (6-111) die Photonendichte plötzlich sehr stark anwachsen und mit (6-110) verhindern, dass n_o über den Wert n_{oL} steigt. Dieses Verhalten legt nahe, gemäß (6-115) eine Schwellpumprate

$$W_{p0} n_{g0} = \frac{n_{oL}}{\tau_o} \tag{6-144}$$

zu definieren. Setzt man (6-112) hier ein, erhält man

$$W_{p0} n_{g0} = \frac{1}{\tau_o \tau_\phi c_g \sigma_{ou} \dfrac{L_L}{L_R}}, \tag{6-145}$$

was wegen (6-79) und $t_R = L_R/c_g$ identisch ist mit (6-142).

Eine detailliertere Behandlung des kontinuierlichen Laserbetriebs um und über der Schwelle wird im Folgenden mit der stationären Lösung der Ratengleichungen durchgeführt.

6.5.8 Der kontinuierliche Laserbetrieb

Nach wie vor unter der Voraussetzung $n_u \approx 0$ erhält man aus (6-103) im stationären Fall (also $\dot{n}_o = 0$) mit (6-114) die Photonendichte

$$\phi = \frac{1}{c_g \sigma_{ou}} \left(W_p n_g \frac{1}{n_o} - \frac{1}{\tau_o} \right). \tag{6-146}$$

Durch Einsetzen von n_o aus (6-110) erhält man daraus

$$\phi = \frac{1}{c_g \sigma_{ou}} \left(W_p n_g \frac{\tau_\phi}{\phi} \frac{L_L}{L_R} \left[\phi c_g \sigma_{ou} + \frac{\Re}{\tau_{ou}} \right] - \frac{1}{\tau_o} \right) \tag{6-147}$$

und nach einfacher Umformung

$$\phi = W_p n_g \tau_\phi \frac{L_L}{L_R} + \frac{W_p n_g}{c_g \sigma_{ou}} \frac{\tau_\phi}{\phi} \frac{L_L}{L_R} \frac{\Re}{\tau_{ou}} - \frac{1}{\tau_o c_g \sigma_{ou}} \tag{6-148}$$

beziehungsweise

$$\phi^2 + \phi \left(\frac{1}{\tau_o c_g \sigma_{ou}} - W_p n_g \tau_\phi \frac{L_L}{L_R} \right) - \frac{W_p n_g}{c_g \sigma_{ou}} \tau_\phi \frac{L_L}{L_R} \frac{\Re}{\tau_{ou}} = 0. \tag{6-149}$$

Da die Photonenzahl nicht negativ sein kann, kommt von den zwei Lösungen dieser quadratischen Gleichung in ϕ nur die Lösung

$$\phi = \frac{W_p n_g \tau_\phi \frac{L_L}{L_R} - \frac{1}{\tau_o c_g \sigma_{ou}}}{2} + \frac{\sqrt{\left(W_p n_g \tau_\phi \frac{L_L}{L_R} - \frac{1}{\tau_o c_g \sigma_{ou}}\right)^2 + 4 \frac{W_p n_g}{c_g \sigma_{ou}} \tau_\phi \frac{L_L}{L_R} \frac{\Re}{\tau_{ou}}}}{2} \tag{6-150}$$

mit der positiven Wurzel in Frage. Dieser Ausdruck kann durch Einführung des Verhältnisses

$$S = \frac{W_p n_g}{W_{p0} n_{g0}} \tag{6-151}$$

stark vereinfacht werden. Die Größe S gibt die Pumprate im Verhältnis zur Schwellenpumprate an. Da die Pumpleistungsdichte gemäß (6-68) und (6-143) proportional zur Pumprate ist, gilt natürlich auch

$$S = \frac{p}{p_0}. \tag{6-152}$$

Durch Einsetzen von (6-145) in (6-151) erhält man

$$S = W_p n_g \tau_o \tau_\phi c_g \sigma_{ou} \frac{L_L}{L_R}, \tag{6-153}$$

beziehungsweise

$$W_p n_g = \frac{S}{\tau_o \tau_\phi c_g \sigma_{ou}} \frac{L_R}{L_L}. \tag{6-154}$$

Letzteres und $1/\tau_{ou} = \beta_{ou}/\tau_o$ in (6-150) eingesetzt führt zu

$$\phi = \frac{S - 1 + \sqrt{(S-1)^2 + 4 S \Re \beta_{ou}}}{2 \tau_o c_g \sigma_{ou}} \tag{6-155}$$

für die Photonendichte, oder mit (6-2) und (6-3)

$$I = \frac{S - 1 + \sqrt{(S-1)^2 + 4 S \Re \beta_{ou}}}{2 \tau_o \sigma_{ou}} h\nu \tag{6-156}$$

für die Intensität der Strahlung im Resonator. Der Verlauf dieser Funktionen ist in Figur 6-35 dargestellt. Es sei daran erinnert, dass der Beitrag $\Re$ der Spontanemission durch (6-97) in Abschnitt 6.5.2 gegeben ist. Verwendet man hier noch (6-118) bzw. (6-122) so lauten die beiden Ausdrücke

$$\phi = \frac{\phi_S}{2}\left(S - 1 + \sqrt{(S-1)^2 + 4S\Re\beta_{ou}}\right) \tag{6-157}$$

und

$$I = \frac{I_S}{2}\left(S - 1 + \sqrt{(S-1)^2 + 4S\Re\beta_{ou}}\right). \tag{6-158}$$

Setzt man hier (6-152) ein, so erhält man die Intensität im Resonator als explizite Funktion der Pumpleistungsdichte im Lasermedium,

$$I = \frac{I_S}{2}\left(\frac{p}{p_0} - 1 + \sqrt{\left(\frac{p}{p_0} - 1\right)^2 + 4\frac{p}{p_0}\Re\beta_{ou}}\right). \tag{6-159}$$

Für $S \ll 1$ ist

$$I(S \ll 1) \approx \frac{I_S}{2}\left(-1 + \sqrt{1 + 4S\Re\beta_{ou}}\right) \tag{6-160}$$

und mit der für $x \ll 1$ gültigen Näherung $\sqrt{1+x} \cong 1 + x/2$ entspricht dies

$$I(S \ll 1) \approx SI_s\Re\beta_{ou}. \tag{6-161}$$

Deutlich unter der Laserschwelle verläuft die Strahlungsintensität im Resonator also linear mit der Anregungsleistung und weist eine durch die Spontanemission gegebene, geringe Steigung auf (siehe Abschnitt 6.5.2). Wie schon in Abschnitt 6.5.7 diskutiert, nimmt die Intensität im Resonator nahe bei der Schwelle fast sprunghaft zu. Dies ist schon im vergrößerten Ausschnitt der linken Graphik in Figur 6-35 zu sehen. Noch deutlicher ist dieser Sprung in der logarithmischen Darstellung rechts in Figur 6-35 erkennbar.

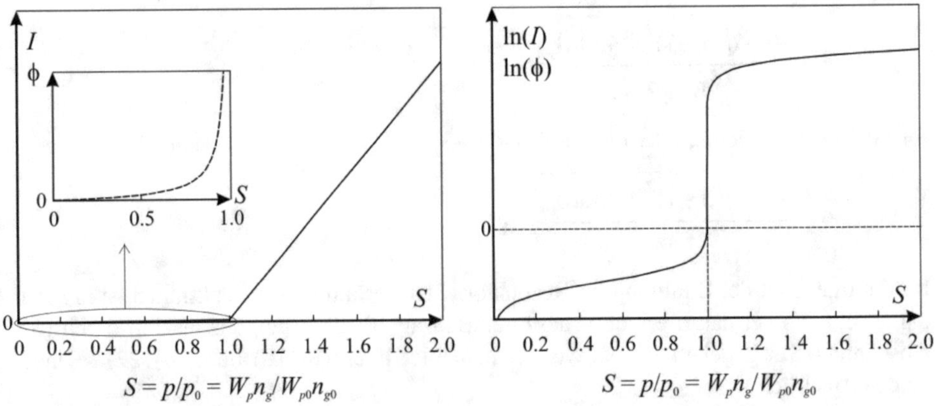

Figur 6-35. Schwellverhalten der Strahlung im Laserresonator. Der in der linken Graphik eingeführte Ausschnitt zeigt den Verlauf der Intensität bzw. der Photonendichte (in willkürlichen Einheiten) unterhalb der Laserschwelle. Wie scharf die Laserschwelle definiert ist, zeigt sich auch in der logarithmischen Darstellung (rechts).

Oberhalb der Laserschwelle, wo $(S-1)^2 \gg 4S\Re\beta_{ou}$ ist, wird (6-156) zu

$$I(S>1) \approx (S-1)I_s = SI_s - I_s \,. \tag{6-162}$$

Auch hier ist der Verlauf linear, doch die Steigung ist um den Faktor $(\Re\beta_{ou})^{-1}$ größer als die Steigung unterhalb der Schwelle. Bedenkt man den Ursprung dieses Faktors (siehe Abschnitt 6.5.2), so wird sofort klar, dass sich die beiden Steigungen um viele Größenordnungen unterscheiden müssen.

Zum Schluss sei hier noch bemerkt, dass S auch direkt mit dem Kleinsignalverstärkungs-Koeffizienten g_{kl} ausgedrückt werden kann. Durch Vergleich von (6-153) und (6-117) erhält man

$$S = g_{kl}\tau_\phi c_g \frac{L_L}{L_R} \,. \tag{6-163}$$

Setzt man hier auch noch (6-79) und $t_R c_g = L_R$ ein, so ist

$$S = \frac{g_{kl}L_L}{-\ln(R_1 R_2 V)} \,. \tag{6-164}$$

Bis hierhin wurde die im Laserresonator eingeschlossene Strahlung behandelt und eine explizite Formel für die Strahlungsintensität bzw. die Strahlungsenergiedichte im Resonator als Funktion der Pumpleistungsdichte im Lasermedium gefunden. Diese Betrachtungen liefern grundlegende Erkenntnisse über den Laserprozess. Für die Auslegung und die Anwendung eines Lasers ist aber insbesondere die vom Resonator als Laserstrahl ausgekoppelte Strahlung von Interesse, welche im folgenden Abschnitt behandelt wird.

6.5.9 Die optimale Auskopplung

Aus stabilen Laserresonatoren wird der Laserstrahl durch einen teildurchlässigen Spiegel ausgekoppelt und der Auskopplungsgrad ist durch die Spiegeltransmission $T = 1 - R$ gegeben. Bei instabilen Resonatoren ist der Auskopplungsgrad T gemäß (5-63) oder (5-64) durch die Vergrößerung M bestimmt.

Die Strahlauskopplung wird im Folgenden anhand des stabilen Fabry-Perot Resonators in Figur 6-34 (auf Seite 193) besprochen. Der Laserstrahl werde durch den rechten Spiegel mit $T_1 = 1 - R_1$ ausgekoppelt. Durch Ersetzen von T_1 mit den Ausdrücken (5-63) oder (5-64) sind die folgenden Resultate auch auf instabile Resonatoren anwendbar.

Von der im Resonator eingeschlossenen Strahlung bewegt sich nur etwa die Hälfte auf den Auskoppelspiegel zu, der andere Anteil bewegt sich in umgekehrter Richtung. Genauer betrachtet ist es der in Figur 6-34 mit I_4 bezeichnete Teil der Strahlung, der auf den Auskoppelspiegel trifft. Vor dem Auskoppelspiegel setzt sich die gesamte Strahlungsintensität also aus

$$I = I_1 + I_4 \tag{6-165}$$

zusammen, wobei I_1 und I_4 durch die Reflexion am Auskoppelspiegel durch

$$I_1 = I_4 R_1 \tag{6-166}$$

verknüpft sind. Daraus folgt also

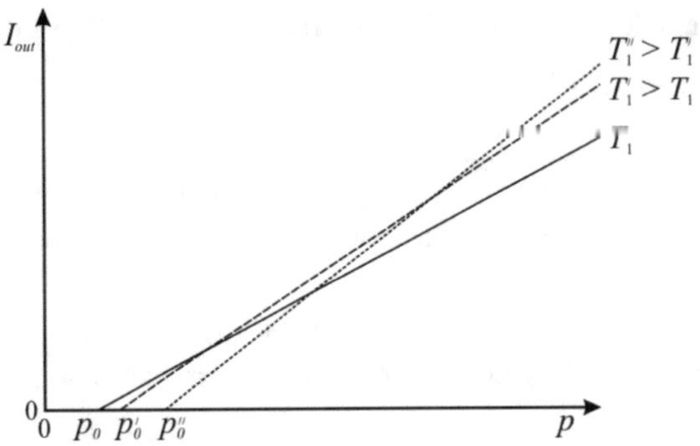

Figur 6-36. Verlauf der ausgekoppelten Intensität (in willkürlichen Einheiten) bei unterschiedlichen Auskoppelgraden. Die Steigung der Kennlinien bezeichnet man als differentiellen Wirkungsgrad des Lasers.

$$I_4 = \frac{I}{1+R_1} \tag{6-167}$$

und die durch den Auskoppelspiegel transmittierte Strahlung ist

$$I_{out} = T_1 I_4 = I \frac{1-R_1}{1+R_1}\,. \tag{6-168}$$

Setzt man hier den über den gesamten Leistungsbereich (also sowohl über als auch unter der Laserschwelle) gültigen Ausdruck (6-159) ein, so erhält man

$$I_{out} = \frac{I_s}{2} \frac{1-R_1}{1+R_1} \left(\frac{p}{p_0} - 1 + \sqrt{\left(\frac{p}{p_0} - 1\right)^2 + 4\frac{p}{p_0}\Re\beta_{ou}} \right). \tag{6-169}$$

Durch Multiplikation der ausgekoppelten Intensität I_{out} mit einer effektiven Querschnittsfläche des Strahles würde man die im Laserstrahl ausgekoppelte Leistung erhalten. Dabei ist jedoch zu bedenken, dass die Amplituden der tatsächlich im Resonator oszillierenden Moden über den Strahlquerschnitt nicht konstant sind. Trotzdem ist die Herleitung und die Diskussion der Beziehung (6-171) sinnvoll, da dadurch die Parameter leicht erkannt werden, welche die Leistung eines Lasers beeinflussen.

Zur Optimierung der Auskopplung sollte nicht allein der differentielle Wirkungsgrad dI_{out}/dp (auch Steigungseffizienz oder *slope efficiency* genannt) maximiert werden. Denn bei Veränderung der Auskopplung verschiebt sich gemäß (6-143) auch die Laserschwelle und damit der Verlauf der ganzen Kennlinie. Der Einfluss der Auskopplung auf die gesamte Kennlinie lässt sich berechnen, indem in (6-169) die Schwelle p_0 aus (6-143) eingesetzt wird. Der daraus resultierende Verlauf der Ausgangsleistung bei verschiedenen Auskoppelgraden ist qualitativ in Figur 6-36 abgebildet. Der differentielle Wirkungsgrad kann hier durch Steigerung der Auskopplung erhöht werden. Da sich dabei aber gleichzeitig die Schwelle zu höheren Pumpleistungen verschiebt, wird der absolute Wirkungsgrad I_{out}/p des Lasers nahe der Schwelle ge-

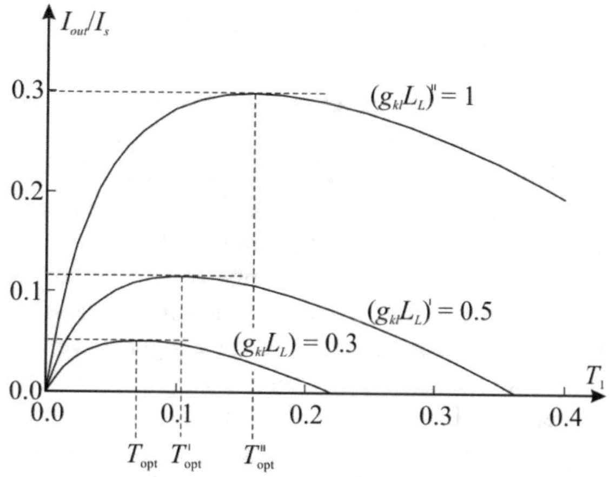

Figur 6-37. Verhältnis von ausgekoppelter Intensität zur Sättigungsintensität in Abhängigkeit vom Auskoppelgrad T_1 und $g_{kl}L_L$ als Parameter. Für das Produkt R_2V wurde der Wert 0.95 angenommen.

senkt. Um die Auskopplung bei einem bestimmten Arbeitspunkt zu optimieren, muss also hauptsächlich I_{out} und nicht dI_{out}/dp maximiert werden.

Wir sind nur an der Optimierung des Lasers oberhalb der Laserschwelle interessiert und setzen daher in (6-168) den Ausdruck (6-162) ein,

$$I_{out} = (SI_s - I_s)\frac{1-R_1}{1+R_1}. \tag{6-170}$$

Zusammen mit (6-164) ergibt dies

$$I_{out} = I_s \frac{1-R_1}{1+R_1}\left(\frac{g_{kl}L_L}{-\ln(R_1R_2V)} - 1\right). \tag{6-171}$$

Die ausgekoppelte Intensität als Funktion des Auskopplungsgrades $T_1 = 1 - R_1$ ist in Figur 6-37 als Verhältnis I_{out}/I_s dargestellt.

Aus dieser graphischen Darstellung und der Beziehung (6-171) wird ersichtlich, dass das Gain-Längen-Produkt $g_{kl}L_L$ der Parameter ist, der die auskoppelbare Intensität und damit den Laserwirkungsgrad am nachhaltigsten beeinflusst. Der Kleinsignalverstärkungs-Koeffizient g_{kl} ist vom Lasermedium und von der Anregungsleistung abhängig (siehe (6-117), (6-68)) und kann nicht beliebig gesteigert werden. Um eine ausreichende Kleinsignalverstärkung G_{kl} zu erreichen (siehe (6-138)), muss daher gleichzeitig die Länge L_L des verstärkenden Mediums groß genug gewählt werden. Es sei daran erinnert, dass L_L die im Laufe eines *vollständigen* Resonatorumlaufs *insgesamt* innerhalb des Lasermediums zurückgelegte Strecke ist.

Weiter ist I_{out} direkt zur Sättigungsintensität I_s proportional. Die ganzen material- und pumpspezifischen Eigenschaften sind also in den Parametern I_s und g_{kl} zusammengefasst. Das Produkt $g_{kl}L_L$ bestimmt dann den Verlauf von I_{out} bei Veränderung des Auskopplungsgrades. Bei gegebenem $g_{kl}L_L$ lässt sich der optimale Auskopplungsgrad am Maximum der Kurve $I_{out}(R_1)$

ablesen. Dabei verdeutlicht Figur 6-37, dass sich der optimale Auskopplungsgrad bei steigender Kleinsignalverstärkung zu höheren Werten hin verschiebt.

Bei der Herleitung der ausgekoppelten Intensität haben wir mit (6-165) angenommen, dass die in den Ratengleichungen definierte Intensität $I = \phi h\nu/c_g$ innerhalb des Resonators gleich der Summe $I_1 + I_4$ ist. Zuvor wurde zur Aufstellung der Ratengleichungen angenommen, dass die Intensität bzw. die Photonendichte innerhalb des Resonators überall gleich ist (siehe Seite 199 f.). Also müsste überall in Figur 6-34 die Summe $I_- + I_+$ den gleichen Wert I ergeben und insbesondere auch $I = I_2 + I_3$ gelten. Diese Bedingung ist insbesondere bei einem exponentiellen Verlauf der Intensität – also im Falle der Kleinsignalverstärkung – und bei starker Auskopplung nicht erfüllt. Die Resultate dieses Abschnittes gelten bei ungesättigter Verstärkung quantitativ daher nur für kleine Auskopplungsgrade bis ca. 30%. Bei einem linearen Verlauf der Intensität – also wenn der Laser voll in Sättigung betrieben wird (siehe (6-128)) – ist die Summe $I_- + I_+$ hingegen unabhängig vom Auskopplungsgrad über z konstant und die Rechnung ist im Rahmen der anderen Annahmen brauchbar. Aufgrund der vielen Einflüsse ist in der Praxis aber ohnehin eine experimentelle Bestimmung der optimalen Auskopplung zu empfehlen.

6.5.10 Der Laserwirkungsgrad

In Abschnitt 6.5.6 wurde gezeigt, dass aus einem laseraktiven Medium der Länge L_L maximal die Intensität $I_{\max extrah.} = g_{kl}(\nu) I_s L_L$ extrahiert werden kann (Gleichung (6-129)). Andererseits gibt die Gleichung (6-171) die Intensität I_{out} an, welche aus einem gegebenen Laserresonator ausgekoppelt wird. Daraus lässt sich der so genannte Resonatorwirkungsgrad

$$\eta_R = \frac{I_{out}}{I_{\max extrah.}} = \frac{1-R_1}{1+R_1}\left(\frac{1}{-\ln(R_1 R_2 V)} - \frac{1}{g_{kl} L_L}\right) \tag{6-172}$$

definieren (auch als Extraktionswirkungsgrad bekannt). Auch durch Maximierung dieses Wirkungsgrades lässt sich die oben angesprochene optimale Resonatorauskopplung bestimmen.

Der Resonatorwirkungsgrad ist ein Maß dafür, welcher Anteil der maximal aus dem Lasermedium extrahierbaren Leistung im ausgekoppelten Laserstrahl zur Verfügung steht. Wenn dieser Wert deutlich kleiner ist als 1, kann unter Umständen eine Nachverstärkung ausserhalb des Resonators in einem voll gesättigten Verstärker (MOPA-Anordung genannt: *master oscillator, power amplifier*) effizienter sein als eine reine Resonatorkonfiguration.

Um den totalen Laserwirkungsgrad eines Lasers (ohne Nachverstärker) zu bestimmen, dividieren wir die aus dem Resonator ausgekoppelte Leistung durch die Pumpleistung

$$\eta_{Laser} = \frac{P_{out}}{P_{in}} = \frac{I_{out} A}{P_{in}}, \tag{6-173}$$

wobei A wiederum für die ausgenutzte Querschnittsfläche steht. Für eine grobe Abschätzung wird einfachheitshalber also eine homogene Intensitätsverteilung angenommen. Die ausgekoppelte Intensität I_{out} kennen wir aus Gleichung (6-171).

Die *laserwirksame* Pumpleistungsdichte p, also die Pumpleistungsdichte, die tatsächlich zur Besetzung des Anregungsniveaus führt, ist aus (6-68) bekannt und ist unter Verwendung von (6-117) durch

$$p = \frac{\Delta E_{ag} g_{kl}}{\sigma_{ou}(\nu)\tau_o} \tag{6-174}$$

gegeben. Aufgrund unterschiedlicher Verlustmechanismen trägt allerdings in der Praxis nicht die gesamte, aufgewendete Pumpleistung P_{in} zur Anregung des Lasermediums bei. Bei einem optisch angeregten Laser geht beispielsweise ein Teil der Pumpleistung in der Pumpoptik verloren und im Lasermedium selbst wird die dort angelangte Pumpstrahlung unvollständig absorbiert. Wir definieren daher den Pumpwirkungsgrad als Quotienten aus der im gepumpten Volumen AL_L erfolgreich in das beabsichtigte Anregungsniveau eingekoppelte Leistung pAL_L und der insgesamt eingesetzten Pumpleistung P_{in} (oder den entsprechend definierten Energien):

$$\eta_{pump} = \frac{pAL_L}{P_{in}}. \tag{6-175}$$

Durch Einsetzen von (6-175), (6-174) und (6-171) in (6-173) erhalten wir

$$\eta_{Laser} = \eta_{pump} \frac{\sigma_{ou}(\nu)\tau_o}{\Delta E_{ag}} I_s \frac{1-R_1}{1+R_1}\left(\frac{1}{-\ln(R_1 R_2 V)} - \frac{1}{g_{kl} L_L}\right). \tag{6-176}$$

In den beiden Faktoren rechts ist der oben gefundene Resonatorwirkungsgrad wieder zu erkennen:

$$\eta_{Laser} = \eta_{pump} \frac{\sigma_{ou}(\nu)\tau_o}{\Delta E_{ag}} I_s \eta_R. \tag{6-177}$$

Durch Verwendung des Ausdruckes (6-122) für die Sättigungsintensität I_s erhalten wir

$$\eta_{Laser} = \eta_{pump} \frac{h\nu}{\Delta E_{ag}} \eta_R. \tag{6-178}$$

Die Energie $h\nu$ des Laserphotons entspricht bekanntlich genau dem Energieunterschied ΔE_{ou} zwischen dem oberen und unteren Laserniveau. Der mittlere Ausdruck in (6-178) beschreibt also das Verhältnis aus der Energie der erzeugten Strahlungsquanten und der pro erzeugtem Photon aufgewendeter Anregungsenergie ΔE_{ag} und wir schreiben

$$\eta_{Laser} = \eta_{pump} \eta_{QD} \eta_R. \tag{6-179}$$

Da das emittierte Energiequantum (das Photon) kleiner ist als die pro Emission aufgewendete Anregungsenergie ΔE_{ag}, spricht man vom so genannten Quantendefekt. Der entsprechende Wirkungsgrad

$$\eta_{QD} = \frac{\Delta E_{ou}}{\Delta E_{ag}} \tag{6-180}$$

bildet den theoretisch im Idealfall ohne Verluste maximal erreichbaren Laserwirkungsgrad eines gegebenen Lasers und ist gross, wenn der Energieverlust aufgrund des Quantendefekts klein ist. Im Falle von optisch gepumpten Lasern wird $\eta_{QD} = \lambda_{pump} / \lambda_{laser}$ auch als Stokes-Wirkungsgrad bezeichnet.

Der hier diskutierte totale Laserwirkungsgrad basiert auf den oben gemachten Vereinfachungen für den Laserbetrieb oberhalb der Laserschwelle. Wenn konkurrenzierende Übergänge im Lasermedium nicht vernachlässigt werden können, sind die entsprechenden Verluste mit einem zusätzlichen, so genannten Quantenwirkungsgrad zu berücksichtigen.

6.5.11 Der Einfluss der Linienverbreiterung

Damit im Resonator ein Laserstrahl erzeugt werden kann, setzt natürlich voraus, dass die Frequenz ν zumindest einer Resonatormode innerhalb der Verstärkungsbandbreite des Lasermediums liegt. In den weitaus meisten Fällen ist der Frequenzabstand $\Delta\nu$ zwischen den Lasermoden kleiner als die spektrale Breite $\Delta\nu_{ou}$ der Verstärkung des Lasermediums, sodass immer gleich mehrere Moden innerhalb der Verstärkungsbandbreite liegen. Welche und wie viele dieser Moden tatsächlich anschwingen können, hängt wesentlich von der Art der Linienverbreiterung ab. Der Unterschied ist in Figur 6-38 verdeutlicht.

Bei steigender Anregung nimmt die Verstärkung G_{kl} im Resonator zu. Solange G_{kl} klein ist und die Schwellbedingung (6-137) über die ganze Verstärkungsbandbreite nirgends erreicht wird, kann im Resonator keine Mode anschwingen. Sobald hingegen die Schwellbedingung für eine Mode erreicht ist, wird die Verstärkung G augrund der angestiegenen Intensität der oszillierenden Mode gesättigt und auch bei weiter steigender Anregung auf den Schwellwert beschränkt (siehe Abschnitt 6.5.7).

Bei homogener Linienverbreiterung wird die Verstärkung über die ganze spektrale Breite gesättigt. Dieses Verhalten wird bei unidirektionalen Ring-Resonatoren zur Erzeugung einfrequenter Laserstrahlung ausgenutzt.

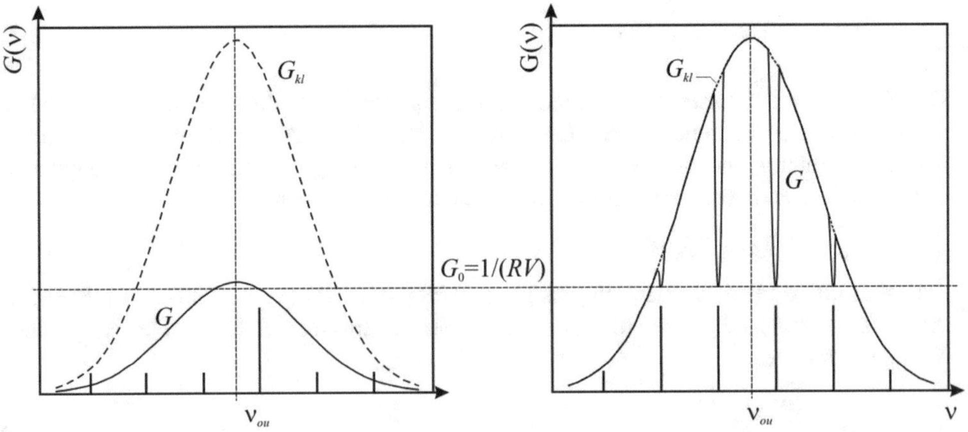

Figur 6-38. Sättigungs- und Oszillationsverhalten bei homogener Linienverbreiterung (links) und bei inhomogener Linienverbreiterung (rechts). Die vertikalen Linien bezeichnen die Oszillationsfrequenzen der longitudinalen Resonatormoden (lang für die oszilliernden Moden, kurz für Moden unter der Schwelle). Die ungesättigte Verstärkung im Resonator wäre G_{kl} (gestrichelt). Durch die oszillierende(n) Lasermode(n) wird wegen der Sättigung des Lasermediums die Verstärkung G bei der Frequenz der Mode(n) auf den Schwellwert G_0 beschränkt.

Da bei inhomogener Linienverbreiterung die Verstärkung nur nahe der Frequenz der oszillierenden Moden gesättigt wird, können bei ausreichender Anregungsstärke auch benachbarte longitudinale Moden die Laserschwelle erreichen.

Damit bei homogener Linienverbreiterung, wie links in Figur 6-38 angedeutet, nur eine einzige longitudinale Mode oszilliert, müssen in der Regel einige zusätzliche Maßnahmen getroffen werden. Der Grund ist, dass die Moden in Fabry-Perot Resonatoren oder in nicht unidirektionalen Ring-Resonatoren eine annähernd stehende Welle bilden (Überlagerung der im Resonator gegeneinander laufenden Wellenanteile, siehe Seite 18). Da die Wechselwirkung mit den laseraktiven Teilchen hauptsächlich über die Dipolwechselwirkung mit den Elektronen erfolgt, wird die Verstärkung *örtlich* nur dort gesättigt, wo sich die Wellenbäuche des elektrischen Feldes der Mode befinden. Dazwischen, also an den Wellenknoten des elektrischen Feldes, verbleiben somit Regionen mit ungesättigter Verstärkung, die von benachbarten Moden (mit leicht abweichender Wellenlänge) ausgenutzt werden. Der Effekt der *örtlich* begrenzten Sättigung der Laserverstärkung durch die stehenden Wellen der Moden ist in der Literatur unter dem Begriff *spatial hole burning* bzw. räumliches Lochbrennen bekannt.

6.5.12 Einschwingvorgänge

Auch bei kontinuierlich angeregten Lasern wird die Anregungsleistung in der Regel nicht langsam gesteigert, sondern mehr oder minder abrupt eingeschaltet. Wie mit der numerischen Lösung der Ratengleichungen in Figur 6-39 dargestellt, ist das Anschwingen des Lasers daher meist kein stetig verlaufender Vorgang.

Nach dem Einschalten der Anregung zur Zeit $t = 0$ wird zunächst die Inversion stetig aufgebaut. Weil die Laserstrahlung mit einer gewissen Zeitverzögerung anschwingt, erreicht die Inversion vorerst einen Wert, der über dem der stationären Lösung liegt. Dann wird die Laserstrahlung aber umso schneller anwachsen und so die im Lasermedium gespeicherte Energie wieder rasch abrufen. Der Anregungsmechanismus kann nun unter Umständen nicht genügend laseraktive Teilchen in den oberen Laserzustand nachbefördern, um die hohe Laserintensität aufrecht zu erhalten. Dadurch brechen die durch die Inversion bestimmte Verstärkung und somit die Strahlungsintensität im Resonator ein. Sinkt die Verstärkung dabei unter die Schwellenbedingung, so kann der Laserprozess ganz zum Erliegen kommen und der Zyklus beginnt von neuem (jedoch mit etwas veränderten Anfangsbesetzungen auf den verschiedenen Energieniveaus). Bis ein stationärer Zustand erreicht wird, können je nach Lasersystem einige solche Überschwinger auftreten. Dieses Verhalten wird in der Literatur als „Spiking" bezeichnet. Die einzelnen Intensitätsspitzen (Spikes) folgen typischerweise in µs-Zeitabständen und der Einschwingvorgang kann einige 10 µs dauern. Beim CO_2-Laser wird das Einschwingverhalten durch eine stark gedämpfte Kurve charakterisiert. Eine nur gering gedämpfte Schwingung mit extremen Intensitätsspitzen, wie in Figur 6-39, ist hingegen charakteristisch für viele Festkörperlaser.

Ob und wie stark Spiking auftritt, hängt von der Lebensdauer τ_o des oberen Laserniveaus, der Resonatorabklingzeit τ_ϕ und dem Pumpparameter S ab. Die genauen Bedingungen können durch entsprechende Vereinfachungen aus den Ratengleichungen gewonnen werden. Daraus folgt, dass Spiking nur für Laser mit $\tau_\phi < \tau_o$ auftreten kann. D. h. Laser mit langen Resonatorabklingzeiten (also mit kleinen Auskopplungsgraden und geringen Verlusten) neigen tenden-

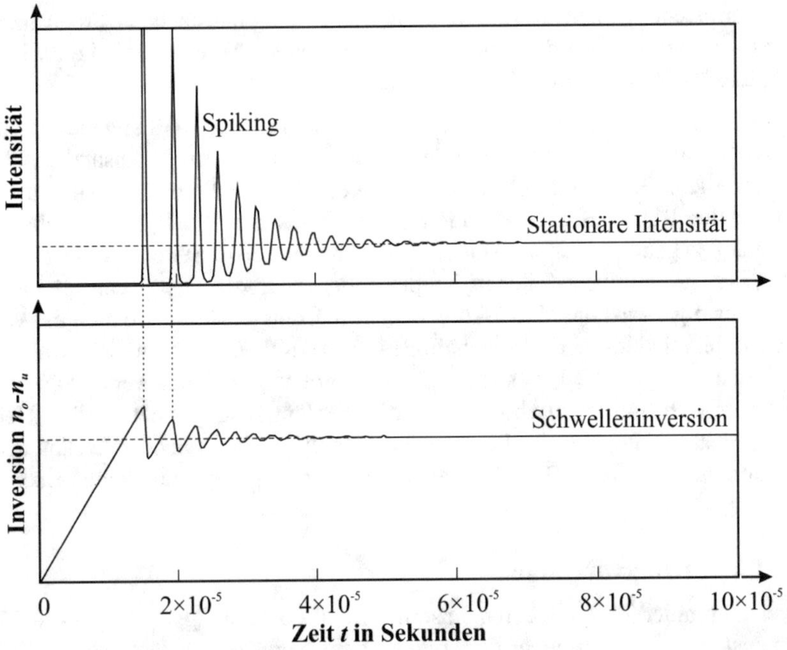

Figur 6-39. Durch numerische Lösung der Ratengleichungen berechneter zeitlicher Einschwingvorgang eines Nd:YAG Lasers. Strahlungsintensität (oben) und Besetzungsinversion (unten) in willkürlichen Einheiten. Die Anregung wurde zum Zeitpunkt $t = 0$ abrupt eingeschaltet.

ziell weniger zu Spiking. Die detaillierte Analyse der Ratengleichungen ergibt, dass Spiking nur unter der Bedingung

$$2\frac{\tau_o}{\tau_\phi}\left(1-\sqrt{1-\frac{\tau_\phi}{\tau_o}}\right) < S < 2\frac{\tau_o}{\tau_\phi}\left(1+\sqrt{1-\frac{\tau_\phi}{\tau_o}}\right) \tag{6-181}$$

eintritt.[50]

6.5.13 Die Güteschaltung

Der Spiking-Effekt kann durch die so genannte Güteschaltung – häufig auch Q-Switch genannt – künstlich herbeigeführt werden, um sehr hohe Intensitätspulse zu erzeugen. Dazu wird das Anschwingen der Laserstrahlung im Resonator zunächst durch ein Schaltelement, welches große Verluste einbringt, unterdrückt. Dadurch kann die Inversion bis deutlich über den Schwellenwert aufgebaut werden. Werden nun die Verluste im Resonator abrupt ausgeschaltet, baut sich eine sehr hohe Intensität auf, welche die im Lasermedium gespeicherte Energie in einem kurzen Leistungspuls abführt.

Der ganze Vorgang läuft im Prinzip genau wie bei einem Puls des Spikings in Figur 6-39 ab. Der Unterschied ist lediglich, dass der Aufbau der Laserstrahlung durch die Güteschaltung zusätzlich verzögert wird und so eine höhere Inversion aufgebaut werden kann. Der zeitliche

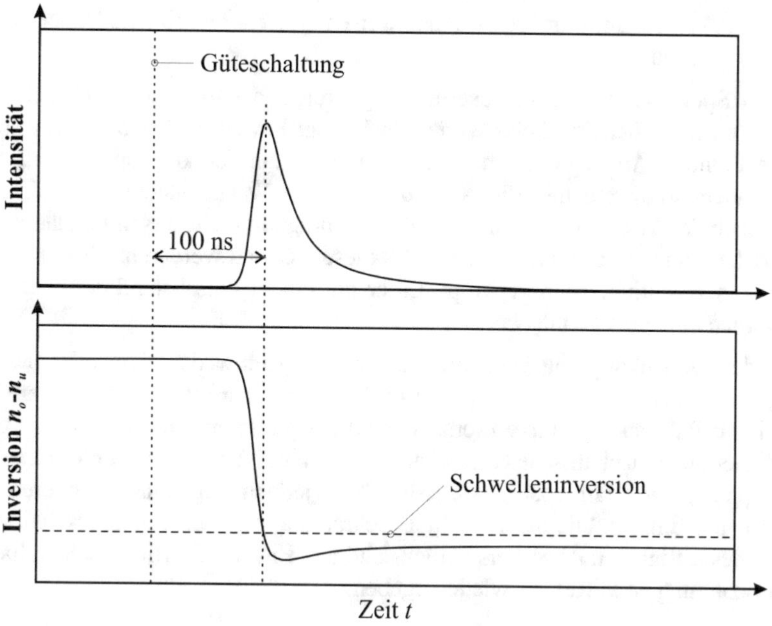

Figur 6-40. Durch numerische Lösung der Ratengleichungen für Nd:YAG berechneter zeitlicher Verlauf eines Güteschaltungspulses. Strahlungsintensität (oben) und Besetzungsinversion (unten) in willkürlichen Einheiten. Die Güteschaltung erfolgte an dem mit der linken gestrichelten Linie gekennzeichneten Zeitpunkt.

Verlauf von Intensität und Besetzungsinversion bei der Entstehung eines Güteschaltungspulses ist in Figur 6-40 wiedergegeben. Solange das Anschwingen eines Laserstrahles durch Sperrung des Resonators unterdrückt wird, kann sich bei ausreichender Pumpleistungsdichte eine Besetzungsinversion aufbauen, die deutlich über der Schwelleninversion liegt. Dieser Inversionsaufbau dauert im Vergleich zur kurzen Pulsdauer sehr lange und ist daher in der Graphik nicht gezeigt, verläuft aber so wie vor dem Einsetzen des Spikings in Figur 6-39 gezeigt. Sobald die Sperrung des Resonators aufgehoben wird (Güteschaltung), beginnt sich aufgrund der hohen Verstärkung (hohe Inversion) ein Laserpuls aufzubauen. Wie in Figur 6-40 zu sehen ist, dauert dies eine gewisse Zeit, danach nimmt aber die Intensität sehr rasch zu. Die so aufgebaute hohe Strahlungsintensität räumt natürlich die im Lasermedium vorhandene Besetzungsinversion ab. Sobald diese unter die Schwelleninversion $n_o - n_u = n_{oL}$ fällt,[w] nimmt auch die Intensität des Laserpulses im Resonator schnell wieder ab. Der ganze Vorgang dauert ein Vielfaches der Resonatorumlaufzeit. Nach dem Puls werden die Verluste im Resonator wieder eingeschaltet und die Besetzungsinversion kann durch weiteres Pumpen wieder aufgebaut werden.

Die kontrollierte Umschaltung der Güte des Resonators (hohe Verluste = niedrige Güte, niedrige Verluste = hohe Güte) hat dem Verfahren seinen Namen gegeben. Die mittels Güteschal-

[w] Man beachte, dass bei der Behandlung des stationären Falles in Abschnitt 6.5.4 $n_u = 0$ gesetzt wurde.

tung von Festkörperlasern erzeugten Pulse weisen typischerweise eine Dauer von einigen ns bis gegen 100 ns auf.

Wegen der Spontanemission im Lasermedium erreicht die Inversion auch bei unterdrückter Lasertätigkeit nicht beliebig hohe Werte. Nach einer gewissen Zeit bricht der in Figur 6-39 ersichtliche lineare Anstieg ein und nähert sich einem zeitlich konstanten Wert, bei dem sich die Spontanemissionsrate und die Anregungsrate die Waage halten. Aus Effizienzgründen sollte deshalb der Resonator bei eingeschalteter Anregung nicht wesentlich länger als die Fluoreszenzlebensdauer τ_o gesperrt werden. Aus diesem Grund werden nur hochrepetitiv gütegeschaltete Laser kontinuierlich gepumpt. Laser mit einem Pulsabstand der deutlich länger ist als τ_o, werden hingegen gepulst angeregt.

Wie bei der Modenkopplung kann die Güteschaltung entweder aktiv oder passiv realisiert werden. Um Mehrfachpulse zu vermeiden ist dabei eine sehr kurze Schaltzeit erforderlich (im Vergleich zur Pulsdauer). Aktive Elemente sind beispielsweise akusto-optische oder elektrooptische aber auch mechanische Güteschalter.[25] Als passive Güteschalter kommen wie bei der Modenkopplung ebenfalls sättigbare Absorber (jedoch mit einem anderen Sättigungsverhalten) zum Einsatz. Die theoretische Beschreibung der passiven Güteschaltung muss das Verhalten des sättigbaren Absorbers berücksichtigen. Eine ausführliche Behandlung der passiven Güteschaltung ist in Ref. 51 wiedergegeben.

7 Thermische Effekte im Lasermaterial

Zumindest die bereits bei Figur 6-11 erwähnten strahlungslosen Übergänge tragen zur Erwärmung des Lasermediums bei. Diese können je nach Material einen beträchtlichen Anteil der Anregungsleistung in Wärme umwandeln. Dazu kommen meist noch weitere Effekte, die ebenfalls zu Erwärmung des Lasermediums beitragen. Um eine übermäßige Temperaturerhöhung zu vermeiden, müssen daher geeignete Maßnahmen zur Kühlung des Lasermediums getroffen werden. Dies kann besonders bei Hochleistungslasern eine technisch anspruchsvolle Herausforderung sein. Wegen der Ausbildung thermisch induzierter Linsen und der thermisch erzeugten Spannungen ist diese Problematik bei Festkörperlasern schwerwiegender als bei Gaslasern, wobei sie bei Scheiben- und Faserlasern durch das vorteilhafte Verhältnis von Volumen zu gekühlter Oberfläche sowie beim Scheibenlaser durch die eindimensionale Wärmeleitung in Strahlrichtung und beim Faserlaser durch die Wellenleitungsstruktur im Vergleich zu Stab- und Slablasern deutlich entschärft ist (siehe Abschnitt 7.2.4).

In diesem Kapitel sollen die verschiedenen Prozesse, welche zur Erwärmung des Lasermaterials beitragen können, kurz besprochen und anschließend auf die thermisch induzierten optischen und mechanischen Effekte eingegangen werden.

7.1 Wärmequellen im Lasermedium

Die unterschiedlichen Beiträge zur Erwärmung des Lasermediums sind natürlich so verschieden wie die Lasermaterialien selbst. Eine vollumfängliche Diskussion aller Materialien würde den grundlagenorientierten Rahmen dieses Buches sprengen. Ein gutes Verständnis für die wichtigsten Prozesse kann aber auch exemplarisch anhand des heute oft eingesetzten Laserkristalls Nd:YAG gewonnen werden.

7.1.1 Wärmeerzeugende Übergänge in Nd:YAG

Für die Untersuchung der einzelnen Wärmebeiträge müssen mehrere Energieübergänge der angeregten Nd^{3+} Ionen betrachtet werden. Die wichtigsten Energieniveaus von Nd:YAG sind in Figur 7-1 schematisch wiedergegeben (siehe z. B. Ref. 25).

Die Anregung der Nd^{3+} Ionen erfolgt vorzugsweise durch optische Anregung mit einer Wellenlänge um 808.5 nm, um die Ionen vom Grundzustand ($E_g = 0$) vorerst in das Pumpband mit einer mittleren Energie von $E_a = 12376\ \text{cm}^{-1}$ anzuheben (siehe Definition der Wellezahl in (6-60)).

Leider trägt aber nicht jedes absorbierte Pumpphoton zur Anregung der Laser-Ionen bei. Ein Teil η_{DS} der Photonen wird an so genannten „*dead sites*"[52, 53] (Defekte in der Dotierung des Kristalls) absorbiert und werden direkt in Wärme umgewandelt. Wenn W_{abs} die insgesamt im Kristall absorbierte Pumpenergie ist, so bleibt damit für die Anregung des Pumpbandes bei E_a nur noch die Energie

$$W_a = (1-\eta_{DS})\cdot W_{abs}\,. \tag{7-1}$$

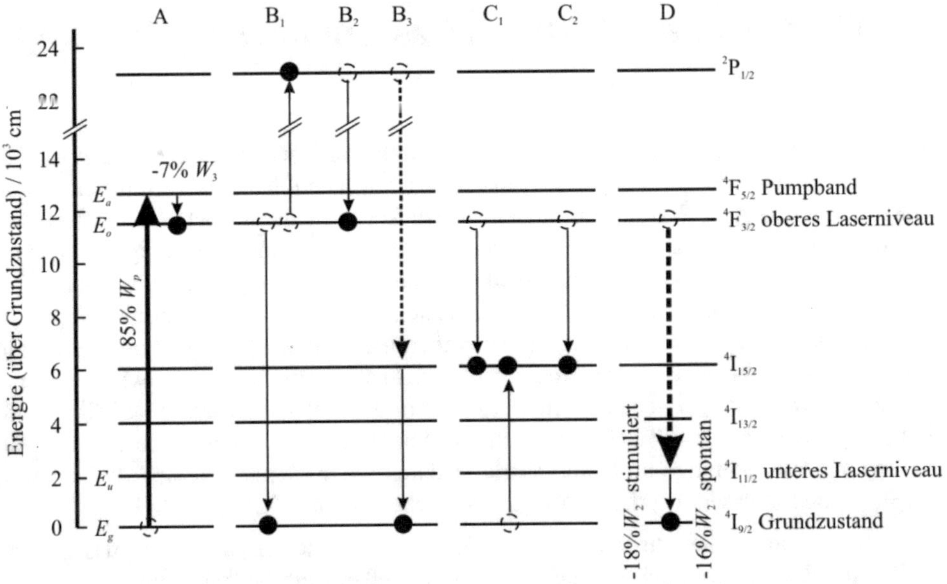

Figur 7-1. Energieniveaus der Nd^{3+} Ionen in YAG. Die gestrichelten Pfeile bezeichnen die strahlenden, die dünnen Pfeile die strahlungslosen Übergänge. Der dicke Pfeil nach oben entspricht der optischen Anregung in das Band um 808.5 nm.

Das Material wird dabei mit der Energie

$$H_{DS} = \eta_{DS} \cdot W_{abs} \tag{7-2}$$

erwärmt. Der genaue Wert von η_{DS} hängt stark von der Qualität des Materials ab und ist somit auch je nach Hersteller unterschiedlich. In der Regel beträgt η_{DS} etwa 15%.

Unmittelbar nach der Anregung erfolgt ein strahlungsloser Übergang zum Niveau E_o mit einer Energie von 11507 cm^{-1} (über dem Grundzustand). Der dabei freigesetzte Anteil

$$\eta_{ao} = \frac{E_a - E_o}{E_a} \cong 7\% \tag{7-3}$$

der Energie W_a führt zur Anregung von Phononen und entspricht somit einem Wärmebeitrag von

$$H_{ao} = \eta_{ao} \cdot W_a = \eta_{ao}(1-\eta_{DS}) \cdot W_{abs}\,. \tag{7-4}$$

Mit H_{DS} und H_{ao} gehen also bereits bei der Anregung etwa 21% der Pumpenergie in Wärme über. Im oberen Laserniveau (E_o) wird nur die Energie

$$W_o = (1-\eta_{ao}) \cdot W_a = (1-\eta_{ao})(1-\eta_{DS}) \cdot W_{abs} \tag{7-5}$$

gespeichert, was etwa 79% der absorbierten Pumpenergie entspricht.

In gewissen Materialien können die Ionen aus dem obere Laserniveau durch Absorption eines weiteren Pumpphotons oder gar eines Laserphotons in noch höher angeregte Zustände übergeführt werden (excited state absorption ESA) und tragen dann beim Zerfall wiederum zur Erwärmung des Materials bei. Dieser Prozess ist in Nd:YAG praktisch ausgeschlossen und kann gänzlich vernachlässigt werden. Ein anderer, relativ schwacher Prozess ist die in Figur 7-1 mit B_1 bezeichnete „*up-conversion*". Es handelt sich dabei um eine Wechselwirkung zwischen örtlich benachbarten Ionen aus dem oberen Laserniveau. Die Bedeutung dieses Prozesses nimmt daher quadratisch mit der Ionendichte (Dotierung) zu. Bei dieser Wechselwirkung gibt das eine Ion seine Energie an das benachbarte Ion ab und hebt dieses gemäß derzeitigem Wissenstand in das Niveau $^2P_{1/2}$ an (23014 cm^{-1} über dem Grundzustand). Das erste Ion geht dabei in den Grundzustand über. Das Ion im Niveau $^2P_{1/2}$ kann anschließend durch Emission von Phononen – und dadurch mit einem weiteren Wärmebeitrag – wieder in das obere Laserniveau zurückkehren (B_2). Immer noch vom Zustand $^2P_{1/2}$ ausgehend, kann das Ion aber auch durch Emission eines gelben Photons (585 nm) zum Niveau $^2I_{15/2}$ (6251 cm^{-1} über dem Grundzustand) übergehen und anschließend strahlungslos (also wieder Wärmeerzeugung) bis in den Grundzustand fallen. Zwar ist dieser Prozess (B_3 in Figur 7-1) in Nd:YAG quantitativ vernachlässigbar,[54, 55] bei ausreichend starker Anregung können die gelben Photonen jedoch von bloßem Auge gesehen werden (besonders wenn das obere Laserniveau nicht durch den Laserprozess entvölkert wird).

Ausgehend vom oberen Laserniveau wird die Photonemission durch strahlungslose Übergänge konkurrenziert, d. h. gedämpft („*quenched*"). Durch Emission von 7 Phononen[56] oder durch Energietransfer kann das Ion in den Zustand $^2I_{15/2}$ gelangen (Prozesse C_1 und C_2 in Figur 7-1). Beim Energietransfer wird die Energie an ein örtlich benachbartes Ion im Grundzustand übertragen, welches dadurch ebenfalls ins Niveau $^2I_{15/2}$ gelangt ($^2I_{15/2}$ befindet sich nahe der Mitte zwischen Grundzustand und oberem Laserniveau). Vom Zustand $^2I_{15/2}$ gelangen die Ionen strahlungslos in den Grundzustand und tragen nochmals zur Erwärmung des Materials bei. Die Bedeutung dieses Konzentrations-Quenchings hängt von der Dotierung des Materials ab und führt dazu, dass höher dotierte Kristalle stärker erwärmt werden. Ohne gleichzeitige Laseremission wird in 1.1 at.% dotiertem Nd:YAG etwa ein Anteil von η_{CQ} = 8% der im oberen Laserniveau gespeicherten Energie W_o in die Wärme

$$H_{CQ} = \eta_{CQ} \cdot W_o = \eta_{CQ}(1-\eta_{ao})(1-\eta_{DS}) \cdot W_{abs} \tag{7-6}$$

umgewandelt, was noch

$$W_o' = (1-\eta_{CQ}) \cdot W_o = (1-\eta_{CQ})(1-\eta_{ao})(1-\eta_{DS}) \cdot W_{abs} \tag{7-7}$$

für die Spontanemission übrig lässt. Bei laufendem Laser sind diese Konkurrenzprozesse jedoch vernachlässigbar, weil dann die Ionen sehr schnell durch stimulierte Emission aus dem oberen Laserniveau entfernt werden.

Vom oberen Laserniveau gelangen die Ionen entweder durch stimulierte oder durch spontane Emission eines Photons in das untere Laserniveau. Dabei ist zu beachten, dass beide Niveaus in mehrere Zustände aufgespaltet sind.[25] Das untere Laserniveau $^2I_{11/2}$ besteht aus 6 Unterniveaus mit leicht unterschiedlichen Energien. Das obere Niveau $^4F_{3/2}$ hat zwei Energieniveaus, welche sich lediglich um 88 cm^{-1} unterscheiden. Zwischen diesen 8 Niveaus gibt es verschiedene erlaubte Übergänge. Die Laseremission mit einer Wellenlänge von 1064,1 nm geht vom oberen Unterniveau des Zustandes $^4F_{3/2}$ aus und endet im drittuntersten

Unterniveau des unteren Laserniveaus. Von der Anregungsenergie E_o geht dabei die Photonenergie $E_L = 9398\ \text{cm}^{-1}$ in Form von elektromagnetischer Strahlung weg und der Anteil

$$\eta_L = \frac{E_o - E_L}{E_o} \cong 18\% \tag{7-8}$$

trägt mit der Energie

$$H_L = \eta_L \cdot W_o = \eta_L (1-\eta_{ao})(1-\eta_{DS}) \cdot W_{abs} \tag{7-9}$$

zur Erwärmung des Laserkristalls bei.

Bei der Spontanemission sind mehrere Übergänge zwischen $^4F_{3/2}$ und $^4I_{11/2}$ möglich. Die mittlere Wellenlänge der spontan emittierten Photonen beträgt 1034 nm, was einer Energie E_S von 9671 cm^{-1} entspricht.[54] Im Falle der Spontanemission wird also nur der Bruchteil

$$\eta_S = \frac{E_o - E_S}{E_o} \cong 16\% \tag{7-10}$$

in Wärme

$$H_S = \eta_{LS} \cdot W_o' = \eta_S (1-\eta_{CQ})(1-\eta_{ao})(1-\eta_{DS}) \cdot W_{abs} \tag{7-11}$$

umgewandelt. Bei einem spontan emittierten Photon fällt also im Mittel weniger Wärme an als nach der stimulierten Emission eines Laserphotons. Allerdings kommen bei Abwesenheit von stimulierter Emission die konzentrationsabhängigen Quenchingprozesse hinzu.

Zusammenfassend können wir festhalten, dass bei laufendem Laser (Quenching vernachlässigbar) die Wärmeerzeugung insgesamt durch

$$H_{laser} = H_{DS} + H_{ao} + H_L \tag{7-12}$$

gegeben ist. Mit (7-2), (7-4) und (7-9) ergibt dies

$$H_{laser} = \left(\eta_{DS} + \eta_{ao}(1-\eta_{DS}) + \eta_L (1-\eta_{ao})(1-\eta_{DS})\right) W_{abs} = \eta_{laser} W_{abs} \,. \tag{7-13}$$

Mit $\eta_{DS} = 0.15$, $\eta_{ao} = 0.07$ und $\eta_L = 0.18$ resultiert, dass bei laufendem Laser etwa $\eta_{laser} = 35\%$ der absorbierten Energie W_{abs} in Wärme umgewandelt werden.

Ohne stimulierte Emission beläuft sich die Erwärmung auf

$$H_{spont} = H_{DS} + H_{ao} + H_{CQ} + H_S \tag{7-14}$$

beziehungsweise mit (7-2), (7-4), (7-9) und (7-11) auf

$$\begin{aligned} H_{spont} &= \left(\eta_{DS} + \eta_{ao}(1-\eta_{DS}) + (\eta_{CQ} + \eta_S - \eta_{CQ}\eta_S)(1-\eta_{ao})(1-\eta_{DS})\right) W_{abs} \\ &= \eta_{spont} W_{abs} \,. \end{aligned} \tag{7-15}$$

Wie oben erwähnt, beträgt bei einer Dotierung von 1.1 at.% in Nd:YAG der Anteil η_{CQ} der Konkurrenzprozesse etwa $\eta_{CQ} = 0.08$. Was zusammen mit den anderen Wärmequellen dazu führt, dass ohne Laseremission insgesamt etwa $\eta_{spont} = 39\%$ der absorbierten Leistung in Wärme umgewandelt wird. Die Erwärmung bei gleichzeitiger Laseremission ist etwas geringer ($H_{laser} < H_{spont}$), weil dabei die durch die Konkurrenzprozesse verursachten Beiträge H_{CQ} unterdrückt werden. Letztere sind jedoch stark konzentrationsabhängig. Bei Dotierungen von unter 0.75 at.% nimmt dieser Beitrag in Nd:YAG so stark ab, dass die Erwärmung ohne Laseremission geringer ist als während der Laseremission ($H_{spont} < H_{laser}$).[54] Hier kommt also zum Tragen, dass die mittlere Energie der spontan emittierten Photonen leicht über der Energie der Laserphotonen liegt und somit weniger Wärmeenergie im Material zurückbleibt.

Die hier besprochenen Effekte zeigen, dass die Erwärmung des Lasermediums inhärent in der Natur des Laserprozesses begründet liegt. Nur die Grundabsorption an den Kristallfehlern, Ionenclustern oder eben den *„dead sites"* könnten in einem idealen Lasermedium vermieden werden. Aber selbst dann ($\eta_{DS} = 0$ in (7-13)) würde aufgrund des Energieunterschieds zwischen Laser- und Pumpphotonen immer noch die Wärme

$$H_{ideal} = \left(\eta_{ao} + \eta_L(1-\eta_{ao})\right)W_{abs} \tag{7-16}$$

erzeugt. Mit (7-3) und (7-8) folgt daraus

$$H_{ideal} = \frac{E_a - E_L}{E_a} W_{abs} = \left(1 - \frac{E_L}{E_a}\right) W_{abs} \tag{7-17}$$

und man erkennt sogleich den in Abschnitt 6.5.10 angesprochenen Quantendefekt. Drückt man die Energien der Niveaus in der Pumpwellenlänge λ_P und der Laserwellenlänge λ_L aus,

$$E_a = \frac{hc}{\lambda_P} \quad \text{und} \quad E_L = \frac{hc}{\lambda_L}, \tag{7-18}$$

so resultiert für die erzeugte Wärme der Ausdruck

$$H_{ideal} = \left(1 - \frac{\lambda_P}{\lambda_L}\right) W_{abs} = (1-\eta_{QD}) \cdot W_{abs}, \tag{7-19}$$

wobei

$$\eta_{QD} = \frac{\lambda_P}{\lambda_L} \tag{7-20}$$

mit dem in Abschnitt 6.5.10 definierten Wirkungsgrad $\Delta E_{ou}/\Delta E_{ag}$ identisch ist (hier auch Stokes-Effizienz genannt). Beim Nd:YAG Laser folgt mit $\lambda_P = 808{,}5$ nm und $\lambda_L = 1064$ nm im Idealfall ohne andere Verluste eine optische Effizienz von 76%. D. h. es gehen mindestens 24% der Anregungsleistung als Wärme im Material verloren.

Bei anderen Lasermaterialien sind im Wesentlichen dieselben Prozesse für die Erwärmung des Mediums verantwortlich, unterscheiden sich aber in deren Stärke. Bei Yb:YAG beispielsweise hat die Stokes-Effizienz aufgrund des Verhältnisses zwischen der Pumpwellenlänge λ_P = 941 nm und der Laserwellenlänge λ_L = 1030 nm einen Wert von η_{QD} = 91.5%. Es ist also zu erwarten, dass im Yb:YAG Laser weniger Wärme erzeugt wird als in Nd:YAG. In der Tat zeigt sich, dass, zusammen mit den anderen oben aufgeführten Prozessen, nur etwa 11% der absorbierten Leistung in Wärme umgewandelt werden.[52] Der große Stokes-Faktor hat aber zur Folge, dass das untere Laserniveau merklich thermisch besetzt wird (bei Raumtemperatur etwa zu 5.5%).[25] Yb:YAG Laser erfordern deshalb eine äußerst intensive Anregung (siehe Abschnitt 7.4.3) und eine effiziente Kühlung.

Die eben besprochenen Prozesse sind also für die Erwärmung des Lasermaterials verantwortlich. Wegen der starken Erwärmung muss besonders bei hohen mittleren Leistungen das laseraktive Medium gut gekühlt werden, um eine gefährliche Temperaturerhöhung zu verhindern. Dabei ist meistens nicht zu vermeiden, dass sich im Lasermedium inhomogene Temperaturverteilungen und Spannungen bilden, denn für die effiziente Kühlung durch Wärmeleitung ist ein starkes Temperaturgefälle erforderlich. Wegen der thermischen Dispersion der Materialien und den spannungsinduzierten optischen Effekten beeinflusst das thermisch belastete Lasermaterial die im Resonator oszillierende Strahlung. Diese Effekte werden in den folgenden Kapiteln einzeln behandelt und müssen bei der Entwicklung von Lasersystemen berücksichtigt werden und daher möglichst genau bekannt sein. Wegen der herstellungsbedingten Variationen der Materialqualität kann die im Material erzeugte Wärme jedoch nicht exakt vorausgesagt werden und muss in der Regel experimentell bestimmt werden. Da die Temperaturverteilung meist nicht direkt messbar ist, wird man vorzugsweise mit interferometrischen Methoden direkt die leistungsabhängige Auswirkung des Lasermediums auf die Strahlausbreitung bestimmen.

7.2 Die Wärmeleitung im Festkörperlaser

Bei Systemen mit gasförmigem Lasermedium – wie beispielsweise im CO_2-Laser – kann das zirkulierende Gas außerhalb des optischen Strahlengangs gekühlt werden. Die thermisch bedingten Einflüsse auf die Ausbreitung der erzeugten Laserstrahlung sind so bis zu Leistungen im kW-Bereich fast vernachlässigbar. Die in Festkörperlasern entstehende Wärme kann hingegen nur über Wärmeleitung aus dem Strahlengang abgeführt werden. Das dazu notwendige Temperaturgefälle wird daher die sich im Lasermedium ausbreitende Strahlung beeinflussen. Bevor wir die thermisch induzierten optischen Effekte behandeln, werden in diesem Abschnitt die Wärmeleitung und die dadurch verursachten Temperaturverteilungen im Lasermedium besprochen.

7.2.1 Die Wärmeleitungsgleichung

Sei $Q(\vec{\mathbf{x}})$ die lokale Heizleistungsdichte und dV ein infinitesimal kleines Volumen um die Stelle $\vec{\mathbf{x}}$ im Lasermaterial. Wenn sich lokal die Temperatur T des Materials ändert, entspricht dies einer Änderung der in dV gespeicherten Energie

$$W(\vec{\mathbf{x}}) = \rho C T(\vec{\mathbf{x}}) dV \quad \text{bzw.} \quad \frac{dW(\vec{\mathbf{x}})}{dt} = \dot{W}(\vec{\mathbf{x}}) = \rho C \dot{T}(\vec{\mathbf{x}}) dV \,, \tag{7-21}$$

wobei hier ρ die Dichte und C die spezifische Wärmekapazität des Materials ist. Im Festkörperlaser kann bei der Betrachtung der Wärmeflüsse die Dichte ρ als konstant vorausgesetzt und damit die Kompressionsarbeit im Material vernachlässigt werden. Wenn die Temperatur an der Stelle $\vec{\mathbf{x}}$ ein Gefälle aufweist, wird sich ein Wärmefluss

$$\dot{\vec{w}}(\vec{\mathbf{x}}) = -\lambda_{th} \cdot \vec{\nabla} T(\vec{\mathbf{x}}) \tag{7-22}$$

einstellen, wobei λ_{th} die Wärmeleitfähigkeit des Materials ist (negatives Vorzeichen, weil die Wärme in Richtung abnehmender Temperatur fließt). Aufgrund der Energieerhaltung müssen sich in einem beliebigen Volumen V die durch die Quelle Q erzeugte Wärmeleistung, die im Material gespeicherte Wärmeenergie und die über Wärmeleitung abfließende Energie gemäß

$$\int_V Q(\vec{\mathbf{x}})dV - \int_V \rho C\dot{T}(\vec{\mathbf{x}})dV + \oint_{\Sigma(V)} \lambda_{th}\vec{\nabla}T(\vec{\mathbf{x}})d\vec{\mathbf{\sigma}} = 0 \tag{7-23}$$

die Waage halten, wobei $\Sigma(V)$ die geschlossene Oberfläche des Volumens V ist und $d\vec{\mathbf{\sigma}}$ ein infinitesimales Flächenelement der Größe $|d\vec{\mathbf{\sigma}}|$ auf Σ beschreibt. Der Vektor $d\vec{\mathbf{\sigma}}$ steht senkrecht auf dieses Flächenelement und zeigt vom Volumen nach außen. Der Beitrag des dritten Integrals ist also negativ, wenn der Wärmefluss aus dem Volumen hinaus überwiegt (der Temperaturgradient zeigt überwiegend nach innen) und positiv, wenn netto Wärme ins Volumen hinein fließt. Mit dem Satz von Gauß[3] kann dieser dritte Term in (7-23) ebenfalls als Volumenintegral geschrieben werden:

$$\int_V Q(\vec{\mathbf{x}})dV - \int_V \rho C\dot{T}(\vec{\mathbf{x}})dV + \int_V \vec{\nabla}\left(\lambda_{th}\vec{\nabla}T(\vec{\mathbf{x}})\right)dV = 0\,, \tag{7-24}$$

beziehungsweise

$$\int_V \left(Q(\vec{\mathbf{x}}) - \rho C\dot{T}(\vec{\mathbf{x}}) + \vec{\nabla}\left(\lambda_{th}\vec{\nabla}T(\vec{\mathbf{x}})\right)\right)dV = 0\,. \tag{7-25}$$

Dies ist nur dann für jedes beliebige Teilvolumen V erfüllt, wenn der Ausdruck unter dem Integral an jeder Stelle verschwindet, was uns zur allgemeinen Wärmeleitungsgleichung

$$Q(\vec{\mathbf{x}}) - \rho C\dot{T}(\vec{\mathbf{x}}) + \vec{\nabla}\left(\lambda_{th}\vec{\nabla}T(\vec{\mathbf{x}})\right) = 0 \tag{7-26}$$

führt.

Im Laser ist die Heizleistungsdichte

$$Q(\vec{\mathbf{x}})dV = \dot{H}(\vec{\mathbf{x}}) \tag{7-27}$$

durch die oben in Abschnitt 7.1.1 beschriebene Heizleistung $\dot{H}_{laser}$ aus (7-13) oder $\dot{H}_{spont}$ aus (7-15) gegeben und hängt somit von der absorbierten Pumpleistungsverteilung

$$P_{abs}(\vec{\mathbf{x}}) = \dot{W}_{abs}(\vec{\mathbf{x}}) \tag{7-28}$$

ab.

Die Wärmeleitungsgleichung (7-26) hat keine allgemeingültige analytische Lösung $T(\vec{\mathbf{x}})$ und muss meistens numerisch gelöst werden. Im Folgenden sollen aber einige Spezialfälle mit bekannten analytischen Lösungen besprochen werden. Dabei soll vorausgesetzt werden, dass die Temperaturabhängigkeit der Wärmeleitfähigkeit λ_{th} vernachlässigt werden kann.[x] Die Wärmeleitungsgleichung vereinfacht sich dann zu

---

[x] Die Vernachlässigung der Temperaturabhängigkeit von λ_{th} vereinfacht die Herleitung analytischer Lösungen. In den meisten Festkörperlasern verändert sich die Wärmeleitfähigkeit zwar nur geringfügig aber doch merklich mit der Temperatur. Diese Vereinfachung ist also zulässig, wenn es darum geht, mit analytischen Mitteln ein qualitatives Verständnis der physikalischen Zusammenhänge zu erlangen. Die so gefundene Lösung wird aber in der Regel mit einem Fehler von typisch 10% bis 20% behaftet sein.

$$Q(\vec{\mathbf{x}}) - \rho C \dot{T}(\vec{\mathbf{x}}) + \lambda_{th} \Delta T(\vec{\mathbf{x}}) = 0 \quad (\text{für } \lambda_{th} = \text{konstant}). \tag{7-29}$$

Die Diskussion wird hier zudem auf stationäre Situationen beschränkt, d. h. die zeitliche Ableitungen verschwinden und die Wärmeleitungsgleichung reduziert sich auf

$$\lambda_{th} \Delta T(\vec{\mathbf{x}}) = -Q(\vec{\mathbf{x}})\,. \tag{7-30}$$

Für die Behandlung der Zeitabhängigkeit z. B. bei gepulster Anregung ist man in den meisten Fällen auf numerische Lösungsverfahren angewiesen.

7.2.2 Der Slablaser

Die einfachste Situation ergibt sich, wenn die stationäre Wärmeleitungsgleichung (7-30) aus Symmetriegründen auf eine einzige räumliche Dimension reduziert werden kann. Dies ist z. B. bei der in Figur 7-2 dargestellten Anordnung der Fall, wo die Heizleistungsdichte $Q(x,y,z) = Q(x)$ nur von der x-Koordinate abhängt und das quaderförmige Lasermedium (engl. = *slab*) oben und unten parallel zur y-z-Ebene gekühlt wird. Die Seitenflächen sind thermisch isoliert, so dass die Wärme nur in x-Richtung fließen kann (wegen der Konvektion der angrenzenden Luft und der thermischen Strahlung in der Realität nicht ganz zutreffend). In y-z-Richtung gleichen sich die Temperaturen aus und es gilt $T(x,y,z) = T(x)$. In dieser Situation muss unter Berücksichtigung der Randbedingungen nur die eindimensionale Gleichung

$$\frac{\partial^2 T(x)}{\partial x^2} = -\frac{Q(x)}{\lambda_{th}} \tag{7-31}$$

gelöst werden, was lediglich eine zweimalige Integration erfordert. Wenn $Q(x)$ beispielsweise durch eine Reihe

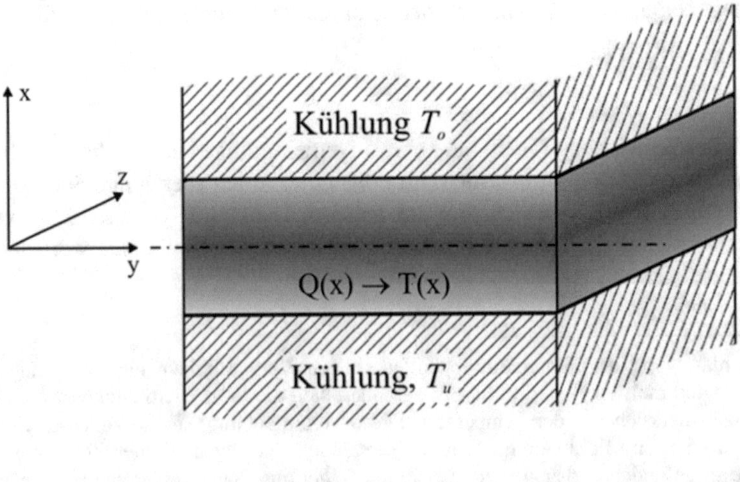

Figur 7-2. Geometrie des flächig gekühlten Slablasers.

$$Q(x) = \sum_{n=0}^{\infty} q_n x^n \tag{7-32}$$

gegeben ist (bzw. genähert werden kann), folgt für die Temperatur

$$T(x) = q'' + q'x - \frac{1}{\lambda_{th}} \sum_{n=0}^{\infty} \frac{q_n}{(n+1)(n+2)} x^{n+2} \, . \tag{7-33}$$

Die Integrationskostanten werden dabei durch die Randbedingungen festgelegt. Diese folgen aus der Energieerhaltung, wonach im stationären Fall die im Volumen des Lasermediums insgesamt erzeugte Wärmeleistung durch die gekühlten Oberflächen abfließen muss. Wenn das plattenförmige Lasermaterial in x-Richtung eine Dicke d hat (von $x_u = -d/2$ bis $x_o = +d/2$) und über die in Figur 7-2 schraffiert gezeichnete Halterung oben mit der Temperatur T_o und unten mit der Temperatur T_u gekühlt wird, so gilt

$$\big(T(d/2) - T_o\big) A h_o + \big(T(-d/2) - T_u\big) A h_u = \int_{-d/2}^{+d/2} Q(x) A dx = P_H \, , \tag{7-34}$$

wobei h die Wärmedurchgangszahl (mit der Einheit $Wm^{-2}K^{-1}$) zwischen dem Lasermedium und der Kühlung ist und die totale Heizleistung hier mit P_H bezeichnet wurde. Andererseits muss die durch die gekühlten Oberflächen abfließende Wärme zuerst durch Wärmeleitung dort ankommen. Es muss also allgemein die Randbedingung

$$-\lambda_{th} \left. \frac{dT(\vec{\mathbf{x}})}{d\vec{\boldsymbol{\sigma}}} \right|_{\Sigma(V)} = -\lambda_{th} \vec{\nabla} T(\vec{\mathbf{x}}) \left. \frac{d\vec{\boldsymbol{\sigma}}}{|\vec{\boldsymbol{\sigma}}|} \right|_{\Sigma(V)} = (T|_{\Sigma(V)} - T_c) h_c \tag{7-35}$$

gelten, wobei T_c die Temperatur der Kühlung an der betrachteten Stelle der Oberfläche Σ ist. D. h. damit der pro Flächeneinheit normal zur gekühlten Oberfläche (also in Richtung $d\vec{\boldsymbol{\sigma}}$) ankommende Wärmefluss in das kühlende Medium übergeht, ist zwischen Lasermedium und Kühlung der Temperaturunterschied rechts in (7-35) erforderlich. In unserem Beispiel vereinfacht sich (7-35) auf die Ausdrücke

$$-\lambda_{th} \left. \frac{\partial T(x)}{\partial x} \right|_{x=d/2} = (T(d/2) - T_o) h_o \tag{7-36}$$

und

$$\lambda_{th} \left. \frac{\partial T(x)}{\partial x} \right|_{x=-d/2} = (T(-d/2) - T_u) h_u \tag{7-37}$$

(beachte, $d\vec{\boldsymbol{\sigma}}$ zeigt hier in Richtung $-x$).

7.2.2.1 Beispiel: homogene Anregung

Aus der Diskussion der thermisch-optischen Effekte in den folgenden Kapiteln wird ersichtlich werden, dass das Lasermedium möglichst homogen angeregt werden sollte, um die Beugungsverluste im Resonator niedrig zu halten.[57] Bei homogener Anregung des betrachteten

Slablasers sind in (7-32) außer q_0 alle Koeffizienten in der Summe gleich 0. Die Heizleistungsdichte ist gegeben durch

$$Q(x) = q_0 = \frac{P_H}{Ad} \tag{7-38}$$

und für die Temperaturverteilung folgt daraus mit (7-33)

$$T(x) = q'' + q'x - \frac{P_H}{2\lambda_{th} Ad} x^2 . \tag{7-39}$$

Aus der Randbedingung (7-36) folgt

$$-\lambda_{th}\left(q' - \frac{P_H}{2\lambda_{th} A} \right) = \left(q'' + q'\frac{d}{2} - \frac{P_H d}{8\lambda_{th} A} - T_o \right) h_o , \tag{7-40}$$

sowie

$$\lambda_{th}\left(q' + \frac{P_H}{2\lambda_{th} A} \right) = \left(q'' - q'\frac{d}{2} - \frac{P_H d}{8\lambda_{th} A} - T_u \right) h_u \tag{7-41}$$

aus (7-37). In der Regel ist

$$T_u = T_o = T_c \text{ und } h_u = h_o = h \tag{7-42}$$

anzustreben, um im Resonator symmetrische Verhältnisse zu gewährleisten. Durch Addieren von (7-40) und (7-41) folgt mit (7-42)

$$q'' = \frac{P_H}{2Ah} + \frac{P_H d}{8\lambda_{th} A} + T_c . \tag{7-43}$$

Die Gleichung (7-40) von (7-41) subtrahiert, ergibt hingegen

$$\left(2\frac{\lambda_{th}}{h} + d \right) q' = T_o - T_u . \tag{7-44}$$

Wenn also die beiden Kühltemperaturen gleich sind, ist erwartungsgemäß $q' = 0$.

Der so gefundene Verlauf der Temperatur

$$T(x) = T_c + \frac{P_H}{A}\left(\frac{1}{2h} + \frac{d}{8\lambda_{th}} - \frac{x^2}{2\lambda_{th} d} \right) \tag{7-45}$$

ist in Figur 7-3 dargestellt. Von der Mitte fällt die Temperatur ausgehend von

$$T_0 = T(0) = T_c + \frac{P_H}{A}\left(\frac{1}{2h} + \frac{d}{8\lambda_{th}} \right) \tag{7-46}$$

mit parabolischem Verlauf nach den gekühlten Oberflächen hin ab. Die Temperatur $T_{d/2}$ am Rande des Lasermediums ist durch

$$T_{d/2} = T(\pm d/2) = T_c + \frac{P_H}{2Ah} \tag{7-47}$$

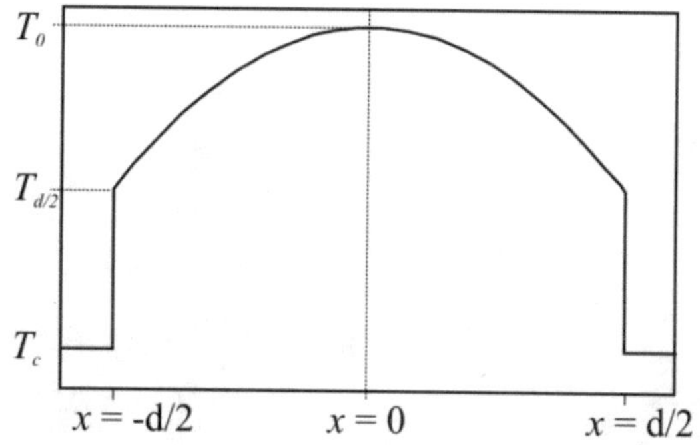

Figur 7-3. Temperaturverlauf im symmetrisch gekühlten, homogen angeregten Slablaser.

gegeben. Um den Temperatursprung und somit die absolute Temperatur im Lasermedium möglichst tief zu halten, muss der Wärmeübergang an den gekühlten Oberflächen sorgfältig optimiert werden (h muss möglichst groß sein). Bei direkter Wasserkühlung liegen typische Werte für die Wärmedurchgangszahl um etwa $h = 2$ W cm^{-2} K^{-1},[58, 59, 25] wobei turbulente Strömung besser ist als laminare Strömung. Wenn das mit einer Indium-Folie belegte Lasermedium in einer wassergekühlten Kupferhalterung montiert ist, empfiehlt es sich, den Aufbau für mehrere Stunden bei 100°C bis 140°C in einen Ofen zu geben, damit durch das duktile Indium die thermischen Kontakte zwischen den Oberflächen verbessert wird.

Slablaser werden oft mit Resonatoren aufgebaut, welche in x-Richtung stabil und in y-Richtung instabil sind. Damit ist die Leistungsskalierung durch Verbreiterung des Lasermediums in y-Richtung relativ einfach.

7.2.3 Der Stablaser

Aufgrund der zylindersymmetrischen Eigenschaften des beugungsbegrenzten TEM_{00} Strahles, liegt die Wahl eines zylindrischen Laserstabes wie in Figur 7-4 nahe. Dies ist auch nach wie vor die am häufigsten verwendete Geometrie des Lasermediums. Zur Berechnung des Temperaturverlaufes wird die für stationäre Situationen und konstante Wärmeleitfähigkeit hergeleitete Wärmeleitungsgleichung (7-30) in Zylinderkoordinaten ausgedrückt,[3] also

$$\lambda_{th}\left\{\frac{\partial^2}{\partial r^2}+\frac{1}{r}\frac{\partial}{\partial r}+\frac{1}{r^2}\frac{\partial^2}{\partial \varphi^2}+\frac{\partial^2}{\partial z^2}\right\}T(r,\varphi,z)=-Q(r,\varphi,z)\,. \tag{7-48}$$

Im Folgenden wird vorausgesetzt, dass die radiale Verteilung von Q entlang des Stabes überall dieselbe ist und dass die Heizleistungsdichte vollständig zylindersymmetrisch ist (keine φ-Abhängigkeit). Der Stab werde zudem nur an der Manteloberfläche gekühlt, die Stirnseiten seien thermisch isoliert. Damit fließt die Wärme ausschließlich in radialer Richtung und die Wärmeleitungsgleichung (7-48) reduziert sich auf

$$\lambda_{th}\left\{\frac{\partial^2}{\partial r^2}+\frac{1}{r}\frac{\partial}{\partial r}\right\}T(r)=-Q(r)\,. \tag{7-49}$$

Wenn wir wiederum annehmen, dass sich die Heizleistungsdichteverteilung durch eine Reihe

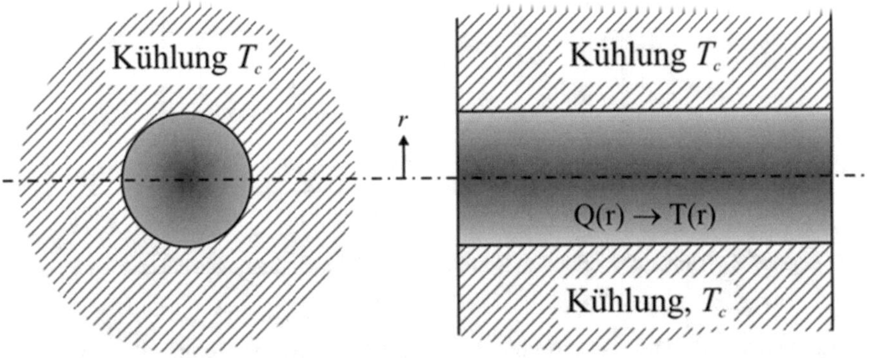

Figur 7-4. Querschnitt (links) und Längsschnitt (rechts) des seitlich gekühlten Laserstabes.

$$Q(r) = \sum_{n=0}^{\infty} q_n r^n \tag{7-50}$$

ausdrücken lässt, so kann durch Einsetzen in (7-49) verifiziert werden, dass die Temperaturverteilung durch

$$T(r) = q' + q'' \ln\left(\frac{r}{R_S}\right) - \frac{1}{\lambda_{th}} \sum_{n=0}^{\infty} \frac{q_n r^{n+2}}{(n+2)^2} \tag{7-51}$$

gegeben ist, wobei R_S frei z. B. als Radius des betrachteten Gebietes gewählt werden kann (eine Änderung von R_S bewirkt lediglich eine Anpassung von q').

7.2.3.1 Beispiel: longitudinales Pumpen mit homogener Anregungsverteilung

Es werde der Laserstab mit Radius R_S über die Länge L_P longitudinal durch einen Strahl mit vernachlässigbarer Divergenz und geringer Absorption (damit die z-Abhängigkeit vernachlässigt werden kann) angeregt. Im Stabquerschnitt habe die Heizleistungsdichte die in Figur 7-5 durch die –·– Linie dargestellte Verteilung

$$Q(r) = \begin{cases} q_0 = \dfrac{P_H}{\pi L_P R_P^2} & \textit{für } r \le R_P \\ 0 & \textit{für } r > R_P \end{cases} . \tag{7-52}$$

R_P ist also der Radius, der im innern des Stabes homogen gepumpten Region. Gemäß (7-51) hat die Temperatur in dieser Situation die Form

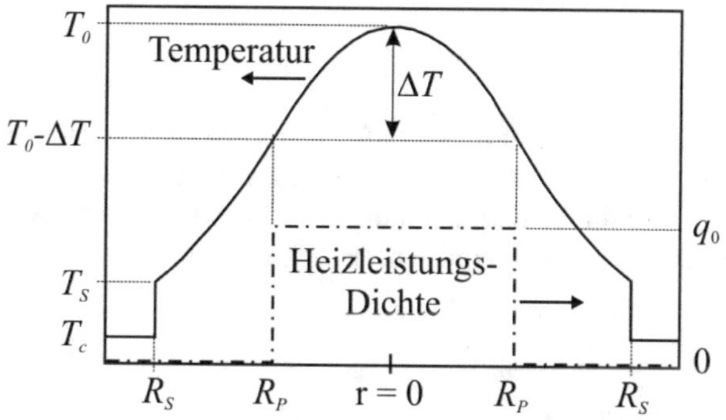

Figur 7-5. Temperaturverteilung (durchgezogene Linie) in einem zylindersymmetrischen Laserstab mit der durch die –·– Linie angegebenen Heizleistungsverteilung und Kühlung and der Manteloberfläche (T_c = Temperatur des Kühlmediums, T_S = Temperatur an der Manteloberfläche).

$$T(r) = \begin{cases} q'_P + q''_P \ln\left(\dfrac{r}{R_S}\right) - \dfrac{q_0}{4\lambda_{th}} r^2 & \textit{für } r \le R_P \\ q'_A + q''_A \ln\left(\dfrac{r}{R_S}\right) & \textit{für } R_P < r \le R_S \end{cases} \tag{7-53}$$

mit der ersten Ableitung

$$\frac{\partial T(r)}{\partial r} = \begin{cases} \dfrac{q''_P}{r} - \dfrac{q_0}{2\lambda_{th}} r & \textit{für } r \le R_P \\ \dfrac{q''_A}{r} & \textit{für } R_P < r \le R_S \end{cases} . \tag{7-54}$$

Die verschiedenen Integrationskonstanten können wiederum aus den Randbedingungen gewonnen werden. Dazu stellen wir zunächst fest, dass die gesamte im Stab erzeugte Wärmeleistung P_H durch die gekühlte Manteloberfläche abfließen muss, d. h.

$$P_H = 2\pi R_S L_P \times (T_S - T_c) h \,, \tag{7-55}$$

wobei T_S die Temperatur der Staboberfläche und T_c wieder die Temperatur der Kühlung ist. Auch hier wurde die Wärmedurchgangszahl mit h bezeichnet. Die Temperatur der Staboberfläche beträgt somit

$$T_S = \frac{P_H}{2\pi R_S L_P h} + T_c \,. \tag{7-56}$$

Die durch die gekühlte Manteloberfläche abgeführte Wärme wird von innen durch Wärmeleitung zugeführt. Analog zu (7-35) muss also

$$-\lambda_{th} \left.\frac{\partial T(r)}{\partial r}\right|_{r=R_S} = (T_S - T_c) h = \frac{P_H}{2\pi R_S L_P} \tag{7-57}$$

gelten. Mit (7-54) folgt daher

$$q''_A = -\frac{P_H}{2\pi L_P \lambda_{th}}. \tag{7-58}$$

Ähnliche Überlegungen gelten bei $r = R_P$ für den Übergang zwischen dem gepumpten und dem ungepumpten Gebiet. Die durch Wärmeleitung von innen bei $r = R_P$ angelangte Leistung wird von dort wiederum durch Wärmeleitung abgeführt. Die obere und die untere Zeile in (7-54) müssen an dieser Stelle also gleich sein (Energieerhaltung), was zusammen mit (7-58)

$$\frac{q''_P}{R_P} - \frac{q_0}{2\lambda_{th}} R_P = -\frac{P_H}{2\pi L_P \lambda_{th} R_P} \tag{7-59}$$

ergibt, wobei P_H gemäß (7-52) durch

$$P_H = q_0 \pi R_P^2 L_P \tag{7-60}$$

gegeben ist und daher

$$q''_P = 0. \tag{7-61}$$

Die Konstante q'_A folgt aus der Tatsache, dass die untere Zeile von (7-53) an der Staboberfläche $r = R_S$ mit der in (7-56) berechneten Temperatur T_S übereinstimmen muss. Es folgt daraus

$$q'_A = T_S = \frac{P_H}{2\pi R_S L_P h} + T_c. \tag{7-62}$$

Nun bleibt nur noch die Bestimmung von q'_P aus der Bedingung, dass die beiden Zeilen in (7-53) an der Stelle $r = R_P$ den selben Wert haben müssen. Dies ergibt zusammen mit (7-58), (7-60) und (7-62) den Ausdruck

$$q'_P = T_c + \frac{P_H}{2\pi R_S L_P h} + \frac{P_H}{4\pi L_P \lambda_{th}}\left[1 - 2\ln\left(\frac{R_P}{R_S}\right)\right]. \tag{7-63}$$

Zusammenfassend ist der Temperaturverlauf in der betrachteten Anordnung also durch

$$T(r) = \begin{cases} T_0 - \Delta T \dfrac{r^2}{R_P^2} & \textit{für } r \le R_P \\[2ex] T_S - 2\Delta T \ln\left(\dfrac{r}{R_S}\right) & \textit{für } R_P < r \le R_s \end{cases} \tag{7-64}$$

gegeben, wobei

$$T_0 = T_S + \Delta T\left[1 - 2\ln\left(\frac{R_P}{R_S}\right)\right], \tag{7-65}$$

$$\Delta T = \frac{P_H}{4\pi L_P \lambda_{th}} \tag{7-66}$$

und

$$T_S = \frac{P_H}{2\pi R_S L_P h} + T_c \,. \tag{7-67}$$

Der dadurch definierte Temperaturverlauf ist in Figur 7-5 mit der durchsgezogenen Linie dargestellt. Innerhalb des homogen gepumpten Gebietes hat die Temperatur eine parabelförmige Verteilung und fällt außerhalb logarithmisch bis zur Staboberfläche ab.

7.2.3.2 Beispiel: der vollständig homogen gepumpte Laserstab

Im Falle eines vollständig homogen angeregten Laserstabes ist $R_P = R_S$ und der Temperaturverlauf ist durch

$$T(r) = T_0 - \Delta T \frac{r^2}{R_S^2} \tag{7-68}$$

gegeben, was in Figur 7-6 dargestellt ist. Der Wert für T_0 folgt mit $R_P = R_S$ aus (7-65) und beträgt

$$T_0 = T_S + \Delta T \,. \tag{7-69}$$

Für die folgenden Kapitel ist die Feststellung interessant, das ΔT nur von der pro Stablänge anfallenden Wärmeleistung und von der Wärmeleitfähigkeit abhängt, nicht jedoch vom Radius R_P. Beim homogen angeregten Laserstab bedeutet dies insbesondere, dass bei gleicher Pumpleistung pro Stablänge die Temperaturdifferenz zwischen Stabachse und Staboberfläche nicht abnimmt, wenn der Stabradius R_S verkleinert wird!

Bei einer typischen Heizleistung von 100 W pro cm Stablänge resultiert für ΔT in Nd:YAG mit einer Wärmeleitfähigkeit λ_{th} von ca. 0.1 Wcm^{-1}K^{-1} ein beträchtlicher Wert von 80°C. Mit $R_S = 2$ mm und $h = 2$ W cm^{-2} K^{-1} (direkte Wasserkühlung) beträgt der Temperatursprung an der Staboberfläche zudem etwa 40°C. Die Temperatur in der Stabmitte kommt also in der Regel deutlich über 100°C zu liegen und fällt dann über nur wenige mm bis zum Stabrand fast auf Raumtemperatur ab. Es leuchtet ein, dass solche Temperaturverhältnisse das Verhalten des Lasers stark beeinflussen können. Zu nennen sind hier insbesondere die thermische Be-

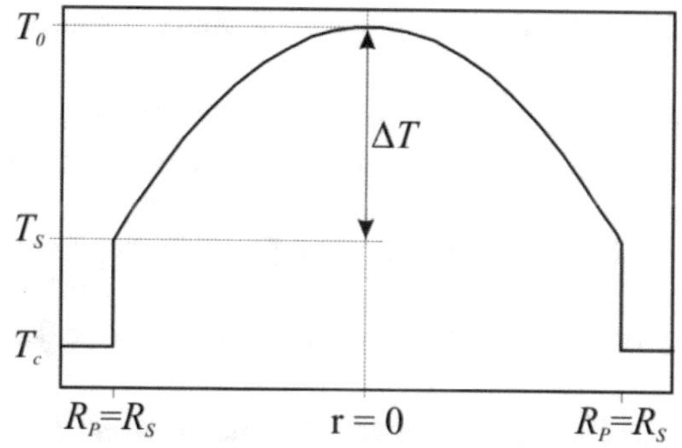

Figur 7-6. Temperaturverteilung im vollständig homogen geheizten Laserstab mit Kühlung an der Manteloberfläche (T_c = Temperatur des Kühlmediums, T_S = Temperatur an der Manteloberfläche).

setzung der verschiedenen Energieniveaus, die Spannungen aufgrund der lokal unterschiedlichen Ausdehnung und die durch Spannungen und Temperatur verursachten Veränderung des Brechungsindex. Im folgenden Abschnitt wenden wir uns vorerst der Temperaturabhängigkeit des Brechungsindex zu.

Es sei zum Schluss nochmals daran erinnert, dass hier für die analytische Herleitung der Temperaturverteilung vorausgesetzt wurde, dass die Wärmeleitfähigkeit λ_{th} temperaturunabhängig sei. Dies trifft jedoch nur bedingt zu und kann in Nd:YAG angesichts der großen Temperaturunterschiede einen Fehler von >10% verursachen.[60] Wenn bei endgepumpten Lasern zudem wie oben die z-Abhängigkeit (exponentieller Abfall der Pumpintensität entlang der Stabachse) vernachlässigt wird, muss mit einer zusätzlichen Abweichung von einigen Prozenten gerechnet werden.[61]

7.2.4 Die Kühlung von Scheibenlaser und Faserlaser

Sowohl beim Slablaser als auch beim Stablaser wird das Lasermedium quer zur Strahlausbreitungsrichtung gekühlt. Das Lasermedium weist daher über den Querschnitt des Laserstrahles eine inhomogene Temperaturverteilung auf. Wegen den dadurch über den Strahlquerschnitt entstehenden Brechungsindexvariationen wirkt sich dies nachteilig auf die Strahlausbreitung aus (siehe die folgenden Abschnitte 7.3 und 7.4 sowie Kapitel 8).

Der thermische Einfluss auf die Strahlausbreitung kann stark reduziert werden, wenn das Lasermedium in Richtung der Strahlausbreitungsachse gekühlt wird, wie dies im Scheibenlaser der Fall ist. In der typischerweise nur wenige 100 μm dicken, von der Rückseite flächig gekühlten Scheibe, sorgt der dadurch eindimensionale Wärmefluss in Strahlrichtung dafür, dass quer zum Laserstrahl im ganzen gepumpten Bereich der Scheibe nahezu dieselben Temperaturverhältnisse herrschen. Die großflächige Kühlung des vergleichsweise kleinen Kristallvolumens ermöglicht es zudem, die Temperaturen insgesamt niedrig zu halten. Zwar gilt es auch im Scheibenlaser thermisch induzierte Aberrationen zu berücksichtigen, welche sich hauptsächlich am Rand des gepumpten Bereichs bemerkbar machen,[62] siehe Abschnitt 9.1.2. Dieser Effekt ist aber deutlich schwächer und damit wesentlich weniger störend als die im Folgenden behandelten thermisch Linsen, welche durch die parabolischen Temperaturprofile in Slab- und Stablasern induzierten werden. Auch die im Zusammenwirken mit der Wärmesenke spannungsbedingt verursachte sphärische Verformung der Laserscheibe ist in der Regel so gering, dass sie problemlos mit einer geeigneten Resonatorauslegung aufgefangen werden kann.

Ähnliches gilt auch für den Faserlaser, bei welchem die Wärmeerzeugung auf eine vergleichsweise lange Faser verteilt ist. Auch hier sorgt das günstige Verhältnis von kühlbarer Oberfläche zum Volumen für eine moderate Temperaturerhöhung im Innern der Faser. Zwar wird geometriebedingt in der Faser wie beim Stab ein parabolisches Temperaturprofil induziert, die damit einhergehenden Brechungsindexänderungen sind aber im Vergleich zum Brechungsindexprofil der Faser gering und beeinflussen die Modenstruktur des Wellenleiters nur unwesentlich.

Aus den hier genannten Gründen beschränkt sich die Diskussion in den folgenden Abschnitten 7.3 und 7.4 sowie in Kapitel 8 auf Stab- und Slablaser, wobei der Schwerpunkt auf der weiter verbreiteten Stabgeometrie liegt.

7.3 Die thermische Dispersion

Wenn die im Lasermaterial entstehende Verlustwärme nur die Effizienz des Lasers reduzieren würde, hätten sich die Stablaser auf viel breiterer Front auch bei höheren Leistungen durchsetzen können. Wegen den temperaturabhängigen Materialeigenschaften wirkt sich aber die für die Wärmeleitung erforderliche inhomogene Temperaturverteilung auch auf die Strahlausbreitung im Resonator aus und stellt damit ein wesentliches Hindernis bezüglich Resonatorstabilität und Strahlqualität dar.

In den meisten Materialen ist der größte thermisch induzierte Einfluss eine Folge der Temperaturabhängigkeit des Brechungsindex – die so genannte thermische Dispersion. Über die im Lasermaterial auftretenden Temperaturintervalle kann der Brechungsindex in der Regel als lineare Funktion der Temperatur genähert werden, also

$$n(T) \cong n(T_0) + (T - T_0)\left.\frac{dn}{dT}\right|_{T=T_0}, \tag{7-70}$$

wobei T_0 irgend eine Referenztemperatur ist, wie z. B. die Temperatur der gekühlten Staboberfläche. Bei einer gegebenen Temperaturverteilung $T(\vec{\mathbf{x}})$ oder $T(r)$ resultiert für die Verteilung des Brechungsindex dann

$$n(\vec{\mathbf{x}}) \cong n(T_0) + \left(T(\vec{\mathbf{x}}) - T_0\right)\frac{dn}{dT} \tag{7-71}$$

(im Folgenden wird auf die Notation von $T = T_0$ für die Auswertung der Ableitung dn/dT verzichtet).

7.3.1 Die thermisch induzierte Linse

Aus dem vorangehenden Kapitel geht hervor, dass die Temperatur in einem homogen angeregten Lasermedium (Stab oder Slab) eine parabelförmige Verteilung aufweist. Mit (7-68) bzw. (7-64) folgt für ein über die Länge L_P homogen angeregtes Gebiet mit Radius R_P in einem Laserstab die Brechungsindexverteilung

$$n(r) = n(T_0) - \Delta T \frac{r^2}{R_P^2}\frac{dn}{dT} \tag{7-72}$$

beziehungsweise mit (7-66)

$$n(r) = n(T_0) - \frac{P_H}{4\pi R_P^2 L_P \lambda_{th}}\frac{dn}{dT} r^2 = n_0 \cdot \left(1 - \frac{\gamma^2}{2} r^2\right), \tag{7-73}$$

wobei $n_0 = n(T_0)$ und

$$\gamma = \sqrt{\frac{P_H}{n_0 2\pi R_P^2 L_P \lambda_{th}}\frac{dn}{dT}}\,. \tag{7-74}$$

Wenn $\gamma^2 r^2 \ll 1$, dann folgt aus (7-73) in guter Näherung (siehe dazu auch Seite 67)

$$n(r) \cong n_0 \sqrt{1-\gamma^2 r^2} \,. \tag{7-75}$$

Die Linsenwirkung genau dieser Brechungsindexverteilung wurde in Abschnitt 3.1.3 behandelt. Ein Laserstab mit $dn/dT > 0$ wirkt demnach als fokussierendes (siehe (3-52)) und mit $dn/dT < 0$ als defokussierendes Medium (siehe (3-60)). Der transversal gekühlte Laserstab wirkt wie eine GRIN-Linse, wobei die Stärke dieser Linse gemäß (7-74) von der Heizleistung P_H und damit auch von der Pumpleistung P_P abhängt.

Der Zusammenhang zwischen der absorbierten Pumpenergie W_{abs} und der damit verbundenen Wärmeenergie ist bei Laserbetrieb durch die Gleichung (7-13) und ohne Laseroszillation durch (7-15) gegeben. Daraus folgt für die Heizleistung

$$P_H = \eta_H P_{P_{abs}} = \eta_H \eta_{abs} P_P \,, \tag{7-76}$$

wobei ohne Laseremission η_H durch η_{spont} und bei Laserbetrieb η_H durch η_{laser} gegeben ist. Der Faktor η_{abs} gibt an, welcher Teil der aufgewendeten Pumpleistung P_P in das Lasermaterial gelangt und dort absorbiert wird (berücksichtigt also z. B. die Verluste in der Anregungsoptik und die unvollständige Absorption im Lasermedium). Die im Laserstab absorbierte Pumpleistung ist $P_{P_{abs}}$.

Unter der Voraussetzung, dass die resultierende Linsenbrennweite $F = 1/D$ viel länger ist als die gepumpte Länge L_P des Laserstabes, folgt für die Brechkraft einer schwachen thermischen Linse im Stab gemäß (3-58), (7-74) und (7-76) die Näherung

$$D = \frac{1}{n_1} \frac{1}{2\lambda_{th}} \frac{dn}{dT} \frac{P_H}{\pi R_P^2} = \frac{1}{n_1} \frac{1}{2\lambda_{th}} \frac{dn}{dT} \frac{\eta_H \eta_{abs} P_P}{\pi R_P^2} \,, \tag{7-77}$$

wobei berücksichtigt wurde, dass n_2 in (3-58) der Brechungsindex des Lasermediums ist (also hier $n_2 = n_0$ gilt). Der Brechungsindex vor und nach dem Laserstab beträgt n_1 (in Vakuum oder Luft ist $n_1 = 1$).

Bemerkenswert an diesem Resultat ist, dass die Brechkraft der (schwachen) thermischen Linse nicht von der gepumpten Stablänge abhängt. Es spielt also keine Rolle, auf welche Länge die Pumpleistung im Laserstab verteilt wird. Einen großen Einfluss hat hingegen die transversale Ausdehnung des gepumpten Gebietes. Die Brechkraft der Linse ist proportional zur (der Stabachse entlang aufsummierten) Pumpleistungsdichte im Querschnitt des Stabes.

Da in (7-45) die Temperatur ebenfalls ein parabolisches Profil aufweist, folgt für die entsprechende Ebene eines homogen angeregten Slablasers analog eine leistungsabhängige Linsenwirkung in Form einer Zylinderlinse.

Man beachte, dass hier nur die thermische Dispersion berücksichtigt wurde. Die elasto-optischen Beiträge aufgrund der spannungsinduzierten Brechungsindexänderungen werden im nächsten Abschnitt behandelt.

7.4 Die thermisch induzierte Spannung

Wegen der unterschiedlichen thermischen Ausdehnung des Materials verursachen die großen Temperaturgradienten im Lasermedium auch starke Spannungen. Bei der Auslegung eines Lasers muss daher darauf geachtet werden, dass die Bruchspannung des Materials nicht überschritten wird. Zudem müssen neben der im vorangehenden Kapitel besprochenen thermischen Dispersion auch die spannungsinduzierten Veränderungen des Brechungsindex berücksichtigt werden.

Eine ausführliche Herleitung der thermisch induzierten Spannungen in Festkörperlasern würde den Rahmen dieses Buches sprengen. Die Diskussion wird deshalb hier auf die Wiedergabe der Resultate für zylinderförmige Laserstäbe beschränkt.

7.4.1 Spannung und Dehnung im Laserstab

Bei der Behandlung des Laserstabes setzen wir vollständige Zylindersymmetrie voraus und können so Scherung und Drillung ausschließen (vom Spannungstensor σ_{ij} sind nur drei Komponenten von 0 verschieden). Die analytischen Ausdrücke werden zudem für den unendlich langen Laserstab hergeleitet, es wird also insbesondere die Krümmung der Endflächen nicht berücksichtigt. In einem isotropen Medium oder einem kubischen Kristall sind die verbleibenden Spannungs- und Dehnungs-Komponenten durch

$$\varepsilon_r = \frac{1}{E}\left[\sigma_r - \upsilon\left(\sigma_\Theta + \sigma_z\right)\right] \tag{7-78}$$

$$\varepsilon_\Theta = \frac{1}{E}\left[\sigma_\Theta - \upsilon\left(\sigma_r + \sigma_z\right)\right] \tag{7-79}$$

$$\varepsilon_z = \frac{1}{E}\left[\sigma_z - \upsilon\left(\sigma_r + \sigma_\Theta\right)\right] \tag{7-80}$$

miteinander verknüpft (Hookesches Gesetz in Zylinderkoordinaten),[63, 64] wobei σ für die Spannungen (nach Konvention negativ für Kompression!) und ε für die Dehnung steht. Der Elastizitätsmodul wird hier mit E bezeichnet und υ ist die Poisson-Zahl. Die unterschiedlichen Komponenten werden mit dem Index r für die radiale Richtung, Θ für die azimutale (tangentiale) Richtung und z in Richtung der Stabachse bezeichnet. Die Poisson-Zahl gibt an, wie stark sich ein elastischer Körper in den Querdimensionen verändert, wenn er in Längsrichtung mechanisch verformt wird (Querdehnung). Für die meisten Festkörper beträgt υ etwa 0.3. Für Nd:YAG ist $\upsilon = 0.25$ und $E = 315$ GPa.

Wenn eine thermische Ausdehnung hinzukommt, setzt sich die totale Dehnung aus den beiden von Spannung und Temperatur herrührenden Anteilen zusammen,

$$\tilde{\varepsilon} = \varepsilon + \alpha T \tag{7-81}$$

wobei α der thermische Ausdehnungskoeffizient ist. Komponentenweise notiert, ergibt dies

$$\tilde{\varepsilon}_r = \frac{1}{E}\left[\sigma_r - \upsilon\left(\sigma_\Theta + \sigma_z\right)\right] + \alpha T \tag{7-82}$$

$$\tilde{\varepsilon}_\Theta = \frac{1}{E}\left[\sigma_\Theta - \upsilon\left(\sigma_r + \sigma_z\right)\right] + \alpha T \tag{7-83}$$

$$\tilde{\varepsilon}_z = \frac{1}{E}\left[\sigma_z - \upsilon\left(\sigma_r + \sigma_\Theta\right)\right] + \alpha T\,. \tag{7-84}$$

Durch Verwendung der elastischen Gleichgewichtsgleichungen findet man bei gegebener Temperaturverteilung $T(r)$ (nur radiale, keine z-Abhängigkeit) im Laserstab mit festen Enden (thermische Längsausdehnung des Stabes mechanisch unterdrückt) die Spannungen[64]

$$\sigma_r(r) = \frac{\alpha E}{1-\upsilon}\left(A - B(r)\right) \tag{7-85}$$

$$\sigma_\Theta(r) = \frac{\alpha E}{1-\upsilon}\left(A + B(r) - T(r)\right) \tag{7-86}$$

$$\sigma_z(r) = \frac{\alpha E}{1-\upsilon}\left(2\upsilon A - T(r)\right) \tag{7-87}$$

mit

$$A = \frac{1}{R_S^2}\int_0^{R_S} T(r) r dr \tag{7-88}$$

und

$$B(r) = \frac{1}{r^2}\int_0^{r} T(r') r' dr' , \tag{7-89}$$

wobei R_S der Stabradius ist.

Wenn sich die Stabenden frei bewegen können, was meistens der Fall ist, so findet man für die Spannung in z-Richtung[65, 66]

$$\sigma_z(r) = \frac{\alpha E}{1-\upsilon}\left(2A - T(r)\right), \tag{7-90}$$

die anderen Größen bleiben unverändert. Die spannungsinduzierte Dehnung ergibt sich dann aus obigen Beziehungen (7-78) bis (7-80). Für eine auf das Wesentliche beschränkte Herleitung sei auf Referenz 63 verwiesen.

Die allgemeine Temperaturverteilung $T(r)$ im Laserstab wurde in Abschnitt 7.2.3 hergeleitet und führte zum Ausdruck (7-51). Im Folgenden wird die Diskussion auf den homogen angeregten Laserstab mit der Temperaturverteilung (7-68)

$$T(r) = T_0 - \Delta T \frac{r^2}{R_S^2} \tag{7-91}$$

eingeschränkt. Aus (7-88) und (7-89) wird damit

$$A = \frac{T_0}{2} - \frac{\Delta T}{4} \tag{7-92}$$

und

$$B(r) = \frac{T_0}{2} - \frac{\Delta T}{4R_S^2} r^2 , \tag{7-93}$$

wobei ΔT durch (7-66) und T_0 durch (7-69) und (7-67) gegeben sind. Für die Spannungsverteilungen (7-85), (7-86) und (7-90) findet man daher

$$\sigma_r(r) = \frac{\alpha E}{1-\upsilon}\frac{\Delta T}{4}\left(\frac{r^2}{R_S^2}-1\right) \tag{7-94}$$

$$\sigma_\Theta(r) = \frac{\alpha E}{1-\upsilon}\frac{\Delta T}{4}\left(3\frac{r^2}{R_S^2}-1\right) \tag{7-95}$$

$$\sigma_z(r) = \frac{\alpha E}{1-\upsilon}\frac{\Delta T}{2}\left(2\frac{r^2}{R_S^2}-1\right) \tag{7-96}$$

und daraus mit (7-78) bis (7-80) die zu den Spannungen gehörenden Verzerrungen

$$\varepsilon_r(r) = \frac{\alpha}{1-\upsilon}\frac{\Delta T}{4}\left(3\upsilon-1+(1-7\upsilon)\frac{r^2}{R_S^2}\right) \tag{7-97}$$

$$\varepsilon_\Theta(r) = \frac{\alpha}{1-\upsilon}\frac{\Delta T}{4}\left(3\upsilon-1+(3-5\upsilon)\frac{r^2}{R_S^2}\right) \tag{7-98}$$

$$\varepsilon_z(r) = \frac{\alpha}{1-\upsilon}\frac{\Delta T}{4}\left(2\upsilon-2+(4-4\upsilon)\frac{r^2}{R_S^2}\right). \tag{7-99}$$

Der Verlauf von Spannungen und Dehnung sind in Figur 7-7 graphisch dargestellt. Es ist deutlich zu erkennen, wie das Material im Zentrum komprimiert wird. An der Oberfläche herrschen hingegen Zugspannungen. Letztere sind wichtig für die Beurteilung der Bruchgrenze des Laserstabes und werden in Abschnitt 7.4.3 diskutiert. Zuvor wenden wir uns den spannungsinduzierten Veränderungen des Brechungsindex zu.

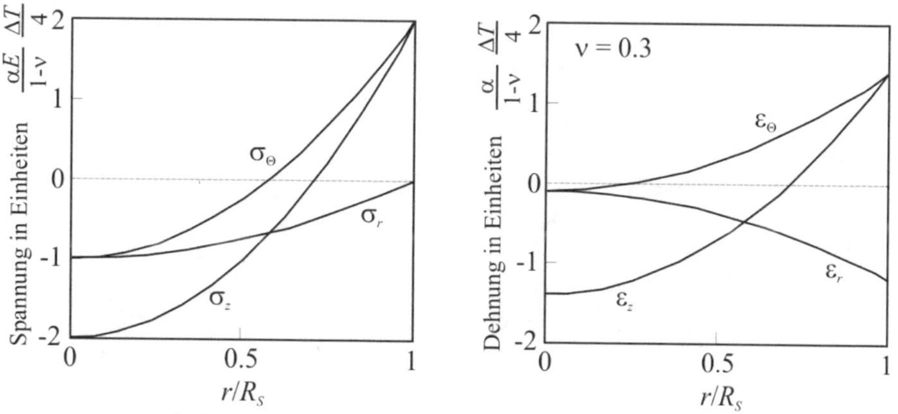

Figur 7-7. Spannung und Dehnung in einem homogen angeregten (unendlich langen) Laserstab mit Radius R_S.

7.4.2 Elasto-optische Effekte

Nebst der Temperatur verändern auch elektrische und mechanische Spannungen den Brechungsindex eines Mediums. Bei optisch angeregten Festkörperlasern liegen in der Regel keine elektrischen Felder vor und wir können die Diskussion auf den Einfluss der mechanischen Spannungen σ beschränken. In isotropen Medien und kubischen Kristallen ist der Brechungsindex unabhängig von der Polarisation des Lichtes in allen Ausbreitungsrichtungen gleich. Die Indikatrix ist daher kugelförmig, wie links in Figur 7-8 dargestellt. In einem doppelbrechenden Medium ist der Brechungsindex hingegen je nach Polarisations- und Ausbreitungsrichtung unterschiedlich und die Indikatrix ist im allgemeinsten Fall durch drei verschiedene Hauptachsen n_x, n_y und n_z zu beschreiben (rechts in Figur 7-8). Im Bezugssystem der Hauptachsen lässt sich die Indikatrix mathematisch durch die Gleichung[67]

$$\beta_1 x^2 + \beta_2 y^2 + \beta_3 z^2 = 1 \tag{7-100}$$

definieren, wobei

$$\beta_1 = \frac{1}{n_x^2}, \quad \beta_2 = \frac{1}{n_y^2}, \quad \beta_3 = \frac{1}{n_z^2}. \tag{7-101}$$

Für optisch isotrope Materialien (wie z. B. der kubische Kristall Nd:YAG) gilt $n_x = n_y = n_z = n_0$ bzw. $\beta_1 = \beta_2 = \beta_3 = \beta_0$ und (7-100) beschreibt eine Kugel.

Unter Einwirkung von (z. B. thermisch induzierten) Spannungen verändert sich die ursprüngliche Indikatrix (7-100) zu

$$\beta_{11} x^2 + \beta_{22} y^2 + \beta_{33} z^2 + \beta_{12} xy + \beta_{13} xz + \beta_{23} yz = 1. \tag{7-102}$$

Die spannungsinduzierte Änderungen

$$\begin{aligned} \Delta\beta_{11} &= \beta_{11} - \beta_1 \\ \Delta\beta_{22} &= \beta_{22} - \beta_2 \\ \Delta\beta_{33} &= \beta_{33} - \beta_3 \end{aligned} \tag{7-103}$$

und

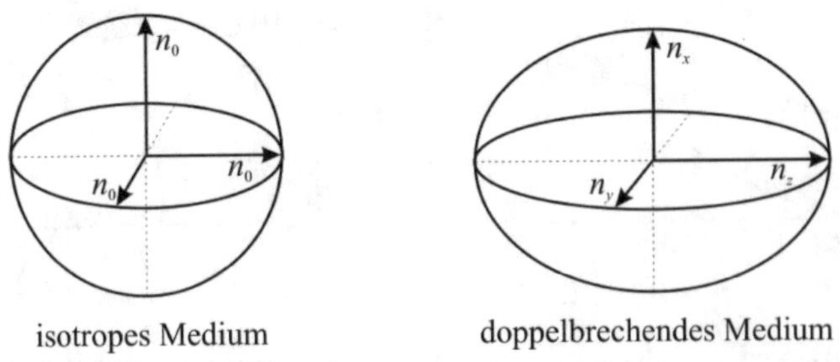

Figur 7-8. Indikatrix eines isotropen Mediums (links) und eines doppelbrechenden Mediums (rechts).

$$\begin{aligned} \Delta\beta_{12} &= \beta_{12} \\ \Delta\beta_{13} &= \beta_{13} \\ \Delta\beta_{23} &= \beta_{23} \end{aligned} \tag{7-104}$$

gegenüber (7-100) werden gemäß

$$\Delta\beta_{ij} = s_{ijkl}\sigma_{kl} \tag{7-105}$$

durch den Spannungstensor σ und die elasto-optischen Koeffizienten s (ebenfalls ein Tensor) bestimmt.[67] Oft wird dieser elasto-optische Effekt anstatt mit dem Spannungstensor mit dem zur Spannung gehörenden Dehnungstensor ε ((7-78) bis (7-80)) (nicht $\tilde{\varepsilon}$ aus (7-82) bis (7-84)) ausgedrückt,

$$\Delta\beta_{ij} = p_{ijkl}\varepsilon_{kl}, \tag{7-106}$$

weil so alle Größen dimensionslos sind. Für viele Laserkristalle sind die elasto-optischen Koeffizienten p_{ijkl} oder s_{ijkl} nicht vollständig bekannt. Bei intrinsisch doppelbrechenden Kristallen ist dies auch nicht wichtig, weil die durch die spannungsinduzierten Änderungen der Indikatrix mehrere Größenordnungen schwächer sind als die sowieso vorhandene Doppelbrechung. Die durch thermische Spannungen verursachten Änderungen sind in solchen Kristallen kaum messbar und können getrost vernachlässigt werden. Bei intrinsisch isotropen Medien wie Gläser und kubische Kristalle hingegen bewirken thermisch induzierte Spannungen eine grundlegende Veränderung vom isotropen Zustand hin zu einem doppelbrechenden Verhalten. Bei solchen Materialien können die elasto-optischen Effekte nicht vernachlässigt werden. Die entsprechenden Koeffizienten sind daher auch mit der erforderlichen Genauigkeit bekannt, wobei sich aus Symmetriegründen die Anzahl der von 0 verschiedenen Koeffizienten stark reduziert.[67] Für Nd:YAG gilt beispielsweise[68]

$$p_{11} = -0.0290, \quad p_{12} = 0.0091, \quad p_{44} = -0.0625. \tag{7-107}$$

Bei der Berechnung von (7-106) oder (7-105) müssen alle Tensoren bezüglich des selben Koordinatensystems notiert und es muss die Orientierung des Kristallgitters im Lasermedium berücksichtigt werden. Nd:YAG Laserstäbe werden in der Regel entlang der so genannten [111] Richtung geschnitten, wie dies in Figur 7-9 dargestellt ist.

Die Änderung der Brechungsindizes ergeben sich aus der Definition (7-101) mit

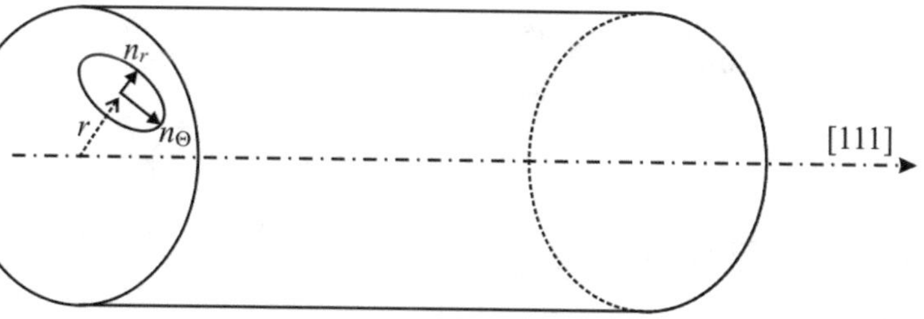

Figur 7-9. Orientierung des YAG Kristalls und der Indikatrix in Nd:YAG Laserstäben.

$$\Delta\beta = \frac{\partial\beta}{\partial n}\Delta n = -2n^{-3}\Delta n\,, \tag{7-108}$$

also

$$\Delta n = -\frac{n^3}{2}\Delta\beta\,. \tag{7-109}$$

Die wiederholten Koordinatentransformationen und die Bestimmung der Hauptachsen machen die Berechnung recht aufwändig. Für einen [111]-orientierten Nd:YAG Laserstab ist das Ergebnis in guter Näherung[66]

$$\Delta n_r(r) = -\frac{n_0^3}{12}\Big(p_{11}(3\varepsilon_r + \varepsilon_\Theta + 2\varepsilon_z) + p_{12}(3\varepsilon_r + 5\varepsilon_\Theta + 4\varepsilon_z) + \\ + p_{44}(6\varepsilon_r - 2\varepsilon_\Theta - 4\varepsilon_z)\Big) \tag{7-110}$$

und

$$\Delta n_\Theta(r) = -\frac{n_0^3}{12}\Big(p_{11}(\varepsilon_r + 3\varepsilon_\Theta + 2\varepsilon_z) + p_{12}(5\varepsilon_r + 3\varepsilon_\Theta + 4\varepsilon_z) - \\ - p_{44}(2\varepsilon_r - 6\varepsilon_\Theta + 4\varepsilon_z)\Big)\,, \tag{7-111}$$

wobei gemäß Figur 7-9 $\Delta n_r(r)$ die spannungsinduzierte Änderung des Brechungsindex für radial polarisiertes Licht und $\Delta n_\Theta(r)$ jene für tangential polarisiertes Licht ist. Die Komponenten von $\varepsilon(\sigma)$ sind im allgemeinen Fall durch (7-78) bis (7-80) und (7-85), (7-86), (7-88) bis (7-90) gegeben. Für den einfachen Fall eines homogen angeregten Laserstabes ist $\varepsilon(r)$ durch (7-97) bis (7-99) gegeben.

Zusammen mit der thermischen Dispersion aus (7-71) ist also der Brechungsindex für radial polarisiertes Licht durch

$$n_r(r) = n(T_0) + \big(T(r) - T_0\big)\frac{dn}{dT} + \Delta n_r(r) \tag{7-112}$$

und für tangential polarisiertes Licht durch

$$n_\Theta(r) = n(T_0) + \big(T(r) - T_0\big)\frac{dn}{dT} + \Delta n_\Theta(r) \tag{7-113}$$

gegeben (vgl. Figur 7-9). Für den homogen angeregten Laserstab resultieren durch Verwendung von (7-97) bis (7-99) für die spannungsinduzierten Veränderungen die Ausdrücke[65]

$$\Delta n_r(r) = -\Delta T 2\alpha n_0^3\left(C_0 + C_r\frac{r^2}{R_S^2}\right) \tag{7-114}$$

und

$$\Delta n_\Theta(r) = -\Delta T 2\alpha n_0^3\left(C_0 + C_\Theta\frac{r^2}{R_S^2}\right) \tag{7-115}$$

mit

$$C_0 = \frac{(2\upsilon - 1)(2p_{11} + 4p_{12}) + (\upsilon + 1)p_{44}}{24(1-\upsilon)} \tag{7-116}$$

$$C_r = \frac{(17\upsilon - 7)p_{11} + (31\upsilon - 17)p_{12} + 8(\upsilon + 1)p_{44}}{48(\upsilon - 1)} \tag{7-117}$$

$$C_\Theta = \frac{(5\upsilon - 3)p_{11} + (11\upsilon - 5)p_{12}}{16(\upsilon - 1)}. \tag{7-118}$$

R_S ist der Radius des Laserstabes und ΔT ist gemäß (7-66) nach wie vor

$$\Delta T = \frac{P_H}{4\pi L_P \lambda_{th}}. \tag{7-119}$$

Zusammen mit (7-72) und $n_0 = n(T_0)$ erhalten wir für den homogen angeregten Nd:YAG Laserstab ($R_P = R_S$) die Brechungsindizes

$$n_r(r) = n' + n_0 \left\{ 1 - \Delta T \left(\frac{1}{n_0} \frac{dn}{dT} + 2\alpha n_0^2 C_r \right) \frac{r^2}{R_S^2} \right\} \tag{7-120}$$

und

$$n_\Theta(r) = n' + n_0 \left\{ 1 - \Delta T \left(\frac{1}{n_0} \frac{dn}{dT} + 2\alpha n_0^2 C_\Theta \right) \frac{r^2}{R_S^2} \right\} \tag{7-121}$$

mit

$$n' = -\Delta T 2\alpha n_0^3 C_0. \tag{7-122}$$

Für einen Nd:YAG Stab ($\upsilon = 0.25$) mit der in Figur 7-9 dargestellten Orientierung betragen

$$C_r = 0.01721 \tag{7-123}$$

und

$$C_\Theta = -0.00252. \tag{7-124}$$

Der Verlauf der beiden Brechungsindizes (7-120) und (7-121) ist für einen homogen angeregten Nd:YAG Laserstab mit 2 mm Radius und einer Heizleistung von 100 W pro cm Kristalllänge links in Figur 7-10 dargestellt.

Die unterschiedlichen Brechungsindizes machen sich auch im Interferogramm rechts in Figur 7-10 bemerkbar: Entlang der vertikalen Achse, wo das Feld radial polarisiert ist, ist die Anzahl der Interferenzringe größer als entlang der horizontalen Achse, wo das Feld tangential polarisiert ist (da bei der Berechnung der Phasendifferenz n mit der gepumpten Kristalllänge L_P multipliziert wird und $\Delta T \propto L_P^{-1}$, bleibt das Interferogramm bei gleicher totaler Heizleistung P_H unabhängig von L_P). Die unterbrochenen Ringe lassen sich mit der weiter unten diskutierten Depolarisation erklären.

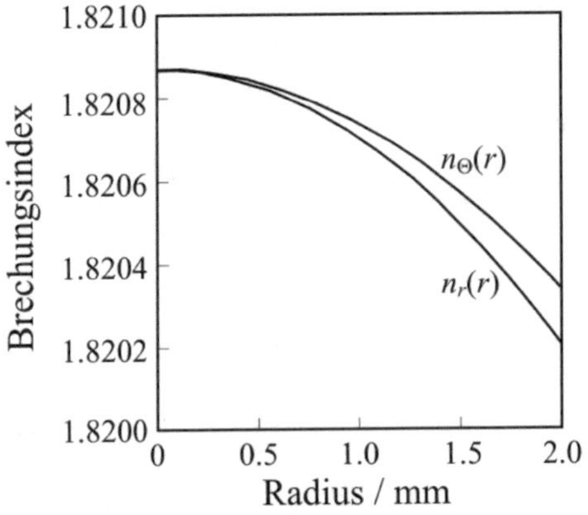

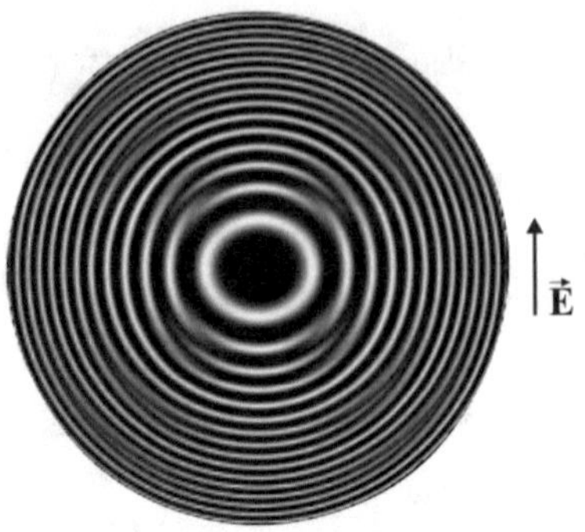

Figur 7-10. *Links:* Aufgrund der thermisch induzierten Doppelbrechung unterscheiden sich die Brechungsindizes für radial und tangential polarisierte Feldkomponenten (Beispiel Nd:YAG Stab mit 2 mm Radius und 100 W Heizleistung pro cm Kristalllänge, homogene Anregung). *Rechts:* Interferogramm (Mach-Zehnder mit λ = 1064 nm und vertikaler Polarisation) eines homogen angeregten Nd:YAG Laserstabes (2 mm Radius) mit $P_H = 250$ W.

7.4.2.1 Die Bi-Fokussierung

Wie in Figur 7-10 deutlich sichtbar, unterscheiden sich an jeder Stelle (außer $r = 0$) der Brechungsindex für die radial ausgerichteten Feldkomponenten von jenem der tangential orientierten Feldkomponenten. Analog zu (7-73) können wir den Verlauf der Brechungsindizes mit

$$n_{r,\Theta}(r) = n' + n_0\left(1 - \frac{\gamma_{r,\Theta}^2}{2} r^2\right) \tag{7-125}$$

zusammenfassen. Durch Vergleich mit (7-120) und (7-121) und durch Verwendung von (7-119) findet man die Ausdrücke

$$\gamma_r = \sqrt{\frac{P_H}{2\pi R_P^2 L_P \lambda_{th}}\left(\frac{1}{n_0}\frac{dn}{dT} + 2\alpha n_0^2 C_r\right)} \tag{7-126}$$

und

$$\gamma_\Theta = \sqrt{\frac{P_H}{2\pi R_P^2 L_P \lambda_{th}}\left(\frac{1}{n_0}\frac{dn}{dT} + 2\alpha n_0^2 C_\Theta\right)}\,. \tag{7-127}$$

Unter der Voraussetzung $\left|\gamma_{r,\Theta}\right| L_P \ll 1$ kann diesem Laserstab analog zur Anordnung in Figur 3-7 und Gleichung (3-58) die Brechkraft

$$D_{r,\Theta} = \frac{n_0}{n_1} L_P \gamma_{r,\Theta}^2 \tag{7-128}$$

zugeordnet werden.[y] Die thermisch induzierten Spannungen tragen also über den elasto-optischen Effekt ebenfalls zur thermisch induzierten Linse bei. Der Beitrag ist jedoch für radial und tangential polarisierte Strahlung unterschiedlich. Dies wird mit dem Begriff der Bi-Fokussierung bezeichnet. Da bei Nd:YAG sowohl die thermische Dispersion ($dn/dT = 7.3\times10^{-6}$ K^{-1}) als auch C_r positiv sind, wird die thermisch induzierte Linse durch den elasto-optischen Beitrag geringfügig verstärkt. Mit $\alpha \approx 7.5\times10^{-6}\,K^{-1}$ (je nach Quelle etwas unterschiedlich) und $n_0 = 1.82$ bewirkt dies eine Erhöhung der Brechkraft D_r um etwa 20%. Die Linse für tangential polarisiertes Licht wird hingegen um etwa 3% schwächer. Insgesamt unterscheiden sich die beiden Linsen also um etwa 23%.

Durch Einsetzen von (7-126) in (7-128) kann wiederum festgestellt werden, dass die Brechkraft bzw. die Brennweite (und damit auch das Interferogramm rechts in Figur 7-10) der thermisch induzierten Linsen, abgesehen von den Materialeigenschaften, nur von der totalen Heizleistung P_H und dem Stabradius R_S, nicht aber von der gepumpten Stablänge L_P abhängt.

Die Tatsache, dass die unterschiedlich polarisierten Feldkomponenten im Laserstab eine andere Linsenwirkung erfahren, hat natürlich nachteilige Folgen für die im Resonator oszillierenden Moden. Weil die radialen und die tangentialen Feldkomponenten sich nicht gleich schnell ausbreiten, führt diese thermisch induzierte Doppelbrechung zudem auch noch zu Veränderungen des Polarisationszustandes. Dieser Effekt wird im Folgenden diskutiert.

7.4.2.2 Die thermisch induzierte Depolarisation

Der Einfluss der thermisch induzierten Doppelbrechung auf den Polarisationszustand ist am deutlichsten erkennbar, wenn man einen linear polarisierten Strahl durch den thermisch belasteten Laserstab ausbreiten lässt. Ohne Einschränkung der Allgemeingültigkeit wählen wir das Koordinatensystem so, dass die y-Achse parallel zum elektrischen Feld des einfallenden Strahles liegt, wie dies in Figur 7-11 dargestellt ist. Zur Ausbreitung durch den Laserstab müssen wir das Feld in die radialen

$$E_r = \left|\vec{\mathbf{E}}\right|\sin(\varphi) \tag{7-129}$$

und die tangentialen

$$E_\Theta = \left|\vec{\mathbf{E}}\right|\cos(\varphi) \tag{7-130}$$

Feldkomponenten zerlegen. Bei der Ausbreitung durch den Stab, der über die Länge L_P gepumpt ist, erfahren die beiden Komponenten eine unterschiedliche Phasenverschiebung. Beim Austritt aus dem Laserstab sind die beiden Feldkomponenten in der komplexen Schreibweise durch

$$E_r' = \left|\vec{\mathbf{E}}\right|\sin(\varphi)e^{in_r(r)\frac{2\pi L_P}{\lambda}} \tag{7-131}$$

und

[y] Der konstante Beitrag n' bewirkt lediglich eine über den gesamten Stabquerschnitt konstante Phasenverschiebung und trägt so nicht zur Linsenwirkung bei.

$$E'_\Theta = \left|\vec{\mathbf{E}}\right| \cos(\varphi) e^{i n_\Theta(r) \frac{2\pi L_P}{\lambda}} \tag{7-132}$$

gegeben, wobei λ die Wellenlänge ist (auf die Notation der Zeitabhängigkeit kann hier verzichtet werden). Hinter dem Laserstab setzen sich die beiden Komponenten zum Feld

$$\begin{aligned} \vec{\mathbf{E}}' &= E'_r \begin{pmatrix} \cos(\varphi) \\ \sin(\varphi) \end{pmatrix} + E'_\Theta \begin{pmatrix} -\sin(\varphi) \\ \cos(\varphi) \end{pmatrix} = \\ &= \left|\vec{\mathbf{E}}\right| \begin{pmatrix} \sin(\varphi)\cos(\varphi) e^{i n_r(r) \frac{2\pi}{\lambda} L_P} - \cos(\varphi)\sin(\varphi) e^{i n_\Theta(r) \frac{2\pi}{\lambda} L_P} \\ \sin^2(\varphi) e^{i n_r(r) \frac{2\pi}{\lambda} L_P} + \cos^2(\varphi) e^{i n_\Theta(r) \frac{2\pi}{\lambda} L_P} \end{pmatrix} \end{aligned} \tag{7-133}$$

zusammen.

Man beachte, dass hier die Phasenverschiebung entlang geradlinigen Pfaden parallel zur Stabachse berechnet wurde. Diese Vereinfachung ist nur zulässig, wenn die thermisch induzierte Linse sehr schwach ist. Tatsächlich bewegen sich die einzelnen Teilstrahlen gemäß (3-52) bzw. (3-60) auf gekrümmten Bahnen. Zusammen mit der Bi-Fokussierung ist dies auch der Grund, weshalb die bekannten Methoden zur Kompensation der thermisch induzierten Doppelbrechung (z. B. Quarz-Rotator) nicht vollumfänglich funktionieren.[69]

Ohne Doppelbrechung wäre der Strahl nach dem Laserstab weiterhin linear und parallel zur y-Achse polarisiert. Als Maß für die durch thermisch induzierte Doppelbrechung verursachte Depolarisation kann daher die Feldkomponente in x-Richtung

$$E'_x = \left|\vec{\mathbf{E}}\right| \frac{1}{2} \sin(2\varphi) \left(e^{i \frac{2\pi L_P}{\lambda} n_r(r)} - e^{i \frac{2\pi L_P}{\lambda} n_\Theta(r)} \right) \tag{7-134}$$

oder, noch besser, die dazugehörige Intensität (siehe (2-73))

$$\begin{aligned} I'_x \propto E'^2_x &= \left|\vec{\mathbf{E}}\right|^2 \frac{1}{4} \sin^2(2\varphi) \times \\ &\times \left(e^{i \frac{2\pi L_P}{\lambda} n_r(r)} - e^{i \frac{2\pi L_P}{\lambda} n_\Theta(r)} \right) \left(e^{-i \frac{2\pi L_P}{\lambda} n_r(r)} - e^{-i \frac{2\pi L_P}{\lambda} n_\Theta(r)} \right), \end{aligned} \tag{7-135}$$

$$I'_x \propto \left|\vec{\mathbf{E}}\right|^2 \frac{1}{4} \sin^2(2\varphi) \left\{ 2 - 2\cos\left(\frac{2\pi L_P}{\lambda} \left[n_r(r) - n_\Theta(r) \right] \right) \right\}, \tag{7-136}$$

$$I'_x \propto \left|\vec{\mathbf{E}}\right|^2 \sin^2(2\varphi) \sin^2\left(\frac{\pi L_P}{\lambda} \left[n_r(r) - n_\Theta(r) \right] \right) \tag{7-137}$$

betrachtet und mit der Intensität des einfallenden Strahles verglichen werden:

$$\frac{I'_x}{I} = \sin^2(2\varphi) \sin^2\left(\frac{\delta}{2} \right). \tag{7-138}$$

wobei

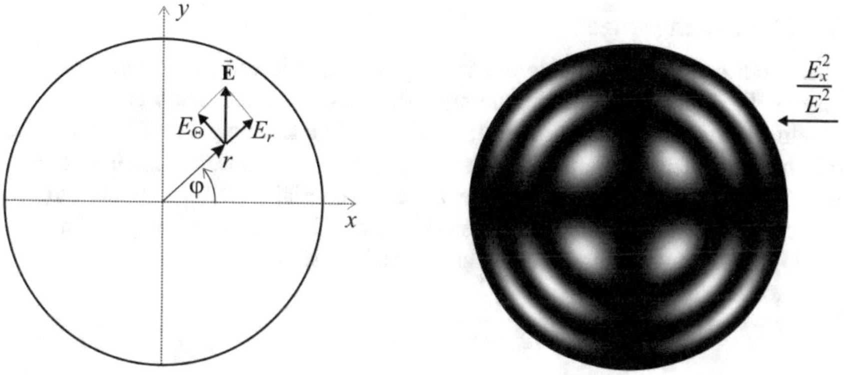

Figur 7-11. *Links:* Das auf den Laserstab treffende Licht ist linear und parallel zur y-Achse polarisiert. Das eintreffende Feld wird in radial und tangential polarisierte Feldkomponenten zerlegt. *Rechts:* Homogen angeregter Nd:YAG Laserstab (2 mm Radius, 250 W Heizleistung) zwischen gekreuzten Polarisatoren (λ = 1064 nm).

$$\delta = 2\frac{\pi L_P}{\lambda}\left[n_r(r) - n_\Theta(r)\right]. \tag{7-139}$$

Aufgrund obiger Herleitung beschreibt (7-138) die auf die eintreffende Intensität normierte Intensitätsverteilung, wenn man den Laserstab zwischen gekreuzten Polarisatoren betrachtet.

Für einen homogen angeregten Nd:YAG Laserstab erhält man den Brechungsindexunterschied $\Delta n = n_r - n_\Theta$ aus (7-120) und (7-121):

$$\Delta n(r) = 2\alpha n_0^3 \Delta T\left(C_\Theta - C_r\right)\frac{r^2}{R_P^2} = \frac{p_{11} - p_{12} + 4p_{44}}{24}\frac{(1+\upsilon)}{(1-\upsilon)}2\alpha n_0^3 \Delta T\frac{r^2}{R_P^2}. \tag{7-140}$$

Mit (7-119) und (7-140) wird (7-139) zu

$$\delta = \frac{p_{11} - p_{12} + 4p_{44}}{24}\frac{(1+\upsilon)}{(1-\upsilon)}\frac{\alpha n_0^3}{\lambda\lambda_{th}}P_H\frac{r^2}{R_P^2}. \tag{7-141}$$

Man stellt also fest, dass die Depolarisation nicht von der Länge des gepumpten Laserstabes abhängt, sondern nur von der insgesamt erzeugten Wärmeleistung P_H und vom gepumpten Radius R_P (wobei im homogen angeregten Stab $R_P = R_S$).

Die Depolarisation (7-138) in einem homogen angeregten Nd:YAG Laserstab mit einem Radius von 2 mm ist für eine Heizleistung von 250 W rechts in Figur 7-11 dargestellt. Die weißen Maxima entsprechen jenen Stellen wo das ursprünglich in y-Richtung polarisierte Feld durch den Stab exakt um 90° gedreht wurde. In einem Interferometer mit linear polarisiertem Licht bedeutet dies, dass an dieser Stelle die Felder weder konstruktiv noch destruktiv interferieren können. Die weißen Maxima rechts in Figur 7-11 entsprechen deshalb genau den grauen Stellen (50% Intensität) des Interferogramms in Figur 7-10, wo die Interferenzringe unterbrochen werden.

7.4.3 Die Bruchgrenze

Die thermisch induzierten Effekte bewirken grundlegende Limitierungen für den Betrieb eines Lasers. Die optischen Einschränkungen der Resonatorstabilität werden wir in Kapitel 8 behandeln. Zuvor betrachten wir hier noch die absolute Leistungsgrenze, welche sich aus den thermisch induzierten mechanischen Spannungen ergibt. Diesbezüglich sind vor allem die aus Figur 7-7 ersichtlichen Zugspannungen an der Materialoberfläche gefährlich, da sie zum Bruch des Lasermediums führen können. Für einen homogen angeregten Laserstab beträgt laut (7-94) bis (7-96) die Zugspannung an der Staboberfläche

$$\sigma_R = \sigma_\Theta(R_S) = \sigma_z(R_S) = \frac{\alpha E}{2(1-\upsilon)}\Delta T \,. \tag{7-142}$$

Mit

$$\Delta T = \frac{P_H}{4\pi L_P \lambda_{th}} \tag{7-143}$$

aus (7-67) stellt man fest, dass die Zugspannung an der Staboberfläche nur von der pro Länge erzeugten Heizleistung P_H und nicht vom Stabradius abhängt.

Die Bruchfestigkeit, d. h. die maximal erlaubte Zugspannung σ_{max}, eines gegebenen Materials schränkt somit unabhängig vom Stabradius die maximal erlaubte Pumpleistung

$$P_P = \frac{P_H}{\eta_H \eta_{abs}} \tag{7-144}$$

pro Stablänge ein. Denn aus (7-142) und (7-143) folgt

$$\sigma_R = \frac{\alpha E}{2(1-\upsilon)} \frac{1}{4\pi\lambda_{th}} \frac{P_H}{L_P} \leq \sigma_{max} \tag{7-145}$$

und somit

$$\frac{P_H}{L_P} \leq \sigma_{max} \frac{2(1-\upsilon)}{\alpha E} 4\pi\lambda_{th} \,. \tag{7-146}$$

Die Bruchgrenze σ_{max} hängt sehr von der Beschaffenheit der Materialoberfläche ab. Der Bruch beginnt immer an mikroskopisch kleinen Rissen. Eine sorgfältige, mehrstufige Politur, gegebenenfalls sogar mit nachträglichem Ätzen, kann diesen Wert erhöhen. Für eine *fehlerfreie* YAG-Oberfläche liegt die Bruchgrenze bei $\sigma_{max} \approx 200$ MPa. Zusammen mit den anderen Eigenschaften von YAG (E = 315 GPa, $\alpha = 7.5\times10^{-6}$ K^{-1}, $\lambda_{th} = 0.1$ W cm^{-1} K^{-1}, $\upsilon = 0.25$) ist die Heizleistung in einem homogen angeregten Laserstab auf etwa 160 W pro cm Stablänge beschränkt. Mit $\eta_H = 0.42$ limitiert die Bruchgrenze eines fehlerfreien Nd:YAG-Stabes die Pumpleistung auf maximal 380 W pro cm Stablänge.

Eine detaillierte Untersuchung der Spannungsverhältnisse in der Umgebung eines Oberflächendefektes zeigt allerdings, dass die Zugspannung in der unmittelbaren Nähe z. B. eines kreisrunden Defektes auf $3\sigma_R$ ansteigt.[70] Wegen dieser Spannungserhöhung in der Nähe von Defekten, den Unsicherheiten bei den einzelnen Materialwerten und wegen den großen, herstellungsbedingten Schwankungen empfiehlt es sich, die Oberflächenspannung auf deutlich unter σ_{max} zu beschränken.

Als Faustregel sollte die Heizleistung P_H in YAG Stäben nicht mehr als etwa 100 W pro cm Stablänge betragen. Wie am folgenden Beispiel gezeigt, kann diese Limitierung auch die Wahl der Anregungsart einschränken.

7.4.3.1 Beispiel: Auswirkungen der Bruchgrenze bei Yb:YAG

Im Gegensatz zu Nd:YAG muss Yb:YAG als ein Quasi-3-Niveau-System angesehen werden. Wie aus Figur 6-21 ersichtlich, liegt das untere Laserniveau nur gerade 612 cm^{-1} über dem Grundzustand und ist dementsprechend stark thermisch besetzt. Die üblichen Ratengleichungen eines 4-Niveau-Systems

$$\dot{n}_a = W_P n_g - \frac{n_a}{\tau_{au}} - \frac{n_a}{\tau_{ag}} - \phi c \sigma_{au}(n_a - n_u) \qquad (7\text{-}147)$$

$$\dot{n}_u = \frac{n_a}{\tau_{au}} - \frac{n_u}{\tau_{ug}} + \phi c \sigma_{au}(n_a - n_u) \qquad (7\text{-}148)$$

$$\dot{n}_g = -W_P n_g + \frac{n_u}{\tau_{ug}} + \frac{n_a}{\tau_{ag}} \qquad (7\text{-}149)$$

$$\dot{\phi} = \phi c \sigma_{au}(n_a - n_u)\frac{L_L}{L_R} - \frac{\phi}{\tau_\phi} + \frac{n_a}{\tau_{au}}\frac{L_L}{L_R}\Re \qquad (7\text{-}150)$$

reduzieren sich damit auf

$$\dot{n}_a = W_P n_g - \frac{n_a}{\tau_{ag}} - \phi c \sigma_{au}(n_a - b_u n_g) \qquad (7\text{-}151)$$

$$\dot{n}_g = -\dot{n}_a \qquad (7\text{-}152)$$

$$\dot{\phi} = \phi c \sigma_{au}(n_a - b_u n_g)\frac{L_L}{L_R} - \frac{\phi}{\tau_\phi} + \frac{n_a}{\tau_{ag}}\frac{L_L}{L_R}\Re\,. \qquad (7\text{-}153)$$

Die verwendeten Größen wurden in Abschnitt 6.5 eingeführt. Die thermische Besetzung des unteren Laserniveaus ist durch den Boltzmannfaktor b_u gegeben (nach (6-47)).

Unterhalb der Laserschwelle ist im stationären Zustand (alle zeitliche Ableitungen verschwinden)

$$0 = W_P n_g - \frac{n_a}{\tau_{ag}}\,. \qquad (7\text{-}154)$$

Ohne Anregung weist das Lasermedium wegen der thermischen Besetzung des unteren Laserniveaus (u) für die Laserwellenlänge eine nicht verschwindende Absorption auf (Übergang $u \to a$). Der Yb:YAG Kristall wird erst transparent, wenn die Besetzungsinversion $n_a - b_u n_g$ = 0 ist, d. h.

$$n_a = b_u n_g\,. \qquad (7\text{-}155)$$

Die beiden Gleichungen (7-154) und (7-155) zusammen ergeben

$$W_P n_g = \frac{b_u n_g}{\tau_{ag}}, \tag{7-156}$$

Wenn $h\nu_P$ die Energie eines Pumpphotons ist, dann ist also mindestens die Pumpleistungsdichte (Leistung pro Volumen, siehe (6-68))

$$p = W_P n_g h\nu_P = \frac{b_u n_g}{\tau_{ag}} h\nu_P \tag{7-157}$$

erforderlich, um den Yb:YAG Kristall auszubleichen (wegen den Resonatorverlusten ist das noch unterhalb der Laserschwelle).

Aufgrund der in Abschnitt 7.2.3 diskutierten Temperaturverläufe in YAG Laserstäben können wir für die Bestimmung des Boltzmannfaktors eine Temperatur von typisch 100°C annehmen und erhalten aus (6-47) $b_u = 7.6\%$.

Möchte man einen Yb:YAG Laserstab effizient transversal anregen, so ist für typische Stabdurchmesser von wenigen Millimetern wegen dem relativ kleinen Wirkungsquerschnitt ($\sigma_{abs} = 7.7 \times 10^{-21}$ cm^2, diese und folgende Materialeigenschaften aus Ref. 25) für die Pumpabsorption bei 942 nm eine Dotierung von etwa 4 % erforderlich, was $n_g = 5.52 \times 10^{20}$ cm^{-3} entspricht. Auf diese Weise würde z. B. über einer Strecke von $d = 4$ mm innerhalb des Yb:YAG Kristalls mit

$$\eta_{abs} = 1 - e^{-\sigma_{abs} n_g d} \tag{7-158}$$

ein Anteil von $\eta_{abs} = 82\%$ der Pumpstrahlung absorbiert.

Wird zusammen mit all diesen Materialeigenschaften auch $\tau_{ag} = 0.915$ ms in (7-157) eingesetzt, so folgt, dass erst ab einer absorbierten Leistungsdichte von $I_P = 9.3$ kW/cm^3 die Besetzungsinversion positive Werte annimmt. Bei einem Stabradius von 2 mm entspricht dies einer erforderlichen Pumpleistung von 1.2 kW pro cm Stablänge. Zwar wird in Yb:YAG nur etwa ein Anteil von $\eta_H = 11\%$ der absorbierten Pumpleistung in Wärme umgewandelt, doch ist damit die Heizleistung von 132 W pro cm Stablänge bereits unterhalb der Laserschwelle (Kristall ist erst transparent) schon deutlich über der oben besprochenen Bruchgrenze von 100 W/cm.

Damit ist erklärt, weshalb der Yb:YAG Laser in Stabform nicht transversal angeregt werden kann. Zwar ist die transversale Anregung wegen dem einfachen (und somit kostengünstigen) Aufbau und wegen ihrer einfachen Skalierbarkeit sehr attraktiv. Um Yb:YAG Stäbe transversal anregen zu können, müsste man, damit die erforderliche Leistungsdichte (7-157) in einen weniger gefährlichen Bereich zu liegen kommt, die Dotierung n_g aber so weit reduzieren, dass dadurch gleichzeitig auch die Absorptionseffizienz (7-158) bei transversaler Anregung auf unbrauchbar niedrige Werte sinken würde. Solche Laserstäbe werden daher nur longitudinal angeregt, wobei die polierte Staboberfläche als Lichtleiter für das eingestrahlte Pumplicht ausgenutzt werden muss.

8 Stabilität von Resonatoren mit variablen Linsen

In diesem Kapitel wird der Einfluss der thermisch verursachten und damit leistungsabhängigen Linsen auf die Eigenschaften von optischen Resonatoren und die darin erzeugten Laserstrahlen diskutiert. Die Behandlung wird auf den einfacheren Fall schwacher Linsen (Näherung (3-58) für $|\gamma| L << 1$) beschränkt.

Aus (7-77) folgt, dass die thermisch induzierte Linse die Form

$$D(P_P) = D^* \frac{\eta_{abs} P_P}{\pi R_P^2} \tag{8-1}$$

hat. Wobei die materialeigenen Parameter mit der spezifischen Brechkraft

$$D^* = \frac{1}{n_{Umgeb}} \frac{1}{2\lambda_{th}} \frac{dn}{dT} \eta_H \tag{8-2}$$

abgekürzt wurden. Wegen der herstellungsbedingten Streuung der Parameter des eingesetzten Materials muss die spezifische Brechkraft D^* in der Regel experimentell bestimmt werden (z. B. durch Ermittlung der Pumpleistung, bei welcher ein gegebener Resonator instabil wird).

Berücksichtigt man auch die spannungsinduzierten Einflüsse, so folgt aus (7-126) bis (7-128)

$$D_{r,\Theta}(P_P) = D_{r,\Theta}^* \frac{\eta_{abs} P_P}{\pi R_P^2} \tag{8-3}$$

mit

$$D_{r,\Theta}^* = \frac{1}{n_{Umgeb}} \frac{1}{2\lambda_{th}} \left(\frac{dn}{dT} + 2\alpha n_0^3 C_{r,\Theta} \right) \eta_H \,. \tag{8-4}$$

Genau genommen, hat man es also mit zwei unterschiedlichen Linsen zu tun. Eine für radial polarisiertes Licht und eine für tangential polarisierte Strahlen. Um die Notation zu entlasten, wird hier die Diskussion auf eine einzige Linse beschränkt. Es muss aber daran gedacht werden, dass die im Folgenden gefundenen Resultate für jede der beiden Polarisationsarten separat gelten, wobei sich lediglich die spezifischen Brechkräften $D^* = D_r^*$ und $D^* = D_\Theta^*$ unterscheiden.

8.1 Der Resonator mit einer thermischen Linse

Unter der Annahme, dass der Brechungsindex der Umgebung den Wert 1 hat, wird jede der über die Länge $L_P/2$ gepumpten Stabhälften oben in Figur 8-1 durch die Matrix

$$\begin{pmatrix} 1 & 0 \\ 0 & n_0 \end{pmatrix} \begin{pmatrix} 1 & \frac{L_P}{2} \\ 0 & 1 \end{pmatrix} \begin{pmatrix} 1 & 0 \\ 0 & \frac{1}{n_0} \end{pmatrix} = \begin{pmatrix} 1 & \frac{L_P}{2n_0} \\ 0 & 1 \end{pmatrix} \tag{8-5}$$

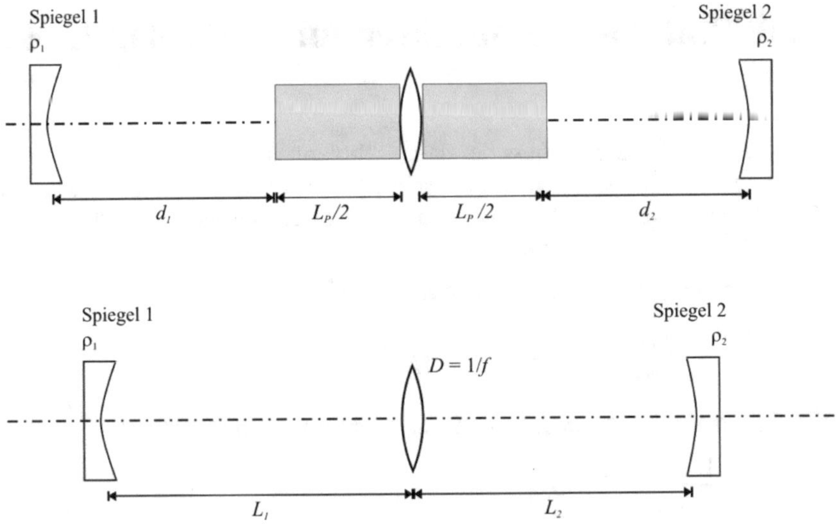

Figur 8-1. Resonator mit einem Laserstab und (schwacher) thermisch induzierter Linse (oben) und der äquivalente Resonator nur mit der Linse (unten).

beschrieben. Dies ist aber dasselbe wie eine Ausbreitung im freien Raum über die durch den Brechungsindex n_0 gestauchte Distanz $L_P/2n_0$. Um die Rechnung im Folgenden zu vereinfachen, können wir also den Resonator unten in Figur 8-1 mit entsprechend verkürzten Distanzen ($L_{1,2} = d_{1,2} + L_P/2n_0$) zwischen der dünnen thermischen Linse und den Resonatorspiegeln betrachten. Außerhalb des Stabes resultieren für die Moden in beiden Resonatoren und für den erzeugten Laserstrahl genau dieselben Eigenschaften.

Wegen seiner weit größeren praktischen Bedeutung wird hier nur der Fabry-Perot Resonator behandelt, die Resultate für den Ring-Resonator werden auf analoge Weise erhalten. Die Diskussion folgt einem Artikel von Vittorio Magni aus dem Jahre 1986.[71]

Bevor wir mit der Rechnung beginnen, definieren wir

$$L_R = L_1 + L_2 \tag{8-6}$$

für die gesamte Resonatorlänge und eine effektive Länge

$$L_e = L_1 + L_2 - L_1 L_2 D, \tag{8-7}$$

wobei D die Brechkraft der dünnen Linse im Resonator unten in Figur 8-1 ist.

Wenn die sphärischen Spiegel, wie in Abschnitt 4.2.2 erläutert, in der Matrixrechnung je durch eine dünne Linse und einen ebenen Spiegel dargestellt werden, erhalten wir für den Einfachdurchgang durch den äquivalenten Resonator von Spiegel 1 bis zum Spiegel 2 die Matrix (siehe auch (4-20))

$$\begin{pmatrix} g_1 & \tilde{L} \\ \frac{g_1 g_2 - 1}{\tilde{L}} & g_2 \end{pmatrix} = \begin{pmatrix} 1 & 0 \\ -\frac{1}{\rho_2} & 1 \end{pmatrix} \begin{pmatrix} 1 & L_2 \\ 0 & 1 \end{pmatrix} \begin{pmatrix} 1 & 0 \\ -D & 1 \end{pmatrix} \begin{pmatrix} 1 & L_1 \\ 0 & 1 \end{pmatrix} \begin{pmatrix} 1 & 0 \\ -\frac{1}{\rho_1} & 1 \end{pmatrix} \tag{8-8}$$

(die erste und die letzte Matrix entsprechen den Ersatzlinsen gemäß Abschnitt 4.2.2, die ebenen Spiegel werden durch die Einheitsmatrix beschrieben und können weggelassen werden). Daraus ergibt sich

$$g_1 = 1 - L_2 D - \frac{L_e}{\rho_1} \tag{8-9}$$

$$g_2 = 1 - L_1 D - \frac{L_e}{\rho_2} \tag{8-10}$$

und

$$\tilde{L} = L_e \,. \tag{8-11}$$

Durch Einführung der Variablen

$$u_1 = L_1 \left(1 - \frac{L_1}{\rho_1} \right) \tag{8-12}$$

$$u_2 = L_2 \left(1 - \frac{L_2}{\rho_2} \right) \tag{8-13}$$

$$x = D - \frac{1}{L_1} - \frac{1}{L_2} \tag{8-14}$$

erhalten wir für die Gleichungen (8-9), (8-10) und (8-7)

$$g_1 = -\frac{L_2}{L_1}(1 + x u_1) \tag{8-15}$$

$$g_2 = -\frac{L_1}{L_2}(1 + x u_2) \tag{8-16}$$

$$L_e = -L_1 L_2 x \,. \tag{8-17}$$

Der Arbeitspunkt im Stabilitätsdiagramm (Figur 4-5) verändert sich also linear mit x und somit linear mit der Brechkraft D der Linse bzw. wegen (8-1) auch linear mit der Pumpleistung P_P. Die beiden Gleichungen (8-15) und (8-16) beschreiben im Stabilitätsdiagramm eine Gerade. Ineinander eingesetzt und nach g_2 aufgelöst erhalten wir nämlich

$$g_2 = \left(\frac{L_1}{L_2} \right)^2 \frac{u_2}{u_1} g_1 + \frac{L_1}{L_2} \left(\frac{u_2}{u_1} - 1 \right). \tag{8-18}$$

Richtung und Steigung der Geraden hängen von den Beträgen und von den Vorzeichen von u_1 und u_2 ab. Wie in Figur 8-2 zu sehen ist, schneidet diese Gerade die Stabilitätszonen im Allgemeinen zwei Mal. Die Stabilitätsbedingung (4-25) lautet in den oben definierten Variablen

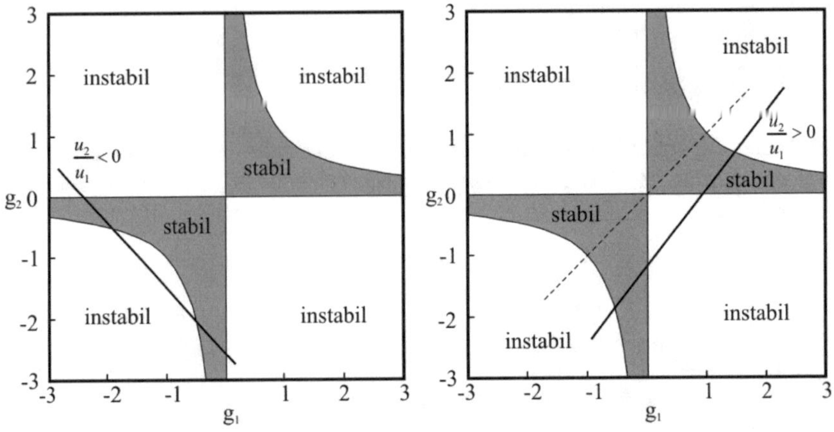

Figur 8-2. Mit variabler Linse bewegt sich der Resonator im Stabilitätsdiagramm auf einer Geraden.

$$0 < (1 + xu_1)(1 + xu_2) < 1 . \tag{8-19}$$

Die Stabilitätsgrenzen (4-24) liegen bei

$$x = -\frac{1}{u_1} \quad \text{für } g_1 = 0, \tag{8-20}$$

$$x = -\frac{1}{u_2} \quad \text{für } g_2 = 0, \tag{8-21}$$

$$x = 0 \quad \text{und} \tag{8-22}$$

$$x = -\frac{1}{u_1} - \frac{1}{u_2} \quad \text{für } g_1 g_2 = 1. \tag{8-23}$$

Daraus resultieren mit (8-14) auch entsprechende Bedingungen für die thermische Linse D. Der Schnittpunkt mit der Hyperbel der Stabilitätsgrenze liegt für $x = 0$ wegen (8-15) und (8-16) immer im dritten Quadranten. In Tabelle 8.1 sind die einzelnen Stabilitätsbereiche für alle möglichen Situationen explizit angegeben. Aus dieser Zusammenstellung ist leicht zu sehen, dass bei einer (beliebig) gegebenen Resonatorkonfiguration, die zwei stabilen Abschnitte immer beide die gleiche Breite Δx haben. Aus (8-14) folgt zudem $\Delta D = \Delta x$ und aus obiger Tabelle lesen wir den Wert

$$\Delta D = \Delta x = \min\left(\left|\frac{1}{u_1}\right|, \left|\frac{1}{u_2}\right| \right) \tag{8-24}$$

ab. Mit (8-1) bestimmt diese Gleichung auch den Stabilitätsbereich ΔP_P bezüglich Pumpleistung P_P.

Tabelle 8.1. Stabilitätsabschnitte (Schnitt der Geraden mit den schattierten Flächen in Figur 8-2) für verschiedene Resonatorkonfigurationen. Die ersten vier Situationen entsprechen qualitativ der linken Graphik in Figur 8-2, die Situationen in den untersten zwei Zeilen entsprechen der rechten Graphik.

Situation	Stabilitätsbereich I	Stabilitätsbereich II
$u_1 < 0,\ u_2 > 0,\ \left\|\frac{1}{u_1}\right\| < \left\|\frac{1}{u_2}\right\|$	$x \in \left[-\frac{1}{u_2}, -\frac{1}{u_1} - \frac{1}{u_2}\right]$	$x \in \left[0, -\frac{1}{u_1}\right]$
$u_1 < 0,\ u_2 > 0,\ \left\|\frac{1}{u_1}\right\| > \left\|\frac{1}{u_2}\right\|$	$x \in \left[-\frac{1}{u_2}, 0\right]$	$x \in \left[-\frac{1}{u_1} - \frac{1}{u_2}, -\frac{1}{u_1}\right]$
$u_1 > 0,\ u_2 < 0,\ \left\|\frac{1}{u_1}\right\| < \left\|\frac{1}{u_2}\right\|$	$x \in \left[-\frac{1}{u_1}, 0\right]$	$x \in \left[-\frac{1}{u_1} - \frac{1}{u_2}, -\frac{1}{u_2}\right]$
$u_1 > 0,\ u_2 < 0,\ \left\|\frac{1}{u_1}\right\| > \left\|\frac{1}{u_2}\right\|$	$x \in \left[-\frac{1}{u_1}, -\frac{1}{u_1} - \frac{1}{u_2}\right]$	$x \in \left[0, -\frac{1}{u_2}\right]$
$u_1 < 0,\ u_2 < 0$	$x \in \left[0, \min\left(\left\|\frac{1}{u_1}\right\|, \left\|\frac{1}{u_2}\right\|\right)\right]$	$x \in \left[\max\left(\left\|\frac{1}{u_1}\right\|, \left\|\frac{1}{u_2}\right\|\right), -\frac{1}{u_1} - \frac{1}{u_2}\right]$
$u_1 > 0,\ u_2 > 0$	$x \in \left[-\frac{1}{u_1} - \frac{1}{u_2}, -\max\left(\left\|\frac{1}{u_1}\right\|, \left\|\frac{1}{u_2}\right\|\right)\right]$	$x \in \left[-\min\left(\left\|\frac{1}{u_1}\right\|, \left\|\frac{1}{u_2}\right\|\right), 0\right]$

Ein sehr wichtiger Zusammenhang wird gefunden, wenn der Stabilitätsbereich als Funktion des fundamentalen TEM_{00} Modenradius am Ort der Linse ausgedrückt wird. Dazu wird vorerst den q-Parameter auf einem der Spiegel und dann die Strahlausbreitung bis zur thermischen Linse berechnet.

Den Strahlparameter q_1 bei Spiegel 1 ist durch (5-9) gegeben und beträgt

$$q_1 = \pm \frac{2g_2\tilde{L}}{\sqrt{(2g_1g_2-1)^2-1}} \overset{0<g_1g_2<1}{=} iL_e\left|\sqrt{\frac{g_2}{g_1(1-g_1g_2)}}\right| \tag{8-25}$$

für den Fall, dass der Resonator stabil ist ($0 < g_1g_2 < 1$). Der Realteil von (8-25) ist also gleich 0. Dies war zu erwarten, weil q_1 den Strahl auf dem ebenen Spiegel des äquivalenten Resonators beschreibt (siehe Abschnitt 4.2.2), wo der Krümmungsradius der Wellenfront unendlich groß ist. Damit der Strahlradius (2-106) einen reellen Wert hat, muss der Imaginärteil von q_1 positiv sein, was mit der Wahl des Vorzeichens und dem Betrag der Wurzel berücksichtigt wurde. Um den Strahlparameter q_D am Ort der thermischen Linse zu erhalten, wird die Strahlpropagation mit dem ABCD-Gesetz und der Matrix

$$\begin{pmatrix} 1-\frac{L_1}{\rho_1} & L_1 \\ -\frac{1}{\rho_1} & 1 \end{pmatrix} = \begin{pmatrix} 1 & L_1 \\ 0 & 1 \end{pmatrix} \begin{pmatrix} 1 & 0 \\ -\frac{1}{\rho_1} & 1 \end{pmatrix} \tag{8-26}$$

für den Strahlengang durch die dünne Linse des Ersatzspiegels des äquivalenten Resonators und der anschließenden Strecke L_1 bis zur thermisch induzierten Linse berechnet,

$$q_D = \frac{\left(1-\frac{L_1}{\rho_1}\right) q_1 + L_1}{-\frac{1}{\rho_1} q_1 + 1} = \frac{\left(1-\frac{L_1}{\rho_1}\right) iL_e \sqrt{\frac{g_2}{(1-g_1 g_2) g_1}} + L_1}{-\frac{1}{\rho_1} iL_e \sqrt{\frac{g_2}{(1-g_1 g_2) g_1}} + 1}. \tag{8-27}$$

Für die Berechnung des Strahlradius wird nur der Imaginärteil

$$\begin{aligned} \operatorname{Im}\left(\frac{1}{q_D}\right) &= \frac{\left(1-\frac{L_1}{\rho_1}\right) L_e \sqrt{\frac{g_2}{(1-g_1 g_2) g_1}} + \frac{L_e L_1}{\rho_1} \sqrt{\frac{g_2}{(1-g_1 g_2) g_1}}}{\left(1-\frac{L_1}{\rho_1}\right)^2 L_e^2 \frac{g_2}{(1-g_1 g_2) g_1} + L_1^2} \\ &= \frac{\sqrt{\frac{g_2}{(1-g_1 g_2) g_1}}}{\left(1-\frac{L_1}{\rho_1}\right)^2 L_e \frac{g_2}{(1-g_1 g_2) g_1} + \frac{L_1^2}{L_e}} \end{aligned} \tag{8-28}$$

benötigt. Um das Resultat zu vereinfachen, multiplizieren wir Zähler und Nenner mit $(1-g_1 g_2) g_1$ und erhalten

$$\operatorname{Im}\left(\frac{1}{q_D}\right) = \frac{\sqrt{(1-g_1 g_2) g_1 g_2}}{\left(1-\frac{L_1}{\rho_1}\right)^2 L_e g_2 + \frac{L_1^2}{L_e} (1-g_1 g_2) g_1}. \tag{8-29}$$

Im Nenner erhält man durch Einsetzen von (8-15) und (8-16) den Ausdruck

$$\operatorname{Im}\left(\frac{1}{q_D}\right) = \frac{\sqrt{(1-g_1 g_2) g_1 g_2}}{-\left(1-\frac{L_1}{\rho_1}\right)^2 \frac{L_e L_1}{L_2} (1+x u_2) - \frac{L_1 L_2}{L_e} \left(1-(1+x u_1)(1+x u_2)\right)(1+x u_1)}. \tag{8-30}$$

Mit der Definition von u_1, schreiben wir das nochmals um

$$\mathrm{Im}\left(\frac{1}{q_D}\right)=\frac{\sqrt{(1-g_1g_2)g_1g_2}}{-u_1^2\frac{L_e}{L_1L_2}(1+xu_2)-\frac{L_1L_2}{L_e}\big(1-(1+xu_1)(1+xu_2)\big)(1+xu_1)} \tag{8-31}$$

und erhalten durch Verwendung von (8-17) vorerst

$$\mathrm{Im}\left(\frac{1}{q_D}\right)=\frac{\sqrt{(1-g_1g_2)g_1g_2}}{xu_1^2(1+xu_2)+\frac{1}{x}\big(1-(1+xu_1)(1+xu_2)\big)(1+xu_1)} \tag{8-32}$$

und nach ausmultiplizieren und kürzen endlich

$$\mathrm{Im}\left(\frac{1}{q_D}\right)=-\frac{\sqrt{(1-g_1g_2)g_1g_2}}{2xu_1u_2+u_1+u_2}, \tag{8-33}$$

wobei das Vorzeichen der Wurzel so zu wählen ist, dass für den Radius w_D (der TEM_{00} Mode an der Stelle der thermischen Linse) mit (2-106) ein reeller Wert resultiert:

$$w_D^2=\frac{\lambda}{\pi}\left|\frac{2xu_1u_2+u_1+u_2}{\sqrt{(1-g_1g_2)g_1g_2}}\right|. \tag{8-34}$$

Mit dieser Gleichung ist bereits zu sehen, dass der Modenradius an jeder Stabilitätsgrenze (also entweder $g_1g_2 = 0$ oder $g_1g_2 = 1$) unendlich groß wird.

Im Allgemeinen weist also ein Fabry-Perot Resonator bezüglich x und D zwei Stabilitätsbereiche auf, wobei der Radius w_D an den Grenzen beider Stabilitätsbereiche unendlich groß wird. Innerhalb jedes Stabilitätsbereiches hat der Radius endliche Werte und wird irgendwo ein Minimum annehmen. Um den Radius w_D (bzw. w_D^2) als Funktion von x zu schreiben, setzen wir die Gleichungen (8-15) und (8-16) in (8-34) ein und erhalten

$$w_D^2=\frac{\lambda}{\pi}\left|\frac{2xu_1u_2+u_1+u_2}{\sqrt{\big(1-(1+xu_1)(1+xu_2)\big)(1+xu_1)(1+xu_2)}}\right|. \tag{8-35}$$

Diese Gleichung darf nach Voraussetzung (siehe (8-25)) nur angewendet werden, wenn der Resonator stabil ist. Da der Radius immer einen positiven Wert hat und die Funktion $f(y) = y^2$ streng monoton ist, liegt das Minimum von w_D dort, wo auch w_D^2 ein Minimum hat. Die folgenden Rechnungen sind einfacher, wenn man mit w_D^2 weiterfährt. Um die Stelle des Minimums zu finden, leiten wir w_D^2 nach x ab und suchen die Nullstellen,

$$\begin{aligned}\frac{dw_D^2}{dx}=0=\pm\frac{\lambda}{\pi}\frac{W2u_1u_2}{W^{\frac{3}{2}}}-\frac{\lambda}{\pi}\frac{\frac{1}{2}\left(2xu_1u_2+u_1+u_2\right)}{W^{\frac{3}{2}}}&\times\\ \times\Big(\big(-u_1(1+xu_2)-u_2(1+xu_1)\big)g_1g_2&+\\ +\left(1-g_1g_2\right)\big(u_1(1+xu_2)+u_2(1+xu_1)\big)\Big)&\end{aligned} \tag{8-36}$$

(W ist der Inhalt der Wurzel und beträgt $(1-g_1g_2)g_1g_2$). Daraus folgt

$$0=W2u_1u_2-\tfrac{1}{2}\left(2xu_1u_2+u_1+u_2\right)\left(2xu_1u_2+u_1+u_2\right)(1-2g_1g_2). \tag{8-37}$$

Nun verwenden wir die Gleichung[z]

$$\sqrt{4u_1u_2g_1g_2+(u_1-u_2)^2}=2xu_1u_2+u_1+u_2 \tag{8-38}$$

und setzen auch W wieder ein

$$0=(1-g_1g_2)2u_1u_2g_1g_2-\tfrac{1}{2}\left(4u_1u_2g_1g_2+(u_1-u_2)^2\right)(1-2g_1g_2)\,, \tag{8-39}$$

wodurch

$$\begin{aligned}0&=2u_1u_2g_1g_2-2u_1u_2(g_1g_2)^2-2u_1u_2g_1g_2-\\&\quad-\tfrac{1}{2}(u_1-u_2)^2+4u_1u_2(g_1g_2)^2+(u_1-u_2)^2g_1g_2\\&=-\tfrac{1}{2}(u_1-u_2)^2+2u_1u_2(g_1g_2)^2+(u_1-u_2)^2g_1g_2\end{aligned} \tag{8-40}$$

resultiert, oder gekürzt

$$0=\frac{2u_1u_2}{(u_1-u_2)^2}(g_1g_2)^2+g_1g_2-\tfrac{1}{2}\,. \tag{8-41}$$

Löst man nach g_1g_2 auf, so erhält man

$$g_1g_2=\frac{-1\pm\sqrt{1+4\dfrac{u_1u_2}{(u_1-u_2)^2}}}{4\dfrac{u_1u_2}{(u_1-u_2)^2}}\,, \tag{8-42}$$

was wie folgt vereinfacht werden kann:

$$\begin{aligned}g_1g_2&=\frac{1}{2}\left(-\frac{(u_1-u_2)^2}{2u_1u_2}\pm\frac{(u_1-u_2)}{2u_1u_2}\sqrt{(u_1-u_2)^2+4u_1u_2}\right)\\&=\frac{1}{2}\left(-\frac{(u_1-u_2)^2}{2u_1u_2}\pm\frac{(u_1-u_2)(u_1+u_2)}{2u_1u_2}\right)\\&=\frac{1}{2}\left(-\frac{u_1^2-2u_1u_2+u_2^2\pm u_1^2\mp u_2^2}{2u_1u_2}\right)\\&=\frac{1}{2}\left(1-\frac{u_1^2+u_2^2\pm u_1^2\mp u_2^2}{2u_1u_2}\right).\end{aligned} \tag{8-43}$$

---

z $\sqrt{4u_1u_2g_1g_2+(u_1-u_2)^2}=\sqrt{4u_1u_2(1+xu_1)(1+xu_2)+u_1^2-2u_1u_2+u_2^2}$
$=\sqrt{4xu_1^2u_2+4xu_1u_2^2+4x^2u_1^2u_2^2+u_1^2+2u_1u_2+u_2^2}$
$=\sqrt{\left(2xu_1u_2+(u_1+u_2)\right)^2}=2xu_1u_2+u_1+u_2\,.$

Die Vorzeichen müssen hier so gewählt werden, dass die Stabilitätsbedingung $0<g_1g_2<1$ erfüllt ist, denn dies war von Anfang an Voraussetzung in (8-25). Die Bedingung für das Minimum des Strahlradius w_D bzw. für das Minimum von w_D^2 an der Stelle der thermisch induzierten Linse lautet somit

$$g_1g_2 = \begin{cases} \frac{1}{2}\left(1-\frac{u_1}{u_2}\right) & \text{für } |u_2|>|u_1| \\ \frac{1}{2}\left(1-\frac{u_2}{u_1}\right) & \text{für } |u_1|>|u_2| \end{cases}. \tag{8-44}$$

Um den kleinsten Wert des Radius w_{min} zu bestimmen, kann bereits dieses Resultat und (8-38) in (8-34) eingesetzt werden. Zuvor berechnen wir aber noch die Stelle x_0, bei welcher dieses Minimum angenommen wird. Dazu setzen wir (8-15) und (8-16) in (8-44) ein

$$(1+x_0u_1)(1+x_0u_2) = \frac{1}{2}\left(1-\frac{u_1}{u_2}\right), \tag{8-45}$$

wobei $|u_2|>|u_1|$ angenommen wurde. Im anderen Fall sind einfach überall die Indizes 1 und 2 zu vertauschen. Nach x_0 aufgelöst erhalten wir

$$\begin{aligned} x_0 &= \frac{-u_1-u_2 \pm \sqrt{(u_1+u_2)^2-2u_1u_2(1+\frac{u_1}{u_2})}}{2u_1u_2} \\ &= \frac{-u_1-u_2}{2u_1u_2} \pm \frac{1}{2}\sqrt{\frac{(u_1+u_2)^2-2u_1(u_2+u_1)}{u_1^2u_2^2}} \end{aligned} \tag{8-46}$$

und daraus

$$x_0 = -\frac{1}{2u_1}\left(1+\frac{u_1}{u_2} \mp \sqrt{1-\frac{u_1^2}{u_2^2}}\right) \quad \text{für } |u_2|>|u_1| \tag{8-47}$$

(sonst Indizes 1 und 2 vertauschen).

Es gibt also in jedem der zwei Stabilitätsbereiche ein Minimum, wobei das ganze Verhalten symmetrisch ist zu

$$x_S = \frac{1}{2}\left(-\frac{1}{u_1}-\frac{1}{u_2}\right). \tag{8-48}$$

Wie in Figur 8-3a zu sehen, ist der gesamte Verlauf von $w_D(x)$ (Gleichung (8-35)) symmetrisch. Damit ist der Wert $w_{\min}$ bzw. $w_{\min}^2$ in beiden Stabilitätsbereichen derselbe und beträgt (Einsetzen von (8-38) und (8-44) in (8-34))

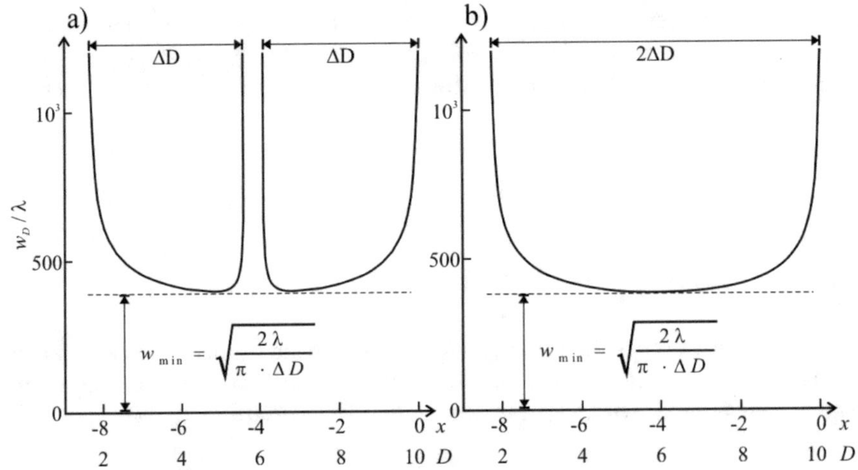

Figur 8-3. Verlauf des TEM_{00} Modenradius bei Veränderung von D bzw. x. Es wurde ein Fabry-Perot Resonator mit zwei sphärischen Endspiegeln $\rho_1 = \rho_2 = -1\text{m}$ und a) $L_1 = 0.21\text{m}$ und $L_2 = 0.19\text{m}$ sowie b) $L_1 = L_2 = 0.2\text{ m}$ angenommen. Im symmetrischen Fall b) verschwindet die Trennung zwischen den beiden Stabilitätsbereichen.

$$w_{\min}^2 = \frac{\lambda}{\pi}\left|\sqrt{2\frac{+u_2^2 - u_1^2}{\left(1-\frac{u_1}{u_2}\right) - \frac{1}{2}\left(1-\frac{u_1}{u_2}\right)^2}}\right| \quad \text{für } |u_2| > |u_1| \text{ (sonst 1 und 2 tauschen),} \tag{8-49}$$

bzw.

$$w_{\min}^2 = \frac{\lambda}{\pi}\left|\sqrt{2\frac{u_2^2 - u_1^2}{\left(\frac{u_2^2 - u_1^2}{2u_2^2}\right)}}\right| \tag{8-50}$$

und letztlich

$$w_{\min}^2 = \begin{cases} \frac{\lambda}{\pi}|2u_2| & \text{für } |u_2| > |u_1| \\ \frac{\lambda}{\pi}|2u_1| & \text{für } |u_1| > |u_2| \end{cases}, \tag{8-51}$$

oder zusammengefasst

$$w_{\min}^2 = 2\frac{\lambda}{\pi}\left[\min\left(\left|\frac{1}{u_1}\right|, \left|\frac{1}{u_2}\right|\right)\right]^{-1}, \tag{8-52}$$

was mit (8-24) zu

$$w_{\min} = \sqrt{\frac{2\lambda}{\pi \cdot \Delta D}} \tag{8-53}$$

führt. Dies ist ein äußerst interessantes und wichtiges Resultat, welches wir im nächsten Kapitel weiterverwenden werden. Diese einfache Beziehung zwischen der Breite

$$\Delta D = \frac{2\lambda}{\pi\, w_{\min}^2} \tag{8-54}$$

(für jeden der beiden Stabilitätsbereiche) und dem kleinsten TEM_{00} Modenradius $w_{\min}$ (der bei Veränderung von D (bzw. x) an der Stelle der Linse eingenommen wird), gilt für jede beliebige Konfiguration des in Figur 8-1 dargestellten Fabry-Perot Resonators.

Mit zunehmender Brechkraft der thermisch induzierten Linse durchläuft der Resonator in Figur 8-3a zwei Stabilitätsbereiche (wobei deren Grenzen mit den gemachten Annahmen (siehe Beschriftung der Figur) durch die letzte Zeile in Tabelle 8.1 gegeben sind). Aus (8-47) ist zu erkennen, dass die Stelle x_0 der beiden Minima $w_{\min}$ mit zunehmender Symmetrie des Resonators immer weiter zusammenrücken. Gleichzeitig nimmt der Abstand zwischen den beiden Stabilitätsbereichen ab. Im vollständig symmetrischen Fall mit $u_1 = u_2$ sind die beiden Bereiche nicht mehr getrennt (Figur 8-3b) und das Minimum $w_{\min}$ befindet sich genau in der Mitte des stabilen Bereiches (nur ein einziger Wert für x_0). Die Form der Kurve in Figur 8-3b ist immer dieselbe und skaliert mit ΔD (horizontal) bzw. $w_{\min}$ (vertikal). Im Stabilitätsdiagramm Figur 8-2 (rechts) bewegt sich der symmetrische Resonator entlang der gestrichelten Geraden mit $g_1 = g_2$. Weil so der gesamte stabile Bereich mit der Breite

$$\Delta D_{tot} = 2\Delta D = \frac{4\lambda}{\pi\, w_{\min}^2} \tag{8-55}$$

nicht unterteilt ist, empfiehlt es sich, immer symmetrische Resonatoren einzusetzen, wenn die Leistung eines Lasers stark variiert werden soll.

Gerade umgekehrt verhält es sich mit endgepumpten Resonatoren, bei welchen sich die thermische Linse in unmittelbarer Nähe eines der beiden Endspiegeln befindet (also entweder L_1 oder L_2 gleich 0). In diesem Fall verläuft die Gerade im Stabilitätsdiagramm (Figur 8-2) entweder genau horizontal oder genau vertikal und schneidet die grau schattierten Stabilitätszonen nur ein einziges Mal. Von den zwei oben besprochenen Stabilitätsbereichen hat der endgepumpte Resonator daher nur einen einzigen. Sowohl der symmetrische als auch der endgepumpte Resonator haben einen einzigen zusammenhängenden Stabilitätsbereich (ΔD bzw. ΔP_P), aber der Stabilitätsbereich des symmetrischen Resonators ist doppelt so breit, weil er aus zwei der oben besprochenen Abschnitten zusammengefügt ist.

Durch (8-1) ist der Stabilitätsbereich ΔD mit dem Pumpleistungsbereich ΔP_P verknüpft und wir erhalten aus (8-54)

$$\Delta P_P = \frac{1}{\eta_{abs}} \frac{2\lambda}{D^*} \frac{R_P^2}{w_{\min}^2} \tag{8-56}$$

bzw. aus (8-55)

$$\Delta P_{Ptot} = \frac{1}{\eta_{abs}} \frac{4\lambda}{D^*} \frac{R_P^2}{w_{\min}^2} . \tag{8-57}$$

Wenn der Resonator also über einen möglichst großen Leistungsbereich stabil oszillieren soll, dann muss bei gegebenem Material (insbesondere bei gegebenem D^*) der Modenradius $w_{\min}$ klein gegenüber dem Pumpradius R_P gemacht werden. Aus der Besprechung in Abschnitt 5.3 wissen wir aber, dass dies negative Folgen für die Strahlqualität hat, weil dann auch Moden höherer transversaler Ordnung oszillieren können. Dieser Zusammenhang soll im folgenden Abschnitt weiterführend behandelt werden.

Die Werte in (8-56) und (8-57) geben lediglich die Breite der Stabilitätsbereiche an. Bei der Auslegung des Resonators ist natürlich darauf zu achten, dass die beiden Stabilitätsabschnitte im Bereich positiver Pumpleistungen $P_P > 0$ zu liegen kommen. Zusätzlich muss beachtet werden, dass die Stabilitätsbereiche für radial und tangential polarisierte Strahlung wegen dem spannungsinduzierten Unterschied $D_r^* \neq D_\Theta^*$ leicht gegeneinander verschoben sind.

Übung

Wegen den herstellungsbedingten Streuungen der Materialeigenschaften und weil die Brechkraft (bzw. D^*) der thermisch induzierten Linse auch durch die in (7-52) vernachlässigten Terme höherer Ordnung mitbestimmt wird (nicht homogene Pumpverteilung (7-50), sowie Temperaturabhängigkeit der Materialparameter), muss in der Praxis die spezifische Brechkraft experimentell bestimmt werden, damit man einen Resonator optimieren kann. Die einfachste und schnellste Methode führt über die Bestimmung der Stabilitätsgrenzen. Gegeben sei ein Resonator wie in Figur 8-1 (unten) aber mit ebenen Endspiegeln. Bei welchen Werten $D = D(L_1,L_2)$ der thermisch induzierten Linse befindet sich der Resonator an einer Stabilitätsgrenze? Man vergleiche die dazugehörigen Brennweiten $f = 1/D$ mit L_1, L_2 und L_R und diskutiere die Spezialfälle des symmetrischen Resonators ($L_1 = L_2$), sowie des endgepumpten Resonators ($L_1 = 0$).

8.2 Stabilitätsbereich und Strahlqualität

Die thermisch induzierte Linse im Laser*stab* schränkt nach (8-56) den Pump-Leistungsbereich ein, über den im Resonator eine stabile Oszillation möglich ist. Wenn die Laserleistung variiert werden soll, wird man deshalb Materialien mit einer möglichst kleinen spezifischen Brechkraft D^* verwenden wollen. Allerdings spielen auch andere Materialeigenschaften eine wichtige Rolle, insbesondere jene, welche die Laserprozesse beeinflussen. Es gilt also bei der Auswahl des Lasermaterials viele Parameter gegeneinander abzuwägen und in der Regel gewisse Nachteile wie z. B. die thermisch induzierte Linse in Kauf zu nehmen.

Die Einschränkung des Leistungsbereiches durch die thermisch induzierte Linse ist dabei nur das halbe Problem. Um die ganze Tragweite dieses thermischen Effekts zu erkennen, muss auch die Strahlqualität – oder genauer die Beugungsmaßzahl M^2 – der im Resonator erzeugten Strahlung untersucht werden.

8.2.1 Der Fabry-Perot Resonator mit einer thermischen Linse

Wir wenden uns vorerst wieder dem einfachen Resonator aus Abschnitt 8.1 zu, bei dem mit (8-56) zwei gleich große Stabilitätsbereiche

$$\Delta P_P = \frac{1}{\eta_{abs}} \frac{2\lambda}{D^*} \frac{R_P^2}{w_{\min}^2} \tag{8-58}$$

resultierten. Dabei ist λ die oszillierende Wellenlänge, R_P der Radius des (homogen) angeregten Querschnitts im Laserstab und D^* die spezifische Brechkraft (siehe (8-1)) der thermischen Linse im verwendeten Lasermaterial. Der Radius w_D der TEM_{00} Mode, gemessen an der Stelle der thermisch induzierten Linse (dünne Ersatzlinse für die GRIN-Linse im Laserstab), variiert mit jeder Veränderung der Pumpleistung (Figur 8-3). Am Rande des Stabilitätsbereichs beginnt die Laseroszillation mit einem unendlich großen Radius w_D. Mit zunehmender Pumpleistung P_P wird die Mode kleiner, bis sie das Minimum $w_{\min}$ erreicht hat und wächst dann wieder bis ins unendliche, bevor der Resonator instabil wird. Das Ganze wiederholt sich im zweiten Stabilitätsbereich (außer im symmetrischen Resonator, wo beide Bereiche zu einem einzigen verbunden sind oder im endgepumpten Resonator, der nur einen einzigen von den zwei möglichen Stabilitätsbereich hat).

Solange der Radius w_D der TEM_{00} Mode viel größer ist als gegebenenfalls vorhandene Blenden (wie insbesondere die Öffnung des Laserstabes), sind die Verluste im Resonator so groß, dass keine Moden anschwingen können. Sobald w_D kleiner wird als der Stabradius, beginnt die TEM_{00} Mode zu oszillieren. Die erzeugte Strahlung sättigt dabei die Verstärkung im Laserstab (siehe Abschnitt 6.5). Wird w_D noch kleiner als der Pumpradius R_P, so sättigt die TEM_{00} Mode die Verstärkung nicht mehr über den ganzen Querschnitt. Dies hat zur Folge, dass auch Moden höherer transversaler Ordnung genügend Verstärkung erhalten, um anschwingen zu können. Diese sind nämlich breiter als die TEM_{00} Mode und reichen so in Verstärkungsgebiete, die von der TEM_{00} Mode nicht gesättigt werden. Am meisten transversale Moden werden oszillieren, wenn deren transversale Ausdehnung am kleinsten ist, also wenn die TEM_{00} Mode das Minimum $w_{\min}$ erreicht hat. Gemäß (5-31) sind dann die Radien der TEM_{mn} Moden gegeben durch

$$w_{\min,mn} = w_{\min}\sqrt{2m+1} \tag{8-59}$$

(analog mit n in der andern transversalen Richtung).

Wir betrachten hier nur eine transversale Richtung, in der anderen ist alles analog. Vereinfachend (aber im Allgemeinen mit guter Übereinstimmung im Experiment) sei angenommen, dass alle Moden mit derselben Gewichtung c_{mn} anschwingen (siehe Abschnitte 5.2 und 5.3), deren Radius kleiner ist als der Radius des gepumpten Bereiches. D. h. mit (8-59) schwingen alle Moden bis zur maximalen transversalen Ordnung

$$\hat{m} \le \frac{1}{2}\left(\frac{R_P^2}{w_{\min}^2} - 1\right) \tag{8-60}$$

(siehe auch (5-34)). Diese Annahme setzt voraus, dass die Anzahl der Moden nur durch die Ausdehnung R_P des gepumpten Gebietes im Laserstab eingeschränkt ist, also keine zusätzlichen Blenden vorhanden sind. Gemäß Gleichung (5-49) ergibt sich in dieser Situation eine Beugungsmaßzahl mit dem Wert

$$M_{\max}^2 = \hat{m} + 1 = \frac{1}{2}\frac{n_p^2}{w_{\min}^2} + \frac{1}{2}. \tag{8-61}$$

Dies ist der maximale Wert vom M^2 des Strahles, der mit diesem Resonator erzeugt wird. Wegen der Zunahme der Modenradien wird dieser Wert gegen die Stabilitätsgrenzen hin kleiner. Mit $M_{\max}^2$ charakterisieren wir den Resonator mit dem Strahl, der im schlechtesten Fall erzeugt wird. Da die Modenradien über einen größeren Leistungsbereich nur wenig vom Minimalwert abweichen, ist dies auch sonst eine gute Charakterisierung. Im Übrigen wird ein Resonator vorzugsweise bei der Leistung betrieben, bei welcher die Modenradien durch das Minimum gehen, weil so Leistungsschwankungen (und damit Änderungen der thermischen Linse) den kleinsten Einfluss auf den Laserstrahl haben. Ein Resonator, der an diesem Punkt arbeitet, wird daher auch als dynamisch stabil bezeichnet.

Zusammen mit (8-56) erhalten wir aus (8-61) die allgemeine Beziehung

$$\Delta P_{Pabs} = \eta_{abs}\Delta P_P = \left(2M_{\max}^2 - 1\right)\frac{2\lambda}{D*}, \tag{8-62}$$

wobei dies für jede der zwei Stabilitätszonen einzeln gilt. Der gesamte stabile Leistungsbereich beider Stabilitätszonen zusammen beträgt

$$\Delta P_{Ptot,abs} = \eta_{abs}\Delta P_{Ptot} = \left(2M_{\max}^2 - 1\right)\frac{4\lambda}{D*}, \tag{8-63}$$

wobei insbesondere im symmetrischen Resonator diese totale Leistungsspanne nicht unterbrochen ist (siehe Figur 8-3). Im Falle eines endgepumpten Resonators ist bereits (8-62) die gesamte Leistungsspanne.

Diese Beziehung wiedergibt das ganze Dilemma, welches durch die thermisch induzierten Linsen verursacht wird. Wir sehen, dass es mit einem *Stab*laser bei gegebenem Material (λ und $D*$ festgelegt) nicht möglich ist, einen beliebig großen Leistungsbereich mit stabilem Betrieb zu haben und gleichzeitig eine gute Strahlqualität zu erzielen. Entweder kann der Laser über einen großen Leistungsbereich betrieben werden, dafür aber mit einer schlechten Strahlqualität (bzw. mit großem M^2), oder die Strahlqualität ist gut (M^2 klein), aber der Laser läuft nur über einen kleine Leistungsbereich.

Mit diesem Resultat wird auch deutlich, wie wichtig Lasermaterialien mit schwachen thermisch-optischen Effekten sind (insbesondere mit kleinem $D*$). Wenn man Nd:YAG – ein oft verwendeter Laserkristall – mit flüssigem Stickstoff kühlt (also bei Temperaturen um 80 K), hat die thermische Dispersion *dn*/*dT* einen Wert von praktisch 0 und es entsteht nur eine äußerst schwache thermische Linse.[72, 73, 74, 75] Für die meisten Anwendungen ist das Kühlen mit flüssigem Stickstoff allerdings nicht realistisch. Leider gibt es auch sonst keine guten Lasermaterialien, die nicht unter thermisch induzierten Linsen leiden. Die effektive thermische Linse im Resonator (D_{eff}^*) kann aber mit adaptiven Methoden optisch verringert werden. In Anlehnung an die Entwicklungen der Astronomie zur Korrektur der atmosphärisch verursachten Aberrationen in Teleskopen, werden neuerdings auch in Laserresonatoren vermehrt deformierbare Spiegel eingesetzt.[76, 77] Etwas einfacher ist der Einsatz beweglicher Linsen.[78] Beide

Methoden sind aber vergleichsweise umständlich (bewegliche Optik, elektronische Steuerungen etc.) und fast so teuer wie der Laser selbst. Wesentlich eleganter ist der selbst-adaptive Ansatz, bei welchem der thermische Linseneffekt selbst ausgenutzt wird. Dabei wird die im Laserstab thermisch induzierte (positive) Linse mit einer ebenfalls thermisch induzierten (negativen) Linse kompensiert. Beide Linsen verändern sich linear mit der Laserleistung und heben sich bei optimierter Parameterwahl immer gegenseitig auf.[79, 80, 81] Doch auch diese Methoden machen die Nachteile von Stab- und Slablasern gegenüber Scheiben- und Faserlaser nicht wett, die prinzipbedingt weniger unter thermischen Effekten leiden.

Eine weitere Möglichkeit, den Stabilitätsbereich ΔP_P bei gleich bleibender Strahlqualität zu erweitern, wird im folgenden Abschnitt behandelt.

8.3 Der symmetrische Mehrstabresonator

Geometrisch betrachtet laufen die Lichtstrahlen im Fabry-Perot Resonator zwischen den beiden Endspiegeln hin und her. Gemäß Abschnitt 4.2.2 ist dabei ein sphärischer Endspiegel dasselbe, wie eine Kombination einer unendlich dünnen Linse mit einem ebenen Spiegel. Anstatt die Lichtstrahlen am ebenen Endspiegel zu reflektieren, können wir uns den ganzen Resonator an dieser Stelle gespiegelt vorstellen. Dies kann für jede Reflexion an einem ebenen Spiegel wiederholt werden. Für den Laserstrahl ist die in Figur 8-4a dargestellte Propagation hin und her im Resonator dasselbe, wie die Ausbreitung durch die in Figur 8-4b dargestellte Sequenz optischer Elemente. Diese Sequenz wird für den symmetrischen Resonator mit ebenen Endspiegeln besonders einfach (Figur 8-4 c und d). Dann fallen die Ersatzlinsen der sphärischen Endspiegel weg. Da die Reflexion an einem ebenen Spiegel durch die Einheitsmatrix beschrieben wird, können diese ebenfalls weggelassen werden. D. h. die wie-

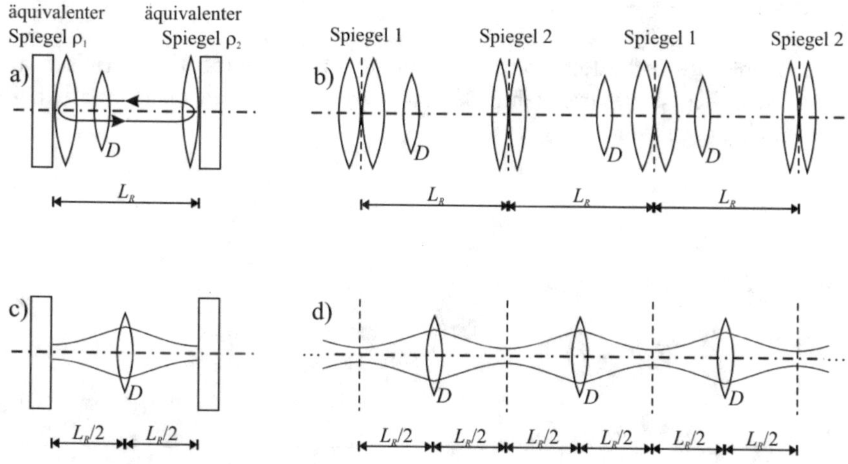

Figur 8-4. Darstellung eines optischen Resonators als Sequenz optischer Elemente. Die wiederholte Propagation hin und her im Resonator a) bzw. c) ist äquivalent zur Ausbreitung durch die periodischen Sequenzen b) bzw. d). In den Figuren c) und d) ist der Verlauf des Modenradius symbolisch mit einer durchgezogenen Linie skizziert.

derholte Ausbreitung hin und zurück im symmetrischen Resonator mit ebenen Endspiegeln und einer thermisch induzierten Linse $D > 0$ im Laserstab (Figur 8-4c) ist optisch äquivalent zu einer Sequenz aus äquidistanten und identischen Laserstäben, je mit einer thermisch induzierten Linse D (Figur 8-4d).

Diese Tatsache macht man sich im so genannten Mehrstabresonator zunutze. Wir stellen uns N symmetrische Resonatoren mit je einem einzigen Laserstab und ebenen Spiegeln aneinandergereiht vor. Der Laserstrahl ist in jedem der N Resonatoren identisch und symmetrisch und hat auf all den ebenen Spiegeln dieselbe Strahltaille. Die ebenen Spiegel zwischen den einzelnen Resonatoren können wir weglassen, nur die äußersten zwei Spiegel werden beibehalten. Das Resultat ist der symmetrische Resonator mit N Stäben, wie er in Figur 8-5 dargestellt ist. Da sich die Strahleigenschaften in jedem Abschnitt wiederholen, ist der beim Auskoppelspiegel emittierte Laserstrahl identisch mit dem Strahl des zugrunde liegenden Einstabresonators. In jedem einzelnen Abschnitt von Strahltaille zu Strahltaille verhält sich der Laserstrahl genau wie im entsprechenden Einstabresonator. Insbesondere verändert sich der Modenradius bei jeder thermischen Linse mit zunehmender Laserleistung gemäß Abschnitt 8.1 so, wie in Figur 8-3b dargestellt. Dies soll für den hier betrachteten Spezialfall noch etwas expliziter beschrieben werden.

Der Einfachdurchgang durch den einzelnen Einstabresonator ist gegeben durch

$$\begin{pmatrix} g_1 & \tilde{L} \\ \frac{g_1 g_2 - 1}{\tilde{L}} & g_2 \end{pmatrix} = \begin{pmatrix} 1 & \frac{L_R}{2} \\ 0 & 1 \end{pmatrix} \begin{pmatrix} 1 & 0 \\ -D & 1 \end{pmatrix} \begin{pmatrix} 1 & \frac{L_R}{2} \\ 0 & 1 \end{pmatrix} = \begin{pmatrix} 1 - \frac{L_R D}{2} & \left(1 - \frac{L_R D}{4}\right) L_R \\ -D & 1 - \frac{L_R D}{2} \end{pmatrix}, \tag{8-64}$$

also ist

$$g_1 = g_2 = 1 - \frac{L_R D}{2}, \tag{8-65}$$

wobei L_R gemäß (8-6) die Resonatorlänge und D die Brechkraft der thermisch induzierten Linse ist. Damit liegt die untere Stabilitätsgrenze bei $D = 0$ und die obere Grenze bei $D = 4/L_R$ (siehe auch Übung auf Seite 252), d. h.

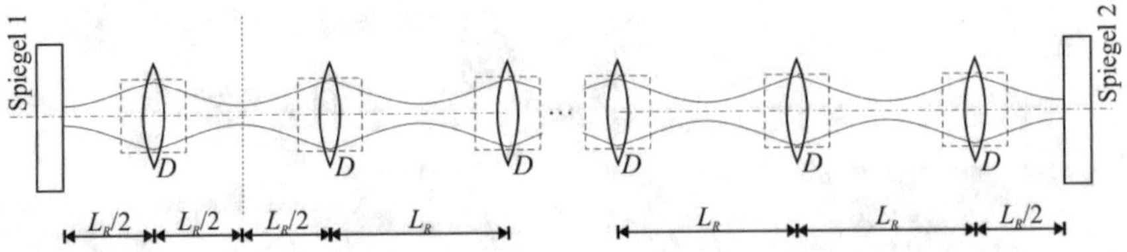

Figur 8-5. Der symmetrische Mehrstabresonator. Die Laserstäbe sind symbolisch mit den gestrichelten Rechtecken angedeutet. Der erste Endspiegel des zugrunde liegenden Einstabresonators befände sich am Ort der gestrichelten, vertikalen Geraden. Der Verlauf des Modenradius ist symbolisch mit einer durchgezogenen Linie skizziert.

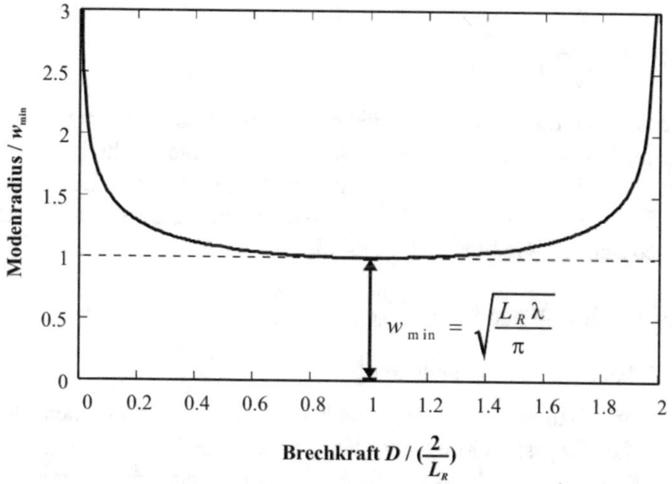

Figur 8-6. Verlauf des Modenradius (normiert auf w_{min}) bei jeder thermischen Linse im symmetrischen Mehrstabresonator mit ebenen Endspiegeln als Funktion der Brechkraft D einer dieser Linsen (normiert auf das Reziproke der halben Resonatorlänge).

$$\Delta D_S = \frac{4}{L_R}. \tag{8-66}$$

Das ist der Stabilitätsbereich eines symmetrischen Einstabresonators (Index S für ‚single'). Der kleinste Radius, welcher von der TEM_{00} Mode an der Stelle der thermischen Linsen angenommen wird, ist gemäß (8-55)

$$w_{min} = \sqrt{\frac{L_R \lambda}{\pi}}. \tag{8-67}$$

Mit diesen Eckdaten kann die Kurve aus Figur 8-3b neu skaliert werden und wir erhalten für den symmetrischen Resonator mit ebenen Spiegeln explizit den Verlauf in Figur 8-6 (gilt für jede beliebige Anzahl Stäbe, solange die Anordnung wie in Figur 8-5 gewählt ist).

In der Pumpleistung des Lasers ausgedrückt, beträgt die Breite des Stabilitätsbereichs mit (8-66) und (8-1)

$$\Delta P_{P,1} = \frac{1}{\eta_{abs}} \frac{4}{L_R} \frac{\pi R_P^2}{D^*} \tag{8-68}$$

(siehe auch (8-57)). Dies ist aber der Pumpleistungsbereich eines einzigen Stabes. Jeder der N Laserstäbe kann über diesen Leistungsbereich gepumpt werden. Nach Voraussetzung muss jeder Stab mit derselben Leistung gepumpt werden, denn sonst sind die N thermischen Linsen nicht identisch und der Resonator erfüllt die Symmetriebedingung nicht. Für alle N Stäbe zusammen ist die totale Pumpleistung also N-mal die Pumpleistung eines einzelnen Stabes und wir erhalten

$$\Delta P_{P,N} = N \frac{1}{\eta_{abs}} \frac{4}{L_R} \frac{\pi R_P^2}{D^*} . \tag{8-69}$$

Gewissermaßen durch das Ausnutzen wiederholter Abbildungen mit den thermisch induzierten Linsen gelingt es im symmetrischen N-Stabresonator, die Strahleigenschaften des Einstabresonators in jeder Beziehung beizubehalten und trotzdem die Leistung (bzw. den Leistungsbereich für stabile Oszillation) um das N-fache zu steigern! Unsere Regel (8-63) lautet für den symmetrischen N-Stabresonator deshalb

$$\Delta P_{Pabs,N} = \eta_{abs} \Delta P_{P,N} = N\left(2M_{\max}^2 - 1\right)\frac{4\lambda}{D^*}, \tag{8-70}$$

was eine beachtliche Steigerung bedeutet.

Dieser Resonatoraufbau wird in vielen auch kommerziell erhältlichen Hochleistungslasern eingesetzt. Die Leistungsskalierung bei gleich bleibender Strahlqualität ist sicher ein großer Vorteil. In der Praxis ist allerdings das Einhalten der Symmetriebedingungen schwierig. Nur wenn in allen Laserstäben die thermischen Linsen absolut identisch sind und die einzelnen Abstände genau der Anordnung in Figur 8-5 entsprechen, ist der Stabilitätsbereich (8-70) durchgehend ununterbrochen.

Der symmetrische Resonator mit nur einem Laserstab bewegt sich im Stabilitätsdiagramm entlang der Geraden (8-65) und zwar linear mit Zunahme der Brechkraft D (siehe auch Figur 8-2). Mit zunehmender Anzahl der Stäbe (thermischen Linsen) im Resonator wird der Verlauf komplexer.

Die Matrix für den Einfachdurchgang durch einen symmetrischen Resonator mit 2 Laserstäben erhält man durch quadrieren der Matrix (8-64)

$$\begin{aligned} \begin{pmatrix} g_1'' & \tilde{L}'' \\ \dfrac{g_1'' g_2'' - 1}{\tilde{L}''} & g_2'' \end{pmatrix} &= \begin{pmatrix} g_1 & \tilde{L} \\ \dfrac{g_1 g_2 - 1}{\tilde{L}} & g_2 \end{pmatrix}^2 \\ &= \begin{pmatrix} g_1^2 + g_1 g_2 - 1 & \tilde{L}(g_1 + g_2) \\ \dfrac{(g_1 g_2 - 1) g_1 + (g_1 g_2 - 1) g_2}{\tilde{L}} & g_2^2 + g_1 g_2 - 1 \end{pmatrix} . \end{aligned} \tag{8-71}$$

Im vollständig symmetrischen Fall sind die Resonatorparameter mit (8-65)

$$g_1'' = g_2'' = \frac{L_R^2 D^2}{2} - 2 L_R D + 1 \tag{8-72}$$

bereits quadratische Funktionen in D. Im Stabilitätsdiagramm Figur 8-7 (links) beginnt der Resonator bei $D = 0$ am Punkt P_1 mit $g_1'' = g_2'' = 1$ und erreicht bei

$$D = \frac{2 - \sqrt{2}}{L_R}$$

den konfokalen Punkt $g_1'' = g_2'' = 0$. Bei $D = 2/L$ wird der äußerste Punkt P_2 mit $g_1'' = g_2'' = -1$ erreicht. Anschließend kehrt der Resonator bei

$$D=\frac{2+\sqrt{2}}{L_R}$$

zurück zur Stelle $g_1''=g_2''=0$, um danach die Stabilitätszone beim Punkt P_1 mit $g_1''=g_2''=1$ bzw. $D = 4/L$ zu verlassen. Dasselbe Verhalten findet man auch für alle symmetrischen Resonatoren mit N Laserstäben. In diesem Fall sind die Resonatorparameter Polynome N-ten Grades in D und der Resonator bewegt sich mit zunehmender Brechkraft der thermischen Linsen N-mal zwischen den Punkten P_1 und P_2 hin und her, bevor die Stabilitätszone verlassen wird (bei P_1 wenn N gerade ist, bei P_2 wenn N ungerade ist). Für symmetrische Resonatoren mit bis zu 6 Laserstäben sind die Werte von D für die einzelnen Wendepunkte (bei P_1 und P_2) und für die Durchgänge bei $g_1 = g_2 = 0$ in Referenz 82 tabelliert.

Wenn der Resonator nicht vollständig symmetrisch ist (z. B. weil nicht alle N thermischen Linsen identisch sind oder weil die Abstände nicht dem symmetrischen Aufbau entsprechen), dann gilt nicht mehr $g_1 = g_2$ und der Resonator folgt im Stabilitätsdiagramm einer komplizierteren Kurve. Dies hat insbesondere zur Folge, dass der (Fabry-Perot) Resonator die Stabilitätszone $0<g_1g_2<1$ bei jedem Durchgang in der Nähe von P_1 und P_2 oder im Gebiet um $g_1 = g_2 = 0$ kurz verlässt. Der Stabilitätsbereich (8-69) ist somit in $2N$ nicht zusammenhängende Bereiche aufgeteilt. Anhand eines Beispiels mit $N = 2$ ist dies in Figur 8-7 (rechts) illustriert.

Aus diesem Beispiel ist zu erkennen, dass Mehrstabresonatoren besser in Ringkonfiguration aufgebaut werden. Im Gegensatz zum Fabry-Perot Resonator führt eine kleine Asymmetrie im Ring-Resonator wegen seiner größeren Stabilitätszone $-2<g_1+g_2<2$ zu keinem Problem im Bereich um $g_1 = g_2 = 0$. Anstatt in $2N$ kleine Abschnitte wird der Stabilitätsbereich (8-69) in N Abschnitte unterteilt (an den Stellen P_1 und P_2, siehe Beispiel in Figur 8-7 rechts) [82, 83].

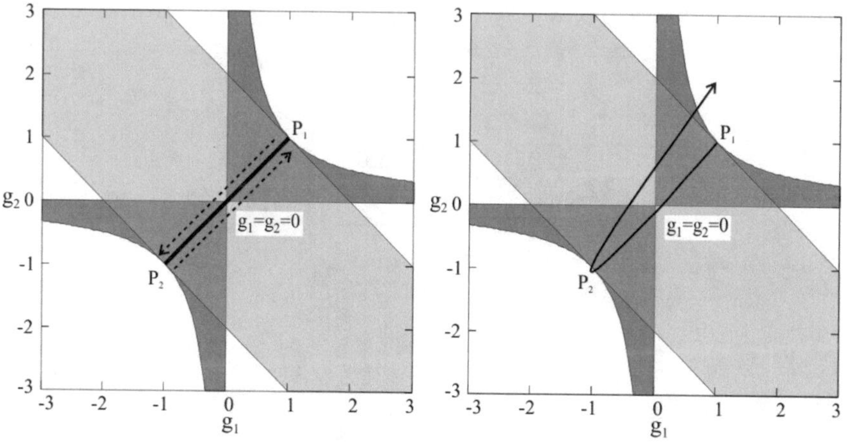

Figur 8-7. Stabilitätsdiagramm mit den Stabilitätszonen für Fabry-Perot Resonatoren (dunkel schattiert) und für Ring-Resonatoren (hell schattiert). Im vollständig symmetrischen Fall folgt der Resonator mit N Laserstäben der Geraden (links) und bewegt sich mit zunehmender Brechkraft D der thermischen Linsen N-mal zwischen den Punkten P_1 und P_2 hin und her, bevor die Stabilitätszone verlassen wird. Für nicht symmetrische Resonatoren wird der Verlauf komplexer (rechts an einem Beispiel für $N = 2$).

8.3.1 Der hybride Resonator

Eine in der Praxis zwar kaum verbreitete aber im Bezug auf die Resonatorstabilität durchaus interessante und hier aus diesem Grund erwähnte Resonatorarchitektur ist in Figur 8-8 skizziert. Der Resonator kann sowohl als Ring-Resonator als auch als Fabry-Perot Resonator betrieben werden. Mit einer Pockelszelle kann der Resonator sogar zwischen den beiden Konfigurationen hin und her geschaltet werden. Diese einzigartige Eigenschaft konnte u.a. für eine neue Art Güteschaltung ausgenutzt werden.[84] Weitere Eigenheiten dieses Aufbaus sind, dass selbst in der bidirektional betriebenen Ringkonfiguration nur ein einziger Laserstrahl emittiert wird und dass die Laserstäbe sehr einfach longitudinal gepumpt werden können, um eine gute Strahlqualität zu erzielen. Zudem ist der Aufbau skalierbar, denn mit jedem weiteren Polarisator kann der Resonator um zwei Laserstäbe erweitert werden.

Um die Funktionsweise des Resonators zu verstehen, genügt die Betrachtung eines einzelnen Armes in Figur 8-8. Wir beginnen mit einem in x-Richtung polarisierten Strahl der von der λ/4-Platte QW ④ kommend auf den Polarisator P trifft. Der Strahl gelangt durch den Polarisator hindurch bis ans Ende von Arm ①, wo er an der Endfläche des Laserstabes reflektiert wird und zurück zum Polarisator P gelangt. Wegen dem Doppeldurchgang durch die λ/4-Platte (QW ①) ist der Strahl nun in y-Richtung polarisiert und wird am Polarisator in Richtung von Arm ② abgelenkt. Nun wiederholt sich derselbe Vorgang in jedem Arm, womit der Strahl nacheinander auch die Arme ②, ③ und ④ durchläuft. Nach dem Doppeldurchgang durch die λ/4-Platte in Arm ④ trifft der Strahl beim Polarisator wieder in x-Richtung polari-

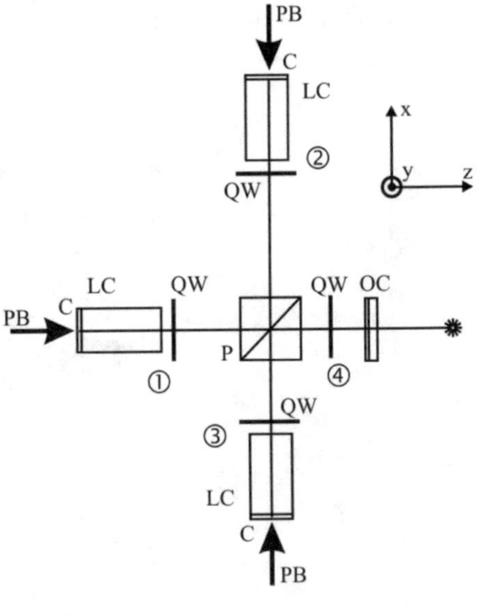

Figur 8-8. Der ‚dual-configuration' Resonator. PB: Pumpstrahl, QW: λ/4-Platte, OC: Auskoppelspiegel, P: Polarisator, LC: Laserkristall, C: Beschichtung (HR für Laserwellenlänge, AR für Pumpwellenlänge). Mit allen vier QW ist der Resonator in Ringkonfiguration. Ohne QW ④ liegt ein Fabry-Perot Resonator vor. Bei geeigneter Wahl der Abstände sind beide Resonatorkonfigurationen symmetrisch im Sinne von Figur 8-5.

siert ein und der Rundgang beginnt mit derselben Reihenfolge ①②③④ wieder von vorn. Derselbe Rundgang ist natürlich auch in umgekehrter Richtung ④③②① möglich. In diesem Ring-Resonator ist also keine Umlaufrichtung bevorzugt, aber bei beiden Umlaufrichtungen wird der Laserstrahl beim Auskoppelspiegel OC in ein und dieselbe Richtung emittiert.

Anders verhält es sich, wenn die λ/4-Platte in Arm ④ entfernt wird. In diesem Fall behält der Strahl, welcher von Arm ③ kommt, in Arm ④ seine Polarisation bei und gelangt nach der Reflexion am Auskoppelspiegel OC nicht durch den Polarisator hindurch weiter nach Arm ①, sondern wird zurück zu Arm ③ umgelenkt. Der Laserstrahl durchläuft also die einzelnen Laserkristalle zuerst in der Reihenfolge ①②③ und nach Reflexion am Spiegel OC in der umgekehrten Richtung ③②①. Dies entspricht der Situation eines Fabry-Perot Resonators. Ohne ein λ/4-Element in Arm ④ entspricht die Anordnung in Figur 8-8 einem gefalteten Fabry-Perot Resonator mit drei Laserstäben, analog zur Skizze in Figur 8-5.

Wenn eine der λ/4-Platten z. B. durch eine Pockelszelle ersetzt wird, kann der Resonator (bei laufendem Laser) zwischen den beiden Konfigurationen hin und her geschaltet werden[84].

Die Laserstäbe werden durch die Beschichtungen C (HR für die Laserwellenlänge, AR für die Pumpwellenlänge) hindurch mit den Strahlen PB gepumpt. Wegen der Reflexion an der gepumpten Endfläche durchläuft der Laserstrahl jede thermische Linse gleich zweimal hintereinander und der Stabilitätsbereich wird entsprechend reduziert. Die thermisch induzierte Linse der endgepumpten Stäbe kann wesentlich verringert werden, wenn die Laserstäbe mit einem undotierten Ende versehen werden[85]. Durch Verwendung doppelrechender Laserkristalle kann in der Ringkonfiguration auch undirektionaler Betrieb erzwungen werden[86].

Übung

Wie müssen die Abstände zwischen den verschiedenen Komponenten in Figur 8-8 gewählt werden, damit der Aufbau ohne QW ④ einem symmetrischen Fabry-Perot Resonator mit drei Laserstäben entspricht? Wie kann die Anzahl der Laserstäbe auf 5, 7, etc. erhöht werden?

9 Strahlformung in optischen Resonatoren

Das Thema Strahlformung ist weit umfassender, als es hier behandelt werden kann. In diesem abschließenden Kapitel soll aber im Sinne eines Ausblicks mit dem Ziel darauf eingegangen werden, die in diesem Buch bisher formulierten Gedanken zu den elektromagnetischen Strahlungsmoden, um einen zusätzlichen Schritt weiterzuentwickeln. Dadurch soll nochmals unterstrichen werden, dass die in Abschnitt 2.4 behandelten Moden lediglich eine Auswahl der unendlich vielen möglichen Strahlungsmoden darstellen, die sich vor allem dadurch auszeichnen, dass sie – sowie deren Ausbreitung – durch geschlossene analytische Ausdrücke beschrieben werden können. Die folgenden Abschnitte zeigen an einigen ausgewählten Beispielen, wie auch andere elektromagnetische Strahlungsmoden gezielt geformt werden können, um sie entweder bezüglich des Laserbetriebs oder hinsichtlich gegebener Anwendungen zu optimieren.

9.1 Räumliche Formung der Intensitätsverteilung

Um mit einem Laser Hermite-Gauß- oder Laguerre-Gauß-Moden zu erzeugen, werden sphärische Resonatorspiegel eingesetzt, damit die Spiegeloberfläche mit der sphärischen Phasenfront dieser Strahlungsfelder übereinstimmt. Wie auf Seite 103 erläutert, wird der Resonator somit an die Phasenfront der zu erzeugenden Moden angepasst. Dies bedeutet, dass in Resonatoren mit asphärischen Elementen auch anders geformte Moden oszillieren. Asphärische Elemente können entweder gewollt zur gezielten Strahlformung eingesetzt werden (siehe Abschnitt 9.1.1) oder sie entstehen eher ungewollt z. B. aufgrund thermischer Effekte und bewirken eine unerwünschte Strahlveränderung, welche es gegebenenfalls zu korrigieren gilt (siehe Abschnitt 9.1.2). Im Folgenden werden diese beiden Einsatzmöglichkeiten asphärischer Optiken – zur Erzeugung maßgeschneiderten Lasermoden einerseits oder zur Kompensation thermisch induzierter Phasenfrontdeformationen andererseits – behandelt.

9.1.1 Massgeschneiderte Moden im Resonator

Die vergleichsweise langsam radial abfallende Intensitätsverteilung der Hermite-Gauß- und Laguerre-Gauß-Moden mit niedriger transversaler Ordnung ist nicht immer vorteilhaft. Es kann daher von Interesse sein, Moden mit steileren Flanken (oder sonstigen Eigenschaften) zu erzeugen, welche für eine gegebene Anwendung besser geeignet sind. Das Vorgehen wird hier am Beispiel von Super-Gauß-Moden erläutert, wobei die Betrachtung einfachheitshalber auf vollständige Rotationssymmetrie beschränkt wird.

Die Intensität einer Super-Gauß-Mode der Ordnung $n \geq 2$ hat die Verteilung

$$I(r) = I_0 e^{-2\left(\frac{|r|}{w}\right)^n} . \tag{9-1}$$

Die Super-Gauß-Mode mit der Ordnung $n = 2$ entspricht der TEM_{00} Mode. Mit steigender Ordnung werden die Flanken des Strahles zunehmend steiler und der zentrale Bereich erhält

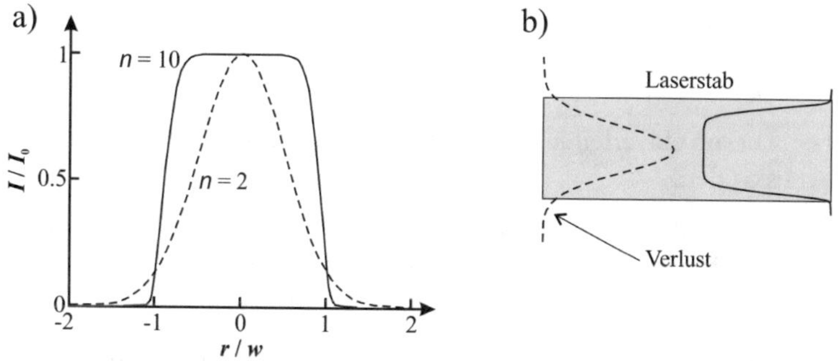

Figur 9-1. a) Intensitätsverteilung einer Super-Gauß-Mode 10-ter Ordnung (durchgezogene Linie) im Vergleich zur TEM_{00} Gauß Mode mit $n = 2$ (gestrichelte Linie). b) Mit einer Super-Gauß-Mode kann ein Laserstab besser ausgefüllt werden.

eine flache Intensitätsverteilung. In Figur 9-1a ist dies mit dem Vergleich zwischen einer Super-Gauß-Mode 10-ter Ordnung und der fundamentalen TEM_{00} Gauß-Mode illustriert.

Super-Gauß-Moden haben einige Vorteile. Bei der Materialbearbeitung (wie z. B. Bohren oder Strukturieren) erlauben die steileren Flanken eine höhere Präzision. Bei nichtlinearen Prozessen (Frequenzvervielfachung, parametrische Oszillation) lässt die flache Intensitätsverteilung die Optimierung der Effizienz zu, ohne dass der Strahl in der Mitte die Schadenschwelle des nichtlinearen Kristalls überschreitet. Nicht zuletzt kann mit einer Super-Gauß-Mode z. B. der Laserstab im Resonator besser ausgefüllt werden. Will man in einem herkömmlichen Resonator (mit sphärischer Optik) Moden höherer transversaler Ordnung unterdrücken, so sollte die TEM_{00} Mode den Laserstab (oder eine andere Blende) möglichst ganz ausfüllen. Wie in Figur 9-1b gezeigt, führt dies bei der fundamentalen Gauß Mode wegen ihrer breiten Flanken aber unvermeidlich zu Verlusten. Mit Super-Gauß-Moden sollte deshalb auch einen höheren Laserwirkungsgrad erreicht werden können.

Das Vorgehen zur Erzeugung einer solchen Mode ist genau so, wie auf Seite 103 beschrieben. Es mussen also lediglich die Form der Phasenfront der gewünschten Mode am Ort der Endspiegel bekannt sein. Auf einem der Spiegel – vorzugsweise der Auskoppelspiegel – können wir die gewünschte Feldverteilung, z. B.

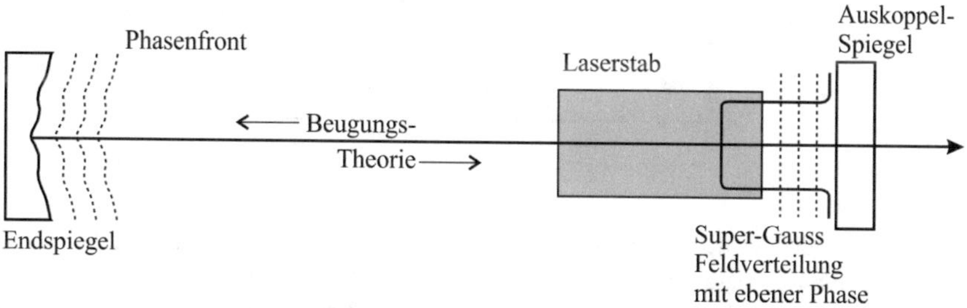

Figur 9-2. Resonator zur Erzeugung einer Super-Gauß-Mode.

$$E(r) = E_0 e^{-\left(\frac{|r|}{w}\right)^n} \tag{9-2}$$

frei vorgeben. Diese Feldverteilung hat eine ebene Phasenfront und ist in Figur 9-2 beim Auskoppelspiegel skizziert.

Um die Phasenverteilung am anderen Ende des Resonators zu berechnen, benutzt man das Collins-Integral (3-88) (Rotationssymmetrie vorausgesetzt)

$$E'(r') = e^{-i\frac{2\pi}{\lambda_0}L_{opt}} \, 2\pi \int \frac{i \cdot n_1}{\lambda_0} \frac{E(r)}{\mathrm{B}} e^{-i\frac{\pi}{\lambda_0}\frac{n_1}{\mathrm{B}}\left(\mathrm{A}r^2 + \mathrm{D}\frac{n_2}{n_1}r'^2\right)} J_0\left(\frac{2\pi}{\lambda_0}\frac{n_1}{\mathrm{B}} r r'\right) r dr \,. \tag{9-3}$$

Die gesuchte Phasenverteilung ist durch das Argument $\arg(E'(r'))$ gegeben. Wenn der zweite Endspiegel genau dieser Phasenfront entsprechend geformt wird, entsteht die gewünschte Mode; also beispielsweise mit der Feldverteilung (9-2) am Auskoppelspiegel.

Das Integral (9-3) wurde beispielhaft für einen Resonator mit einem ebenen Auskoppelspiegel und einer Länge von 1.6 m bei einer Wellenlänge von 1064 nm numerisch berechnet. Die Ordnung der gewünschten Super-Gauß-Mode auf dem Auskoppelspiegel war $n = 6$ mit einem Radius $w = 1$ mm. Die so berechnete Phasenfront am anderen Ende des Resonators ist in Figur 9-3 als Abweichung von einer sphärischen Wellenfront mit 3 m Krümmungsradius wiedergegeben (durchgezogene Linie).

Die Herstellung eines Spiegels mit einer solchen Oberflächenform ist sehr anspruchsvoll, da die Oberflächenvariation weniger als 200 nm beträgt. Für die experimentelle Erzeugung einer Super-Gauß-Mode kann daher die Spiegeloberfläche etwas vereinfacht werden, wie es mit

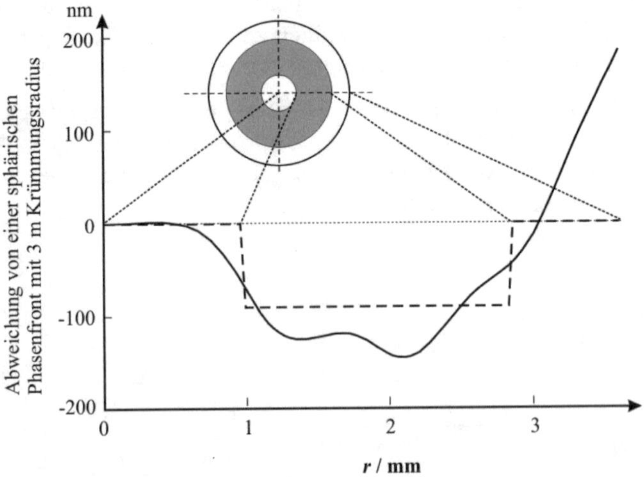

Figur 9-3. Oberflächenprofil des Endspiegels zur Erzeugung einer Super-Gauß-Mode 6-ter Ordnung in einem 1.6 m langen Resonator mit einem ebenen Auskoppelspiegel und einer Wellenlänge von 1064 nm. Das exakte Profil ist durchgezogen, die experimentell benutzte Näherung gestrichelt wiedergegeben. Zur Orientierung ist in der Aufsicht des Spiegels die Vertiefung grau schattiert.

der gestrichelten Linie in Figur 9-3 gezeigt ist. Eine solch einfache, ringförmige Vertiefung auf einem sonst sphärischen Spiegel ($\rho = 3$ m) kann mit herkömmlicher Aufdampftechnologie und einer Maske hergestellt werden. Natürlich wird diese Vereinfachung die Feldverteilung der erzeugten Mode beeinflussen und etwas von der idealen Super-Gauß-Verteilung abweichen. Zur Berechnung der mit dem vereinfachten Spiegel tatsächlich erzeugten Mode, muss das Collins-Integral für den gesamten Umlauf im Resonator (unter Berücksichtigung der Phasenmodulation am Endspiegel) berechnet werden, um dann die Eigenlösungen für die Feldverteilung zu bestimmen. Dieser Vorgang kann mit einfachen, herkömmlichen numerischen Verfahren durchgeführt werden, wenn wir das Collins-Integral (9-3) in einem ersten Schritt durch die Summe

$$E'(r'_N) = \underbrace{e^{-i\frac{2\pi}{\lambda_0}L_{opt}}\, 2\pi\frac{i\cdot n_1}{\lambda_0 \mathrm{B}}\Delta r\sum_M e^{-i\frac{\pi}{\lambda_0}\frac{n_1}{\mathrm{B}}\left(\mathrm{A}r_M^2+\mathrm{D}\frac{n_2}{n_1}r_n'^2\right)} J_0\left(\frac{2\pi}{\lambda_0}\frac{n_1}{\mathrm{B}}r_M r'_N\right) r_M}_{\equiv K(r_M, r'_N)}\, E(r_M) \qquad \text{(9-4)}$$

nähern, wobei $\Delta r = r_{M+1} - r_M$ ist. Man beschreibt also die Feldverteilungen E (auf dem Auskoppelspiegel) und E' (auf dem Endspiegel) mit einer Reihe diskreter Werte an den äquidistanten Stellen r_M. Wir können diese Zahlenreihe als Vektor

$$\mathbf{E} = \begin{pmatrix} E(r_1) \\ E(r_2) \\ \vdots \\ E(r_{\hat{M}}) \end{pmatrix} \qquad \text{(9-5)}$$

auffassen, wobei die einzelnen Werte $E(r_M)$ auf dem Auskoppelspiegel durch (9-2) gegeben sind. Der in (9-4) mit $K(r_M, r'_N)$ zusammengefasst Teil der Gleichung ist in dieser Schreibweise eine Matrix mit komplexen Zahlen, welche alleine durch die betrachtete Resonatoranordnung bestimmt werden. Damit kann (9-4) als Produkt einer Matrix und eines Vektors

$$\begin{pmatrix} E'(r'_1) \\ E'(r'_2) \\ \vdots \\ E'(r'_{\hat{N}}) \end{pmatrix} = \begin{pmatrix} K(r_1,r'_1) & K(r_2,r'_1) & \cdots & K(r_{\hat{M}},r'_1) \\ K(r_1,r'_2) & K(r_2,r'_2) & \cdots & K(r_{\hat{M}},r'_2) \\ \vdots & \vdots & \vdots & \vdots \\ K(r_1,r'_{\hat{N}}) & K(r_2,r'_{\hat{N}}) & \cdots & K(r_{\hat{M}},r'_{\hat{N}}) \end{pmatrix} \begin{pmatrix} E(r_1) \\ E(r_2) \\ \vdots \\ E(r_{\hat{M}}) \end{pmatrix}, \qquad \text{(9-6)}$$

$$\mathbf{E}' = \mathbf{KE}\,, \qquad \text{(9-7)}$$

geschrieben werden. Für die folgende Berechnung der Eigenmoden wählen wir $\hat{M} = \hat{N}$.

Wenn $\mathbf{K}$ die Ausbreitung vom Auskoppelspiegel zum phasenformenden Endspiegel beschreibt und $\mathbf{K}'$ die Ausbreitung zurück, dann ist der gesamte Umlauf im Resonator durch

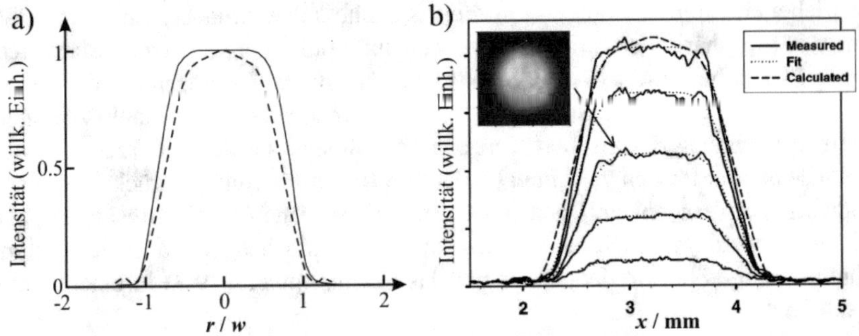

Figur 9-4. a) Intensitätsverteilung der Super-Gauß-Mode 6-ter Ordnung (durchgezogene Kurve) und Intensitätsverteilung (gestrichelt), welche bei Verwendung des genäherten Spiegelprofils aus Figur 9-3 auf dem Auskoppelspiegel in Figur 9-2 erzeugt wird. b) Experimentelle Resultate mit dem genäherten Spiegel bei verschiedenen Laserleistungen. Die gemessene Intensitätsverteilung (durchgezogene Kurve) weicht nur geringfügig vom berechneten Profil (gestrichelt) ab.

$$\mathbf{K}_R = \mathbf{K}' \begin{pmatrix} e^{i\frac{2\pi}{\lambda}2\Delta z(r_1)} & & & \\ & e^{i\frac{2\pi}{\lambda}2\Delta z(r_2)} & & \\ & & \ddots & \\ & & & e^{i\frac{2\pi}{\lambda}2\Delta z(r_{\hat{M}})} \end{pmatrix} \mathbf{K} \tag{9-8}$$

gegeben. Hier ist $\Delta z(r_M)$ die Abweichung des Endspiegels von einem ebenen Spiegel. Auf diese Weise wird die vom Endspiegel verursachte Phasenverschiebung an jeder Stelle berücksichtigt. Um die Feldverteilung der Eigenmode zu finden, muss nur noch die Eigenwertgleichung

$$\mathbf{K}_R \mathbf{E} = \eta \mathbf{E} \tag{9-9}$$

gelöst werden. Mit

$$V = 1 - \eta^2 \tag{9-10}$$

bestimmt der Eigenwert η die Beugungsverluste V der entsprechenden Eigenmode im Resonator. Die Eigenvektoren einer Matrix $\mathbf{K}_R$ lassen sich mit gängigen Mathematikprogrammen leicht berechnen.

Für das oben besprochene Beispiel und dem genäherten Spiegel aus Figur 9-3 (gestrichelt) wurde auf diese Weise beim Auskoppelspiegel die Intensitätsverteilung gefunden, die in Figur 9-4a mit der gestrichelten Kurve abgebildet ist. Die Abweichung von der idealen Super-Gauß-Mode 6-ter Ordnung ist erstaunlich gering. Das Resultat hängt allerdings empfindlich von Tiefe, Breite und Position der ringförmigen Vertiefung (Figur 9-3) und von den im Resonator verwendeten Blenden ab.

Die experimentell mit dem hier besprochenen Resonator erzeugten Moden sind in Figur 9-4b abgebildet.[87] Die Übereinstimmung mit der berechneten Intensitätsverteilung ist außerordentlich gut, wenn man bedenkt, dass die ringförmige Vertiefung auf dem Endspiegel weniger als $\lambda/10$ beträgt (also nahe der üblichen Fertigungstoleranz von Laserspiegeln liegt).

Diese Art der Erzeugung von maßgefertigten Moden ist zwar schon einige Zeit bekannt, experimentell aber noch wenig erforscht. Der Grund liegt vor allem in der technischen Schwierigkeit, die erforderlichen Profile der Spiegeloberflächen herzustellen. Die Weiterentwicklung dieser Technologie lohnt sich aber in vielerlei Hinsicht, nicht zuletzt auch, weil die Diskriminierung zwischen den einzelnen transversalen Moden (bedingt durch unterschiedliche Beugungsverluste V) wesentlich ausgeprägter ist als bei konventionellen Resonatoren mit sphärischen Optiken.

9.1.2 Kompensation der Phasendeformation im Scheibenlaser

In Abschnitt 7.2.4 wurde darauf hingewiesen, dass thermische Effekte im Scheibenlaser im Vergleich zur Problematik bei Stab- und Slablasern eine um Größenordnungen geringere Rolle spielen. Die sphärische Deformation der Laserscheibe aufgrund der unterschiedlichen Ausdehnungskoeffizienten von Wärmesenke und Laserkristall ist im Vergleich zu den thermisch in Laserstäben induzierten Linsen vernachlässigbar und kann bei der Resonatorauslegung leicht berücksichtigt werden.

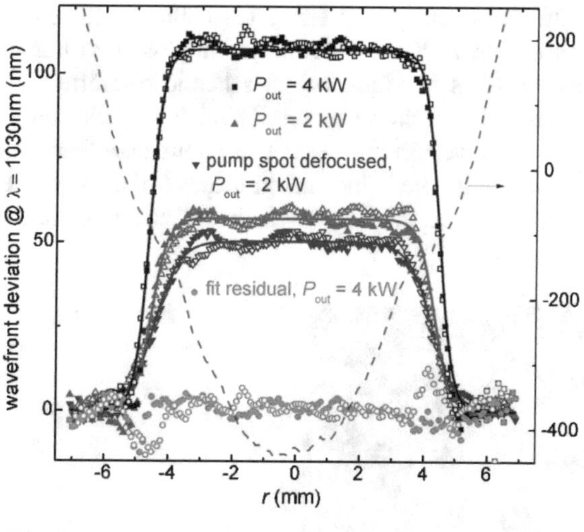

Figur 9-5. Interferometrisch gemessene Wellenfrontverzögerung beim Einfachdurchgang durch eine Yb:YAG Laserscheibe eines kommerziellen Lasergeräts. Die gestrichelte Kurve zeigt die gesamte Deformation bei einer Laserleistung von 2 kW, aus der nach Abzug des sphärischen Anteils der mit den Messpunkten gezeigte asphärische Beitrag bestimmt wurde (offene und volle Symbole entsprechen unterschiedlichen Messreihen). Die asphärischen Deformationen sind für Ausgangsleistungen von 4 kW und 2 kW gezeigt und bei 2 kW auch für eine leicht defokussierte Pumpstrahlung zur Abrundung des Profils. Ebenfalls gezeigt sind an die Messpunkte gefittete Funktionen (durchgezogene Linien) und bei 4 kW die Abweichung zwischen diesen und den Messpunkten.

Zusätzlich bewirkt der Temperaturunterschied zwischen dem gepumpten Bereich und dem Bereich außerhalb des Pumpflecks in der Kristallscheibe aufgrund des temperaturabhängigen Brechungsindex und der thermischen Ausdehnung des Kristalls eine stufenförmige Deformation der Wellenfront im Strahlquerschnitt. Im gepumpten Bereich der Laserscheibe verursacht die Erwärmung des Kristalls eine Verlängerung des optischen Pfades (Verzögerung der Wellenfront). Die in Figur 9-5 beispielhaft gezeigte Messung verdeutlicht, dass dieser asphärische Anteil der Wellenfrontdeformation selbst bei einem Laser mit 4 kW Ausgangsleistung im Einfachdurchgang einen Betrag von nur etwa 100 nm (also etwa $\lambda/10$) aufweist.[88] Im Multimodebetrieb ist diese kleine Störung von untergeordneter Bedeutung. Mit zunehmender Strahlqualität kann sie aber je nach Pumpfleckdurchmesser zu merklichen beugungsinduzierten Leistungsverlusten führen.

Dank des einfachen, stufenförmigen Profils der Wellenfrontverzögerung im gepumpten Bereich der Laserscheibe kann diese mit einem entsprechend geformten Endspiegel im Resonator relativ leicht kompensiert werden. Dazu muss der kompensierende Siegel lediglich ein Höhenprofil aufweisen, welches möglichst genau der stufenförmigen Verteilung der in einem Doppeldurchgang durch die Laserscheibe erzeugten Wellenfrontverzögerung entspricht. Eine Erhöhung der Spiegeloberfläche bewirkt für den reflektierten Strahl eine Verkürzung der optischen Pfadlänge und kompensiert damit die in der Laserscheibe erzeugte Pfadverlängerung. Eine solche Kompensation kann entweder statisch mit einer für einen festen Arbeitspunkt des Lasers ausgelegten Asphäre[88] erfolgen oder flexibler mittels eines aktiv verformbaren Spiegels[89], wie er in Figur 9-6 abgebildet ist.

Um die Amplitude des auf dem Spiegel erzeugten Höhenprofils an die leistungsabhängig in der Laserscheibe verursachten Phasendeformation anpassen zu können, ist in die Rückseite des Spiegelsubstrats die links in Figur 9-6 zu sehende ringförmige Vertiefung eingebracht, wodurch sich die Spiegeloberfläche in diesem Bereich je nach von hinten angelegtem Luftdruck unterschiedlich stark verformen lässt. Die damit erzielbaren Oberflächenprofile sind rechts in Figur 9-6 dargestellt. Die Wirksamkeit dieses Spiegels wurde dadurch demonstriert, dass mit nur einer Laserscheibe im Resonator ein bis zur maximalen Ausgangsleistung von

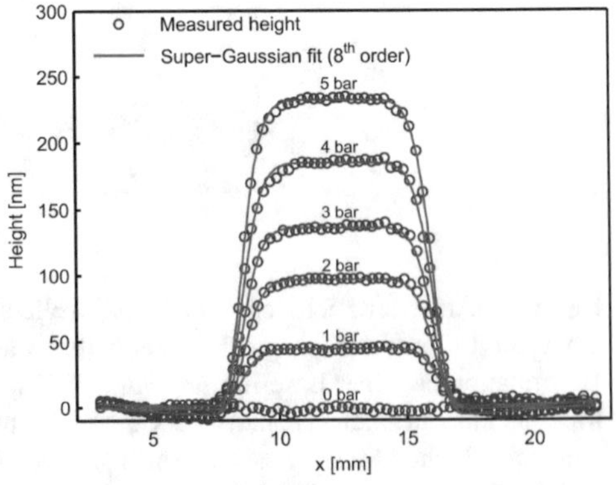

Figur 9-6. Asphärisch verformbarer Spiegel (links) und in Abhängigkeit des angelegten Luftdrucks erzeugte Oberlächendeformation (rechts).

815 W über den ganzen Leistungsbereich nahezu beugungsbegrenzter Laserstrahl erzeugt wurde, was zum Zeitpunkt der Veröffentlichung weltweit einen neuen Rekord darstellte.[89]

9.2 Räumliche Formung der Polarisationsverteilung

Da bei nicht senkrechtem Einfall der Absorptionsgrad von Laserstrahlung an einer beispielsweise metallischen Oberfläche stark von der Polarisationsrichtung abhängt, kann gerade in der Materialbearbeitung der Prozesswirkungsgrad durch geeignete Formung der Polarisationsverteilung erheblich beeinflusst werden.[10] So hat beispielsweise eine theoretische Arbeit zum Laserstrahlschneiden bei Verwendung radial polarisierter Strahlen – bei welchen das elektrische Feld an jeder Stelle in radialer Richtung oszilliert – eine Effizienzsteigerung von über 50% gegenüber den üblicherweise eingesetzten zirkular polarisierten Strahlen vorhergesagt.[90] Auch wenn in der Praxis diese Steigerung bisher geringer ausgefallen ist,[91] haben absehbare Vorteile auch in anderen Materialbearbeitungsverfahren wie Bohren und Schweißen dazu geführt, dass verschiedene Methoden zur Erzeugung radial oder azimutal polarisierter Laserstrahlen entwickelt wurden.[92] Im Folgenden soll die Behandlung auf die Anwendung resonanter Gitterwellenleitern in dielektrischen Spiegeln beschränkt werden.[93, 94]

Mittels einer Gitterstruktur auf einem dielektrischen Spiegel kann auch bei senkrechtem Einfall eine von der Polarisationsrichtung abhängige Kopplung der Strahlung an geführte Moden in den durch die Spiegelbeschichtung gebildeten ebenen Wellenleitern bewirkt werden. Die winkel-, polarisations- und wellenlängenabhängigen Kopplung erfolgt unter der Bedingung

$$n_{eff} = \sin\theta \pm m\frac{\lambda_0}{\Lambda}, \tag{9-11}$$

wobei θ der Einfallswinkel der in Luft ($n = 1$) auf das Bauelement auftreffenden Strahlung ist, n_{eff} der polarisationsabhängige effektive Brechungsindex (siehe Abschnitt 2.4.7) der betroffe-

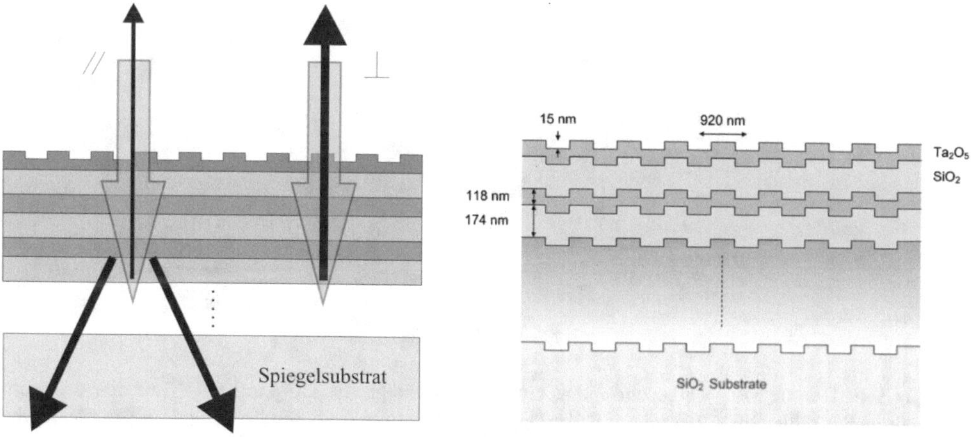

Figur 9-7. Links: schematische Darstellung der polarisationsselektiven Funktionsweise der Gitterspiegel. Rechts: Variante mit durchgehender Gitterstruktur nach Ref. 94.

nen Wellenleitermode, λ_0 die Wellenlänge der eintreffenden Strahlung, Λ die Periode des Gitters und m die Beugungsordnung ist.[95, 96]

Wenn diese Kopplung an Moden erfolgt, die aufgrund einer Abstrahlung in das Spiegelsubstrat Verluste erleiden, wird der Reflexionsgrad des Spiegels für die betroffene Strahlung reduziert. Schematisch ist diese Funktionsweise links in Figur 9-7 skizziert. Hier erfolgt die Kopplung so, dass die parallel zu den Gitterlinien polarisierte Strahlung aufgrund des Kopplungsmechanismus Verluste erfährt, die senkrecht zu den Gitterlinien polarisierte Strahlung hingegen einen hohen Reflexionsgrad von nahezu 100% erfährt.

Wird ein solcher Spiegel als Endspiegel eines Resonators eingesetzt, beginnt aufgrund der geringeren Verluste zuerst die senkrecht zu den Gitterlinien polarisierte Strahlung zu oszillieren. Die in der Folge verursachte Sättigung des laseraktiven Mediums (siehe Abschnitt 6.5.5) verhindert das Anschwingen anders polarisierter Strahlung. Zur Erzeugung radial polarisierter Strahlen werden Gitterlinien daher kreisförmig angeordnet.

Die Abbildung rechts in Figur 9-7 zeigt, dass das Gitter auch in das Substrat eingebracht werden kann. Die Gitterstruktur überträgt sich dann bei der Beschichtung auf jede einzelne Schicht. Der Vorteil dieser Anordnung ist eine deutlich gesteigerte spektrale Breite des polarisierenden Effekts und führt damit zu günstigeren Toleranzen bezüglich Gitterstruktur und optischen Schichtdicken.[94]

Das in Figur 9-8 wiedergegebene Verhalten eines Spiegels, welcher zur Erzeugung radial polarisierter Strahlen in Yb:YAG Scheibenlasern hergestellt wurde, zeigt bei der Laserwellenlänge von 1030 nm einen Unterschied von über 20% zwischen den Reflexionsgraden für die

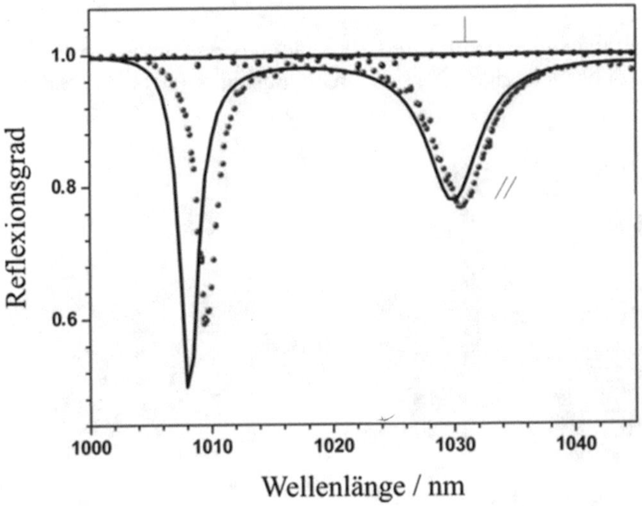

Figur 9-8. Der in Ref. 94 beschriebene Gitterspiegel zeigt für die parallel (//) zu den kreisförmig angeordneten Gitterlinien bei einer Wellenlänge von 1030 nm eine deutliche Senkung des Reflexionsgrades und ist somit für die Erzeugung radial polarisierter Strahlen (⊥) in Yb:YAG Scheibenlasern geeignet. Die durchgezogenen Linien zeigen das designgemäß erwartete Verhalten, die Punkte zeigen die gemessenen Werte.

beiden Polarisationsrichtungen. Für die Unterdrückung der tangential polarisierten Strahlung (//) im Resonator ist dies mehr als ausreichend.

Dass solche Gitter-Wellenleiterstrukturen auf dielektrischen Spiegeln kaum zusätzliche Verluste in den Resontor einbringen, zeigt beispielsweise die Demonstration eines radial polarisierten Scheibenlasers, der bei einer Ausgangsleistung von 275 W und einem guten Strahl mit $M^2 = 2{,}3$ einen optischen Wirkungsgrad von über 52% erreichte.[97]

Die höchste bisher demonstrierte Ausgangsleistung von 3 kW in einem radial polarisierten Strahl wurde mit einem solchen Gitterspiegel in einem kommerziellen CO_2-Laserresonator erreicht.[93]

9.3 Spektrale und zeitliche Strahlformung mittels Gitter-Wellenleiter-Strukturen

Die im letzten Abschnitt eingeführten Bauelemente mit integrierten Gitter-Wellenleiterstrukturen eignen sich dank ihrer geringen Verluste und den wellenlängenselektiven Eigenschaften auch für die spektrale Beeinflussung von Laserstrahlen. Dies kann unter anderem zur Erzeugung einer spektral schmalbandigen Laseremission eingesetzt werden, wie sie beispielsweise bei der Frequenzverdopplung innerhalb eines Resonators wichtig ist.[98, 99]

Alternativ zu der im letzten Abschnitt beschriebenen Senkung des Reflexionsgrades eines Spiegels kann die Wechselwirkung der eintreffenden Strahlung mit einer Wellenleitermode der Gitter-Wellenleiterstruktur auch zur Erhöhung des Reflexionsgrades eines Spiegels oder zur Erhöhung der Beugungseffizienz eines Beugungsgitters eingesetzt werden. Dies erfolgt, in dem die aus dem ebenen Wellenleiter ausgekoppelte Strahlung mit der am Spiegel (spekulär) reflektierten Strahlung zur Interferenz gebracht wird. Je nachdem, wie die Schichten (Brechungsindizes, Schichtdicken) und das Gitter (Periode, Strukturtiefe) aufgebaut sind, stellt sich zwischen der an der Spiegeloberfläche spekulär unter dem Winkel θ reflektierten Strahlung und der aus dem Wellenleiter in dieselbe Richtung ausgekoppelten Strahlung destruktive oder konstruktive Interferenz ein. Im ersteren Fall kann erreicht werden, dass die spekuläre Reflexion komplett unterbunden und alle Strahlung in Richtung der -1. Beugungsordnung des Gitters gebeugt wird.[100, 101] Im zweiten Fall erfolgt hingegen eine Überhöhung des spekulären Reflexionsgrades.[102, 103] Da es sich in beiden Fällen um einen resonanten Vorgang handelt – wir benutzen hierzu die Begriffe *resonante Beugung* und *resonante Reflexion* – sind die Effekte ausgeprägt schmalbandig, also stark wellenlängenselektiv.

Eine auf dem Prinzip der *resonanten Reflexion* basierende Spiegelvariante mit einem Kopplungsgitter auf einer einzigen dielektrischen Wellenleiterschicht wurde beispielsweise eingesetzt, um die Emission eines Scheibenlasers spektral auf eine Breite von etwa 20 pm einzuschränken.[102] Zur Erhöhung der Schadenschwelle durch Verringerung der Feldüberhöhung in der Wellenleiterschicht kann die Struktur um weitere Schichten erweitert werden.[103]

Ähnliches wurde unter schrägem Strahleinfall auch mit einer Gitter-Wellenleiterstruktur auf Basis der *resonanten Beugung* erreicht,[100] wobei hier die Anordung so gewählt war, dass die Strahlung genau in die Richtung des einfallenden Strahles zurück gebeugt wurde (sogenannte Littrow-Anordnung). Indem dieses resonante Beugungsgitter in einem Scheibenlaserresonator mit 1,8 kW Ausgangsleistung selbst einer Leistungsdichte von 125 kW/cm^2 standhielt, konnte zudem gezeigt werden, dass solche Bauelemente auch ausgesprochen leistungstauglich sind.

Die durch die resonante Beugung erzielbaren hohen Wirkungsgrade von Gitter-Wellenleiter-Elementen sind auch bei der Pulsformung von Vorteil. Als letztes Anwendungsbeispiel solcher Bauelemente wird daher noch auf die Pulskompression eingegangen.

Die Fouriertransformation zeigt, dass die spektrale Breite $\Delta\nu \propto 1/\tau$ eines Lichtpulses umso größer ist, je kürzer die Pulsdauer τ ist. Ein kurzer Lichtpuls ist also ein Wellenpaket, welches sich aus unterschiedlichen Frequenzen bzw. Wellenlängen zusammensetzt. Propagiert ein solcher Puls durch ein dispersives Medium – in welchem der Brechungsindex also wellenlängenabhängig ist – breiten sich die verschiedenen spektralen Anteile des Pulses unterschiedlich schnell aus, wodurch sich die Länge eines Pulses verändert. Bei den meisten transparenten Medien nimmt der Brechungsindex im sichtbaren Spektralbereich mit zunehmender Frequenz zu. Dies wird normale Dispersion genannt. Bei der Propagation durch ein solches Medium werden die kurzwelligen Spektralanteile (blau) eines Lichtpulses gegenüber den langwelligen (rot) zunehmend verzögert und der Puls zieht sich in die Länge. Man bezeichnet solche Pulse aufgrund der entlang des Wellenzuges ändernden Frequenz als *chirped*. Um die bei der Propagation durch dispersive Medien verursachte Pulsverlängerung wieder rückgängig zu machen, kann der Puls beispielswiese im Doppeldurchgang über zwei parallel zueinander stehende Beugungsgitter geführt werden, wie dies in Figur 9-9 dargestellt ist. Die durch die Beugung verursachte spektrale Auffächerung des Strahles und die dadurch wellenlängenabhängig unterschiedlichen Pfade sorgen dafür, dass kurzwellige Strahlung insgesamt einen kürzeren Weg zurücklegt als langwellige. Ein zuvor durch normale Dispersion verlängerter Puls wird daher wieder verkürzt (komprimiert). Dieser Vorgang wird als Pulskompression bezeichnet.

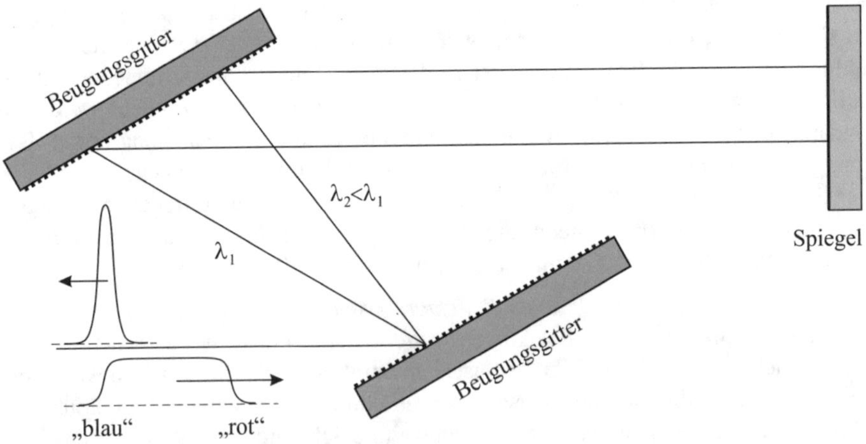

Figur 9-9. Prinzip der Pulskompression. Ein durch normale Dispersion verlängerter (*chirped*) Puls, bei welchem die kurzwelligen Spektralkomponenten („blau") hinter den langwelligen („rot") herlaufen, wird durch den Doppeldurchgang über die parallel angeordneten Beugungsgitter komprimiert, weil die kurzwelligen Spektralkomponenten dabei einen kürzeren Pfad zurücklegen als die langwelligen und so wieder alle Spektralkomponenten übereinander zu liegen kommen.

Wegen den insgesamt vier Beugungsprozessen an dem Gitterpaar, ist ein hoher Beugungswirkungsgrad wichtig. Deshalb kann sich auch bei dieser Anwendung der Einsatz resonanter Gitter-Wellenleiterstrukturen lohnen. So wurde beispielsweis bei der Kompression von Laserpulsen mit einer Dauer um die 400 fs durch vier Durchgänge über eine Gitter-Wellenleiter-Struktur auf Basis der oben erwähnten resonanten Beugung ein ausgezeichneter Gesamtwirkungsgrad von über 96% gezeigt.[101] Dabei lag die für 12-ns-Pulse gemessene Schadenschwelle der Spiegel bei guten 2,95 J/cm^2.

Zur Erzeugung ultra-kurzer Laserpulse hoher Energie wird die durch Dispersion verursachte Pulsverlängerung gelegentlich auch gezielt eingesetzt, um während des Verstärkungsprozesses die Spitzenintensität im Puls niedrig zu halten. Die Streckung der Pulse erfolgt dabei beispielsweise durch die Dispersion eines optischen Mediums, durch ein Prismenpaar oder durch zueinander verkippte Gitter (im Gegensatz zur parallelen Anordnung bei der Pulskompression).[25] Aufgrund der reduzierten Intensität der gestreckten Pulse können diese zu höheren Energien verstärkt werden, ohne dass im Verstärker nichtlineare Effekte oder Schäden auftreten. Nach der Verstärkung werden die Pulse wie in Figur 9-9 gezeigt wieder komprimiert. Diese Art der Verstärkung zuvor gestreckter Pulse wird als *chirped pulse amplification* (CPA) bezeichnet.

10 Literaturverzeichnis

1 Max Born & Emil Wolf, *Principles of Optics*, Pergamon Press (Oxford, New York, etc.), 1980.

2 Eugene Hecht, *Optik*, Addison-Wesley (Bonn, Paris, etc.), 1989.

3 F. K. Kneubühl, Repetitorium der Physik, Teubner Studienbücher (Stuttgart), 1988.

4 Halliday, Resnick und Walker, *Physik*, Wiley-VCH (Weinheim), 2003.

5 L. D. Landau und E. M. Lifschitz, Lehrbuch der theoretischen Physik, Band 8, Elektrodynamik der Kontinua, Akademie-Verlag (Berlin), 1990.

6 G. Stephenson and P. M. Radmore, *Advanced Mathematical Methods for Engineering and Science Students*, Cambridge University Press (Belfast), 1990.

7 M. V. Klein und T. E. Furtak, *Optik*, Springer Lehrbuch (Berlin etc.), 1988.

8 Rodney Loudon, *The Quantum Theory of Light*, Clarendon Press (Oxford), 2nd ed. 1983.

9 Anthony E. Siegman, *Lasers*, University Science Books (Mill Valley), 1986.

10 Helmut Hügel und Thomas Graf, *Laser in der Fertigung*, Springer Vieweg (Wiesbaden), 3. Auflage, 2014.

11 F. Goos und H. Hänchen, „Über das Eindringen des totalreflektierten Lichtes in das dünnere Medium“, Annalen der Physik 435 (5), 383-392 (1943).

12 Katsunari Okamoto, Fundamentals of Optical Waveguides, Academic Press (San Diego, etc.) 2000.

13 Moritz Vogel, *Specialty Fibers for High Brightness Laser Beam Delivery*, Disertation, Universität Stuttgart, Herbert Utz Verlag (München), 2014.

14 Andreas Popp, *Hochleistungsfaserlaser zu Steigerung der Brillanz des Scheibenlasers*, Dissertation, Universität Stuttgart, in Vorbereitung.

15 Stuart A. Collins, „Lens-System Diffraction Integral Written in Terms of Matrix Optics“, Journal of the Optical Society of America 60 (9), 1168-1177 (January 1970). Siehe auch Referenz 9.

16 G. A. Massey and A. E. Siegman, “Reflection and Refraction of Gaussian Light Beams at Tilted Ellipsoidal Surfaces”, Appl. Opt. 8 (5), 975-978 (May 1969).

17 Norman Hodgson and Horst Weber, *Optical Resonators*, Springer (London etc.) 1997.

18 Th. Graf and J. E. Balmer, „Laser beam quality, entropy and the limits of beam shaping“, Optics Communications 131, 77-83 (15 October 1996).

19 Th. Graf, J. E. Balmer, and H. P. Weber, “Entropy balance of optically pumped cw lasers”, Optics Communications 148 (4-6), 256-260 (15 March 1998).

20 Th. Graf, „Fundamental efficiency limit of solar power plants“, Journal of Applied Physics 84 (2), 1109-1112 (15 July 1998).

21 M. E. Fermann, A. Galvanauskas, G. Sucha, *Ultrafast Lasers: Technology and Applications*, Marcel Dekker Inc. (New York, Basel), 2003.

22 P. Huber und H. H. Staub, *Einführung in die Physik*, Band III / Teil 1, Ernst Reinhardt Verlag (Basel), 1970.

23 T. Mayer-Kuckuk, *Atomphysik*, Teubner Studienbücher (Stuttgart), 1985.

24 T. H. Maiman, "Stimulated Optical Radiation in Ruby", Nature 187, 493-494 (1960).

25 W. Köchner, *Solid-State Laser Engineering*, Springer (Berlin, Heidelberg), 1999.

26 A. Giesen et al., "Scalable concept for diode-pumped high-power solid-state lasers", Appl. Physics B 58, 365 (1994).

27 Ch. Stewen et al., "A 1-kW cw thin-disk laser", IEEE Journal of Selected Topics in Quantum Electronics 6 (4), 650 (2000).

28 Kokja Beil et al., „Thermal and laser properties of Yb:LuAG for kW thin disk lasers“, Optics Express 18 (20), 20712-20722 (2010).

29 A. Voß, *Der Scheibenlaser: Theoretische Grundlagen des Dauerstrichbetriebs und erste experimentelle Ergebnisse anhand von Yb:YAG*, Dissertation, Universität Stuttgart, Herbert Utz Verlag (München), 2002.

30 Birgit Weichelt et al., "Enhanced performance of thin-disk lasers by pumping into the zero-phonon line", Optics Letters 37 (15), 3045-3047 (August 2012).

31 Aldo Antognini et al., „Thin-Disk Yb:YAG Oscillator-Amplifer Laser, ASE, and Effective Yb:YAG Lifetime“, IEEE Journal of Quantum Electronics 45 (8), 993-1005 (2009).

32 Jan-Philipp Negel et al., „1.1 kW average output power from a thin-disk multipass amplifier for ultrashort laser pulses“, Optics Letters 38 (24), 5442-5445 (2013).

33 E. Snitzer, Proc. 3rd Intl. Conf. Solid State Lasers, Paris, 999 (1963).

34 D. J. Koester and E. Snitzer, Appl. Optics 3 (10), 1182 (1964).

35 Y. Jeong et al., „Ytterbium doped large-core fiber laser with 1,36 kW continuous-wave output power“, Optics Express 12, 6088 (2004).

36 J. Limpert et al., „Extended single-mode photonic crystal fiber lasers“, Optics Express 14, 2715 (2006).

37 Harumasa Yoshida et al., "The current status of ultraviolet laser diodes", Phys. Status Solidi A 208, 7 (2011), S. 1586. DOI 10.1002/pssa.201000870

38 Michael Kneissl et al., "Ultraviolet laser diodes on sapphire and AlN substrates", Proc. Novel In-Plane Semiconductor Lasers VIII, SPIE 7230, (2009), 72300E, S. 1-7.

39 D. Ban et al., "Terahertz quantum cascade lasers: Fabrication, characterization, and doping effect", J. Vac. Sci. Technol. A 24, 3 (May/Jun 2006), S. 778.

40 R. Diehl (Hrsg.), *High-Power Diode Lasers – Fundamentals, Technology, Applications*, Springer (Berlin etc.), 2000.

41 W. J. Witteman, *The CO_2 Laser*, Springer (Berlin), 1987.

42 H. Hügel, *Strahlwerkzeug Laser*, Teubner Taschenbücher (Stuttgart), 1992.

43 C. S. Willet, *Introduction to Gas Lasers: Population Inversion Mechanisms*, Pergamon Press, 1. Auflage, 1974.

44 A. K. Levine, A. J. De Maria eds., *Lasers*, Vol. 3, Marcel Dekker Inc., 1971.

45 H. Hügel, "CO_2-Hochleistungslaser", Laser und Optoelektronik 20 (2), 68 (1988).

46 R. Nowack, H. Opower, K. Wessel, "Diffusionsgekühlter CO_2-Hochleistungslaser in Kompaktbauweise", Laser und Optoelektronik 23 (3), 68 (1991).

47 D. Basting (Hrsg.), *Excimer Laser Technology: Laser sources, optics, systems and applications*, Lambda Physik (Göttingen), 2001.

48 A. Görtler, C. Strowitzki, „Mini excimer laser for industrial applications", Proc. 1st Int. WLT Conf. Lasers in Manufacturing, 64 (2001).

49 Christian Stolzenburg, *Hochrepetierende Kurzpuls-Scheibenlaser im infraroten und grünen Spektralbereich*, Dissertation, Universität Stuttgart, Herbert Utz Verlag (München), 2010.

50 H. P. Weber, *Experimentelle Optik: Laser-Systeme*, Vorlesungsskript, Institut für Angewandte Physik, Universität Bern, WS 1993/1994.

51 H. Ridderbusch, *Longitudinal angeregte passiv gütegeschaltete Laserzündkerze*, Dissertation, Universität Stuttgart, Herbert Utz Verlag (München), 2008.

52 T. Y. Fan, „Heat generation in Nd:YAG and Yb:YAG", IEEE J. Quantum Electron. 29 (6), 1457-1459 (1993).

53 D. P. Devor, L. G. DeShazer, and R. C. Pastor, „Nd:YAG quantum efficiency and related radiative properties", IEEE J. Quantum Electron. 25, 1863-1873 (1989).

54 D. C. Brown, „Heat, fluorescence, and stimulated-emission power densities and fractions in Nd:YAG", IEEE J. Quantum Electron. 34 (3), 560-572 (1998).

55 Y. F. Chen, Y. P. Lan, and S. C. Wang, „Influence of energy-transfer upconversion on the performance of high-power diode-end-pumped cw lasers", IEEE J. Quantum Electron. 36 (5), 615-619 (2000).

56 V. Lupei, A. Lupei and I. Ursu, „The heating effects and concentration quenching of Nd:YAG", SPIE Proceedings 2772, 108-116 (1996).

57 N. Hodgson and H. Weber, „Influence of spherical aberration of the active medium on the performance of Nd:YAG lasers“, IEEE J. of Quantum Electron. 29 (9), 2497-2507 (1993).

58 J. M. Kay, *An Introduction to Fluid Mechanics and Heat Transfer*, Cambridge University Press, 1963.

59 W. Koechner, „Absorbed pump power, thermal profile and stresses in a cw pumped Nd:YAG crystal“, Appl. Opt. 9 (6), 1429-1434 (1997).

60 David C. Brown, „Ultrahigh-Average-Power Diode-Pumped Nd:YAG and Yb:YAG Lasers“, IEEE Journal of Quantum Electronics 33 (5), 861-873 (May 1997).

61 M. E. Innocenzi, H. T. Yura, C. L. Fincher, and R. A. Fields, “Thermal modelling of continuous-wave end-pumped solid-state lasers”, Appl. Phys. Lett. 56 (19), 1831-1833 (May 1990).

62 D. Blázquez-Sánchez et al., “Improving the brightness of a multi-kilowatt single thin-disk laser by an aspherical phase-front correction”, Optics Letters 36 (6), 799-801 (2011).

63 Tobias Moser, *Avoiding Stress-Induced Depolarization with Radially Polarized Modes*, Diplomarbeit, Institut für angewandte Physik, Universität Bern, 2003.

64 S. Timoshenko and J. N. Goodier, *Theory of Elasticity*, McGraw-Hill (New York), 1982.

65 J. D. Foster and L. M. Osternik, “Thermal Effects in a Nd:YAG Laser”, Journal of Applied Physics 41 (9), 3656-3663 (August 1970).

66 Walter Köchner and Dennis K. Rice, „Effect of Birefringence on the Performance of Linearly Polarized YAG:Nd Lasers“, IEEE Journal of Quantum Electronics QE-6 (9), 557-566 (September 1970).

67 J. F. Nye, *Physical Properties of Crystals*, Clarendon Press (Oxford), 1985.

68 R. W. Dixon, „Photoelastic properties of selected materials and their relevance for applications to acoustic light modulators and scanners“, J. Appl. Phys. 38, 5149-5153 (1967).

69 Inon Moshe and Steven Jackel, "Correction of thermally induced birefringence in double-rod laser resonators – comparison of various methods”, Optics Communications 214, 315-325 (December 2002).

70 Mahir Behar Sayir, *Mechanik 2*, ETH Zürich, Prof. Dr. Mahir Behar Sayir, ETH-Zentrum, Institut für Mechanik, CH-8092 Zürich, Schweiz. Kapitel 26, Bruchmechanische Grundlagen.

71 Vittorio Magni, “Resonators for solid-state lasers with large-volume fundamental mode and high alignment stability”, Applied Optics 25 (1), 107-117 (January 1986).

72 David C. Brown, “Nonlinear Thermal Distortion in YAG Rod Amplifiers”, IEEE J. of Quantum Electron. 34 (12), 2383-2392 (December 1998).

73 David C. Brown, "Nonlinear Thermal and Stress Effects in Scaling Behaviour of YAG Slab Amplifier", IEEE J. of Quantum Electron. 34 (12), 2393-2402 (December 1998).

74 T. Y. Fan and J. L. Daneu, "Thermal coefficients of the optical path length and refractive index in YAG", Appl. Opt. 37 (9), 1635-1637 (March 1998).

75 H. Glur, R. Lavi, and Th. Graf, "Reduction of thermally induced lenses in Nd:YAG with low temperatures", IEEE Journal of Quantum Electronics 40 (5), 499-504 (May 2004).

76 U. J. Greiner, H. H. Klingenberg, „Thermal lens correction of a diode-pumped Nd:YAG laser of high TEM_{00} power by an adjustable-curvature mirror", Opt. Lett. 19 (16), 1207-1209 (1994).

77 A. V. Kudryashov, „Intracavity laser beam control", SPIE Proc. 3611, 32-41 (1999).

78 S. Jackel, I. Moshe, R. Lavi, "High performance oscillators employing adaptive optics comprised of discrete elements", SPIE Proc. 3611, 42-29 (1999).

79 R. Weber, Th. Graf, H.P. Weber, "Self-adjusting compensating thermal lens to balance the thermally induced lens in solid-state lasers", IEEE J. Quantum Electron. 36 (6), 757-764 (June 2000).

80 Th. Graf, E. Wyss, M. Roth, and H. P. Weber, "Laser Resonator with Balanced Thermal Lenses", Opt. Comm. 190, 327-331 (April 2001).

81 E. Wyss, M. Roth, Th. Graf and H. P. Weber, "Thermo-Optical Compensation Methods for High-Power Lasers", IEEE Journal of Quantum Electron. 38 (12), 1620-1628 (December 2002).

82 Th. Graf, J. E. Balmer, R. Weber, and H. P. Weber, "Multi-Nd:YAG-rod variable-configuration resonator (VCR) end pumped by multiple diode-laser bars", Opt. Comm. 135, 171-178 (1997).

83 Th. Graf, M. P. MacDonald, J. E. Balmer, R. Weber, H. P. Weber, "Variable-Configuration Resonator (VCR) with Three Diode-Laser End-Pumped Nd:YAG Rods", OSA Trends in Optics and Photonics (TOPS) Volume 10, edited by Clifford R. Pollock and Walter R. Bosenberg (OSA, Washington, DC), pp. 370-375 (1997).

84 M. P. MacDonald, Th. Graf, J. E. Balmer, H. P. Weber, "Configuration Q-switching in a Diode-Pumped Multirod Variable-Configuration Resonator", IEEE Journal of Quantum Electronics 34 (2), 366-371 (February 1998).

85 M. P. MacDonald, Th. Graf, J. E. Balmer and H. P. Weber, "Reducing thermal lensing in diode-pumped laser rods", Opt. Comm. 178, 383-393 (15 May 2000).

86 M. Tröbs, J. E. Balmer, Th. Graf, "Efficient polarised output from a uniderectional multi-rod $Nd:YVO_4$ ring resonator", Opt. Comm. 182 (4-6), 437-442 (August 2000).

87 Michael Gerber and Thomas Graf, "Generation of super-Gaussian modes in Nd:YAG lasers with a graded-phase mirror", IEEE Journal of Quantum Electronics 40 (6), 741-746 (2004).

88 D. Blázquez-Sánchez et al., “Improving the brightness of a multi-kilowatt single thin-disk laser by an aspherical phase front correction”, Optics Letters 36 (6), 799 (2011).

89 S. Piehler et al., “Power scaling of fundamental-mode thin-disk lasers using intracavity deformable mirrors”, Optics Letters 36 (24), 5033 (2012).

90 V. G. Niziev and A. V. Nesterov, “Influence of beam polarization on laser cutting efficiency”, J. Phys. D: Appl. Phys. 32, 1455-1461 (1999).

91 G. Hammann, “Laser cutting with CO_2 lasers – the benchmark”, Stuttgarter Lasertage, 4.-6. März 2008, Stuttgart.

92 Tobias Moser et al., ”Polarization selective grating mirrors used in the generation of radial polarization”, Applied Physics B 80 (6), 707-713 (2005).

93 Marwan Abdou Ahmed et al., ”Radially polarized 3 kW beam from a CO_2 laser with an intracavity resonant grating mirror”, Optics Letters 32 (13), 1824-1826 (2007).

94 Marwan Abdou Ahmed et al., “Multilayer polarizing grating mirror used for the generation of radially polarized beams in Yb:YAG thin-disk lasers”, Optics Letters 32 (22), 3272-3274 (2007).

95 O. Parriaux, V. A. Sychugov and A. V. Tishchenko, Pure Appl. Opt. 5, 453 - 469 (1996).

96 Marwan Abdou Ahmed et al., “Applications of sub-wavelength grating mirrors in high-power lasers”, Adv. Opt. Techn. 1 (5), 381-388 (2012).

97 M. Abdou Ahmed et al., “High-Power Radially Polarized Yb:YAG Thin-Disk Laser with High Efficiency”, Optics Express 19 (6), 5093-5104 (2011).

98 D. W. Anthon et al., “Intracavity Doubling of CW Diode-Pumped Nd:YAG Lasers with KTP”, IEEE Journal of Quantum Electronics 28 (4), 1148-1157 (April 1992).

99 T. Baer, “Large-amplitude fluctuations due to longitudinal mode coupling in diode-pumped intracavity-doubled Nd:YAG lasers”, J. Opt. Soc. Am. B, 3 (9), 1175-1180 (September 1986).

100 Martin Rumpel et al, “Linearly polarized, narrow linewidth, and tunable Yb:YAG thin-disk laser”, Optics Letters 37 (20), 4188-4190 (2012).

101 Martin Rumpel et al., “Broadband pulse compression gratings with measured 99.7% diffraction efficiency”, Optics Letters 39 (2), 323-326 (2014).

102 M. M. Vogel et al., „Single-layer resonant-waveguide grating for polarization and wavelength selection in Yb:YAG thin-disk lasers”, Optics Express 20 (4), 4024-4031 (February 2012).

103 Martin Rumpel et al., “Thermal behavior of resonant waveguide-grating mirrors in Yb:YAG thin-disk lasers”, Optics Letters 38 (22), 4766-4769 (2013).

11 Sachwortverzeichnis

A

B

C

D

E

F

G

H

I

K

L

M

N

O

P

Q

R

S

T

U

V

W

Y

Z

Printed in the United States
By Bookmasters